江苏省高等学校立项精品教材
Siemens PLM Software 公司 Go PLM 计划推荐教材

三维建模与机械工程图

主　编　王旭华
参　编　陈　青　吴卫东　严潮红

东南大学出版社
·南京·

内容提要

本教材全面贯彻了教育部工程图学教学指导委员会最新通过的《普通高等院校工程图学课程教学基本要求》精神，将三维几何建模技术、机械设计基础知识与"画法几何"、"机械制图"进行有机地整合，建立了机械产品三维形体表达方法和二维零件(装配)图表达方法并重的教材体系。

本书内容包括：绪论、基本体的构形与建模、组合体的构形设计与建模、零件的构形设计与建模、装配建模与结构分析、正投影法基础、机件形状的常用表达方法、零件图、装配图等章节。

本教材可作为高等院校机械类本专科生《机械制图》或《工程图学》的教材，也可以作为广大从事机械产品设计和造型爱好者的工作参考书或自学教材。

图书在版编目(CIP)数据

三维建模与机械工程图/王旭华主编. —南京：东南大学出版社，2009.10

ISBN 978-7-5641-1880-8

Ⅰ.三… Ⅱ.王… Ⅲ.机械制图：计算机制图 Ⅳ.TH126

中国版本图书馆 CIP 数据核字(2009)第 172322 号

三维建模与机械工程图

出版发行	东南大学出版社
出 版 人	江 汉
网 址	http://press.seu.edu.cn
电子邮箱	press@seu.edu.cn
社 址	南京市四牌楼 2 号
邮 编	210096
电 话	025-83793191(发行) 025-57711295(传真)
经 销	江苏省新华发行集团
印 刷	扬中市印刷有限公司
开 本	787mm×1092mm 1/16
印 张	16
字 数	399 千
版 次	2009 年 10 月第 1 版
印 次	2009 年 10 月第 1 次印刷
书 号	ISBN 978-7-5641-1880-8
印 数	1—3000 册
定 价	32.00 元

本社图书若有印装质量问题，请直接与读者服务部联系。电话(传真)：025-83792328

Preface

UGS College，derived from GO PLM Program，is the fruit of long-term cooperation between Siemens PLM Software and Yancheng Institute of Technology（China）. Guided by talent requirements for the job market，UGS College integrates digital manufacturing technologies and processes through NX and Teamcenter into its curriculums. This makes the learning and application of NX throughout the 4 years of undergraduate school，a distinctive talent-cultivating model. In Apr. 2008，I came to the beautiful campus of Yancheng Institute of Technology and was pleasantly surprised at the innovative engineering design projects by students from UGS College deploy NX in their curriculum. Now I am fully confident that UGS School will realize the expected goals in the digital manufacturing field for enterprises especially for NX and Teamcenter users.

3D Modeling and Mechanical Engineering Drawings is a representative work which integrates correlative NX modules of UGS College with original subjects and establishes a framework that lays equal stress on 3D modeling and 2D drafting. Centered on the construction of 3D models，engineering knowledge threads the whole textbook and involves many useful manfuacturing applications. The teaching contents also cover principles of 3D modeling（characterization，parameterization，CSG method，calculation of form and structure，etc.）. In particular，each chapter of the extending textbook *Practice Guidance for 3D Modeling and Mechanical Engineering Drawings* includes application guidance on computer，representative case and exercises in class and out of class，which is convenient for students to master relevant knowledge and technology from the modeling practice. This subject is one of the most important courses for UGS College students，and justified by their innovative engineering design projects. The textbook，I dare say，is very successful.

For three years it has been revised three times before this publication. Thus，other GO PLM universities in China may share the teaching outcome of UGS College. I also hope more universities will publish GO PLM textbooks to share their education fruits and experience and contribute more to the China's talents cultivation in digital design and manufacturing field.

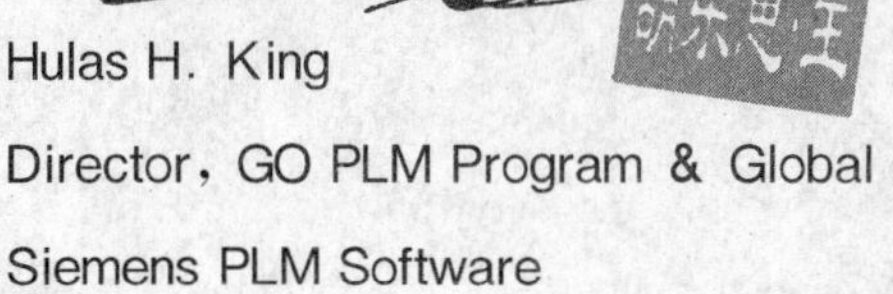

Hulas H. King

Director，GO PLM Program & Global Community Relations

Siemens PLM Software

April 18，2008

前　言

随着计算机技术的迅速发展，计算机辅助设计的广泛应用改变了工程设计人员进行产品设计的方法和手段，产品设计由“二维构形、二维设计”向“三维构形、三维设计”方向发展，人们更多地直接通过构建三维模型来进行产品设计，设计完成后，通过软件投影生成二维图。因此，迫切需要将三维 CAD 技术引入到工程制图的教学中，并与传统的课程内容进行有机的整合，以适应现代工程生产实践需求。

本教材为江苏省高等学校精品教材建设项目（苏高教[2007]23 号），编者遵循以能力培养为中心的教学指导思想，围绕三维构形和二维工程图表达与阅读能力培养的课程教学重点，将三维几何建模技术、机械设计基础知识与“画法几何”、“机械制图”进行有机整合，建立了产品三维形体设计方法和二维零件（装配）图表达方法并重的知识体系结构。教材采用循序渐进的内容安排，由简单到复杂，从基本体入手，逐步介绍组合体、零件、装配体的构形原理与建模方法；在学习投影理论后，介绍三维零件、装配体的数字模型向二维视图的转换方法、编辑手段和尺寸标注等，以及国家标准的有关规定。本教材编写注重理论与实践相结合，每一章后，以 NX 系统为工具给出零件（装配体）的建模方法、绘制零件（装配）图的思路和操作步骤。经过“三轮使用，三轮修改”，取得了预期的教学效果。另外编写有《三维建模与机械工程图实践指导》与教材配套使用。

参加本教材编写工作的有：王旭华（第 1、第 3、第 4、第 8 章），陈青（第 2、第 5、第 6 章），吴卫东（第 9 章），严潮红（第 7 章）。

本教材在编写过程中得到盐城工学院刘德仿副院长的具体指导以及 Siemens PLM Software 公司资深顾问洪如瑾女士的支持与关注。盐城工学院优集学院高飞老师，BU 机制 071 班曹智臣、072 班王开辉等同学在数字化模型建立方面给予大力帮助；同时还参考了国内同行编写的很多同类优秀教材，在此一并致以衷心的感谢。

本教材编写所使用的 NX 系统，为 Siemens PLM Software 公司 GO PLM 计划捐助。本教材出版由盐城工学院教务处资助。

限于编者学识水平，教材中的不妥甚至错误之处在所难免，敬请广大读者批评指正。

编　者

2009 年 9 月

目　录

1　绪论 ………… 1

1.1　本课程的研究对象、任务及学习方法 ………… 1

1.1.1　研究对象 ………… 1

1.1.2　研究任务 ………… 1

1.1.3　学习方法 ………… 2

1.2　Unigraphics NX 软件简介 ………… 2

1.2.1　UG NX 软件特点 ………… 3

1.2.2　UG NX 软件应用模块简介 ………… 3

2　基本体的构形与建模 ………… 5

2.1　基本体 ………… 5

2.1.1　基本体的概念 ………… 5

2.1.2　基本体的分类 ………… 5

2.1.3　常用基本体 ………… 5

2.2　基本体的构形 ………… 5

2.2.1　回转法 ………… 6

2.2.2　移动法 ………… 7

2.3　利用 UG NX 系统建立基本体 ………… 8

2.3.1　基本体素方式建立基本体 ………… 8

2.3.2　扫描方式建立基本体 ………… 9

2.4　常用曲面 ………… 12

2.4.1　曲面的形成 ………… 12

2.4.2　曲面的分类 ………… 12

3　组合体的构形设计与建模 ………… 15

3.1　组合体的组合形式与表面连接关系 ………… 15

3.1.1　组合体的组合形式 ………… 15

3.1.2　组合体相邻表面的关系及特点 ………… 16

3.2　组合体的形体分析与 CSG 树 ………… 17

3.2.1　形体分析法 ………… 17

3.2.2　CSG 体素构造法 ………… 17

3.2.3　不同组合体的分析 ………… 19

3.3 组合体的构形设计 …… 20
3.3.1 组合体的构形原则 …… 20
3.3.2 不同组合体的构形设计 …… 21
3.4 组合体的尺寸标注 …… 24
3.4.1 基本体的尺寸标注 …… 24
3.4.2 尺寸种类 …… 25
3.4.3 尺寸基准 …… 26
3.4.4 标注尺寸的方法 …… 26
3.4.5 安排尺寸时的注意事项 …… 28
3.5 利用 UG NX 系统进行组合体的构形设计实例 …… 28

4 零件的构形设计与建模 …… 34
4.1 零件的构形设计 …… 34
4.1.1 零件构形设计要求 …… 34
4.1.2 零件构形设计实例 …… 38
4.2 UG NX 的建模方法与过程 …… 40
4.2.1 UG NX 建模方法 …… 40
4.2.2 UG NX 参数化建模技术 …… 41
4.2.3 UG NX 建模过程 …… 42
4.2.4 三维 CAD 标准 …… 43
4.3 典型零件的构形设计 …… 45
4.3.1 轴套类零件 …… 45
4.3.2 轮盘类零件 …… 47
4.3.3 叉架类零件 …… 50
4.3.4 箱体类零件 …… 54
4.4 标准件、常用件的结构分析与建模 …… 59
4.4.1 标准件、常用件的结构特点 …… 59
4.4.2 标准件、常用件建模实例 …… 70
4.4.3 标准件库在产品设计中的应用 …… 77

5 装配建模与结构分析 …… 79
5.1 装配建模 …… 79
5.1.1 机械产品的装配 …… 79
5.1.2 装配建模的方法 …… 82
5.2 装配结构分析 …… 85
5.2.1 装配结构的工艺分析 …… 85
5.2.2 装配体的相关设计 …… 88
5.3 利用 UG NX 系统建立装配模型 …… 92

6 正投影法基础 ······ 95
6.1 投影法的基本知识 ······ 95
6.1.1 投影法的概念 ······ 95
6.1.2 投影法的分类 ······ 95
6.1.3 正投影法的基本特性 ······ 96
6.2 三视图的形成及其投影规律 ······ 96
6.2.1 三视图的形成 ······ 96
6.2.2 三视图的投影关系 ······ 97
6.2.3 三视图与物体方位的对应关系 ······ 98
6.3 基本几何元素的投影 ······ 99
6.3.1 点的投影 ······ 99
6.3.2 直线的投影 ······ 99
6.3.3 平面的投影 ······ 102
6.3.4 平面上的点、线、面 ······ 104
6.3.5 直线平面相互位置关系 ······ 105
6.4 立体的投影 ······ 106
6.4.1 基本体的三视图 ······ 106
6.4.2 组合体的三视图 ······ 108
6.5 立体表面交线的投影 ······ 110
6.5.1 截交线 ······ 110
6.5.2 相贯线 ······ 114
6.6 组合体读图 ······ 117
6.6.1 组合体读图的方法 ······ 117
6.6.2 读组合体三视图思路和步骤 ······ 118
6.7 用 UG NX 生成组合体视图 ······ 120
6.8 轴测投影图 ······ 121
6.8.1 轴测图的基本性质 ······ 121
6.8.2 正等测图 ······ 122
6.8.3 斜二测图 ······ 124

7 机件形状的常用表达方法 ······ 126
7.1 视图 ······ 126
7.1.1 基本视图 ······ 126
7.1.2 向视图 ······ 127
7.1.3 局部视图 ······ 128
7.1.4 斜视图 ······ 128
7.2 剖视图 ······ 129
7.2.1 剖视图的概念 ······ 129
7.2.2 剖视图的种类 ······ 131

7.2.3 剖切面的种类 …… 133
7.3 断面图 …… 135
7.3.1 断面图的基本概念 …… 135
7.3.2 断面图的分类 …… 136
7.3.3 剖切位置与标注 …… 136
7.4 其他表达方法及第三角画法 …… 137
7.4.1 局部放大图 …… 137
7.4.2 有关肋板、轮辐等结构的画法 …… 137
7.4.3 相同结构的简化画法 …… 138
7.4.4 较长机件的折断画法 …… 138
7.4.5 较小结构的简化画法 …… 139
7.4.6 某些结构的示意画法 …… 139
7.4.7 对称机件的简化画法 …… 139
7.4.8 允许省略剖面符号的移出断面 …… 140
7.4.9 第三角画法简介 …… 140
7.5 机件表达方法综合运用举例 …… 141

8 零件图 …… 143
8.1 零件图的内容 …… 143
8.1.1 零件图的内容 …… 143
8.1.2 绘制零件图的过程 …… 144
8.2 零件表达方案的选择 …… 144
8.2.1 主视图的选择 …… 144
8.2.2 其他视图的选择 …… 145
8.2.3 视图表达方案实例 …… 146
8.3 零件图的尺寸标注 …… 147
8.3.1 尺寸基准及其选择 …… 147
8.3.2 合理标注尺寸的原则 …… 149
8.3.3 零件上常见典型结构的尺寸注法 …… 151
8.3.4 零件尺寸标注举例 …… 152
8.4 零件图技术要求 …… 154
8.4.1 表面粗糙度代号及其注法 …… 154
8.4.2 极限与配合 …… 158
8.4.3 形状和位置公差 …… 165
8.5 用 UG NX 绘制零件图 …… 168
8.5.1 作图步骤 …… 168
8.5.2 作图过程 …… 168
8.6 读零件图 …… 171
8.6.1 读零件图的方法和步骤 …… 171

8.6.2 看零件图示例 …… 172

9 装配图 …… 174

9.1 装配图的作用和内容 …… 174

9.1.1 装配图的作用 …… 174

9.1.2 装配图的内容 …… 174

9.2 装配图的视图选择 …… 176

9.2.1 装配体的视图选择原则 …… 176

9.2.2 主视图的选择 …… 176

9.2.3 其他视图的选择 …… 176

9.2.4 注意事项 …… 176

9.3 装配图的表达方法 …… 177

9.3.1 装配图的规定画法 …… 177

9.3.2 装配图的特殊表达方法 …… 178

9.4 装配图的尺寸标注及技术要求的注写 …… 181

9.4.1 装配图上的尺寸标注 …… 181

9.4.2 装配图上技术要求的注写 …… 182

9.5 装配图零部件序号和明细栏 …… 182

9.5.1 零、部件的序号 …… 183

9.5.2 明细栏(根据 GB 10609.2—1989) …… 184

9.6 用 UG NX 绘制典型部件装配图 …… 185

9.7 阅读装配图、拆零件模型 …… 186

9.7.1 读装配图 …… 186

9.7.2 读装配图举例 …… 187

9.7.3 由装配图拆画零件图 …… 188

附录 A 常用螺纹及螺纹紧固件 …… 192

A1 普通螺纹(摘自 GB/T 193—2003，GB/T 196—2003) …… 192

A2 梯形螺纹(摘自 GB/T 5796.2—2005，GB/T 5796.3—2005) …… 193

A3 非螺纹密封的管螺纹(摘自 GB/T 7307—2001) …… 194

A4 螺栓 …… 195

A5 双头螺柱 …… 196

A6 螺钉 …… 197

A7 螺母 …… 199

A8 垫圈 …… 200

附录 B 常用键与销 …… 202

B1 键 …… 202

B2 销 …… 205

附录 C 常用滚动轴承 …… 208
C1 深沟球轴承(GB/ T 276—1994) …… 208
C2 圆锥滚子轴承(GB/ T 297—1994) …… 210
C3 推力球轴承(GB/ T 301—1995) …… 213

附录 D 常用材料及热处理 …… 216
D1 金属材料 …… 216
D2 常用热处理工艺 …… 219
D3 非金属材料 …… 220

附录 E 极限与配合 …… 221
E1 基本尺寸至 500 mm 的轴、孔公差带(摘自 GB/ T 1801—1999) …… 221
E2 优先选用及其次选用(常用)公差带极限偏差数值表
(摘自 GB/ T 1800. 4—1999) …… 221
E3 优先和常用配合(摘自 GB/ T 1801—1999) …… 229
E4 公差等级与加工方法的关系 …… 231

附录 F 制图的国家标准 …… 232
F1 图纸幅面和格式(GB/ T 14689—2008) …… 232
F2 比例(GB/ T 14690—1993) …… 234
F3 字体(GB/ T 14691—1993) …… 235
F4 图线(GB/ T 17450—1998) …… 236
F5 尺寸注法(GB/ T 4458. 4—2003) …… 238

参考文献 …… 243

1 绪　　论

1.1 本课程的研究对象、任务及学习方法

图样是工程界用来准确表达物体形状、大小和有关技术要求的技术文件。近代一切机器、仪器等产品和设备的设计、制造与施工、使用与维护等都是通过图样来实现的。设计者通过图样表达设计意图和要求，制造者通过图样了解设计要求、组织生产加工，使用者根据图样了解产品构造和性能、正确的使用方法和维护方法。因此，工程图样与文字、数字一样是表达设计意图、记录创新构思灵感、交流技术思想的重要工具之一，是“工程界的技术语言”。

近几年，随着计算机技术的迅速发展，计算机辅助设计的广泛应用改变了工程设计人员进行产品设计的方法和手段，产品设计由“二维构形、二维设计”向“三维构形、三维设计”方向发展，人们更多地直接通过构建三维模型来进行产品设计，设计完成后，通过软件投影生成二维图。显然，传统设计方法，即二维绘图(包括计算机二维绘图)在设计中的重要地位已经逐渐让位于现代设计方法。因此，工程图样可以用二维图形表达，也可以用三维图形表达。本课程在培养学生绘制和阅读工程图样能力的同时，注重培养学生的创造性构形设计能力，以适应现代设计方法。

1.1.1 研究对象

本课程是工科院校一门重要的技术基础课，包含三维模型与二维图形的机械工程图，是产品设计信息表达与交流的主要途径和手段，是工程技术人员之间沟通的桥梁。主要包括机械零部件三维模型的构形设计方法、二维机械工程图的投影法生成方法及阅读方法。

1.1.2 研究任务

本课程的主要目的是培养机械专业学生用图形表达设计思想的能力、工程实践能力以及创新设计能力，具备这些能力对学习后续课程和进行创造性设计是非常必要的，也是 21 世纪科技创新人才必备的基本素质之一。

本课程的主要任务是：

(1) 培养学生空间构思能力和创造性的三维形体设计能力，为后续相关课程的学习奠定基础。

(2) 学习投影理论，培养学生绘制和阅读二维机械工程图样的基本能力。

(3) 培养学生熟练地查阅机械制图中的常用标准的能力，培养其贯彻、执行国家标准的意识。

(4) 培养学生的自学能力、独立分析问题和解决问题的能力,以及认真负责的工作态度和耐心细致、一丝不苟的工作作风。

1.1.3 学习方法

要学好本课程,必须认真学习构形方法和投影理论,在掌握基本方法和基本理论的基础上,由浅入深地通过一系列的建模、绘图和读图实践,不断地分析和想象空间形体与图样上图形之间的对应关系,逐步提高空间想象能力和分析能力,掌握构形规律和正投影的基本作图方法。因此,必须做到:

1) 空间想象和空间思维与构形过程和投影分析紧密结合

在学习过程中,必须随时进行空间想象和空间思维,并与构形过程和投影分析紧密结合。一方面,运用 UG NX 软件建立三维实体模型,培养对三维形状与相关位置的空间逻辑思维能力和形象思维能力;另一方面,对视图中不易看懂的难点部分,借助三维实体建模,仔细观察其具体形状,进一步理解它们在二维视图中的投影画法。

2) 理论联系实际,掌握正确的方法和必要的技能

本课程实践性极强,在掌握基本概念和理论的基础上,还必须用较多的时间完成一系列的建模和绘图实践及适量的手工绘图作业。在这一过程中,需要学会和掌握运用理论去分析和解决实际问题的正确方法和步骤,掌握用 UG NX 软件进行三维建模以及从三维模型上获取二维视图的技巧和方法。

3) 加强标准化意识和对国家标准的学习

国家标准对投影法、图样画法、尺寸标注、图纸幅面及格式、比例、字体、图线、三维实体模型等很多方面都做了规定,每个学习者都必须从开始学习本课程时就树立标准化意识,认真学习并坚决执行国家标准的各项规定,保证自己所绘制的图样正确、规范。

4) 与工程实际相结合

本课程是服务于工程实际的工具课,因此,在学习中必须注重学习和积累相关工程实践知识,如机械设计知识、机械零件结构知识和机械制造工艺知识等,这些知识的积累对建立符合工程实践的三维模型、机械工程图,包括阅读零件图、装配图都是很有好处的。

5) 具有认真负责的工作态度和严谨细致的工作作风

由于图样在生产建设中起着很重要的作用,绘图和读图的差错,都会带来损失,所以在学习过程中,应培养认真负责的工作态度和严谨细致的工作作风。

1.2 Unigraphics NX 软件简介

Unigraphics NX 软件(简称 NX)是 Siemens PLM Software 公司集 CAD/CAM/CAE 于一体的软件系统,在航空航天、汽车、机械、模具和家用电器等工业领域得到了广泛应用。全世界多所大学和教育机构都在使用 NX 进行教学,有很多专业设计师、设计单位的科研人员使用 NX 进行设计和研究,它是当前工程设计、绘图的流行软件之一。作为未来的工程技术人员,了解和掌握一种三维设计软件的功能、操作和应用是十分必要的。我们将 UG NX 系统中的 Modeling、Drafting、Assembly Modeling 等模块融入工程图学的教学过程中。

1.2.1 UG NX 软件特点

UG NX 软件是一个交互的计算机辅助设计、计算机辅助制造和计算机辅助工程(CAD/CAM/CAE)集成系统。

NX 产品的功能覆盖了整个产品开发过程:从概念设计、造型设计、结构设计、性能仿真、工装设计到加工制造(见图 1-1)。CAD 功能是指现代制造业中常用到的工程设计和制图能力;CAM 功能是利用 NX 描述完成零件的设计模型,为现代机床提供 NC 编程;CAE 功能是提供产品、部件和零件的性能仿真能力。

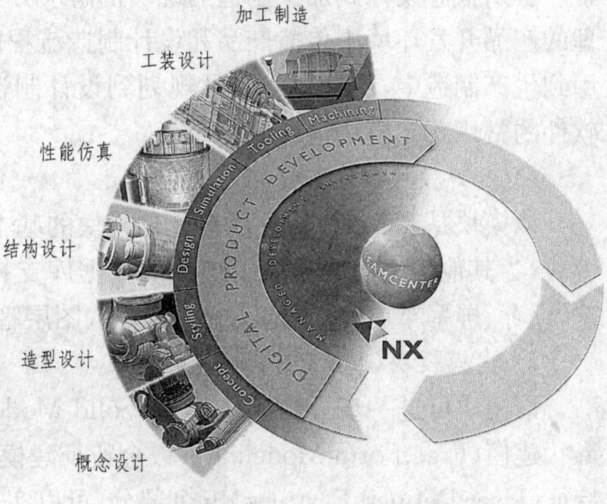

图 1-1 NX 数字化产品开发过程

NX 软件的主要优点:

(1) 支持产品和设计过程中的创新。

(2) 能够实现产品开发的转变。

(3) 通过协作、自动化和重用资源,减少开发时间和成本。

(4) 用仿真确认和优化改进产品质量和性能。

1.2.2 UG NX 软件应用模块简介

NX 功能被划分成一系列"应用(Application)"工具,如图 1-2 所示。UG NX 软件提供

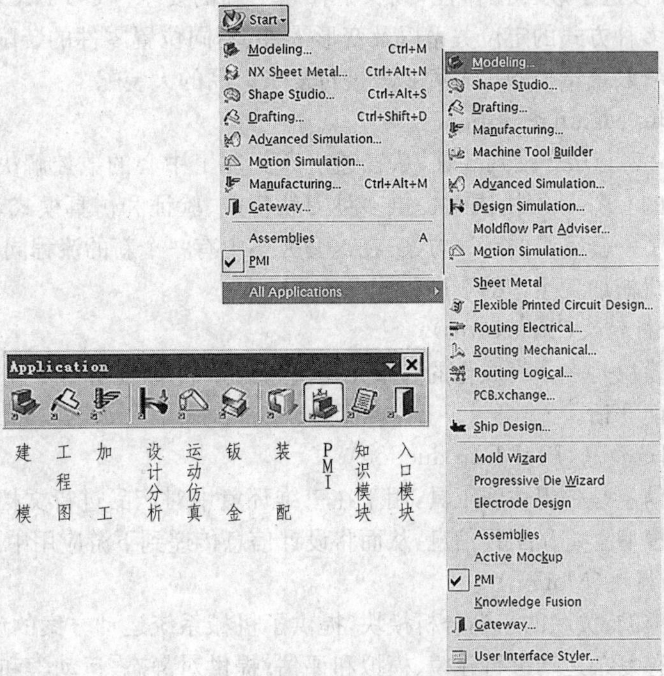

图 1-2 NX 软件应用工具条与下拉菜单

了一套从概念设计到加工制造的统一的解决方案，应用程序无缝地集成在一起，在一个可管理的产品开发环境中传播产品和设计制造流程的信息。UG NX 软件将数字化产品模型应用到生产制造中，从最初的产品规划到设计制造都有相应的模块覆盖。下面将对 UG NX 软件的常用功能模块进行简单介绍。

1）入口模块(Gateway)

该模块是 UG NX 软件所有其他模块的基本框架，是启动 UG NX 软件时运行的第一个模块，为其他 NX 模块提供了统一的数据库支持和交互环境。入口模块可以执行打开、创建、保存、屏幕布局、视图定义、模型显示、图层管理、绘图、打印队列等多种功能。

2）建模模块(Modeling)

该模块可进一步分为实体建模(Solid Modeling)、特征建模(Features Modeling)、自由形状建模(Free-Form Modeling)、钣金特征建模(Sheet Metal Feature Modeling)、用户定义特征(User-Defined Features)五个部分，可以实现各种复杂模型的创建，并支持复合建模。

3）工程制图模块(Drafting)

工程制图模块使得设计师可以从三维实体模型或草图中得到相关的二维工程图。标注的尺寸随着三维模型自动更新。该模块具有自动视图布局、动态捕捉、动态导航和自动建立明细表等多种功能，充分实现绘图的自动化。目前，它支持 ANSI、ISO、DIN、JIS、GB 等多个标准。

4）装配建模模块(Assembly Modeling)

装配建模模块提供了并行的、自上而下和自下而上的产品开发方法。在该模块生成的装配模型中，零件数据是对零件本身的链接镜像，保证了装配模型和零件设计的完全双向相关，零件设计中的任何改动，都会反映到装配模型中；反之，在装配模型上进行的修改也会传递到零件上，从而改进了软件操作性，减少了存储空间的要求。UG NX 软件支持对齐、贴合、相切、偏移等多种方式的定位关系以及变形零件、不同位置零件的装配。同时它还通过引用集、小平面模型、重量控制等多种手段进行复杂产品的大装配。

5）CAM 模块(Manufacturing)

NX 提供了一整套从 3 轴到 5 轴，从普通机床到加工中心的数控解决方案。它是目前世界上应用最广的 CAM 软件，同时提供多种刀轨生成、验证和仿真模式。UG NX 软件为多功能机床提供了一套完整的解决方案，在这套方案中有一个新的流程同步管理器，使得用户能精确地控制机械加工操作的顺序。

6）有限元分析模块(Structures)

有限元分析模块是一个集成化的有限元建模和解算工具，能够对零件进行前后处理，用于工程仿真和性能评估。

7）产品和制造信息(PMI Introduction)

产品和制造信息是一组注释工具，用于在三维环境中对产品进行文档说明。产品设计人员可以在三维模型上定义工程信息，从而将设计信息传递到下游应用中。

8）运动分析模块(Motion)

这是一个集成的、关联的运动分析模块，提供了机械系统运动方案的设计功能；能够对机械系统的大位移复杂运动进行建模、模拟和评估；提供对静态、运动学和动力学模拟的支持，输出图、动画、MPEG 影片以及电子表格等分析结果。

2 基本体的构形与建模

模型按照其复杂程度，可分为基本立体（简称基本体）和组合立体（简称组合体）。本章主要介绍基本体和常用曲面的构形方式，基本体和曲面的生成方式。

2.1 基本体

2.1.1 基本体的概念

形状简单的基本几何形体称为基本体，如棱柱、棱锥、圆柱、圆锥等。

2.1.2 基本体的分类

模型按照其表面的几何形状不同可分为两类：表面全部为平面的立体称为平面立体，如图 2-1 所示；表面为曲面或由曲面和平面组成的立体称为曲面立体，如图 2-2 所示。

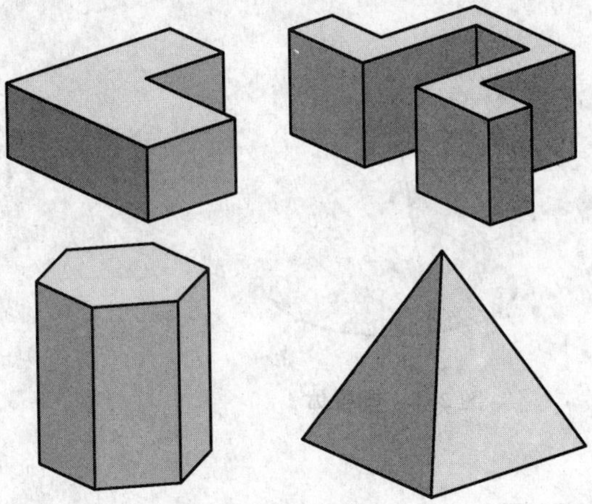

图 2-1 平面立体

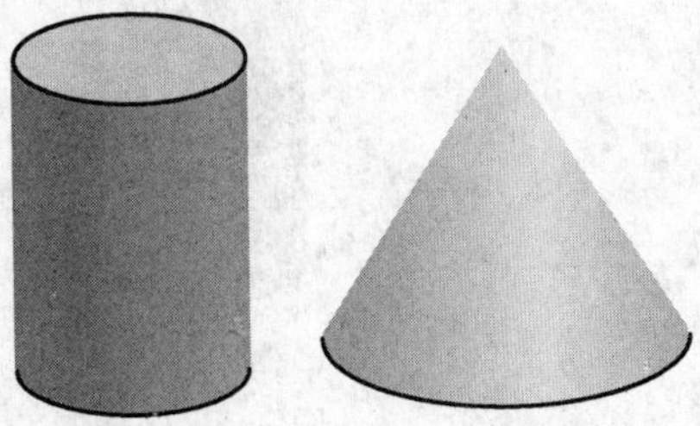

图 2-2 曲面立体

2.1.3 常用基本体

常用基本体包括棱柱、棱锥、圆柱、圆锥、球、环等，如图 2-1、图 2-2 所示。

2.2 基本体的构形

如图 2-3、图 2-4 所示，通常可以通过旋转或移动截面几何对象来形成基本体，截面几何对象可以是线、面等。

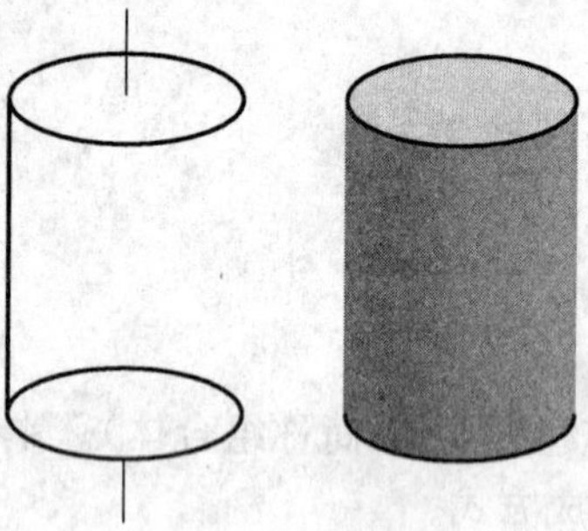

图 2-3　旋转构形基本体

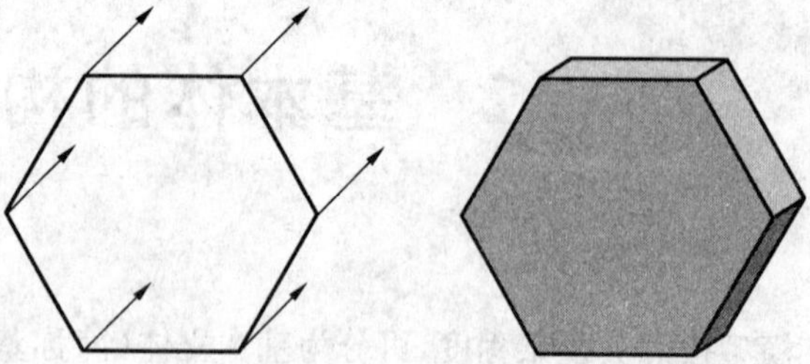

图 2-4　移动形成基本体

2.2.1　回转法

回转法是指任一平面图形(基面)绕指定的轴旋转形成基本形体的方法。指定的轴即为旋转轴。

1) 基本回转体的构形

(1) 圆柱体的形成

由直线 AA_1 绕与它平行的轴线 OO_1 旋转形成圆柱体,如图 2-5 所示。直线 AA_1 称为母线,直线 AA_1 旋转所形成的表面称为圆柱面,圆柱面上与轴线平行的任一直线称为圆柱面的素线。

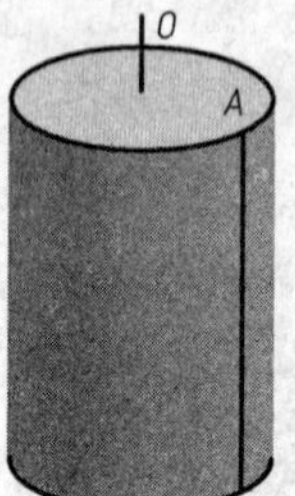

图 2-5　圆柱体

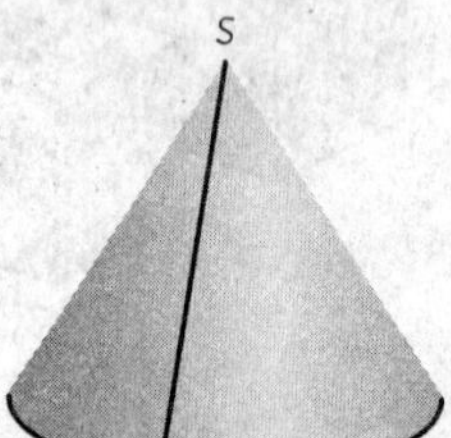

图 2-6　圆锥体

(2) 圆锥体的形成

由直线绕与它相交的轴线旋转形成圆锥体,如图 2-6 所示。直线 SA 旋转形成的表面称为圆锥面。点 S 称为锥顶,直线 SA 称为母线。圆锥面上过锥顶的任一直线称为圆锥面的素线。

(3) 球的形成

如图 2-7 所示,一圆母线绕过其圆心且在同一平面上的轴线 OO_1 旋转而形成球,球的表面称为球面。

(4) 环的形成

如图 2-8 所示,一圆母线绕不通过其圆心但在同一平面上的轴线回转而形成环,环的表面称为环面。

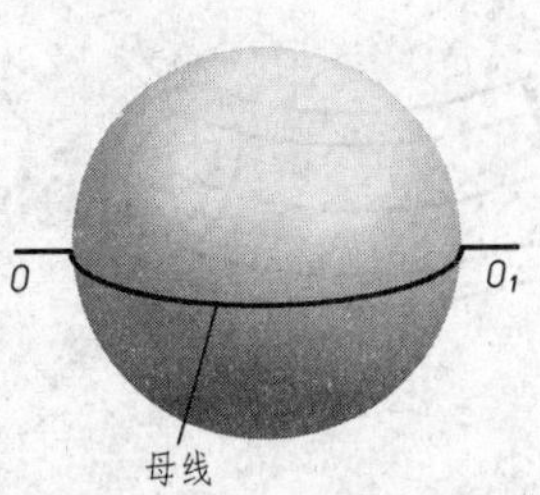

图 2-7　球

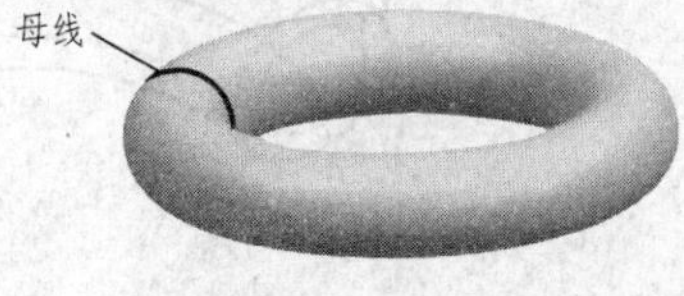

图 2-8　环

2）组合回转体的构形

如图 2-9 所示，由截面曲线绕指定的轴旋转形成组合回转体。

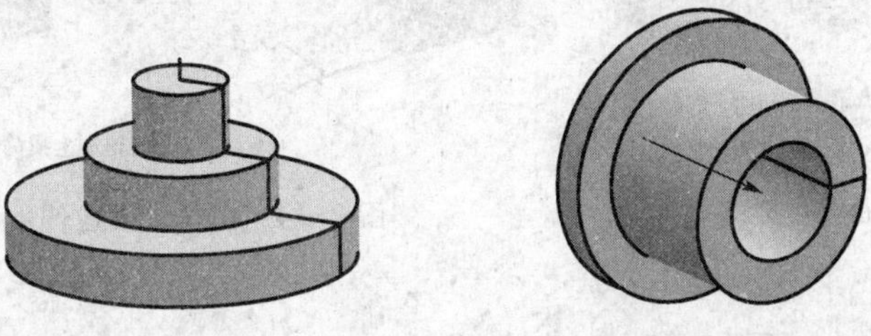
(a)　(b)

图 2-9　回转法生成组合回转体

2.2.2　移动法

移动法是指由任一平面图形(基面)沿某一直线方向移动形成基本体的方法。

1）平移法形成基本体

如图 2-10 所示，由六边形沿指定方向平移一段距离形成的基本体称为棱柱，棱柱由上下两个底面和几个侧棱面组成。侧棱面与侧棱面间的交线称为侧棱线。侧棱线与底面垂直的棱柱称为直棱柱。

如图 2-11 所示，通过多边形沿指定方向生成基本体。

图 2-10　棱柱

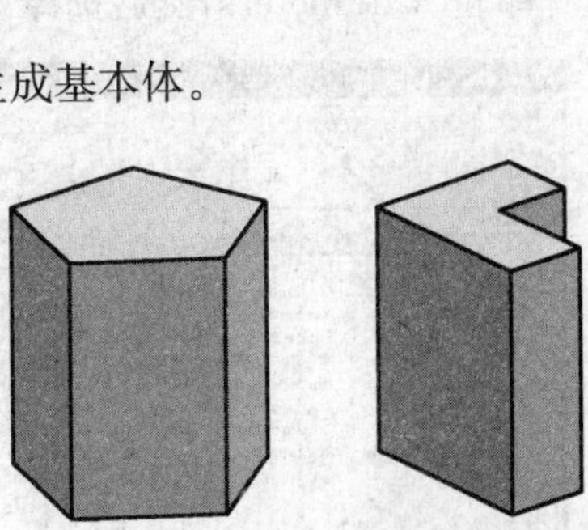
图 2-11　平移法生成基本体

2）导向法形成基本体

如图 2-12 所示，由两个同心圆沿着一曲线扫掠形成基本体；如图 2-13 所示，由一平面图形沿一曲线扫掠形成基本体。

可以选择已形成的体表面来创建基本体。选择面沿导引线扫掠形成基本体，如图 2-14 所示。

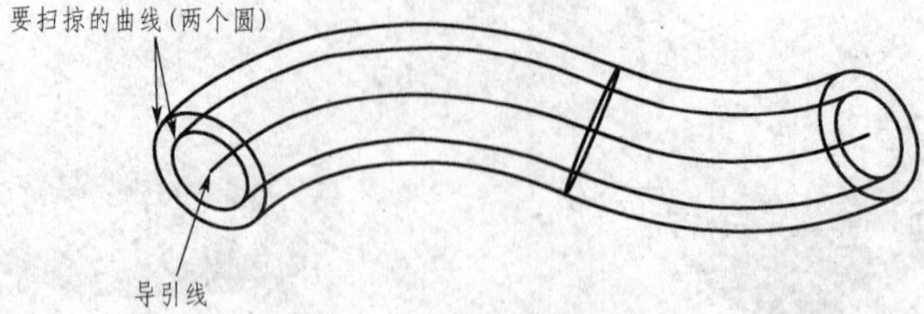

图 2-12　导向法形成基本体

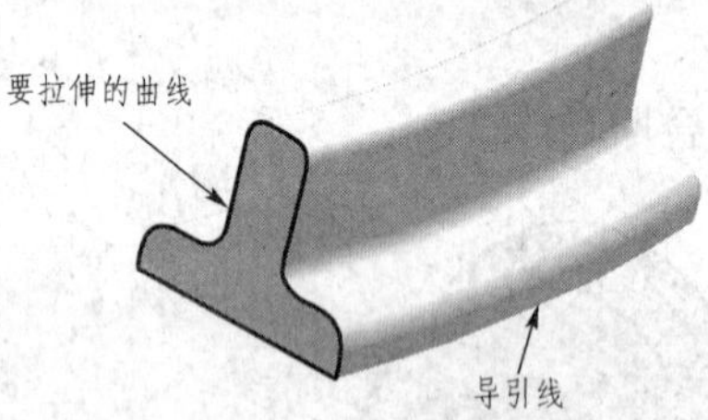

图 2-13　拉伸曲线生成基本体

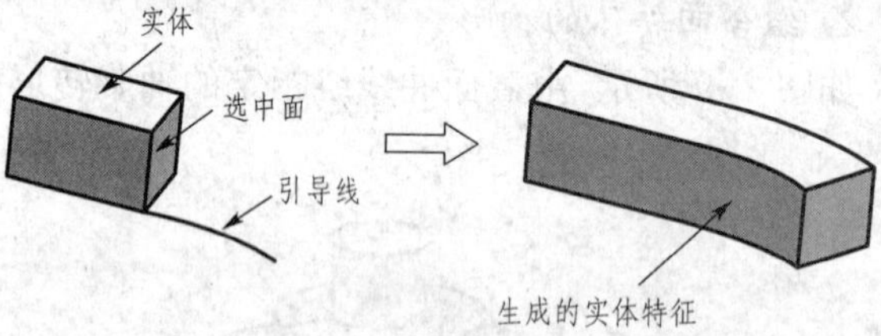

图 2-14　由体表面拉伸生成基本体

2.3　利用 UG NX 系统建立基本体

2.3.1　基本体素方式建立基本体

1) 长方体

(1) 建立文件,进入建模环境

选择[开始]/[程序]/[Unigraphics NX],或者双击 Unigraphics NX 图标,可进入 UG 环境,使用菜单 File→New,弹出如图 2-15 所示对话框,在指定的路径下,输入新部件文件名"fmf_1",选择单位 Millimeters,然后选择 Templates 为 Modeling 进入建模应用模块。

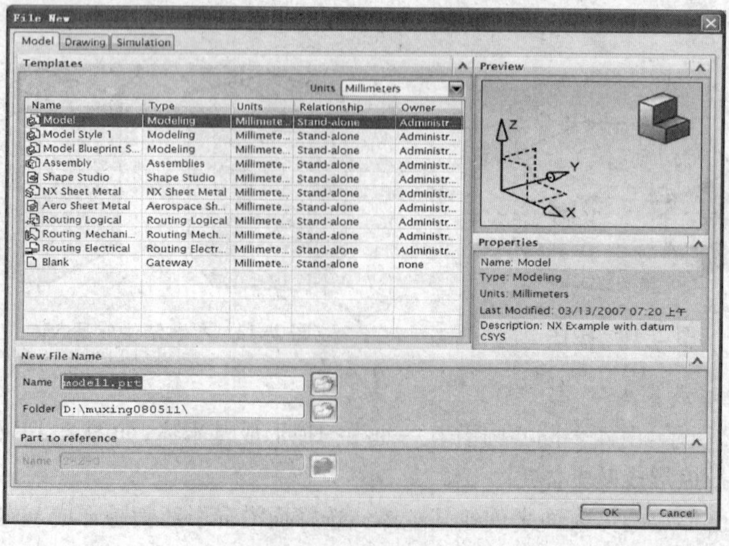

图 2-15　"新建文件"对话框

(2) 创建长方体

使用工具条 Form Feature 中 Block 命令图标，弹出如图 2-16 所示对话框，创建长方体。

① 选择创建方式，使用点、边长方式。

② 输入参数值，即长、宽、高的大小。

③ 选择"应用"，生成长方体。

(3) 保存文件

使用菜单 File→Save 保存文件。

在建模过程中，每一步操作前可以参看图形窗口左上方提示行的提示。

2) 圆柱体

(1) 建立文件，进入建模环境

选择[开始]/[程序]/[Unigraphics NX]，或者双击 Unigraphics NX 图标，可进入 UG 环境，使用菜单 File→New，输入新部件文件名"fmf_2"，选择单位 Millimeters，然后选择 Templates 为 Modeling 进入建模应用模块。

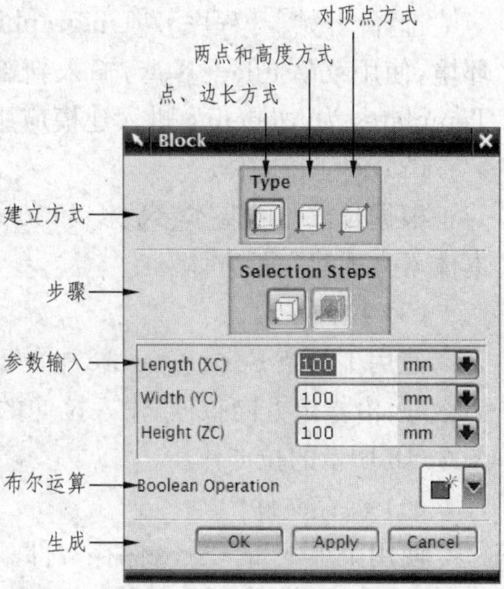

图 2-16　"创建长方体"对话框

(2) 创建圆柱体

使用工具条 Form Feature 中 Cylinder 命令图标创建圆柱体，如图 2-17 所示。

① 选择对话框中 Type，确定使用直径、高度方式。

② 使用对话框 Axis 中 Specify Vector 确定圆柱轴线方向；Specify Point 确定放置位置；其直径大小和高度值直接输入。

③ 选择"应用"，生成圆柱体。

(3) 保存文件

使用菜单 File→Save 保存文件。

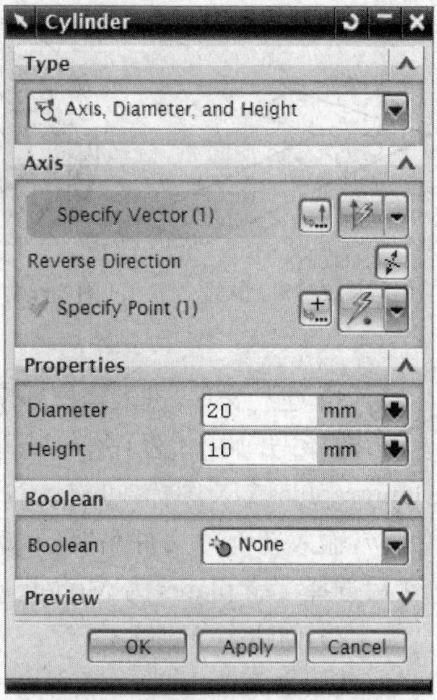

图 2-17　"确定圆柱体方向、大小、位置"对话框

在创建基本体时应注意以下几点：

① 创建的基本体的大小是由定义的参数大小确定的，如果参数变化，则基本体随之更新。

② 基本体的定位，通过定义空间点来设置其在模型空间中的位置，这种方式为显示定位。

③ 在一个模型中建议只使用一次基本体建模，且用作第一个对象。

④ 在采用选择弧方式生成圆柱、圆锥、球时，生成的对象与弧不相关，这意味着如果改变弧的大小，所生成的对象不会随之更新。

2.3.2　扫描方式建立基本体

1) 拉伸体

(1) 建立文件，进入建模环境

选择[开始]/[程序]/[Unigraphics NX]，或者双击 Unigraphics NX 图标，可进入 UG 环境，使用菜单 File→New，输入新部件文件名“fmf_5”，选择单位 Millimeters，然后选择 Templates 为 Modeling 进入建模应用模块。

(2) 创建长方体

根据长方体的基本参数长为 30 mm，宽为 20 mm，高为 5 mm，使用基本体素方式建立长方体。

(3) 拉伸

使用工具条 Form Feature 中的 Extrude 命令，选择长方体的下表面作为截面，沿指定方向拉伸，输入拉伸的初始值 0 mm、终止值 25 mm，生成如图 2-18 所示的拉伸体。

图 2-18　拉伸体

(4) 保存文件

使用菜单 File→Save 保存文件。

2) 回转体

利用已生成的曲线，根据设计意图可以得到多种形体，如图 2-19 为曲线，图 2-20、图 2-21、图 2-22 为利用图 2-19 所示曲线经旋转生成的模型。以图 2-20 由曲线旋转所得的回转体 1 为例，创建步骤如下：

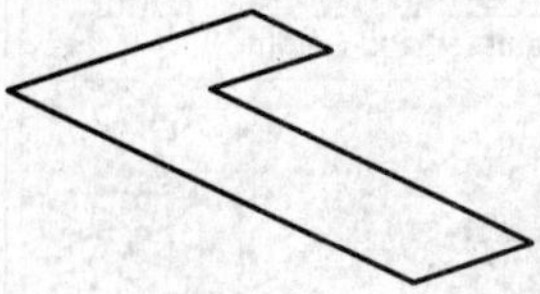

图 2-19　曲线

图 2-20　由曲线旋转所得的回转体 1

图 2-21　由曲线旋转所得的回转体 2

图 2-22　由曲线旋转所得的回转体 3

(1) 建立文件，进入建模环境

选择[开始]/[程序]/[Unigraphics NX]，或者双击 Unigraphics NX 图标，可进入 UG 环境，使用菜单 File→New，输入新部件文件名“fmf_6”，选择单位 Millimeters，然后选择 Templates 为 Modeling 进入建模应用模块。

(2) 创建多条直线

使用主菜单 Insert→Curve→Line，出现如图 2-23 所示对话框，创建如图 2-19 所示曲线。

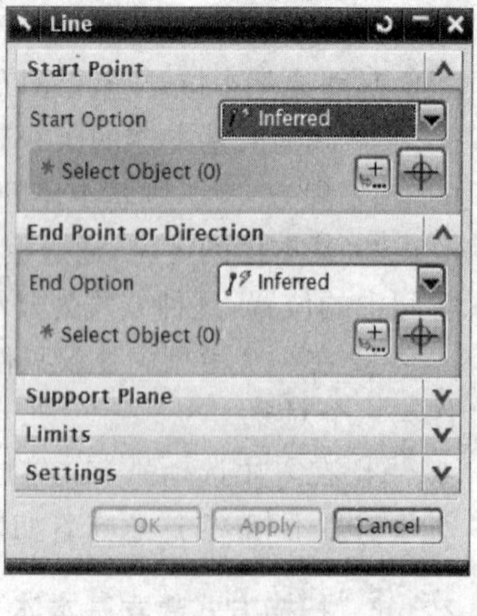

图 2-23　“生成直线”对话框

(3) 由曲线旋转得回转体

使用工具条 Form Feature 中的 Revolve 命令，选择已创建多条线，输入旋转的初始值 0°、终止值 360°，选择旋转轴，生成如图 2-20 所示的回转体。

(4) 保存文件

使用菜单 File→Save 保存文件。

3) 扫掠体

利用两个同心圆作为截面线串,利用与之垂直的线串作为引导线串,扫掠生成如图 2-24 所示的模型。

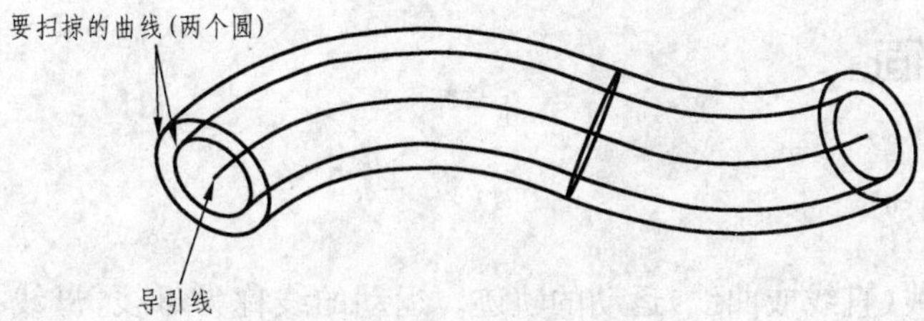

图 2-24 扫掠体

(1) 建立文件,进入建模环境

选择[开始]/[程序]/[Unigraphics NX],或者双击 Unigraphics NX 图标,可进入 UG 环境,使用菜单 File→New,输入新部件文件名"fmf_7",选择单位 Millimeters,然后选择 Templates 为 Modeling 进入建模应用模块。

(2) 创建同心圆

使用主菜单 Insert→Curve→Basic Curves,出现如图 2-25 所示对话框以及输入参数工具条,创建两个同心圆。

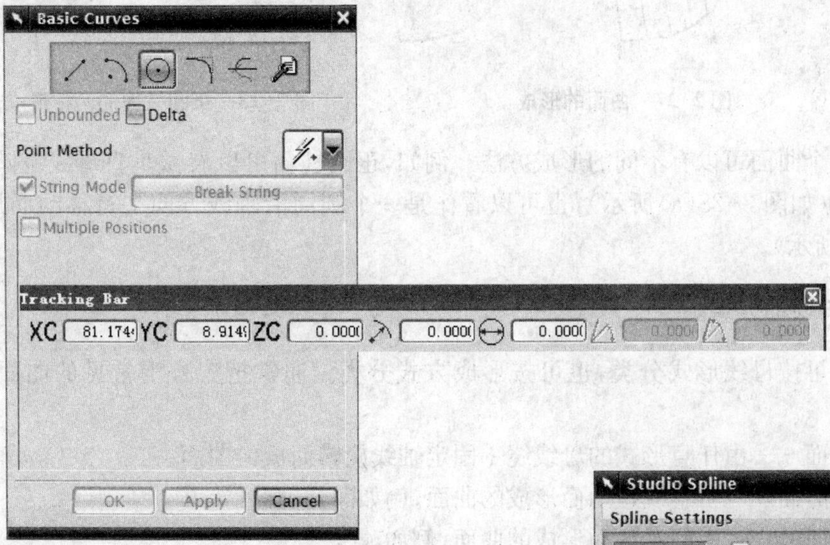

图 2-25 "生成弧/圆"对话框

(3) 创建引导线

旋转工作坐标系 90°,使用 Insert→Curve→Studio Spline,出现如图 2-26 所示对话框,创建如图 2-24 中所示的引导线。

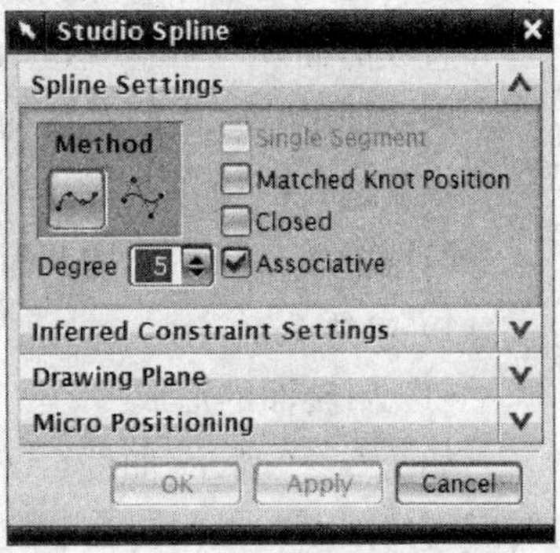

图 2-26 "生成曲线"对话框

(4) 由同心圆扫掠得回转体

使用工具条 Form Feature 中的 Sweep along Guide 命

令，选择同心圆，确定后再选择引导线，生成如图 2-24 所示的扫掠体。

(5) 保存文件

使用菜单 File→Save 保存文件。

2.4 常用曲面

2.4.1 曲面的形成

曲面是一条线（直线或曲线）运动的轨迹。运动的线称为母线，母线在曲面上的任一位置称为素线，控制母线运动的线和面分别称为导线和导面。

如图 2-27 所示的柱面，是直母线 *MN* 沿着曲导线 *AB* 移动，且始终平行于直导线 *L* 而形成的曲面。

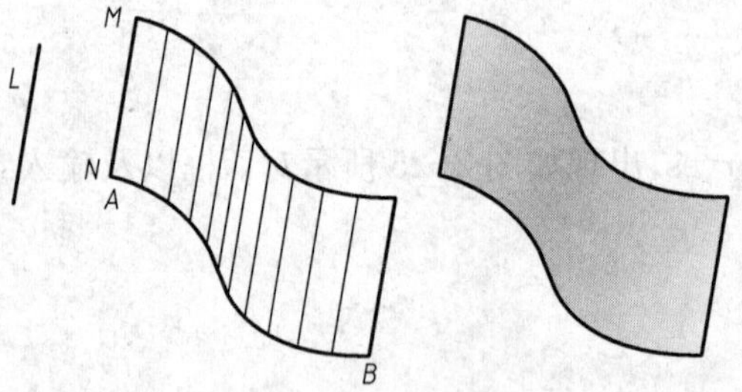

图 2-27 曲面的形成

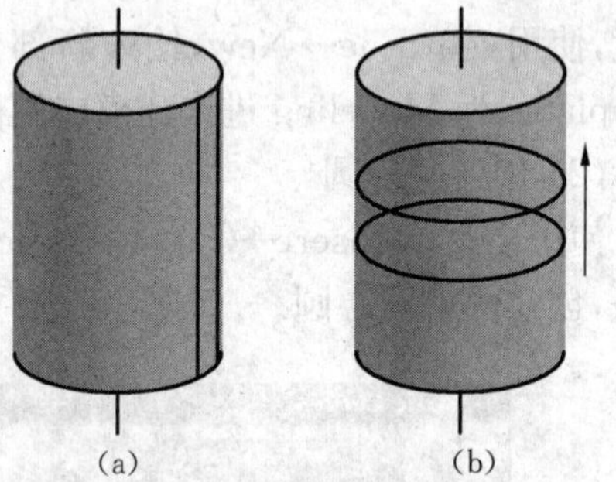

图 2-28 正圆柱面的两种形成方式

同一个曲面可以有不同的形成方法。例如，正圆柱面可以看做是直母线绕圆柱轴线旋转而形成（如图 2-28(a)所示），也可以看作是一个圆周沿轴线方向平行移动而形成（如图 2-28(b)所示）。

2.4.2 曲面的分类

曲面可按母线形式分类，也可按形成方式分类。通常把工程上常见的曲面分成下列几类：

回转面——由任意形式的母线绕一固定轴线旋转而成的曲面。

直纹曲面——由直线运动而形成的曲面，例如圆柱、圆锥等。

圆纹曲面——由圆运动而形成的曲面，例如球。

螺旋面——由任意形式的母线沿螺旋线运动而形成的曲面。

复杂曲面——不能按照简单规律形成的曲面。

1) 回转面

(1) 回转面的形成

如图 2-29 所示，曲线（*ABC* 母线）绕一轴线 *O-O′*（导线）旋转所得的曲面叫做回转面。旋转时，曲线上每一点所形成的圆叫做纬圆，回转面上有无数个纬圆。

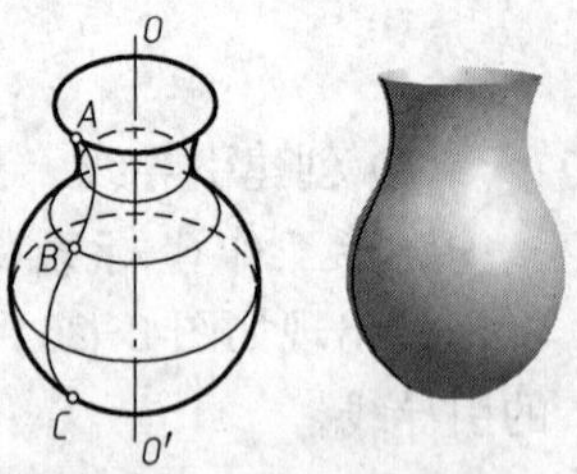

图 2-29 回转面的形成

工程上最常用的回转面是圆柱面、圆锥面、圆球面和圆环面。

(2) 单叶回转双曲面

单叶回转双曲面由直母线绕与它交叉的轴线旋转而形成，如图 2-30 所示。

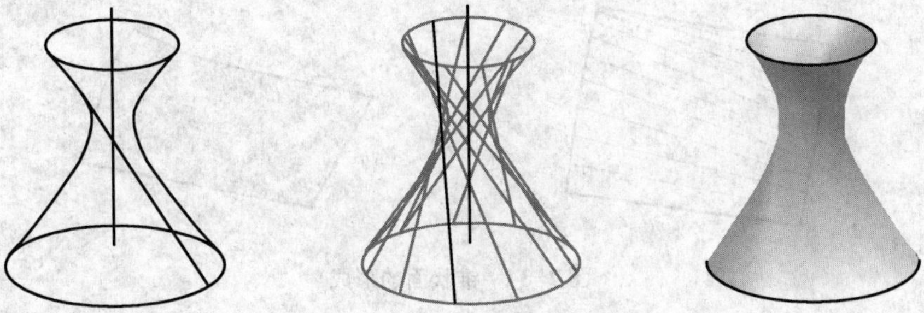

图 2-30 单叶回转双曲面

2) 螺旋面

当一动点沿着一直线等速移动，而该直线同时绕与它平行的一轴线等速旋转时，动点的轨迹就是一根圆柱螺旋线，如图 2-31 所示。

一母线(直线或曲线)沿一圆柱螺旋线(导线)运动，并且始终与螺旋线导圆柱的轴线垂直，则所得曲面叫做正螺旋面，如图 2-32 所示。

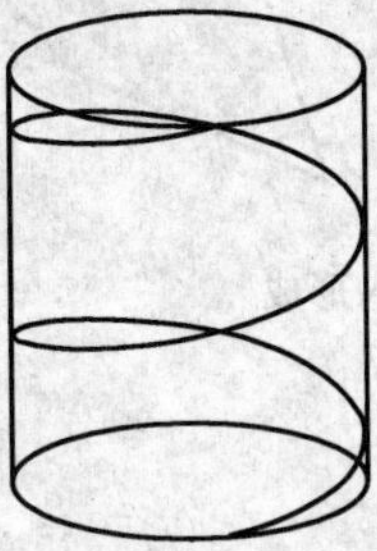

图 2-31 圆柱螺旋线的形成

图 2-32 螺旋面的形成

3) 柱状面的形成

一直母线沿两条曲导线连续运动，同时始终平行于一导平面，这样形成的曲面称为柱状面，如图 2-33 所示。

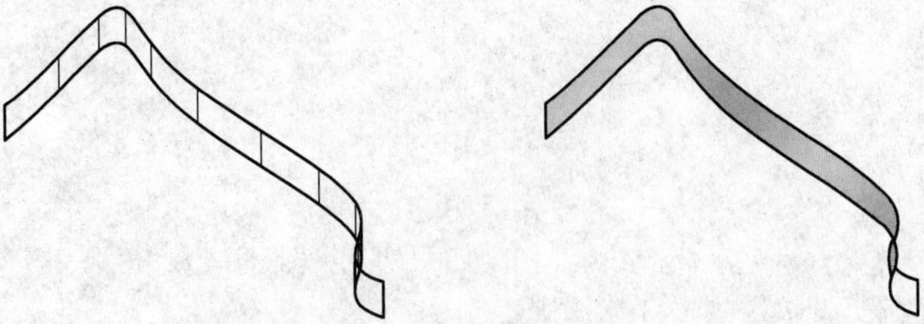

图 2-33 柱状面的形成

4）锥状面的形成

一直母线沿一直导线和曲导线连续运动，同时始终平行于一导平面，这样形成的曲面称为锥状面，如图 2-34 所示。

图 2-34　锥状面的形成

5）双曲抛物面的形成

一直母线沿两交叉直导线连续运动，同时始终平行于一导平面，其运动轨迹称为双曲抛物面，如图 2-35 所示。

图 2-35　双曲抛物面的形成

3　组合体的构形设计与建模

工程中常见的形体，一般都可以看作是由基本体经过叠加、切割等方式而形成的组合体。为了正确地表达它们，本章将介绍组合体的形成规律、形体分析方法、构形设计方法以及尺寸标注等问题。

3.1　组合体的组合形式与表面连接关系

工程中常见的形体，以其几何形状分析，都可看成是由一些基本体（平面立体、曲面立体）按一定方式构成的。我们把由两个或两个以上的基本体，按照一定的方式组合而成的形体称为组合体。

3.1.1　组合体的组合形式

组合体中各种基本体之间的组合形式主要有：叠加组合、切割组合或综合运用叠加与切割的复合组合。

1）叠加组合

叠加就是将若干个基本体（或稍作变形的基本体）重叠在一起，组成一个新的整体。由于叠加方式的不同，又可分为简单叠加、相交叠加。

(1) 简单叠加

简单叠加是指参加操作的两个基本体具有公共的接触面且相互不进入对方体内，两个基本体接触面黏合在一起成为组合体。图 3-1(a)中连杆毛坯是由两个圆柱与支承板简单叠加而成；图 3-1(b)螺栓毛坯可以看作是由六棱柱和圆柱沿轴线简单叠加而成。

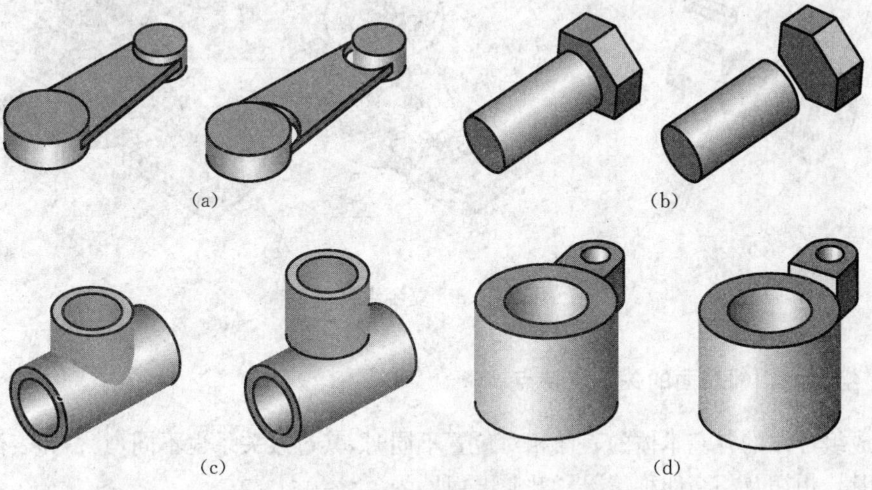

图 3-1　叠加组合

(2) 相交叠加

相交叠加则是指参加操作的两个基本体各有一部分位于对方体内，即两个基本体具有共享的空间，在此相对位置情况下，把它们叠加在一块。图 3-1(c)组合体是由两个圆柱筒相交叠加而成；图 3-1(d)组合体是由圆柱筒与 U 形柱相交叠加而成。

2) 切割组合

切割也称挖切，在基本体上进行截切和穿孔，形成一个新的形体。图 3-2(a)中的顶杆，是由一个四棱柱切去三块和打了一个孔而成；图 3-2(b)所示磁钢组合体是由一个半圆柱体经四次切割而形成的。

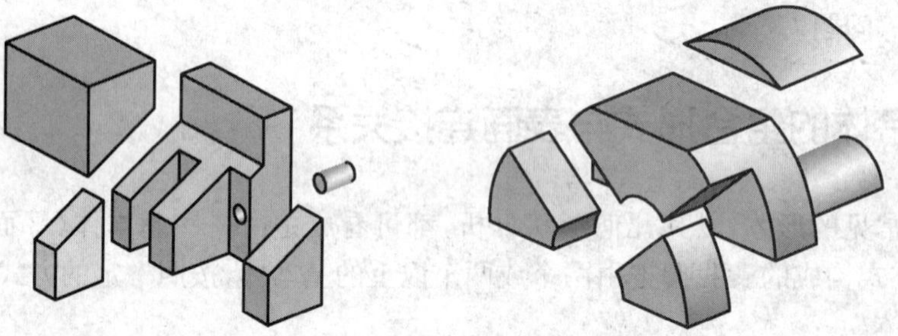

(a)　　(b)

图 3-2　切割组合

3) 复合组合

复合组合就是综合运用叠加、切割方式形成新的形体。这种组合方式比较复杂，形成的组合体接近于机器零件的主要几何形体，往往称为机件体，它的形体体现了零件的某些功能。

图 3-3(a)为阶梯轴式的复合组合体，是由多个同轴回转体简单叠加形成工作形体，再在工作形体上挖切键槽而成的；图 3-3(b)的支座是由底板、肋板、圆筒、凸台四个基本体叠加，并在相应的基本体上打孔而成的，体现了叠加、切割复合组合的形状特征。

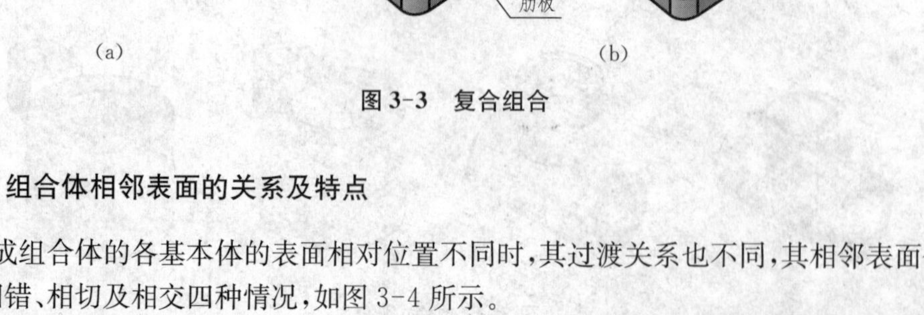

(a)　　(b)

图 3-3　复合组合

3.1.2　组合体相邻表面的关系及特点

组成组合体的各基本体的表面相对位置不同时，其过渡关系也不同，其相邻表面会出现平齐、相错、相切及相交四种情况，如图 3-4 所示。

1）平齐

平齐是相叠加的两个基本体某一相邻表面共面，两表面之间无分界线。如图 3-4(a)所示组合体可看作是由底板和 U 形柱两部分组成，U 形柱的宽度与底板的宽度相等时，前后端面是对齐的，即为同一平面，在端面的连接处没有分界线。

2）相错

图 3-4(b)中，U 形柱的宽度与底板的宽度不相等，前后端面是互相错开的，此时在端面的连接处有分界线。

3）相切

相切是指相组合的基本体某一表面光滑过渡，无交线。如图 3-4(c)所示的组合体中支板与圆柱叠加，邻接表面相切，相切处没有交线。

4）相交

相交是指相组合的基本体表面不是光滑过渡，产生交线。图 3-4(d)中支板与圆柱叠加，邻接表面相交，相交处有交线。

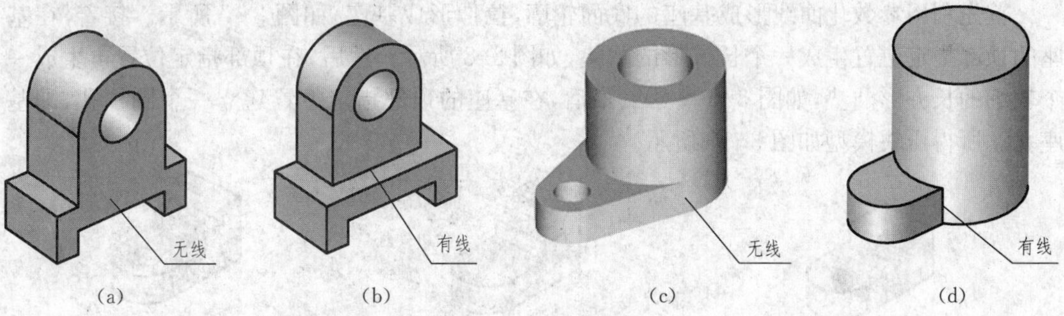

图 3-4　组合体相邻表面间的关系

3.2　组合体的形体分析与 CSG 树

3.2.1　形体分析法

组合体的形状虽是多种多样的，但从形体的角度进行分析，都可以看成是由基本体组合而成的。形体分析法就是假想把组合体分解成若干基本体并确定各部分的形状、相对位置、组合方式以及相邻表面之间的关系，从而形成组合体的整体概念的方法。

应用形体分析法，对图 3-3(b)的支座进行分析，支座分解为圆筒、凸台、底板和肋板四个组成部分，圆筒与底板接合，底板的侧面与圆筒的外圆柱面相切，底板的底面与圆筒底面不共面，肋板叠加在底板的上表面，右侧与圆筒相交，圆筒、凸台的轴线正交，两圆筒相贯连成一体。

3.2.2　CSG 体素构造法

CSG(Constructive Solid Geometry)体素构造表示法，是用计算机进行实体造型的一种构形方法，也是一种新的构形思维方式。CSG 体素构造表示法实质上是利用集合运算，即运用并(∪)、交(∩)、差(－)等运算方式，描述基本体的组合形式的一种方法，从而将组合体定义为若干较简单的基本体的有序集合运算。如图 3-5 所示。

(a) 并(∪)运算　　(b) 交(∩)运算　　(c) 差(－)运算

图 3-5　集合运算

以图 3-6 所示压块为例,说明利用 CSG 法分析、描述建立组合体模型的过程。

图 3-6　压块模型

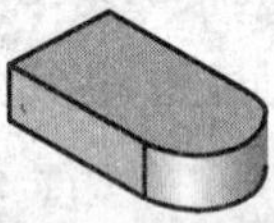

图 3-7　生成基座

首先利用参数化曲线形成基座的底面轮廓,拉伸形成基座,如图 3-7 所示。接着,在基座的顶部指定位置生成一个长方形的凸垫,如图 3-8 所示。然后,在顶部指定位置再生成一个较细的长方形凸垫,如图 3-9 所示。最后,在基座的顶部指定位置建立一个圆柱孔,即基座孔。所得压块模型如图 3-10 所示。

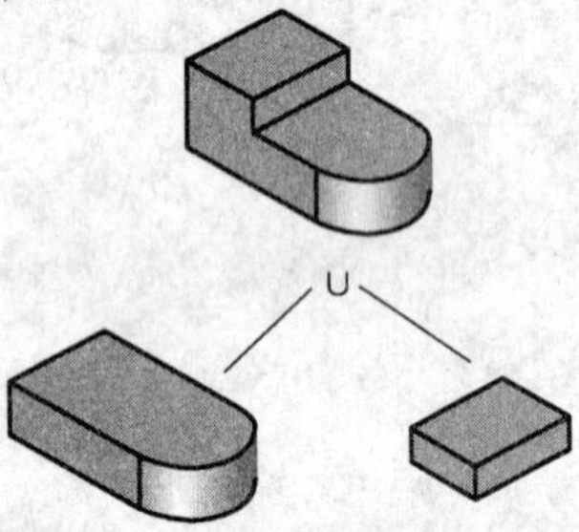

图 3-8　生成凸垫

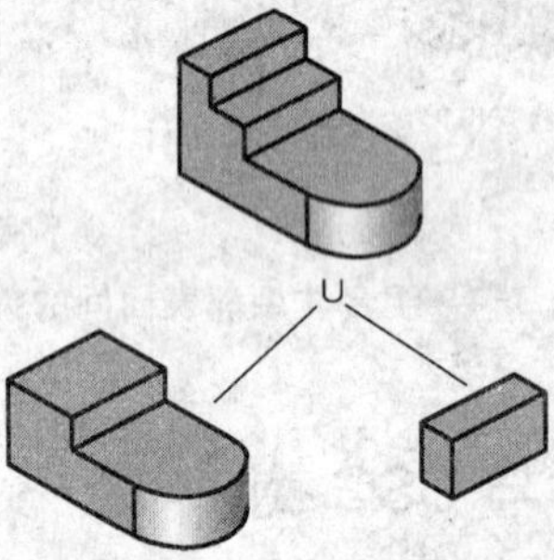

图 3-9　生成凸垫

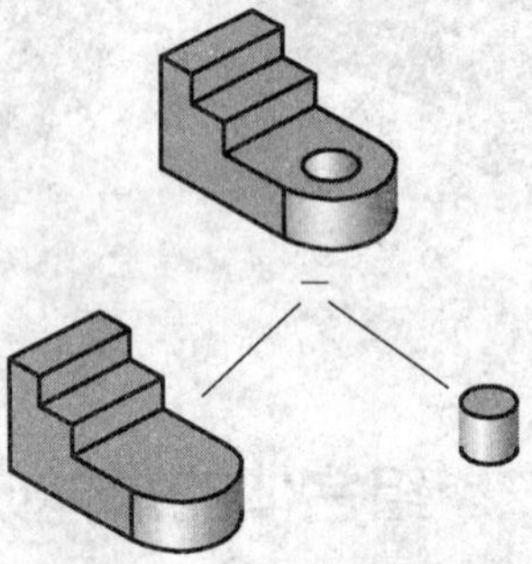

图 3-10　生成组合体

通过记录建立组合体模型时所进行的集合运算及其过程,可以形成一个反映每步执行信息的树结构,如图 3-11 所示,树结构中保存了模型的构造过程和建模相关信息。树的叶

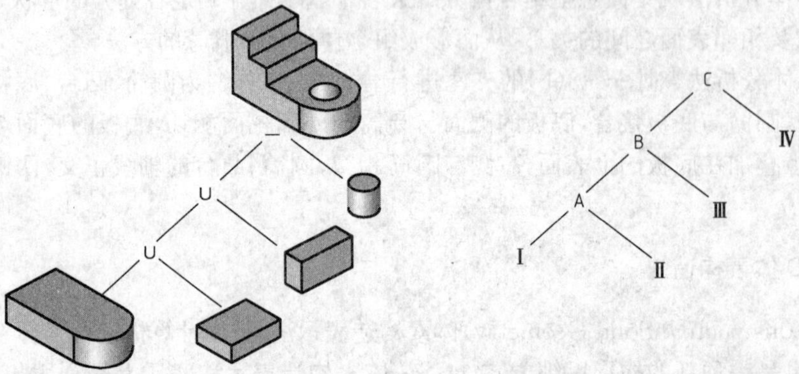

图 3-11　压块的 CSG 树

结点(或终结点)是基本体(如立方体、圆柱体、圆锥体、扫掠体、回转体等),而中间结点(枝节点)为集合运算的结点,根结点即为组合体,我们把这样一种记录组合体集合运算及其过程的树结构称为 CSG 树。

图 3-11 为压块的 CSG 树,叶结点Ⅰ和Ⅱ代表长方体和 U 形块,执行并运算后生成新的实体 A,与叶结点Ⅲ进行并运算生成实体 B,再与叶结点Ⅳ进行差运算,得到根结点处完整的组合体模型 C。

如图 3-12 所示的机座,由底座(U 形板)、圆柱、梯形板做并(∪)运算叠加在一起,然后做差(—)运算挖去圆柱阶梯孔形成中间形体 A,并在中间形体 A 上再做差(—)运算切出梯形槽、长方形槽而成的。

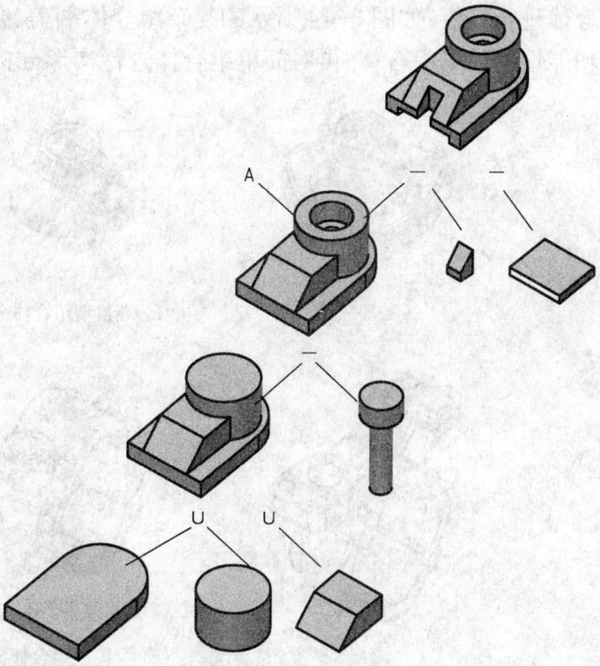

图 3-12　机座的构形过程

从上述两例可以看出,组合体可以由基本体经过集合运算而得到,组合体的构形过程可以用 CSG 树来描述。这种描述方法,既符合空间形体的构形过程,形象而简捷地反映设计者的构形思维过程,又能满足计算机造型的要求,对构建组合体模型很有帮助。

3.2.3　不同组合体的分析

1) 简单组合体的分析

对于简单组合体,可用形体分析法直接分析它的组成、形成过程以及各基本体的相互关系。如图 3-13 所示为简单组合体,它是由两个基本体(棱柱体)进行叠加,然后分别在两个基本体上切割所需要的形体而形成的。

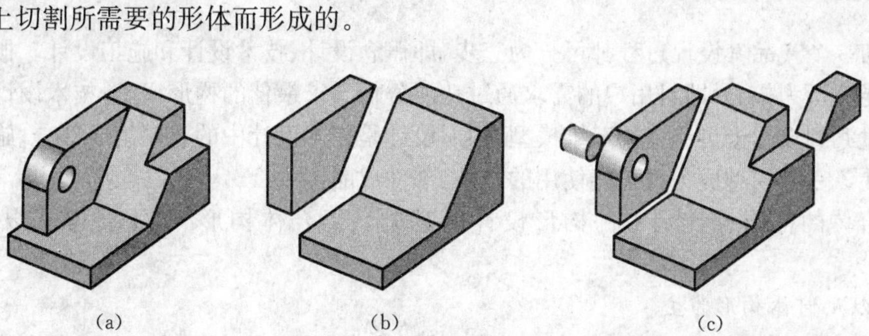

图 3-13　简单组合体的分析

2) 复杂组合体的分析

复杂组合体是由若干个简单组合体组合而成的,具有功能性的组合体。因此,它的分析过程首先是将复杂组合体分解成带有某种功能的简单组合体,然后在此基础上再对简单组合体进行分析；如图 3-14 所示的复杂组合体端盖、泵体可分解成工作形体和安装形体这种功能性的简单组合体，再对简单组合体进行构形分析。

(a) 端盖型组合体分解

(b) 泵体型组合体分解

图 3-14　复杂组合体的分析

3.3　组合体的构形设计

根据要求，构思组合体的形状、大小并表达出来的过程称为组合体的构形设计。组合体的构形设计把空间想象、形体构思与表达三者有机地结合起来。这不仅能促进构形、表达能力的提高，还能发展空间想象能力，同时在构形设计中还有利于发挥构思者的创造性。

3.3.1　组合体的构形原则

任何一个产品其设计过程都可分为三步，即概念设计、技术设计和施工设计。概念设计是以功能分析为核心，即对用户的需求通过功能分析寻求最佳的构形概念；技术设计是将概念设计过渡到技术上可制造的三维模型，构形设计是技术设计中的重要组成部分；施工设计主要是使该三维模型成为真正能使用的零件、部件成品。

组合体的构形设计是零件构形设计的基础。组合体构形时，主要遵从以下几个原则：

1）以几何体构形为主

一般的，各种形体的形成都是有规律的，其形成的原因与用途有关，主要由两部分结构组成，即工作部分和安装部分。组合体构形设计的目的，主要是培养利用基本体构成组合体的方法，培养和提高设计者的空间思维能力。一方面提倡所设计的组合体应尽可能体现工程产品或零部件的结构形状和功能，以培养观察、分析、综合能力；另一方面又不强调必须工程化，所设计的组合体也可以凭自己的想象，以便有利于扩大思路、活跃思想，培养创造力和想象力。如图 3-15 所示的组合体,基本上表现了一部卡车的外形,但并不是所有细节都完全逼真。

图 3-15 表达卡车外形的组合体

2) 构形设计力求新颖、多样

构成一个组合体所使用的基本体类型、组合方式和相对位置应尽可能多样化,并力求打破常规,构想出与众不同的新颖方案。如图 3-16(a)所示,若给出一个向下看的视图,设计组合体。所给视图有四个线框,表示从后到前可看到四个表面,他们可以是平面,也可以是曲面,其位置可高可低,整体外框可表示底面,也可以是平面或曲面,这样就可以构成多个不同的方案。图 3-16(b)所示方案是由平面立体构成的,显得单调。图 3-16(c)、(d)所示均是由圆柱体切割而成的,且高低错落、形式活泼、构思新颖。

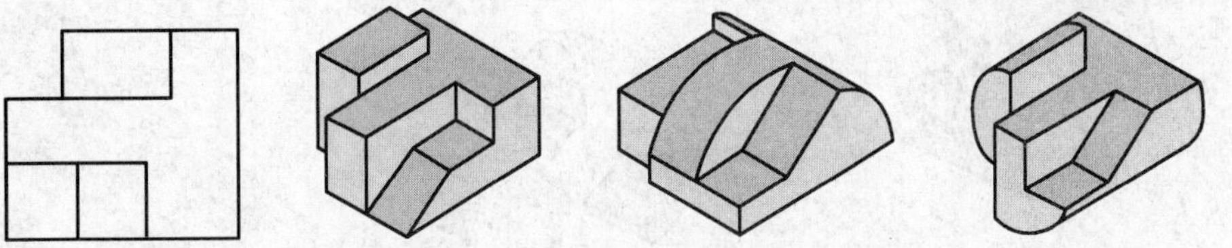

(a) (b) (c) (d)

图 3-16 构形设计力求新颖

3) 应构成实体和便于成型

两个形体组合时,不能出现点接触、线接触和面连接。如图 3-18 所示,接触线 L 不能把两个体构成一个实体,连接面 P 没有厚度,不是体,这些设计都是错误的。

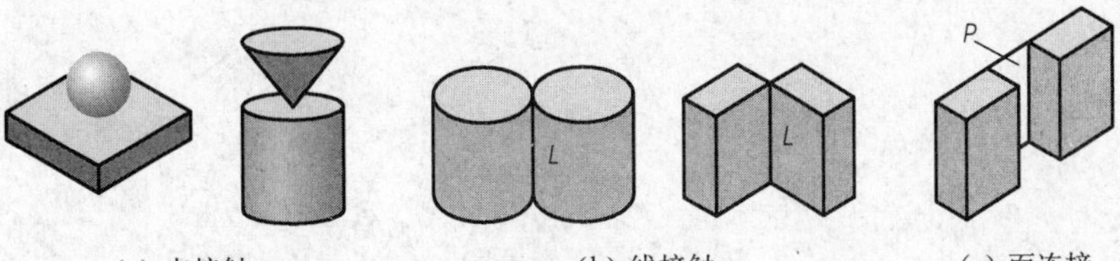

(a) 点接触 (b) 线接触 (c) 面连接

图 3-17 不能出现点接触、线接触和面连接

在满足用户要求的前提下,尽量采用平面或回转面造型,没有特殊要求不用其他曲面,这样有利于制造。

封闭内腔不便于成型,一般不要采用。如图 3-18 所示。

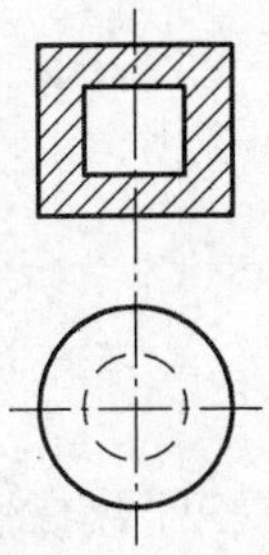

图 3-18 封闭内腔

3.3.2 不同组合体的构形设计

1) 以叠加为主的组合体构形

组合体可以由多个基本体通过叠加方式构成。不同的基本体可以组成不同的组合体,相同的几个基本体通过改变其相对位置,也可组成不同的组合体。因此,叠加型组合体的构形设计关键在于明确各基本体的结构形状和它们的相互位置关系,进而确定它们的表面连接关系,从而正确地构建组合体模型。

轴承座是由底板Ⅰ、圆筒(轴承)Ⅱ、支承板Ⅲ、肋板Ⅳ和凸台Ⅴ等五个部分组合而成。如图 3-19 所示。圆筒Ⅱ与肋板Ⅳ相交,圆筒Ⅱ与支承板Ⅲ相切、圆筒Ⅱ与凸台Ⅴ相交。对于轴承座这类叠加型组合体,首先多次运用叠加运算建立轴承座的主体结构,然后,分别在主体结构的底板、圆柱和凸台上打孔,最后在底板上切出两个圆角,最终建立轴承座的三维模型。图 3-20 为轴承座的构形设计过程,图 3-21 为轴承座的 CSG 树。

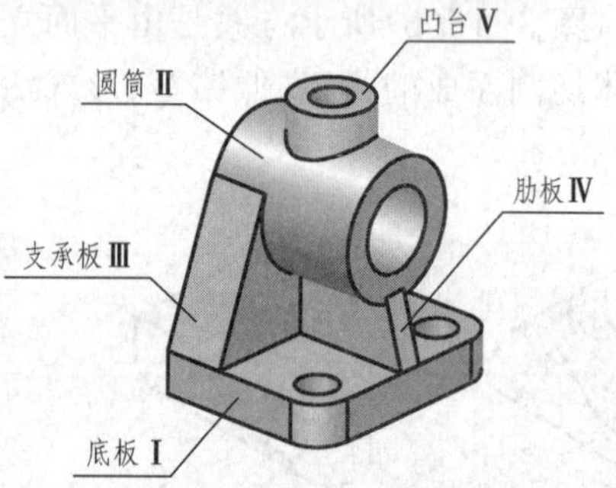

图 3-19　轴承座

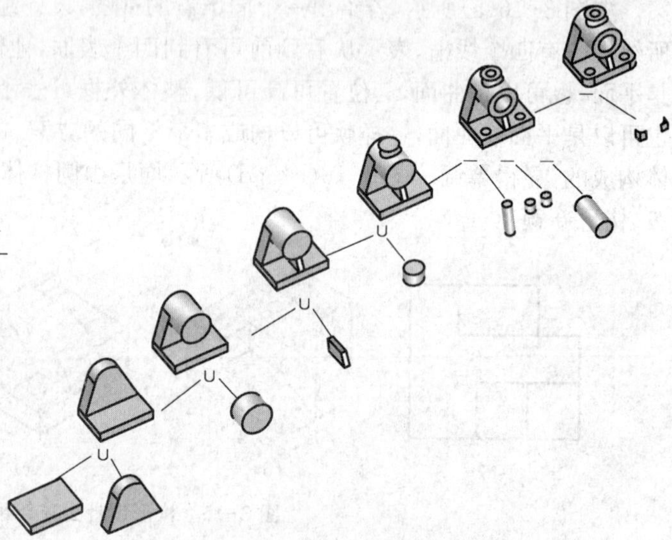

图 3-20　轴承座的构形设计过程

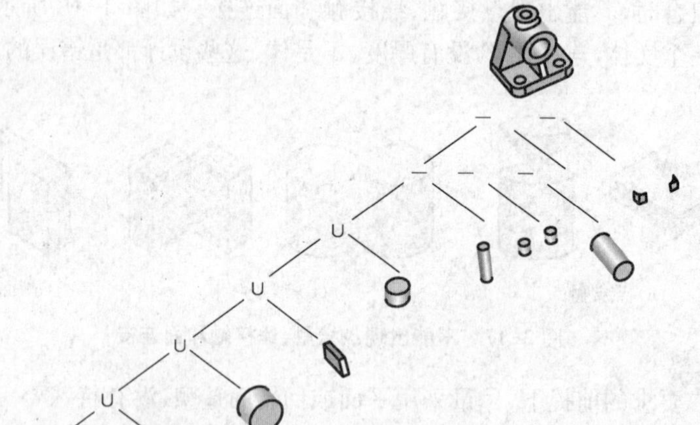

图 3-21　轴承座的 CSG 树

2) 以切割为主的组合体构形

切割型的组合体可看成是由基本体通过切口、开槽、穿孔等方式形成的,将一个基本体挖切一次即可得到一个新的表面,该表面可以是平面、曲面、斜面,可凹、可凸、可挖空等,变换切割方式和切割面间的相互关系,即可生成多种组合体。该类型组合体的构形设计,关键是根据设计表面交线(截交线和相贯线)的形状,想象出所要切割的基本体的形状,进而建立其主体模型，然后在主体模型上打孔、切倒角等，最终形成所需的模型。图 3-22 为支架的构形设计过程。图 3-23 为支架的 CSG 树。

图 3-22　支架的构形设计过程

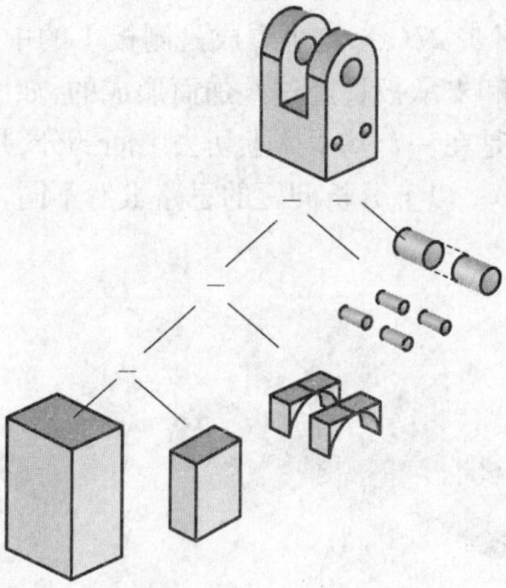

图 3-23　支架的 CSG 树

3）组合体的复合构形

同时运用叠加和切割构形方式构成组合体的方法称为复合构形，这是构建组合体模型的常用方法。图 3-24 为利用复合构形方式构成的轴承盖的构形设计过程。图 3-25 为其 CSG 树。

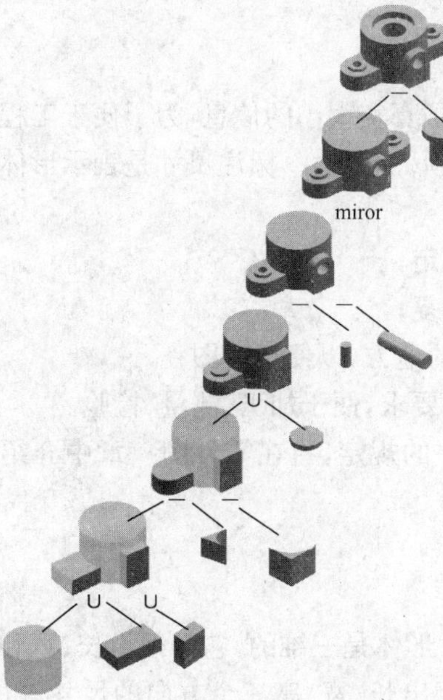

图 3-24　轴承盖的构形设计过程

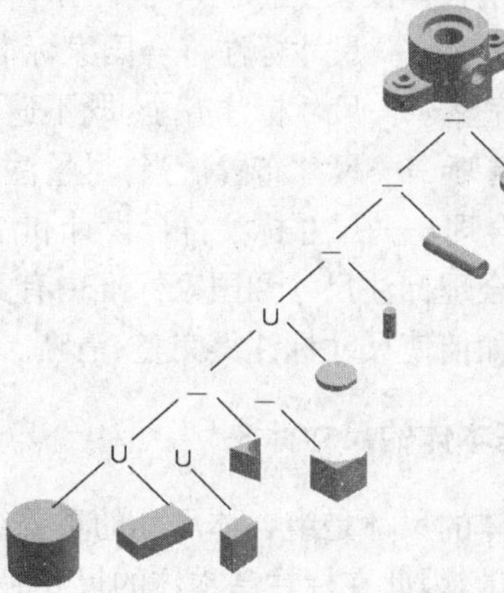

图 3-25　轴承盖的 CSG 树

4）同一组合体的分解方法不是唯一的

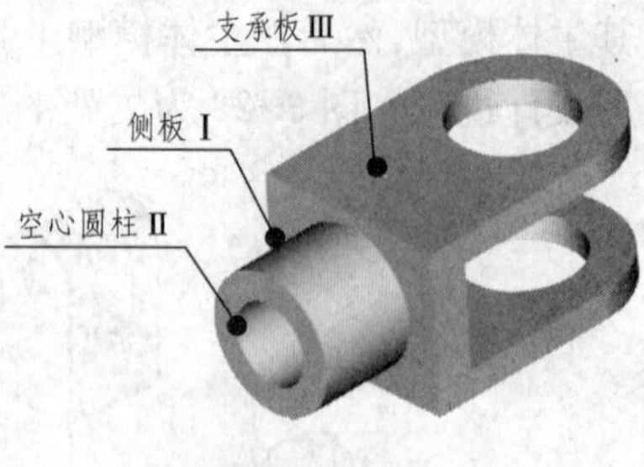

图 3-26　支架

通过以上实例可以看出，要构建一个组合体，拆分是关键，组合体的分解过程不是唯一的，如图 3-26 所示的支架是由侧板Ⅰ、空心圆柱Ⅱ、两个支承板Ⅲ构成。图 3-27 反映了针对同一支架能采取的不同分解方案。支架可以看成是侧板Ⅰ、空心圆柱Ⅱ、支承板Ⅲ经过叠加而成，如图 3-27(a)；也可看成是侧板Ⅰ的中间部分与空心圆柱Ⅱ和支承板Ⅲ经过叠加而形成的，如图 3-27(b)；还可看成是在一个基本体上切去中间部分、并打孔，最后与空心圆柱Ⅱ进行叠加而形成，如图 3-27(c)。以上分析问题的思路虽然不同，但是结果是一样的。

(a) 分解方案 1　(b) 分解方案 2　(c) 分解方案 3

图 3-27　支架的不同分解方案

在许多情况下，叠加和切割并没有严格的界线，同一物体可能有不同的分解方法，应根据具体情况采用最佳分解方法，以分解为构成的基本体的数量最少、最能反映立体特征为最终目的。组合体 CSG 树无二义性但不是唯一的。

3.4　组合体的尺寸标注

组合体模型反映了组合体的形状，模型中蕴涵了真实大小的信息，为了便于工程交流以及更好地表达组合体各部分的相对位置关系，还必须标注尺寸，标注尺寸是表示形体的重要手段。在组合体模型上标注尺寸的基本要求是：

(1) 正确——尺寸标注符合国家标准中有关规定；

(2) 完整——尺寸标注齐全，既不遗漏，也不重复；

(3) 清晰——尺寸布置恰当，尽量注写在明显的地方，以便于读图；

(4) 合理——尺寸标注符合设计和制造工艺等要求，便于加工、测量、检验。

关于合理标注尺寸和国家标准中有关尺寸标注的规定，将在零件图一章中介绍。本节主要讨论如何使尺寸标注得完整、清晰。

3.4.1　基本体的尺寸标注

基本体的尺寸是组合体尺寸的重要组成部分。形体是三维的，它必须沿长、宽和高三个方向来度量，因此在标注基本体的尺寸时，要注意标出长、宽、高三个方向的尺寸，以确定其形状大小。对柱体，通常标注底平面尺寸和高度尺寸，如图 3-28(a)中的四棱柱，在底面上标注 25、40，在高度方向标注高度尺寸 60；正六棱柱通常标注六边形宽度和高度方向尺寸，如图 3-28(b)中的 60 和 60；对棱锥台应标注上顶和下底的尺寸，如图中的 44 和 52，以及高度尺寸 60，如图 3-28(c)所示。

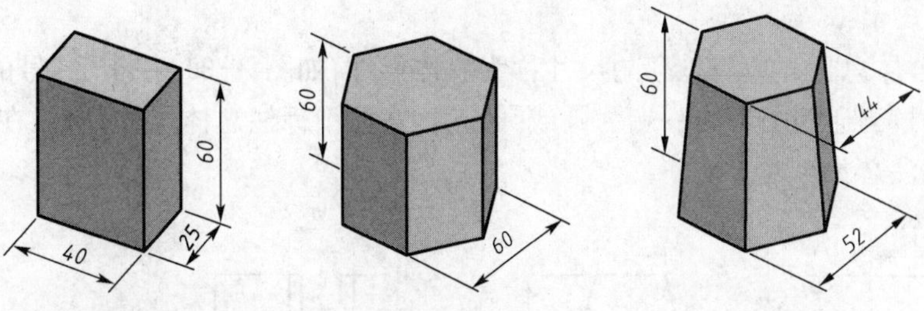

(a) 四棱柱　　　　　(b) 正六棱柱　　　　　(c) 棱锥台

图 3-28　基本平面立体的尺寸标注

对于圆柱体只要标注直径和高度即可，如图 3-29(a)中的 ϕ50 和 60。圆台应标注上、下底面的直径 ϕ45、ϕ55 和高度 60，见图 3-29(b)。对于圆球，标注直径 ϕ9 即可，见图 3-29(c)。

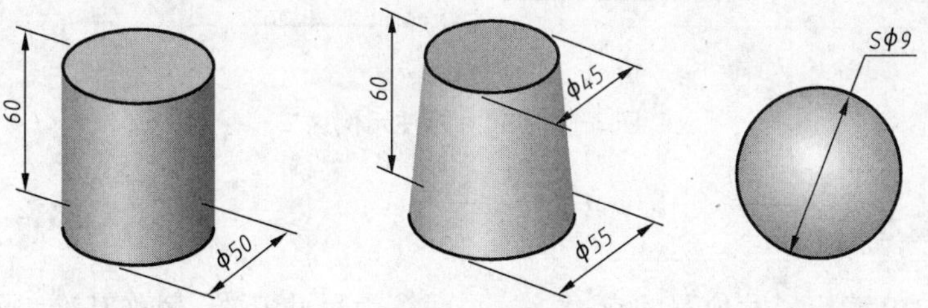

(a) 圆柱　　　　　(b) 圆台　　　　　(c) 圆球

图 3-29　回转体的尺寸标注

3.4.2　尺寸种类

组合体模型上一般要标注三类尺寸：定形尺寸、定位尺寸和总体尺寸。

1) 定形尺寸

确定组合体中各基本体形状及大小的尺寸称为定形尺寸，如图 3-30、图 3-31 中的直径(ϕ)、半径(R)和长、宽、高等尺寸。

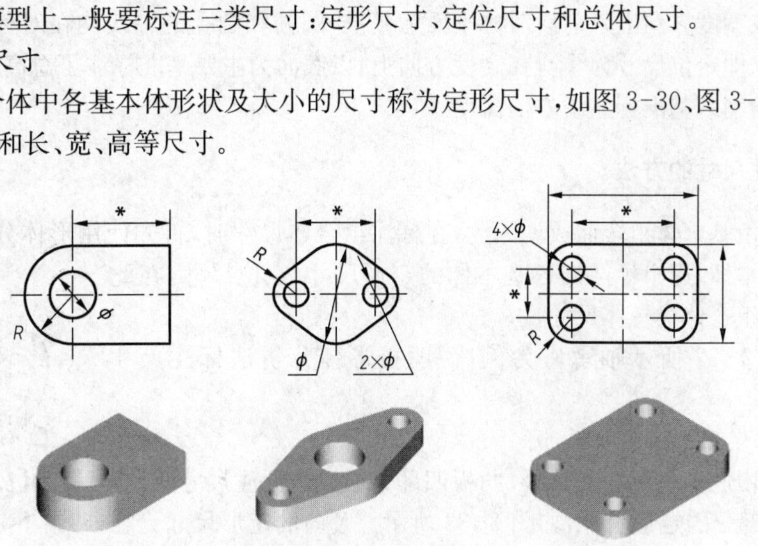

(a)　　　　　(b)　　　　　(c)

图 3-30　尺寸标注示例之一

2）定位尺寸

确定组合体中各基本体相对位置的尺寸称为定位尺寸，如图 3-30、图 3-31 中带“*”号的尺寸。

3）总体尺寸

表示组合体总长、总宽、总高的尺寸称为总体尺寸，如图 3-31 中带“Δ”号的尺寸。在标注总体尺寸时，当遇到图形的一端为圆或圆弧时，往往不标注总体尺寸，所以在图 3-30(a)、(b)中没有标注总长尺寸。

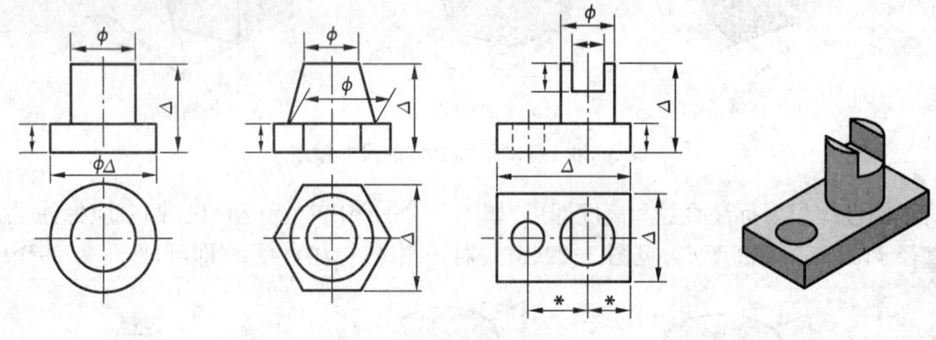

(a)　　　(b)　　　(c)

图 3-31　尺寸标注示例之二

3.4.3　尺寸基准

在组合体中，确定尺寸位置的点、直线、平面等为尺寸基准，简称基准，通常选择某主要基本体的底面、端(侧)面、对称平面以及回转体的轴线作为尺寸基准。

组合体在长、宽、高三个方向都存在基准，且在同一方向上根据需要可以有若干个基准。这若干个基准中有一个为主要基准，其余为辅助基准。例如图 3-31(c)中，在长度方向上以右侧面为主要基准标注了圆柱的定位尺寸，又以圆柱对称中心线为辅助基准标注了圆孔的定位尺寸；在宽度方向上以前后对称平面为基准，圆柱和圆孔的轴线均在对称平面内，未标注定位尺寸(即定位尺寸为零)；在高度方向上，以底面为主要基准标注了总高度和底板的高度，以顶面为辅助基准标注了方槽深度。

3.4.4　标注尺寸的方法

组合体由基本体组合而成。因此，在标注组合体尺寸时，首先使用形体分析法，将其分解成几个基本体，逐个标注出各基本体的定形尺寸、定位尺寸，在此基础上标注组合体的总体尺寸。

现以图 3-32 所示轴承座为例，说明按形体分析法标注尺寸的过程。

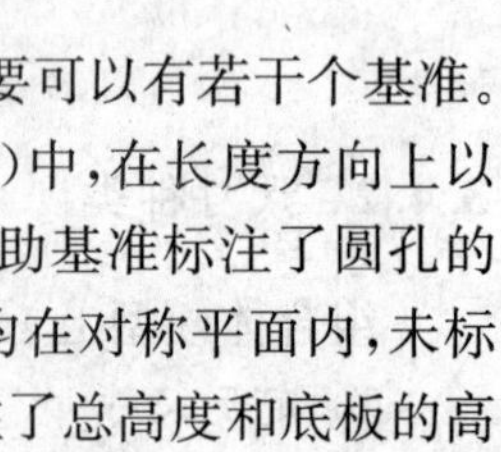

图 3-32　轴承座

1）标注定形尺寸

轴承座由底座、套筒、支承板、肋板四部分组成。标注尺寸时，应逐个注出各部分的定形尺寸，如图 3-33 所示。套筒的定形尺寸为径向尺寸 φ20、φ34 和轴向尺寸 25；支承板上表面与套筒相切，其定形尺寸只有 32 和宽 15；肋板上表面与套筒相交，下表面与底板相交，定形尺寸只有 6;底板定形尺寸有长 60、宽 45、高 10、圆角半径 $R9$ 和两个圆柱孔直径尺寸 $\phi10$。

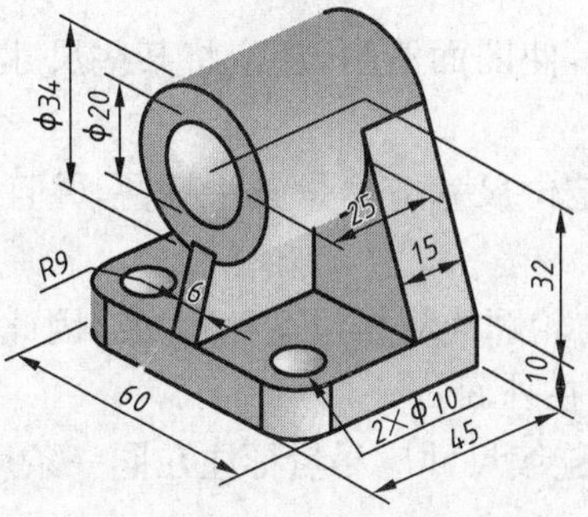

图 3-33　定形尺寸

图 3-34　确定尺寸基准

2) 标注定位尺寸

标注各基本体的定位尺寸时,首先要确定基准。在图 3-34 中,选择底板底平面 B、底板后侧面 A 和对称平面 C 分别作为高度方向、宽度方向和长度方向的尺寸基准。然后分别标注出各形体相对于这些基准的定位尺寸,如图 3-35 所示。如底板上两个小圆柱孔应标注出确定其相对位置的尺寸 40、35;套筒高度方向和宽度方向的定位尺寸 42、15,长度方向对称于基准面 C,所以,长度方向定位尺寸不必标注出。

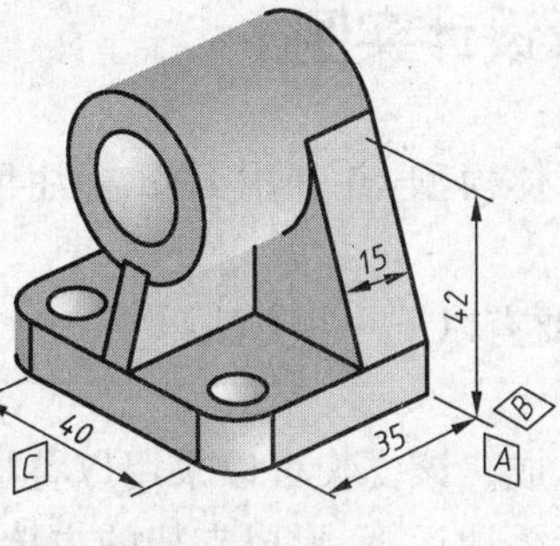

图 3-35　定位尺寸

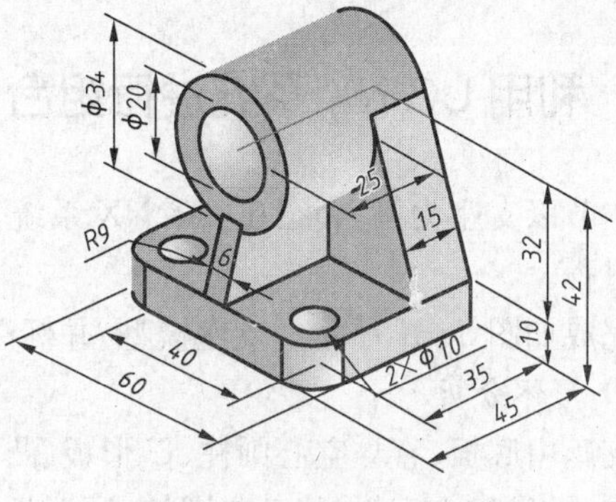

图 3-36　轴承座的总体尺寸

3) 标注总体尺寸

确定组合体总长、总宽、总高。

如图 3-36 所示,轴承总长 60,总宽 45、套筒中心高 42。60、42 也是底座的定形尺寸,不必重复标出。由于轴承座顶面为圆柱面,标出套筒中心高 42。最后,对已标注的尺寸,按正确、完整、清晰的要求进行检查,如有不妥,则作适当调整修改。

标注组合体的尺寸关键在于:

(1) 仔细分析组合体由多少个基本体组成,然后一个不漏地标注每个基本体的定形尺寸和定位尺寸。

(2) 在标注定位尺寸时,应选择合适的基准。通常形体的对称平面、底面、端面、轴线等均可作为基准。

(3) 应该严密和有序地标注尺寸,这是防止大量遗漏和重复尺寸的有效方法。

3.4.5 安排尺寸时的注意事项

完成了尺寸标注完整的要求，为了便于看图，使图面清晰，还应将某些尺寸的安排进行适当的调整。安排尺寸时应考虑以下各点：

（1）同一基本体的定形尺寸以及有联系的定位尺寸应尽量集中标注，并且尺寸尽量标注在图形之外，但必要时也可标注在图形内。

（2）尺寸线与尺寸界线，尺寸线、尺寸界线与轮廓线应尽量避免相交。因此在同一方向上的尺寸应尽可能做到小尺寸在内，大尺寸标注在外面。

（3）标注尺寸要排列整齐，同一方向上几个连续尺寸应尽量标注在同一条尺寸线上，使尺寸标注显得较为整齐。

（4）在标注尺寸时，有时会出现不能兼顾以上各点的情况，必须在保证尺寸完整、清晰的前提下，根据具体情况，统筹安排，合理布置。

同时，在标注组合体尺寸时，还需要注意以下各点：

（1）当组合体出现交线时，不可直接标注交线的尺寸，而应该标注产生交线的形体或截面的定形、定位尺寸。

（2）确定回转体的位置时，应确定其轴线，而不应确定其轮廓线。

（3）考虑到零件加工等因素，视图中不应出现“封闭尺寸链”。

（4）当以对称平面为尺寸基准时，应标注完整的尺寸，而不能只标注一半。

3.5 利用 UG NX 系统进行组合体的构形设计实例

本节以支座为例，介绍在 UG NX 系统上创建组合体模型，并利用 PMI 标注尺寸的方法和过程。

完成如图 3-37 所示的支座模型，并标注尺寸。主要有以下一些方法：

1）形体分析

支座由底板、直立空心圆柱、U 形板、凸台四部分组成。该支架可以采用以叠加为主的构形方法，先建立底板，将其与圆柱、U 形板和凸台进行叠加运算，形成支架的主体结构，再在上面打孔，最终生成支座模型。其 CSG 树如图 3-38 所示。

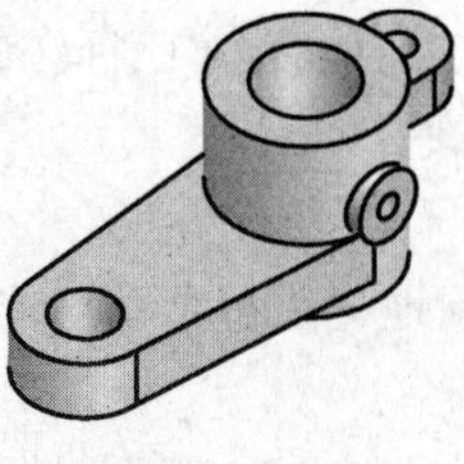

图 3-37 支座模型

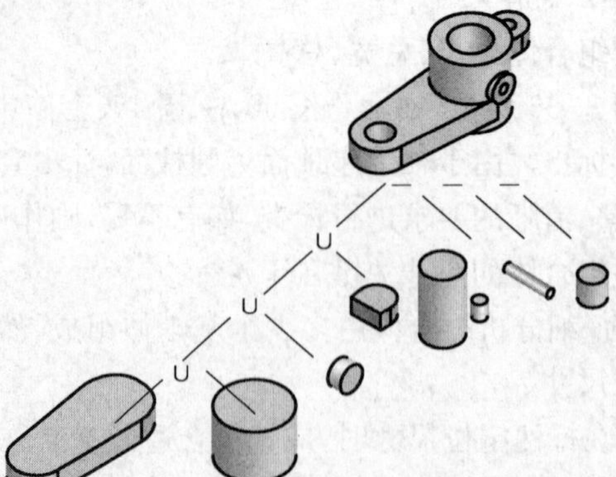

图 3-38 支座的 CSG 树

2）建立支座模型

（1）建立底板。根据其形状特点，可以用截面曲线拉伸而成。

① 选择 Insert→Curve→Arcs→Circle Center-Radius 命令或在 Lines and Arcs 工具条上单击⊙图标，输入圆心（0，0，0）和半径 30，生成左侧的小圆，同样的方法建立右侧的大圆，其圆心为（120，0，0）和半径为 40，如图 3-39 所示。

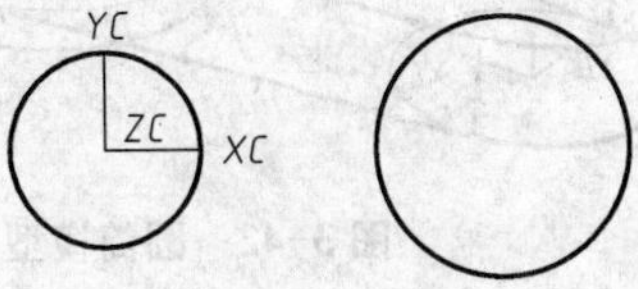

图 3-39　建立圆

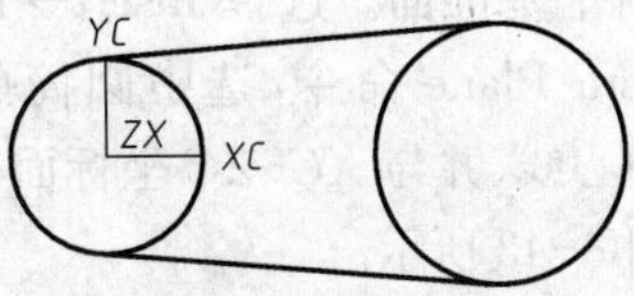

图 3-40　截面曲线

② 选择 Insert→Curve→Lines and Arcs→Line Tangent-Tangent 命令或在 Lines and Arcs 工具条上单击图标，分别在小圆、大圆的上部选择两个点，生成的直线与两个圆分别相切，即上公切线；同样的方法建立下公切线。如图 3-40 所示。

③ 选择 Insert→Design Feature→Extrude 命令，弹出拉伸对话框及 Selection Intent 工具条，如图 3-41 所示，在曲线选择选项中，选择“Tangent Curves”（相切曲线）命令。选择曲线，输入拉伸起始值为 0，拉伸终止值为 25，并选择 $+Z$ 轴方向为拉伸方向，建立底板。

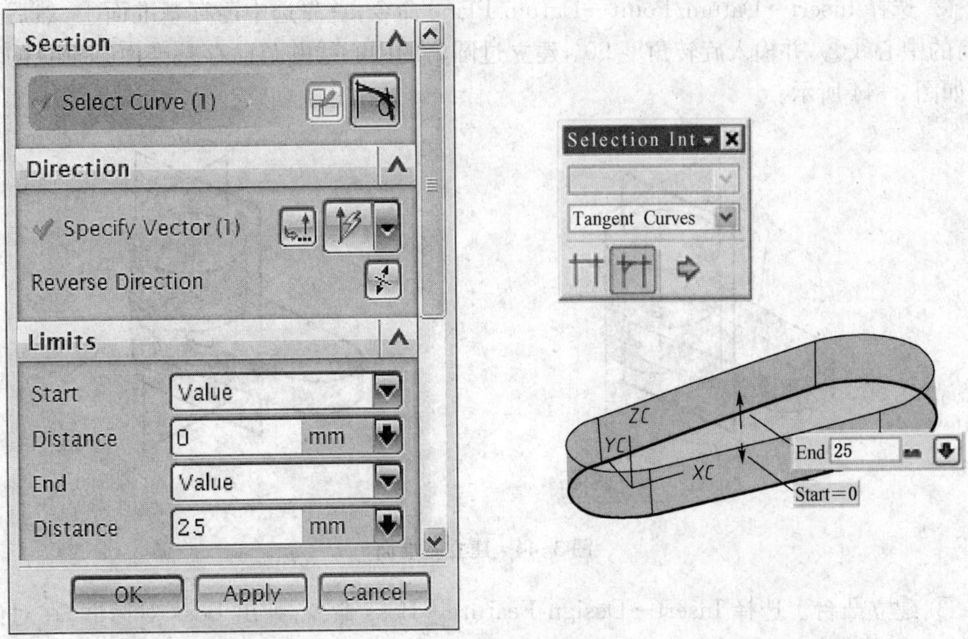

图 3-41　底座模型

（2）建立直立圆柱，可以采用已建立的参数化曲线，通过拉伸扫描的方式构建。

选择 Insert→Design Feature→Extrude 命令，弹出拉伸对话框及 Selection Intent 工具条，在拉伸对话框中，输入起始值为 -10，拉伸终止值为 70，选择并（Unite）布尔操作，并选择＋Z 轴方向为拉伸方向。在 Selection Intent 工具条上，选择相切曲线(Single Curves)命令。选择大圆，建立圆筒。如图 3-42 所示。

(3) 建立凸台。

① 为了建立凸台和 U 形板，首先在已有模型上，建立两个基准面。选择 Insert→Datum/Point→Datum Plane 命令，选中圆筒的中心线，建立过中心线、并与 XC-ZC 坐标面平行的基准面，如图 3-43 所示。

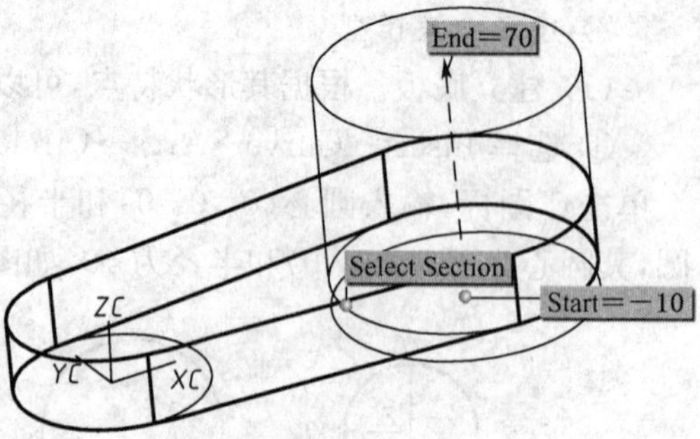

图 3-42　圆筒模型

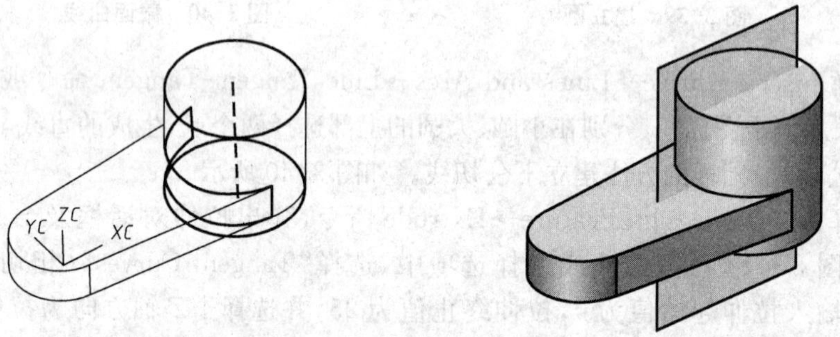

图 3-43　建立基准面

② 选择 Insert→Datum/Point→Datum Plane 命令，首先选中已存基准面①，然后选择圆筒的中心线②，并输入旋转角度 90°，建立过圆筒的中心线并与已存基准面①垂直的基准面，如图 3-44 所示。

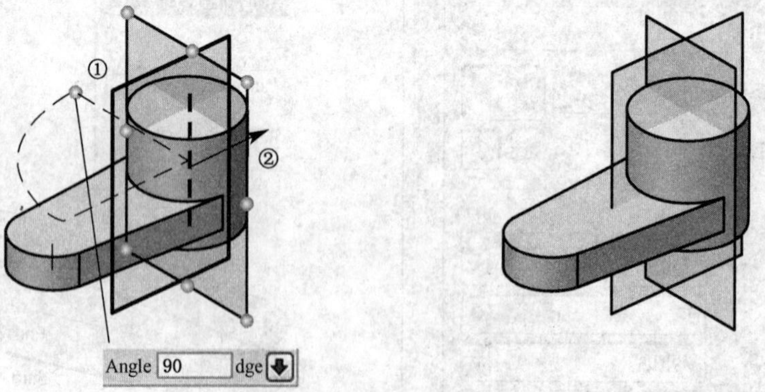

图 3-44　建立基准面

③ 建立凸台。选择 Insert→Design Feature→Boss 命令，弹出 Boss 对话框，在对话框中，输入凸台的直径 30 和高度 45，按"Apply"键；弹出定位对话框，在对话框中，选择点到线的垂直距离的定位方式，使凸台的中心线与基准面重合。如图 3-45 所示。

(4) 建立 U 形块。

① 为了定位 U 形板，首先在已有模型上，建立一个基准面。选择 Insert→Datum/Point→Datum Plane 命令，选中圆筒的上表面，建立与上表面重合的基准面，如图 3-46 所示。

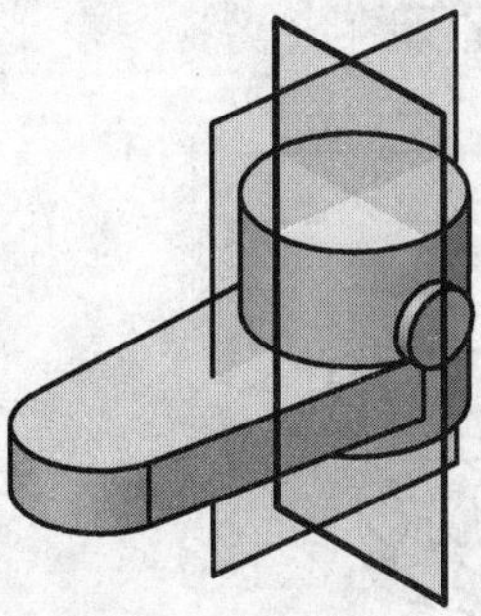

图 3-45　建立凸台

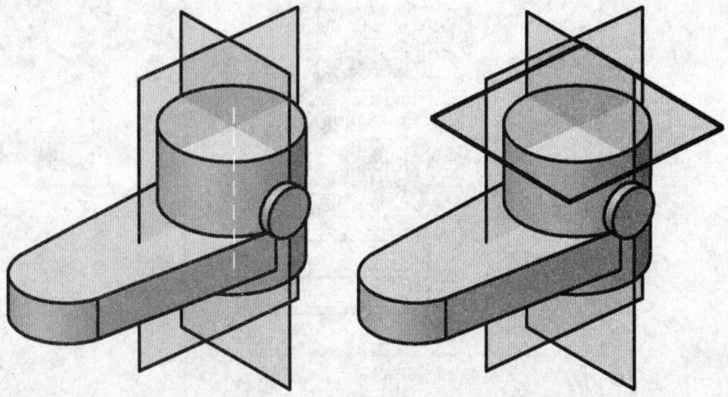

图 3-46　建立基准面

② 选择 Insert→Design Feature→Pad 命令，打开 Pad 对话框，选中矩形凸垫，如图3-47(a)所示；接着，选择基准面①作为安放表面，如图 3-47(b)所示；选择基准面②作为水平参考方向，如图 3-47(c)所示；在对话框中，输入凸垫的参数 20、40、70；定位凸垫，选择基准面③作为目标边，水平距离为 10，如图 3-47(e)所示。

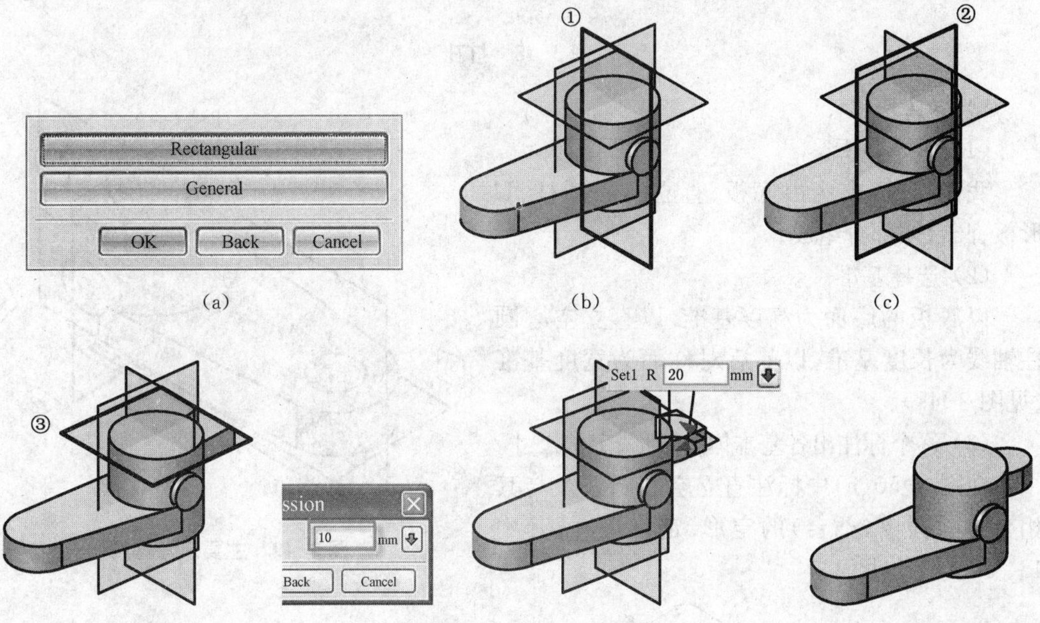

图 3-47　建立 U 形板

最后，设置边倒圆 R 为 20，形成 U 形板。到这一步，已建立了支座的主体结构。如图 3-47(g) 所示。

(5) 最后，在已建立的主体结构上打孔。

选择 Insert→Design Feature→Hole 命令，打开 Hole 对话框，在对话框中输入孔的直径和高度，选择 U 形板的上表面作为安放面，并选择点到点的定位方式，使孔与底板的外圆柱面中心重合。如图 3-48(b)所示。可以采用同样的方法打出直立圆柱、U 形板、凸台上的孔。如图 3-48(c)所示。

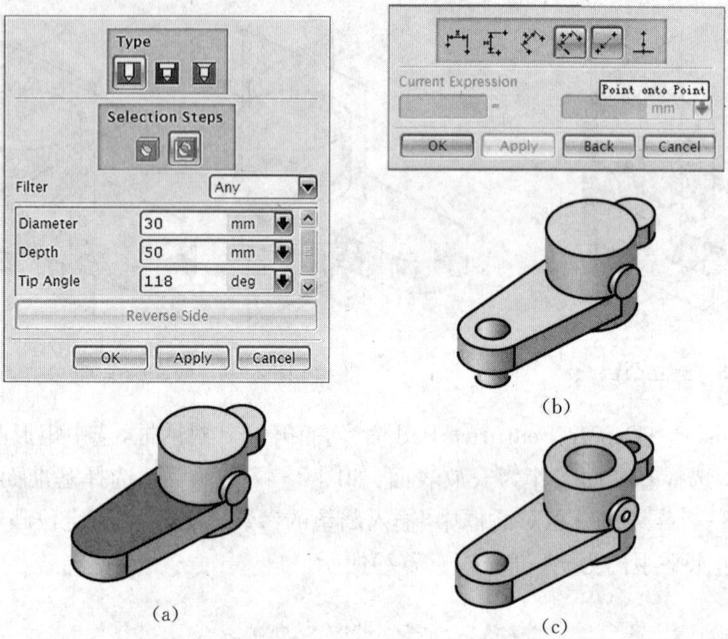

图 3-48　打孔

3）标注尺寸

（1）形体分析。

我们知道，支座由底板、直立空心圆柱、U形板、凸台四部分组成。

（2）选择基准。

以底板的底面为高度基准，以直立空心圆柱轴线为长度基准，以前后对称面为宽度基准（见图 3-49）。

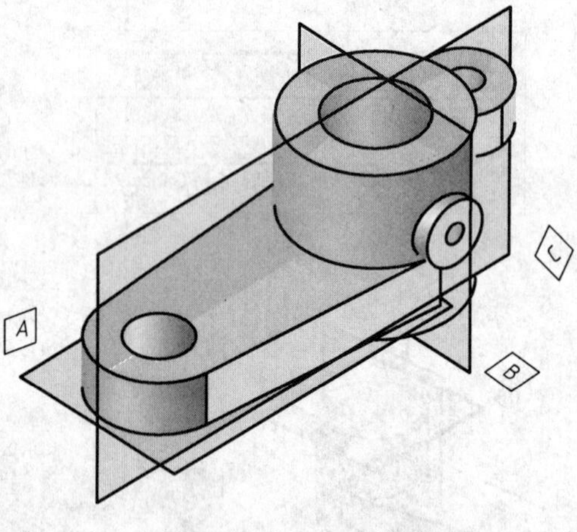

图 3-49　主要尺寸基准

（3）逐个标注出各基本体的定形、定位尺寸。

在图 3-50(a)中标注直立空心圆柱及与其相交空心圆柱（凸台）的定形、定位尺寸，其中 45、36 为定位尺寸。

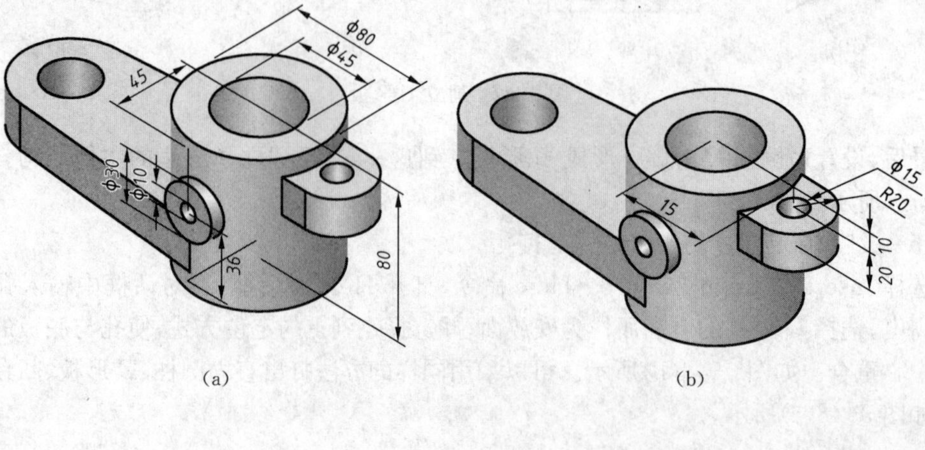

(a)　　　　　　　　(b)

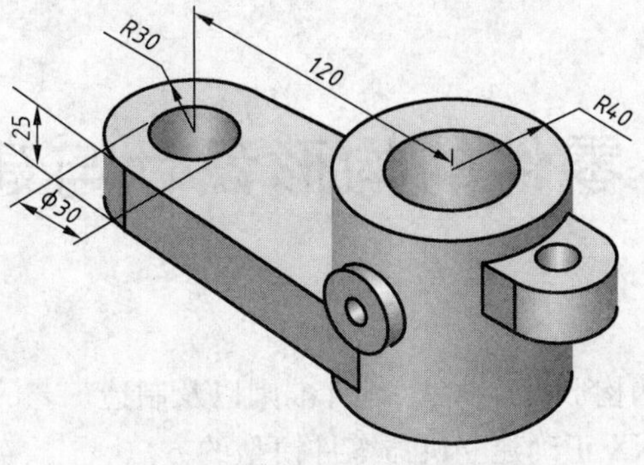

(c)

图 3-50　支架定形、定位尺寸

图 3-50(b)所示为标注右方 U 形板的定形、定位尺寸，其中 50、10 为定位尺寸。图 3-50(c)所示为标注底板的定形、定位尺寸。

(4) 标注总体尺寸。

组合体的总体尺寸有时也会是较大基本体中的定形尺寸，组合体总高 80 也是直立圆筒的定形尺寸，不必重复标注。长度方向两端为圆柱面，一般不以轮廓线为界标注总体尺寸，只需标注两孔之间的距离 120。最后，对已标注的尺寸，按正确、完整、清晰的要求进行检查，如有不妥，则作适当调整修改。支架的全部尺寸标注如图 3-51 所示。

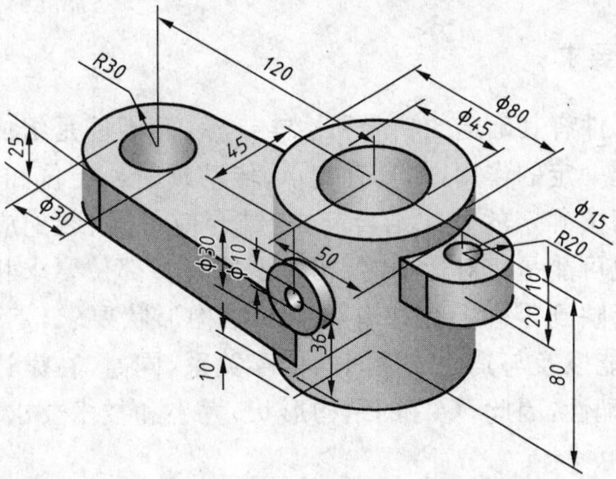

图 3-51　支架尺寸

4 零件的构形设计与建模

本章介绍机器零件的构形设计方法、设计准则以及制造工艺的基础知识，并且还将介绍利用三维设计软件 UG NX 正确建立机器零件模型的方法。

4.1 零件的构形设计

在前一章中，讨论了组合体的构形设计，突出的是几何构形。但是，真实机器零件(以下简称零件)与组合体是不完全相同的，零件的最大特点是：

(1) 零件不是孤立存在的，它必定是某机器部件里的一个组成单元，零件的各部分结构形状是有功用的，这些结构形状是由零件在机器中的作用、与其他零件的依存关系和制造工艺上的要求决定的。

(2) 根据零件在机器中的作用、装配联接关系以及工艺要求，对一个零件的几何形状、尺寸大小、工艺结构等进行分析和造型的过程称为零件构形设计。

4.1.1 零件构形设计要求

机械产品中，各部件有其确定的功能和性能指标，而零件是组成部件的基本单元，在部件中，每个零件均起一定的作用，如具有支承、传动、联接、定位和密封等一项或几项功能；部件中各零件之间按确定的方式结合起来，结合应可靠、装配应方便；两零件的结合可能是相对固定的，也可能是相对运动的；相邻零件有些部位要求相互靠紧，而有些部位则必须留有空隙，这反映到零件上往往有相应的结构形状要求，零件的结构形状取决于它在机械产品中的功能以及与其他零件间的依存关系，同时，在设计零件时，还应考虑零件的可制造性和可装配性，因此，零件的结构形状、大小和技术要求是由设计要求和工艺要求决定的。

在零件的构形设计过程中，必须满足设计要求和工艺要求。由设计要求确定零件的主体结构，由工艺要求确定零件的局部结构。零件的内形和外形以及各相邻结构间应相互协调。

1) 设计要求

从设计要求方面看，零件在机器(或部件)中，可以起到支承、容纳、传动、配合、联接、安装、定位、密封和防松等一项或几项功用，这是决定零件主体结构的依据。

根据零件的结构特点，零件可分为轴套类零件、轮盘类零件、支架类零件和箱体类零件四类，每类零件的构形设计都有其特点。由于支架类和箱体类零件比较典型，所涉及的问题比较全面，现以它们为例讨论零件主体结构的设计要求。

支架类、箱体类零件主要是用来支承或容纳运动零件和其他零件的。由于被支承、容纳的零件的形状多种多样，支架类、箱体类零件的形状也是多种多样的，其结构功能大体可分为三大组成部分，即工作部分、安装部分和连接支承部分，如图 4-1 所示。

(1) 工作部分

它是零件的主要部分，是为实现零件的主要功能而设计的主要结构部分，例如箱体类零件的内腔部分，它主要用于支承、包容运动零件或其他零件，因此其内部常有空腔，用来安装轴、齿轮或者轴承等，故两端均有装轴承盖及套的孔；为了合箱严密，箱体上还设有凸缘，箱体的工作部分应能满足支承、容纳、定位、密封等功能要求。在机械产品运行过程中，这部分应具有良好的工作性能。

(2) 安装部分

装配体内部零件间的装配称为连接，而装配体对外连接称为安装。箱体或支架上某些结构是为实现这种连接而设置的，因此，这些部分是整个装配体对外安装的部分，当然也是零件的安装部分。安装部分通常做成安装板、底座、凸台等形式，如图 4-1 所示。安装部分构形应保证零件在工作时安全可靠。

(3) 连接支承部分

连接支承部分将工作部分和安装部分连为一体。当工作部分主轴孔离安装底面较远时，常有连接支承部分，如图 4-1(a)、(b)所示的泵体和支架。反之，主体部分可与安装部分直接相连，如图 4-1(c)所示的箱体。连接支承部分的构形应使相邻结构间相互协调。

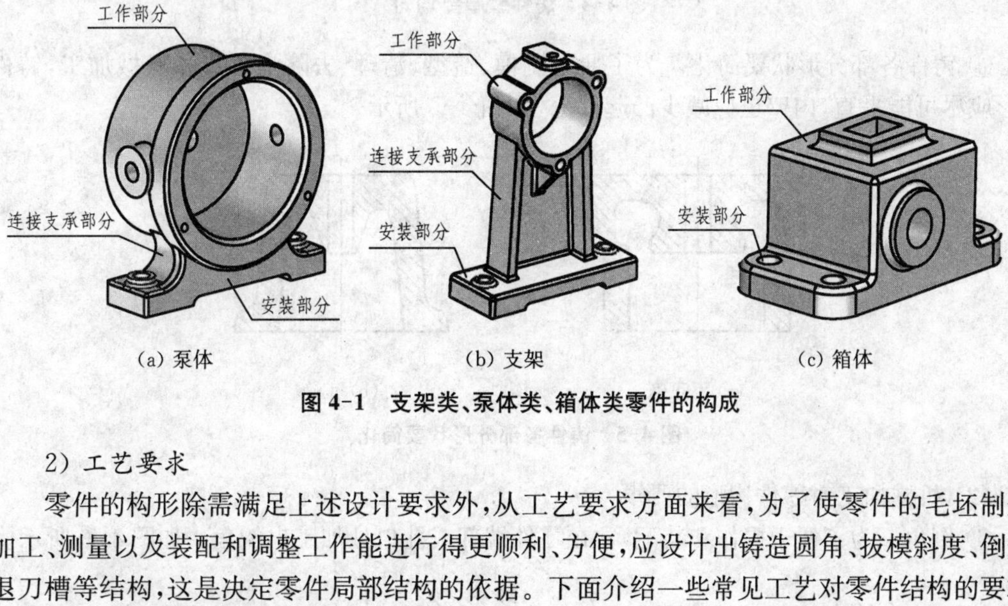

(a) 泵体　　(b) 支架　　(c) 箱体

图 4-1　支架类、泵体类、箱体类零件的构成

2) 工艺要求

零件的构形除需满足上述设计要求外，从工艺要求方面来看，为了使零件的毛坯制造、加工、测量以及装配和调整工作能进行得更顺利、方便，应设计出铸造圆角、拔模斜度、倒角、退刀槽等结构，这是决定零件局部结构的依据。下面介绍一些常见工艺对零件结构的要求，作为零件构形设计时的参考。

(1) 铸造工艺对零件构形的要求

① 铸造圆角　为了防止浇注铁水时冲坏砂型尖角产生砂孔和避免应力集中产生裂纹，铸件两面相交处均应做出过渡圆角。如图 4-2 所示。圆角半径一般取壁厚的 0.2～0.4 倍。在同一铸件上圆角半径的种类应尽可能减少。

② 拔模斜度　为了在铸造时，便于将木模从砂型中取出，在铸件的内外壁上沿着拔模方向应设计出拔模斜度，如图 4-3 所示。拔模斜度一般为 1°～3°。拔模斜度一般不在零件图上画出，在技术要求中用文字说明。

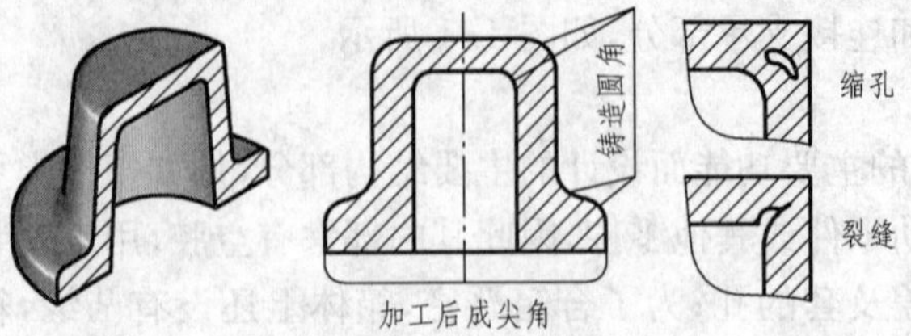

图 4-2　铸造圆角

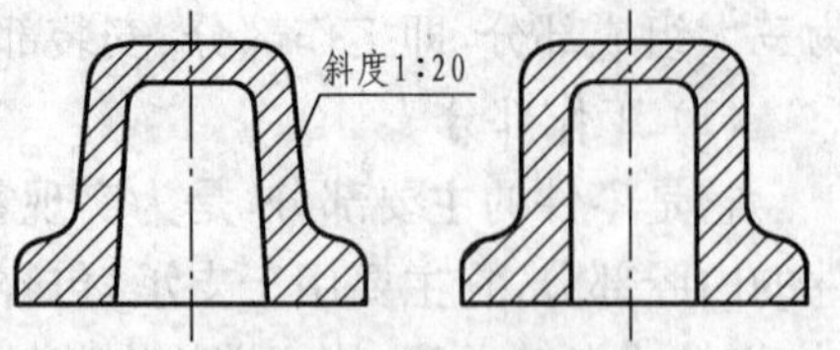

图 4-3　拔模斜度

③ 铸件壁厚要均匀　用铸造方法制造零件的毛坯时，为了避免浇铸后零件各部分因冷却速度不同而产生残缺、缩孔或裂纹，故规定铸件壁厚不能小于某个极限值，且各处壁厚应尽量保持相同或逐渐变化，如图 4-4 所示。

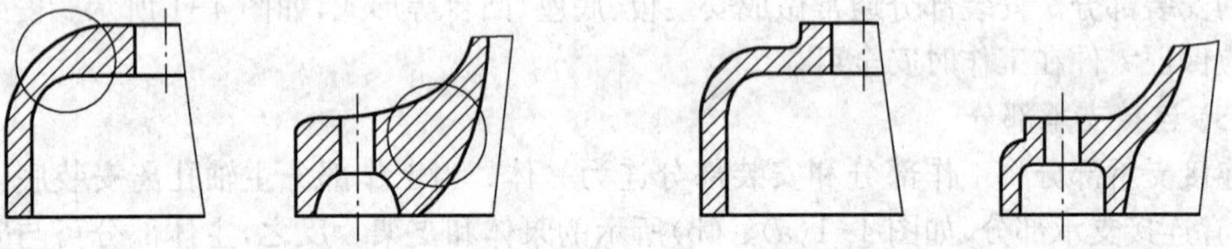

(a) 不正确　　(b) 正确

图 4-4　铸件壁厚要均匀

④ 铸件各部分形状要简化　为了便于制模、造型、清理、去除浇冒口和机械加工，铸件外形应尽可能平直，内壁也应减少凸起部分，如图 4-5 所示。

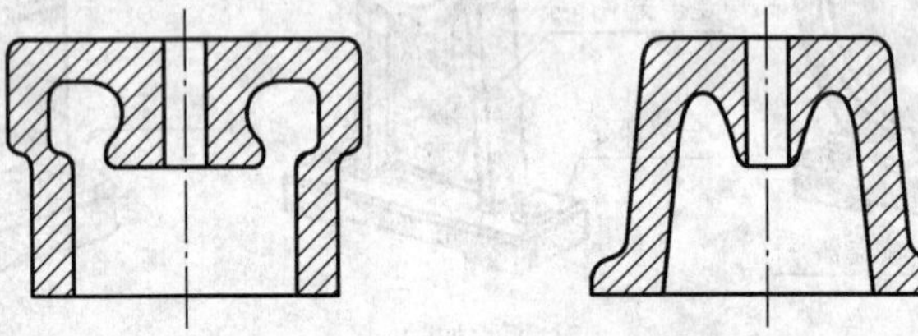

(a) 不正确　　(b) 正确

图 4-5　铸件各部分形状要简化

(2) 机械加工对零件构形的要求

① 倒角　为了便于操作和装配，常在零件端部或孔口处加工出倒角。如图 4-6 所示。

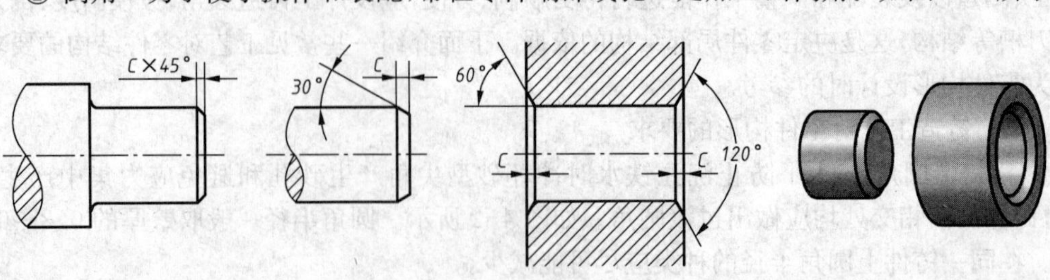

图 4-6　倒角

② 退刀槽和越程槽　为了在切削加工时不致使刀具损坏，并容易退出刀具以及在装配时

与相邻零件保证靠紧，常在零件待加工表面的末端预先加工出退刀槽和越程槽，见图 4-7。

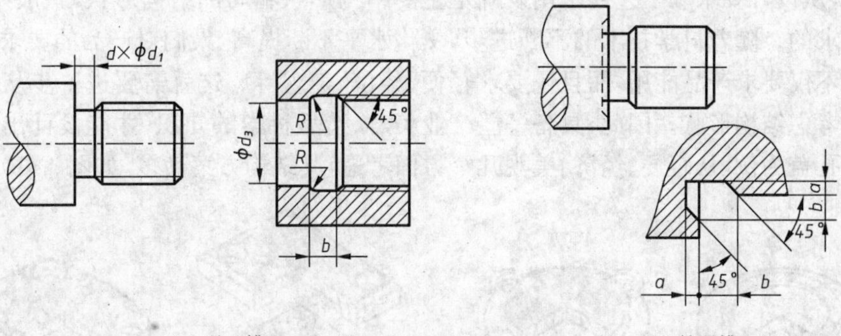

(a) 退刀槽　　(b) 越程槽

图 4-7　退刀槽和越程槽

③ 孔　零件上有各种不同形式和不同用途的孔，多数是用钻头加工而成。钻孔时，钻头的轴线应与被加工面垂直，否则会使钻头弯曲，甚至折断。当零件表面倾斜时应设置凸台或凹坑，如图 4-8(b)、(c)所示，而图 4-8(a)是不合理的结构。并且，钻头单边受力也容易折断，因此当钻通孔时，应使结构完整，如图 4-8(e)所示，而图 4-8(d)是不合理的结构。

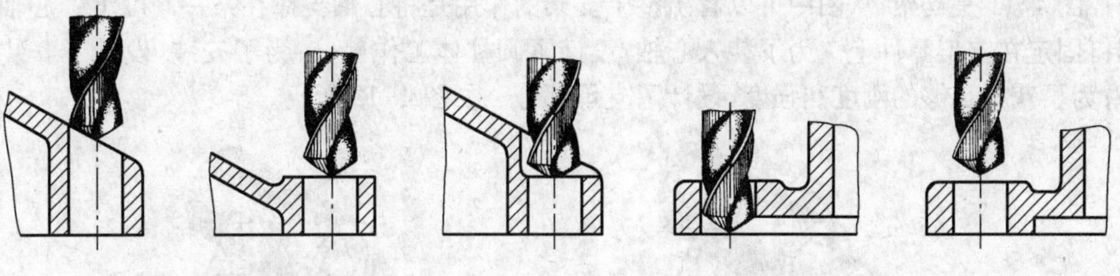

(a)　(b)　(c)　(d)　(e)

图 4-8　钻孔结构

④ 沉孔和凸台　为了保证零件间接触良好，零件上凡与其他零件接触的表面一般都要加工。但为了降低零件的制造费用，在设计零件时应尽量减少加工面。因此，在零件上常有凸台结构，而且，凸台应在同一平面上，以保证加工方便。有时也在零件的表面加工出沉孔，以保证两零件间接触良好。如图 4-9 所示。

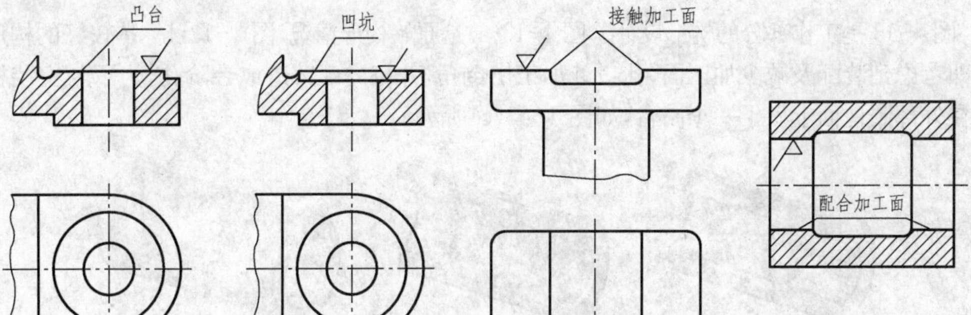

图 4-9　减少加工面结构

3）零件构形设计需进一步考虑的问题

当然，从设计要求和工艺要求出发确定主要结构形状和局部结构形状，一般来说，是可以满足要求的。随着科学技术的不断进步，文化水平不断提高，人们对产品的要求也越来越高。人们不仅要求产品能用，而且还要求轻便、经济、美观等。这就需要进一步从美学的角度出发来考虑结构形状。因此，具备一些工业美学、造型科学的知识，才能设计出更好的产品。以四孔盖为例，从轻便、经济、美观几个方面考虑，其结构方案甚多，如图 4-10 所示。

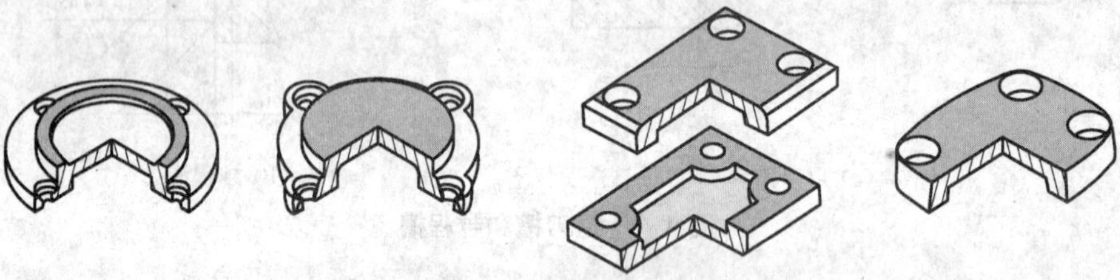

图 4-10 四孔盖的结构方案

4.1.2 零件构形设计实例

1）支架的构形设计

图 4-11 是支架，从图中可以看出整个支架的作用是将心轴支撑在某一高度上。心轴靠螺钉固定在支架零件上。为了装入心轴，设计了圆柱体工作部分；为了安装，设计了安装部分；为了获得足够的刚度和强度，设计了支承部分。如图 4-12 所示。

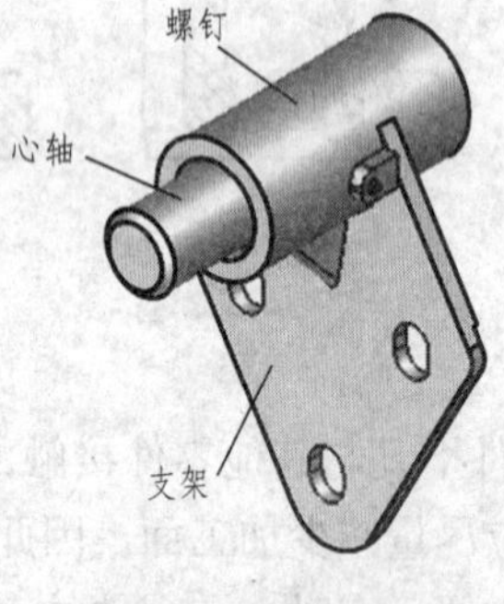

图 4-11 支架

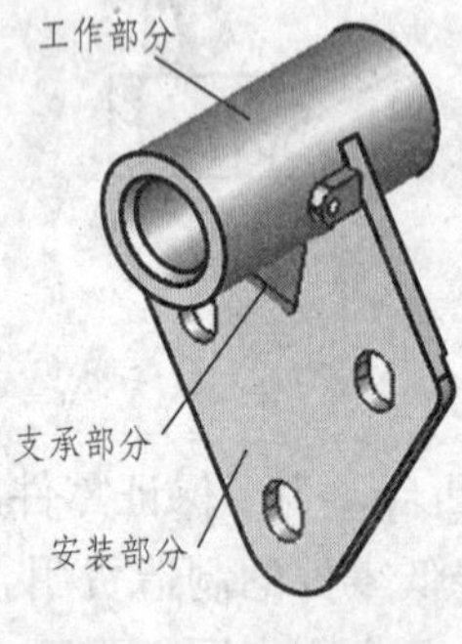

图 4-12 支架的构成

（1）工作部分的构形

图 4-13 是工作部分的构形设计。图 4-13(a)是原始构形情况，图 4-13(b) 是较好的构形情况，即考虑到装配及减少加工面，孔口处加工出倒角，并将内部铸造成台阶孔，为了与安装板连接，在外部圆柱面上做了一个凸台，如图 4-13(c)所示。

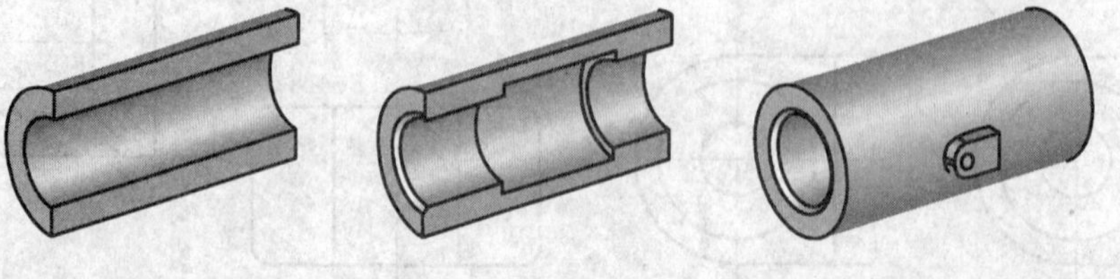

图 4-13 工作部分的构形设计

(2) 安装部分的构形

图 4-14 是安装部分的构形设计。将安装板设计成凸台，然后加工凸台至所需厚度，如图 4-14(a)所示。另外，在安装板上作出三个孔，为了让支架的位置有调整的可能，同时也为了增强对孔距误差的适应性，将安装孔设计成长圆孔，如图 4-14(b)所示。

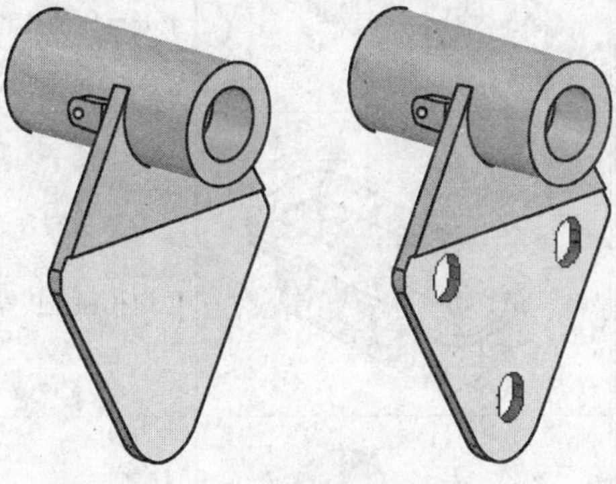

(a)　　(b)

图 4-14　安装部分的构形设计

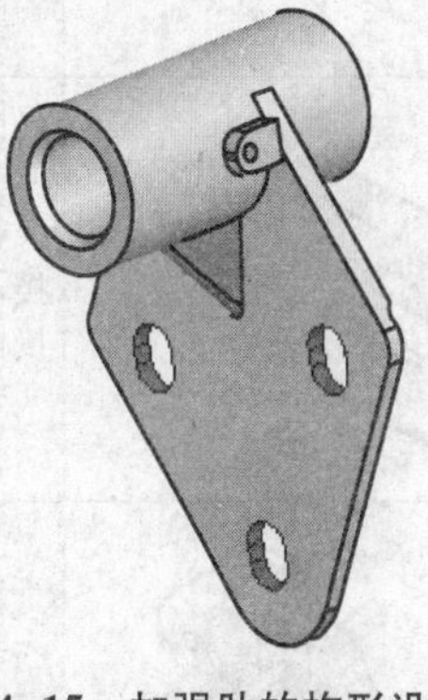

图 4-15　加强肋的构形设计

(3) 加强与支承部分的构形

加强肋的设计应考虑螺栓或螺母所需的扳手空间，如果加强肋设计得过于靠下，以致影响扳手的活动，那是错误的。如图 4-15 所示。

2) 减速器箱体的构形设计

减速器是将一对或几对传动齿轮、蜗轮、蜗杆置于封闭箱体中的部件。很多机械都要用减速器来降低转速，以适应工作要求。如图 4-16 所示。

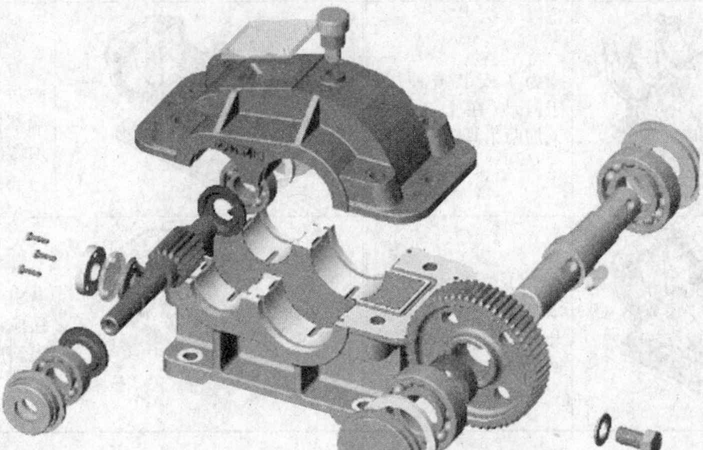

图 4-16　减速器

减速器箱体的主要作用是支承转轴和容纳轴上齿轮，从而确保传动齿轮的正确啮合运动，同时它还与箱盖一起组成包容空腔以实现密封、润滑等要求。箱体的基本形状正是由这些要求确定的，减速器箱体的构形设计主要过程见表 4-1。

表 4-1　减速器箱体的构形设计

构形设计过程	主要考虑的问题	构形设计过程	主要考虑的问题
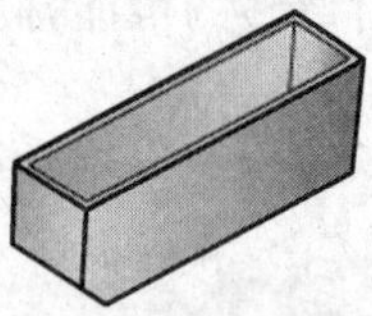	为了容纳齿轮和润滑油，底座做成中空形状	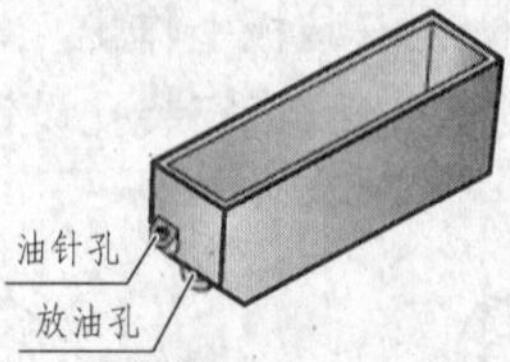	为了更换润滑油和观察润滑油面的高度，底座上开有放油孔和油针孔
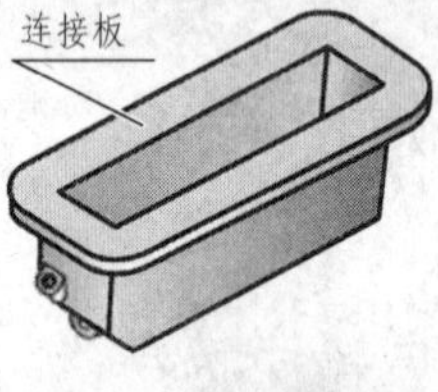	为了与减速器盖连接，底座上要加连接板	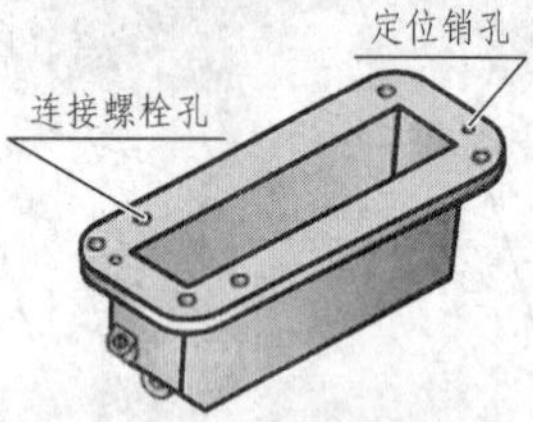	为了与减速器盖对准与连接，连接板上应有定位销孔和连接螺栓孔
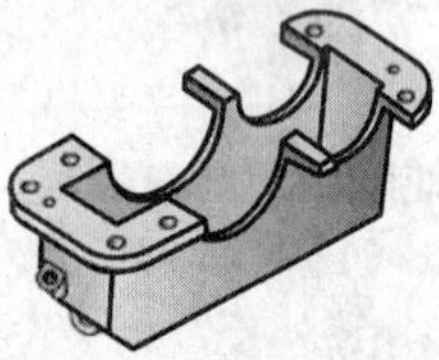	为了支承两根轴，底座上必须开两对同轴孔	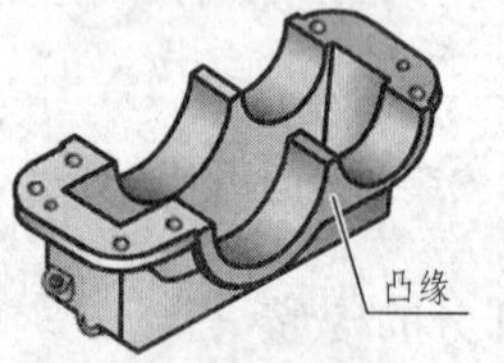	为了支承轴承，底座在大孔处加一凸缘
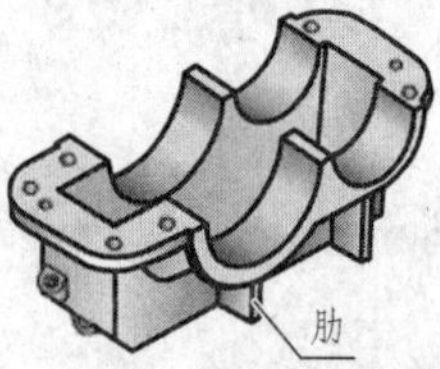	由于凸缘伸出过长，为避免变形，凸缘的下部加一肋	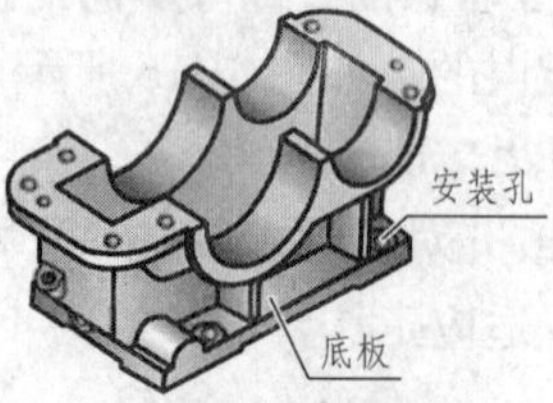	为了安装方便，底座下要加一底板，并做出安装孔
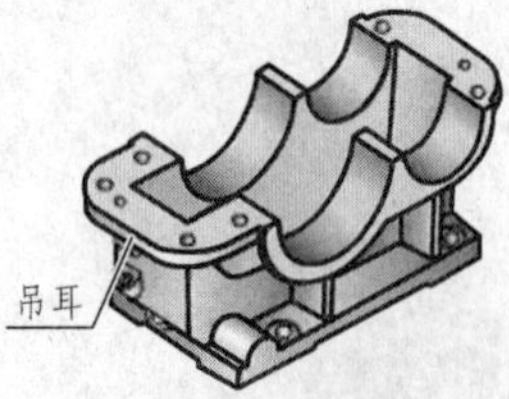	为了安装方便，便于搬动，在上连接板下加两吊耳	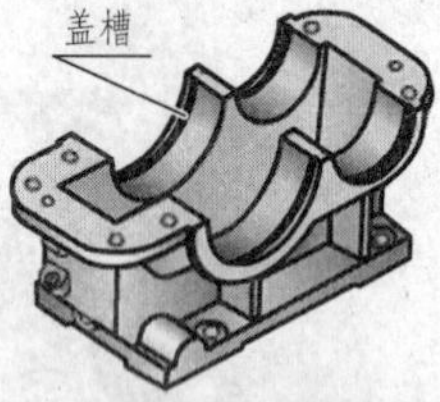	为了密封，防止油溅出或灰尘进入，在支承凸缘端部需加端盖，因此，必须做出相应的盖槽
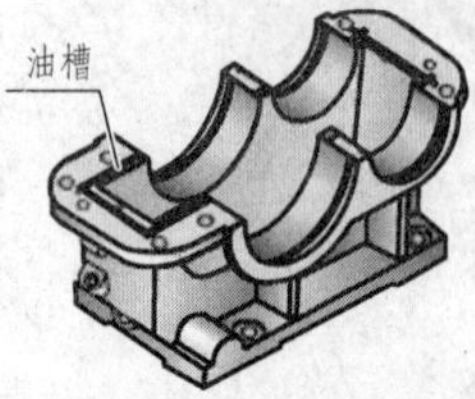	为了密封，防止油溅出，在连接板顶面开一圈油槽，使油流回箱体	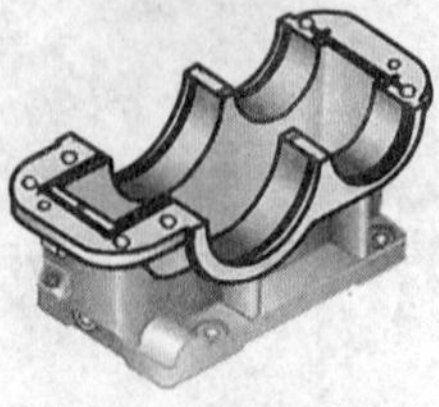	由于工艺方面的要求，还应设计出铸造圆角、拔模斜度、倒角等

4.2　UG NX 的建模方法与过程

4.2.1　UG NX 建模方法

UG NX 提供了显式建模、参数化建模和基于约束的建模等一组建模工具集。NX 复合建模技术将显式建模、参数化建模和基于约束的建模等工具无缝地集成在统一的建模环境下，产品设计人员可以根据设计意图选择合适的建模方法。

1）显式建模

显式建模属于非参数化建模，对象是相对于模型空间的，这些对象之间没有相关性。对一个或多个对象所做的改变不影响其他对象或最终模型。如过两个已知点建立一条线，或过三个已知点建立一个弧，若移动其中一个点，线或弧的形状和位置不会改变。

2）参数化建模

为了更好地反映设计意图、便于修改模型，将不同设计参数之间的关系嵌入在零件模型中，使零件模型随着设计参数的变化而变化。

3）基于约束的建模

基于约束的模型是由定义在模型上的一组设计规则驱动或求解的。在 UG NX 中，是通过施加尺寸约束（如草图尺寸或定位尺寸）或几何约束（如平行或相切）添加设计规则的。若定义了一条直线与某一个圆弧相切，当改变直线的角度时，直线仍与圆弧保持相切。

在建模过程中，灵活运用复合建模技术建立全相关、参数化的模型，可以方便地通过编辑参数修改模型而维持设计意图的完整性。复合建模也支持直接建模技术，允许设计者在非参数化的实体模型表面上施加约束、添加新的特征和“在表面上进行智能化操作”。

4.2.2 UG NX 参数化建模技术

在使用 UG 软件建立产品模型时，为了充分发挥软件的设计优势，首先应当充分了解设计意图、认真分析产品的结构，在大脑中构思好产品的各个部分之间的关系，然后用 UG 软件提供的设计及编辑工具把设计意图反映到产品模型上。

设计是一项十分复杂的脑力活动，一项设计从任务的提出到设计完成从来都不会是一帆风顺的，它是一个不断改进、不断完善的过程，从这个意思上讲，设计的过程就是修改的过程，产品模型能按照设计意图进行灵活的修改是至关重要的。UG NX 提供了下列参数化设计技术：

1）系统参数与尺寸约束

UG NX 具有完善的系统参数自动提取功能，它能在草图设计时，将输入的尺寸约束作为特征参数保存起来，并且在此后的设计中进行可视化修改，从而达到最直接的参数驱动建模的目的。尺寸驱动是参数驱动的基础，尺寸约束是实现尺寸驱动的前提。UG 软件尺寸约束的特点是将形状和尺寸联合起来考虑，通过尺寸约束实现对几何形状的控制。尺寸驱动是在二维草图 Sketcher 里面实现的。

2）特征和表达式驱动模型

UG NX 在基于特征的建模模块中提供各种标准设计特征，各标准特征突出关键特征尺寸与定位尺寸，能很好地传达设计意图，并且易于调用和编辑，也能创建特征集，对特征进行管理。特征参数与表达式之间能相互依赖，互相传递数据，提高了表达式设计的层次，使设计信息可以用工程特征来定义。不同部件中的表达式也可通过链接来协同工作，即一个部件中的某一表达式可通过链接其他部件中的另一表达式建立某种联系，当被引用部件中的表达式被更新时，与它链接的部件中的相应表达式也被更新。

3）利用电子表格驱动图形

UG 软件的电子表格（Spreadsheet）提供了在 Microsoft Excel 或 Xess 与 UG 间的智能接口。在建模应用里，UG 电子表格可以被认为是高级的表达式编辑器。信息可以从部件被抽取到电子表格里，可在 Microsoft Excel 或 Xess 环境下对电子表格进行编辑修改。表格驱动的界面及机内函数为全相关参数化设计提供了方便而有力的工具。

4.2.3 UG NX 建模过程

UG NX 基于特征的建模过程仿真了零件的加工过程，UG NX 提供了建立毛坯、仿真粗加工、仿真精加工的设计特征。

1）建立毛坯

建立毛坯的特征，工具条如图 4-17 所示。

（1）体素特征（Primitive Feature） 如块、柱、锥、球等。

（2）扫描特征（Swept Feature） 截面线串拉伸、旋转、沿定义的路径扫掠。

2）仿真粗加工

仿真粗加工的设计特征，工具条如图 4-18 所示。

（1）向毛坯添加材料 如凸台（圆柱凸台、圆锥台），凸垫（矩形凸垫、通用凸垫）。

（2）由毛坯减去材料 如孔、腔、键槽、沟槽。

（3）用户自定义特征（User Defined Feature） 可添加或减去材料。

图 4-17 建立毛坯的设计特征

图 4-18 仿真粗加工的设计特征

3）仿真精加工

仿真精加工的设计特征，工具条如图 4-19 所示。

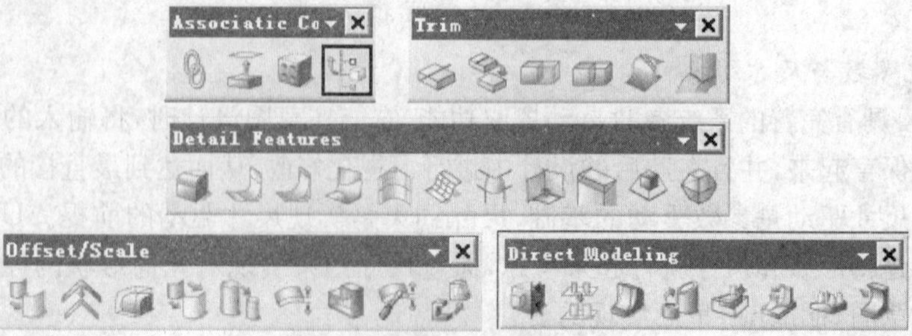

图 4-19 仿真精加工的设计特征

（1）相关复制（Associative Copy） WAVE 几何链接器，抽取、引用阵列和提升体。

（2）修剪（Trim） 修剪体、修剪片体、修剪和延伸、分割面、连接面和分割体。

（3）偏置/比例（Offset/Scale） 偏置曲面、粗略偏置、偏置表面、可变的偏置曲面、比例、增厚片体、壳、片体到实体辅助和缠绕几何体。

（4）细节特征（Detail Features） 边缘倒圆、面倒圆、软倒圆、式样倒圆、圆角、相接、式样拐角、球形拐角、倒角、拔模、体拔模。

(5) 直接建模(Direct Modeling)　约束表面、再尺寸表面、偏置表面区、代替表面局部比例、移动表面区、表面图样和再倒圆表面。

UG NX 建模过程包括：首先，选择体素特征或扫描特征建立零件的毛坯模型；其次，选择仿真粗加工的设计特征或用户自定义特征，向毛坯添加材料或由毛坯减去材料，建立零件的主体结构；最后，选择仿真精加工过程的特征，如细节特征与直接建模等，建立零件的局部结构，完成零件的建模。

4.2.4　三维 CAD 标准

无论采用何种方法绘制工程图样，均必须遵守统一的制图标准。CAD 制图国家标准是根据发展的需要，按照技术制图及有关行业制图标准的要求而制定的。目前 CAD 制图国家标准共有 16 项，CAD 文件管理标准共有 27 项。我们在建立三维模型时，也应该遵守 CAD 制图标准。下面是 UG NX 三维建模的一些通用规定：

1) 文件的命名

UG NX 文件名用英文字母命名，不包含中文。按照零部件代码命名，文件名的总长度不超过 128 个字符，文件名采用小写字母。文件后缀缺省为. prt。

本课程按照以下的命名规则：学号_文件名_类型标识. prt(其中_表示下划线)。如 0511510203_ ******* _cad. prt 表示学号为 0511510203 的同学的一个文件名为 ******* 的主模型文件。类型标识按照表 4-2 的内容进行填写。

表 4-2　类型标识

类型标识	描　述
CAD	主模型
CAM	加工文件(非主模型)
CAE	有限元文件(非主模型)
DWG	制图文件(非主模型)
ASSM	装配文件(非主模型)
ASSM_ DWG	装配文件的制图文件(非主模型)
MECH	运动分析文件(非主模型)

表 4-3　文本字体和字符集

名　字	字符集
latin(拉丁)	iso-font
greek(希腊)	Greekfont
English(英文)	iso-font
China(中国)	GB2312
UGFontFile	备　注
Blockfont	用于拉丁文本
Blockfont	用于希腊文本
Blockfont	用于英文文本

2) 语言的设定

在 UG 环境下，所有的标示都用英文字体，在 UG 环境下，英文用 Blockfont 字体文件。中文采用 Chinesef 字体文件。表 4-3 为文本字体和字符集。语言设置对话框见图 4-20。

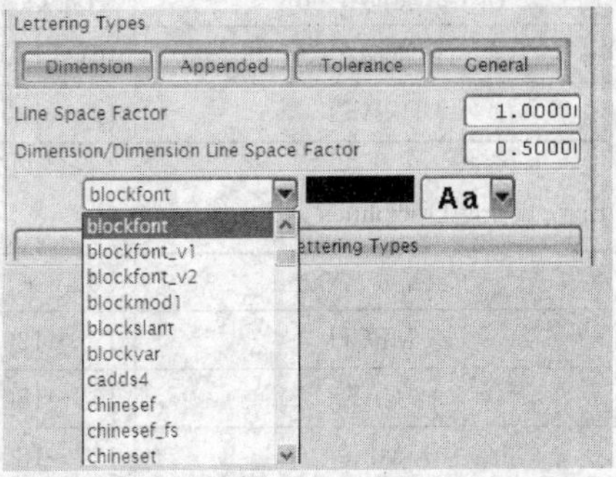

图 4-20　语言设置对话框

3) 模型单位

在 UG 环境下，执行国际单位制。长度单位一律使用“毫米”(mm)。质量单位使用“千克”(kg)或“克(g)”。密度单位使用“千克每立方米”(kg/m^3)或

“克每立方厘米”(g/cm³)。模型单位预设置对话框见图 4-21。

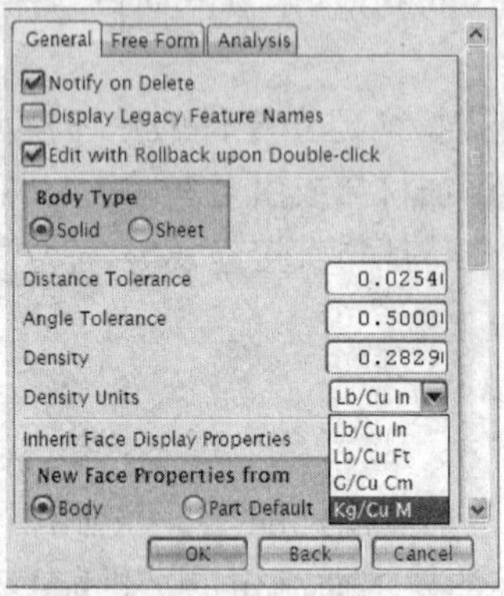

图 4-21　模型单位预设置对话框

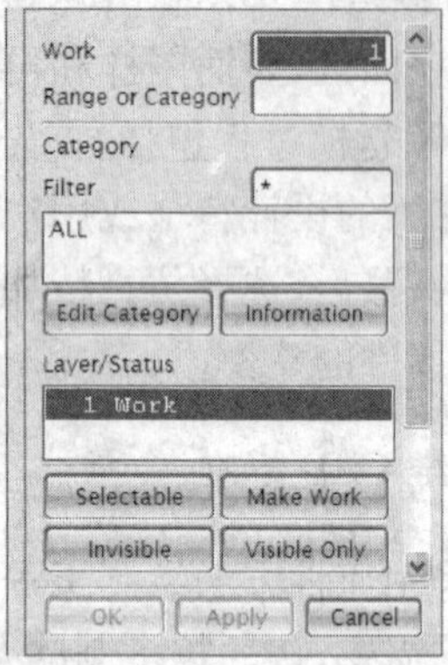

图 4-22　图层设置对话框

4) 图层设置

在 UG NX 中,图层有四种状态:工作状态(Make Work)、可选状态(Selectable)、可见状态(Visible Only)和隐藏不可见状态(Invisible)。图层设置对话框见图 4-22。

模型文件交付时,一般第 1 层为工作层,最终交付的实体放置在第 20 层,其他各层的状态见表 4-4。在进行装配应用时,Component 的层按 Original(原始的)方式加入。

表 4-4　图层设置

Model Geometry

Category Name	Layer	Object Type	Final Status
SOLIDS	1～19	Solid Geometry	Invisible
FINISH	20	Solidbody, final version	Selectable
LINKED_OBJECTS	15～20	Inter-part Modeling	Invisible
SKETCHES	21～40	Sketch Geometry	Invisible
CURVES	41～60	Curve Geometry	Invisible
DATUMS	61～80	Reference Geometry	Invisible
SHEETS	81～100	Sheet Bodies	Invisible

Drafting Objects

Category Name	Layer	Object Type	Final Status
FORMATS	101～110	Drawing Borders	Visible only
DRAFT	101～120	Drafting Objects	Visible only

Engineering Disciplines

Category Name	Layer	Object Type	Final Status
MECH	121～130	Mechanism Tools	Invisible
CAE	131～150	Finite Element Meshes and Engr. Tools	Invisible
MFG	151～180	Manufacturing	Invisible
QA	181～190	Quality Tools	Invisible

4.3 典型零件的构形设计

根据前面的分析，我们知道零件是组成产品或部件的基本单元，每个零件都有一定的作用。零件的结构形状是由零件在机器或部件中的作用、位置、与其他零件之间的装配连接关系以及工艺要求等因素决定的，因此，零件的结构形状多种多样。根据零件的结构特点及用途，一般可粗略地将其分为轴套类、轮盘类、叉架类、箱体类四大类典型零件，了解和掌握典型零件的构形设计方法，有利于我们进行产品或部件的构形设计。下面将结合若干具体零件，对上述四类典型零件的构形设计进行重点分析与描述。

4.3.1 轴套类零件

轴套类零件包括各种轴、套筒等，如图 4-23 所示。轴是组成部件和机器的重要零件，一切做回转运动的传动零件，如齿轮、带轮等，都必须安装在轴上进行运动及动力的传递，因此，轴的主要功能是支撑回转零件及传递运动和动力；套筒一般是装在轴上或机体孔中，用于定位、支承、导向或保护传动零件等。

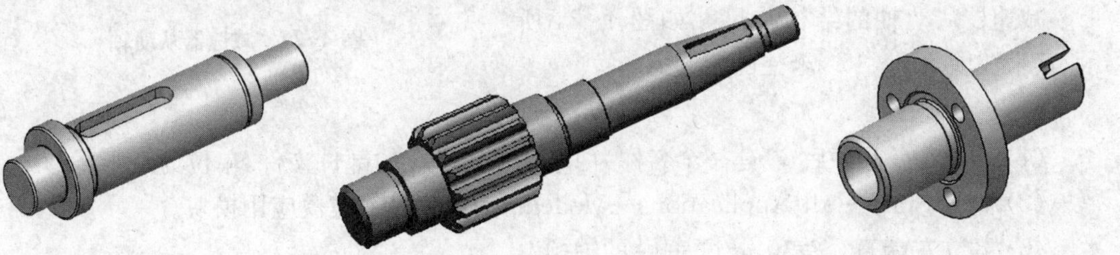

图 4-23 轴套类零件

根据设计及工艺要求，轴套类零件的主体结构是同轴回转体。在轴上通常有轴肩、键槽、螺纹退刀槽、越程槽、圆角和倒角、螺孔、中心孔、螺纹等工艺结构，属于机加工件。

1）构形分析

如图 4-24 所示是减速器中的从动轴，它的主要功用是装在轴承中支承齿轮传递转矩（或动力），并与外部设备连接，为了使从动轴能够满足设计要求和工艺要求，它的结构形状形成过程和需要考虑的主要问题如表 4-5 所示。

表 4-5 从动轴的结构分析

结构形状形成过程	主要考虑的问题	结构形状形成过程	主要考虑的问题
	为了伸出外部与其他机器相接，做出一轴颈	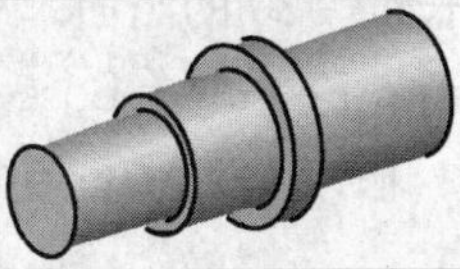	为了支承齿轮和用轴承支承轴，轴端做成轴颈
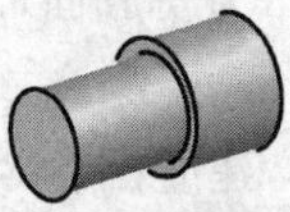	为了用轴承支承轴，在左端做一轴颈	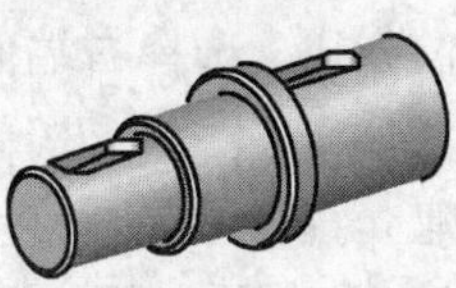	为了与齿轮联接，左端做一键槽；为了与外部设备连接，右端也做一键槽；为了便于加工和装配，多处设计倒角、退刀槽
	为了固定齿轮的轴向位置，增加一稍大的轴肩		

2）基于 UG 的设计思路

轴套类零件的结构形状比较简单，一般由大小不同的同轴回转体（圆柱、圆锥等）组成，具有轴向尺寸大于径向尺寸的特点。轴类零件的建模思路如下：

（1）绘制截面草图，回转成轴类零件的主体结构，或由多个圆台特征组合建立轴的毛坯模型。

（2）利用沟槽命令创建退刀槽。

（3）添加基准平面，作为键槽的安放表面。

（4）利用键槽命令创建键槽。

（5）进行必要的倒角和圆角操作，完善模型。

3）建立轴的三维模型

阶梯轴在机械设备中最常见，其三维造型设计方法也非常典型。下面以减速器从动轴为例，具体说明利用 UG NX 软件设计阶梯轴的方法与一般过程。

减速器从动轴的结构与尺寸如图 4-24 所示，其未注倒角 1×45°，未注圆角为 $R2$。

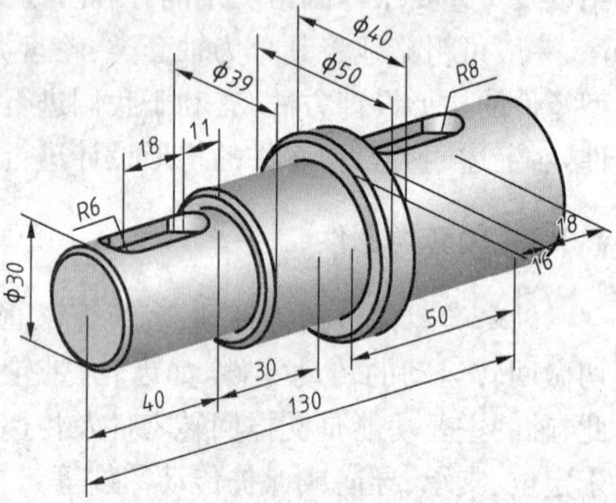

图 4-24　减速器从动轴

建模过程：

（1）启动 UG 程序后，新建一个名称为 JSQ_Zhou. prt 的部件文件，单位为毫米。

（2）选择 Start→All Applications→Modeling 命令，进入建模应用模块。

（3）建立左端直径＝30、长度＝40 的轴颈。

① 选择 Insert→Design Feature→Cylinder 命令或选择 Cylinder... 图标。

② 在 Cylinder 对话框中，输入 Diameter＝30，Height＝40，方向为 YC，建立轴颈。如图 4-25 所示。

图 4-25　建立轴颈

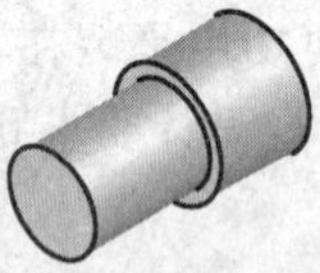

图 4-26　建立凸台

图 4-27　建立轴肩

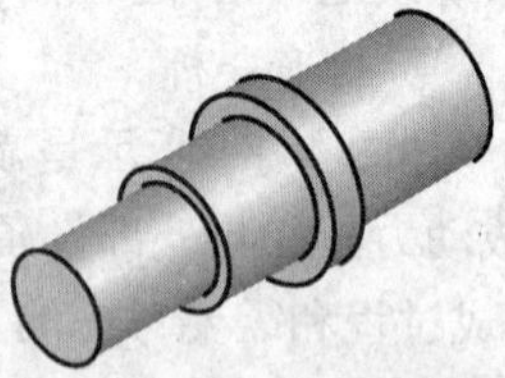

图 4-28　建立右轴颈

（4）建立直径＝39，长度＝30 的凸面。

① 选择 Insert→Design Feature→Boss 命令。

② 在 Boss 对话框中，输入 Diameter＝30，Height＝50；选择右端面作为安放面，单击 Apply 键。

③ 选择点到点的定位方式。选择右端面的边的中心作为定位参考点，建立凸台，如图 4-26 所示。

（5）用同样的方法，建立直径＝50，长度＝130－40－30－50 的轴肩，如图 4-27 所示。并建立直径＝40，长度＝50 的轴颈，如图 4-28 所示。

(6) 建立一基准面,作为键槽的安放表面。

选择 Insert→Datum/Point→Datum Plane 命令。在图形窗口中,选择左端轴颈的外圆柱面,单击 OK 按钮,建立基准面。如图 4-29 所示。

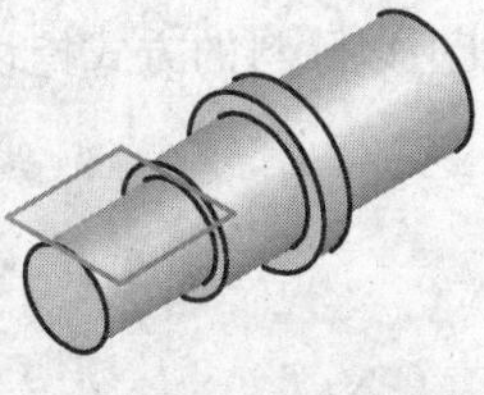

图 4-29 建立基准面

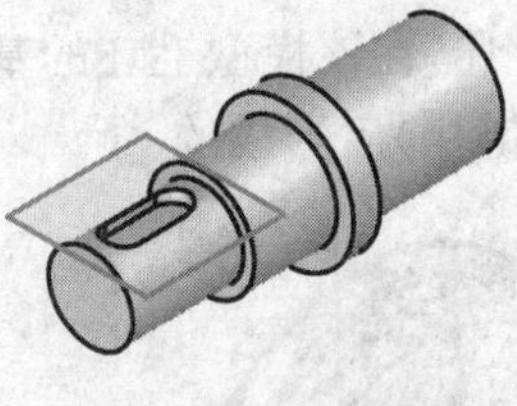

图 4-30 建立键槽

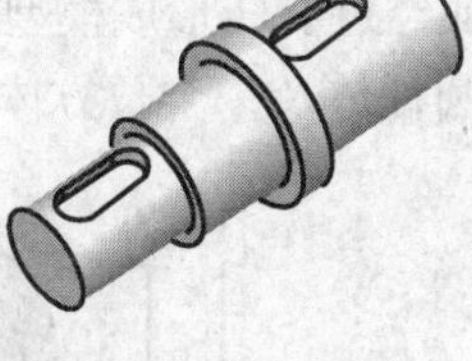

图 4-31 建立右键槽

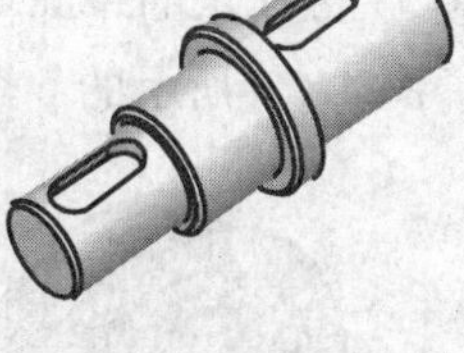

图 4-32 倒角、退刀槽

(7) 建立键槽。

① 选择 Insert→Design Feature→Slot 命令。在类窗口中,选择 U-Slot(U 形槽),单击 OK 按钮。

② 选择上一步建立的基准面,作为键槽的安放表面,并接受缺省的向下的方向,选择左轴颈的外圆柱面作为水平参考方向。

③ 在 U Slot 对话框中,输入 U 形槽尺寸 30、12、5、0.2,并选择水平尺寸方式进行定位,定位尺寸为 11。建立键槽如图 4-30 所示。

(8) 同样的方法,可以建立右端的键槽。如图 4-31 所示。

(9) 进行必要的倒角、倒圆。如图 4-32 所示。

至此,依据题意完成阶梯轴的构形设计。

4.3.2 轮盘类零件

轮盘类零件包括齿轮、手轮、端盖等,其毛坯多为铸件或锻件,轮一般用键、销与轴联接,用以传递转矩,可起支承、定位和密封等作用。零件的主体多数是由同轴回转体构成,并在径向分布有螺孔、光孔、销孔、轮辐等结构。轮盘类零件多为铸件、锻件,加工以车削为主,如齿轮、皮带轮、端盖等。如图 4-33 所示。

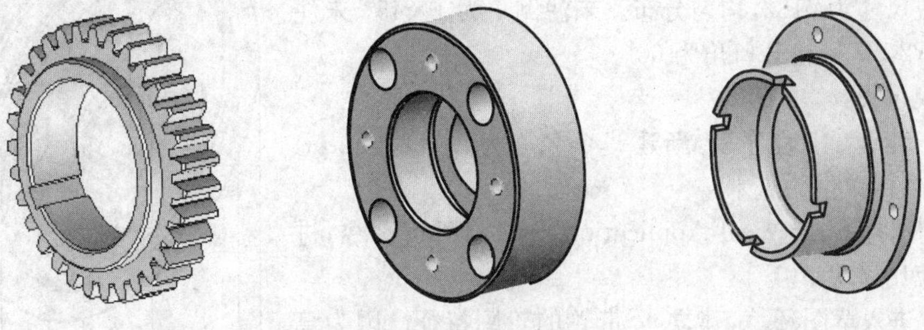

图 4-33 轮盘类零件

1) 构形分析

轮盘类零件的结构特点是轴向尺寸较小,径向尺寸较大,主体部分大多是由不同直径大小的圆柱体组成,两端是与其他零件连接时的主要接触面。为了便于与其他零件连接,中心圆柱孔内通常加工有键槽，四周设计了安装孔。为减轻重量、改善受力状况，常有轮辐、肋等结构。

下面以带轮为例，分析其构形方法。带轮是用来传递运动和动力的一种机械传动件，它的结构形状如图 4-34 所示。由于带轮的主体结构是回转体，因此，其建模过程可看成是以图 4-35 所示的轮廓特征经过旋转形成模型毛坯，在该模型毛坯的基础上以除料的方式挖切掉图 4-36 所示的 6 个圆柱体及一个长方体(键槽)后形成的。

图 4-34　带轮

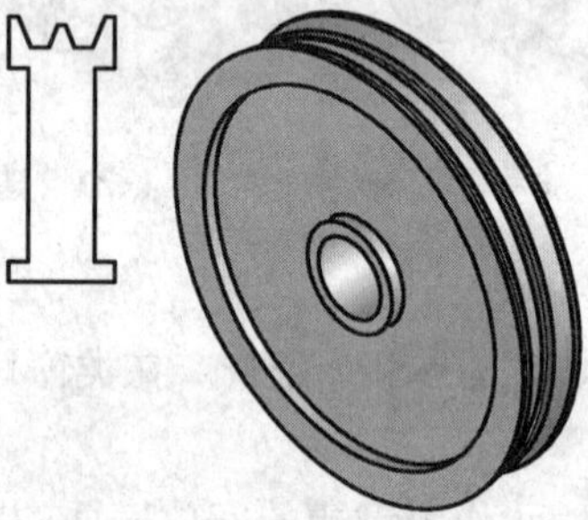

图 4-35　旋转轮廓特征

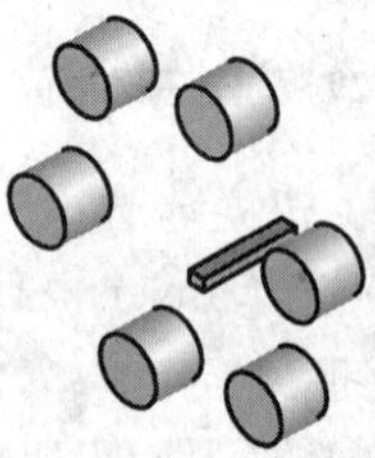

图 4-36　打孔、开槽

2) 基于 UG 的设计思路

轮盘类零件多为中心对称结构，因此采用回转特征构建模型主体是首选。轮盘类零件的造型设计一般步骤：

(1) 利用草图绘制截面草图，回转成轮盘类零件的主体结构。

(2) 开槽或通过草图拉伸生成键槽结构。

(3) 打孔，并通过阵列孔生成均匀分布的孔。

(4) 进行必要的倒角和圆角操作，完善模型。

3) 建立带轮的三维模型

下面以带轮为例，具体说明利用 UG NX 软件设计轮盘类零件的方法与一般过程。

带轮的结构与尺寸如图 4-37 所示。其中 6×ϕ30 的孔径向定位尺寸为 ϕ132，均匀分布。未注倒角为 1×45°，未注圆角为 R2。V 带轮开口角为 60°。

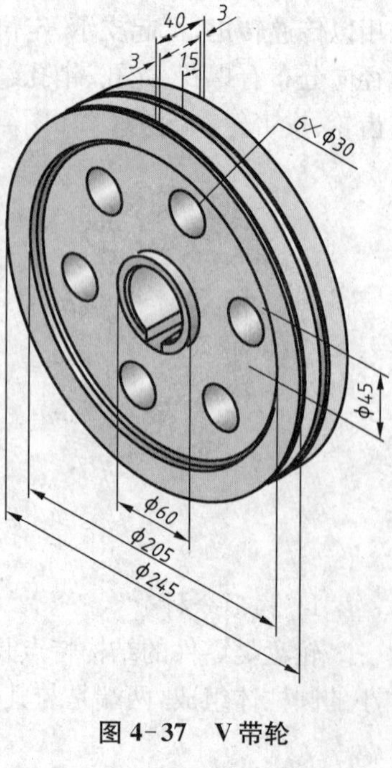

图 4-37　V 带轮

建模过程：

(1) 启动 UG 程序后，新建一个名称为 V_Dailun. prt 的部件文件，单位为毫米。

(2) 选择 Start→All Applications→Modeling 命令，进入建模应用模块。

(3) 进入草图环境，建立 V 带轮的轮廓特征。因为草图对象具有对称性，可先建立一半。

① 设置 21 为工作层；选择 Insert→Sketch 命令，建立草图；以 XC-YC 平面作为草图安放面，接受默认的参考方向和草图名，选择 OK 按钮进入草图环境。

② 选择 Insert→Profile 命令或图标，建立如图 4-38

所示的形状。

③ 选择 Insert→Constraints 命令或图标，在草图对象上加几何约束，如图 4-39 所示。

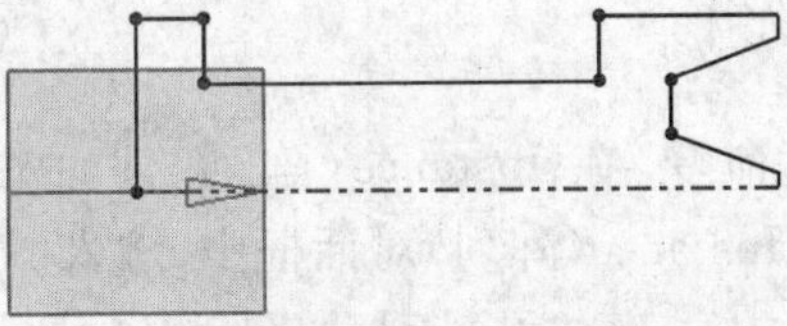

图 4-38　草绘轮廓形状

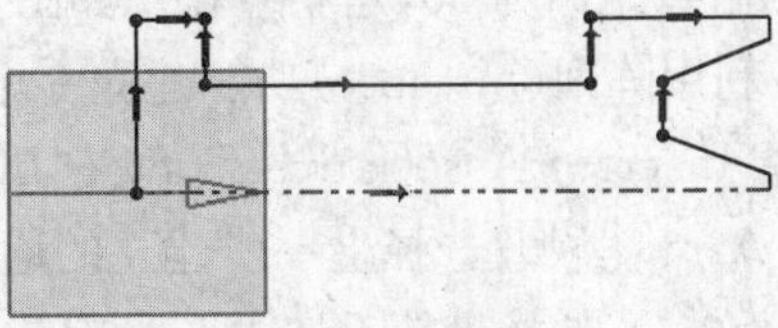

图 4-39　加几何约束

④ 选择 Insert→Mirror 命令或图标，依次选择参考线(作为对称轴线)、草图曲线，镜像草图对象如图 4-40 所示。

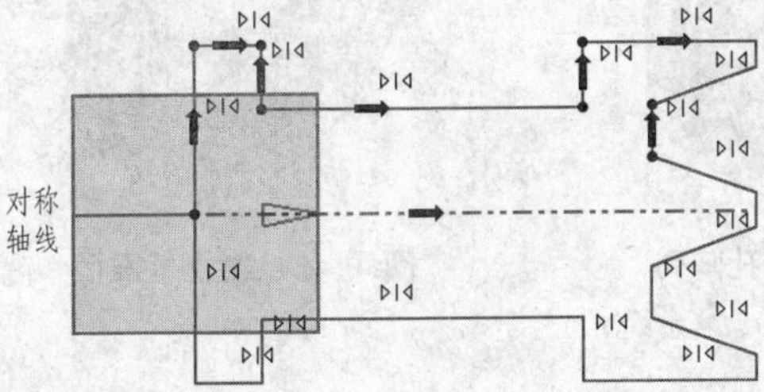

图 4-40　镜像草图对象

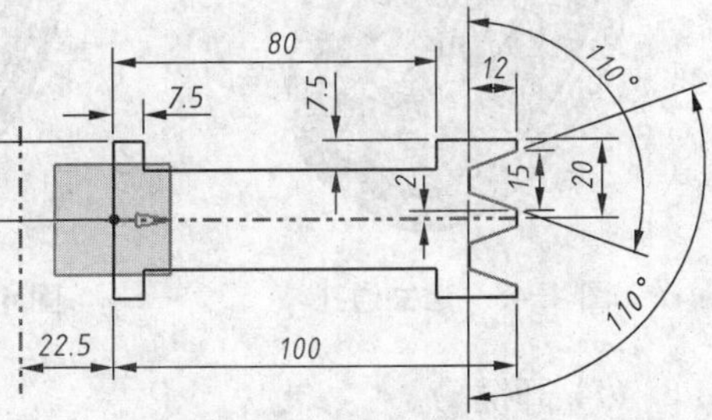

图 4-41　加尺寸约束

⑤ 选择 Insert→Dimensions 命令加尺寸约束，如图 4-41 所示。

(4) 退出草图环境，在建模环境下，利用旋转(Revolve)功能建立带轮的主体结构。

① 设置工作层为 1，层 21 为可选。

② 选择 Insert→Design Feature→Revolve…命令。

③ 设置 Selection Intert 选项为 Feature Curves。

④ 选择草图对象。

⑤ 在 Revolve 对话框中，选择图标，然后选择参考线(回转中心)为旋转轴，单击 OK 按钮；建立带轮毛坯，如图 4-42 所示。

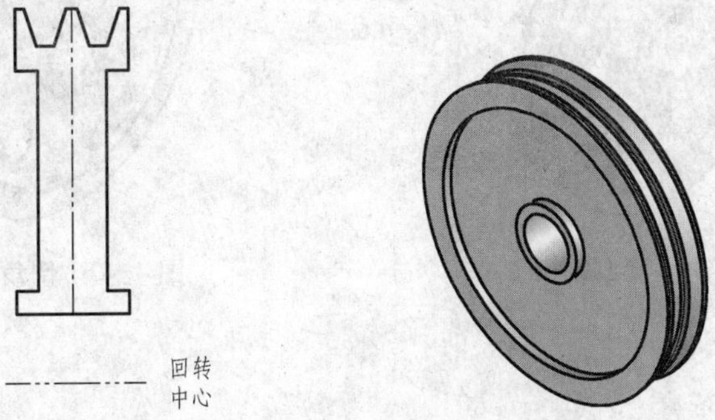

(a) 选择旋转轴　　(b) 带轮毛坯

图 4-42　建立旋转特征

(5) 建立通孔。

选择 Insert→Design Feature→Hole 命令,在类型窗口中,选择 Simple(简单孔),选择侧面作为安放表面,在对话框中输入 Diameter=30, Height=50,单击 Apply 按钮,孔到回转中心的平行距离为 66,建立通孔。如图 4-43 所示。

(6) 利用阵列(Instance)功能建立 6 个通孔。

选择 Insert→Associative Copy→Instance 命令,在 Instance(阵列)对话框中选择 Circular Array 类型;选择上一步建立的通孔,在 Instance(阵列)对话框中,输入 Number=6,Angle=60°。选择带轮毛坯中心为旋转阵列的中心,建立孔阵列,如图 4-44 所示。

图 4-43　建立通孔

图 4-44　建立孔阵列

图 4-45　建立基准面

(7) 开键槽。

① 设置 61 层为工作层,建立如图 4-45 所示的基准面。

② 改变 1 层为工作层,选择 Insert→Design Feature→Slot 命令,在窗口中,选择 Rectangular (矩形键槽),选择上一步建立的基准平面作为安放表面;在 Rectangular Slot 对话框中,输入键槽的 Length=40,Width=14, Depth=3.8(GB/T 1095—2003),建立键槽。如图 4-46 所示。

(8) 倒角、倒圆。如图 4-47 所示。

至此,依据题意完成 V 带轮的造型设计。

图 4-46　建立键槽

图 4-47　倒角、倒圆

4.3.3　叉架类零件

叉架类零件包括弯臂、连杆、支架等零件,如图 4-48 所示。弯臂、连杆零件多为运动件,通常起传动、连接、调节或制动等作用,此类零件多数由铸造或模锻制成毛坯,经机械加工而成。结构大多比较复杂，一般分为工作部分（与其他零件配合或连接的套筒、叉口、支承板等）、安装部分（高度方向尺寸较小的棱柱体，其上常有凸台、凹坑、销孔、螺纹孔、螺栓过孔和成型孔等结构）和连接部分。

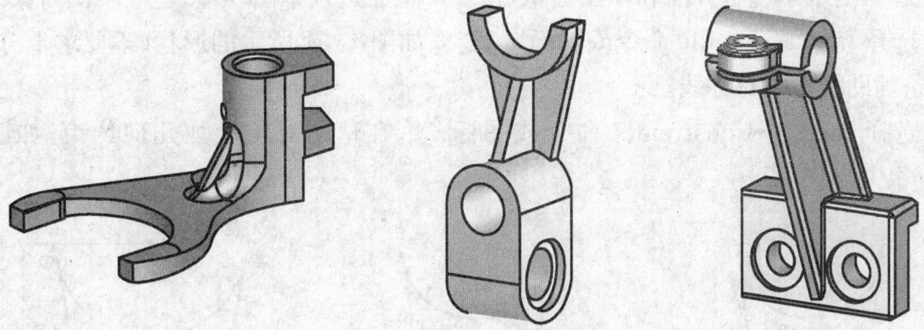

图 4-48 叉架类零件

1）构形分析

下面以拔叉为例，分析叉架类零件的构形方法。拔叉按其功能分解为四部分，即拔叉、轴座、连接部分和肋板，如图 4-49 所示。从建模的角度可将连接部分当作主体结构，由其截面曲线拉伸而成，再以添加材料的方式在主体结构上附加拔叉、轴座、肋板等特征。最后，进行拔模、倒圆等，完成零件的建模。拔叉的 CSG 树如图 4-50 所示。

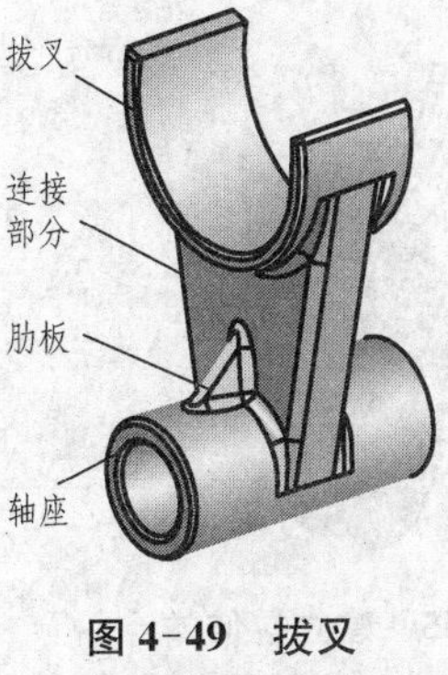

图 4-49 拔叉

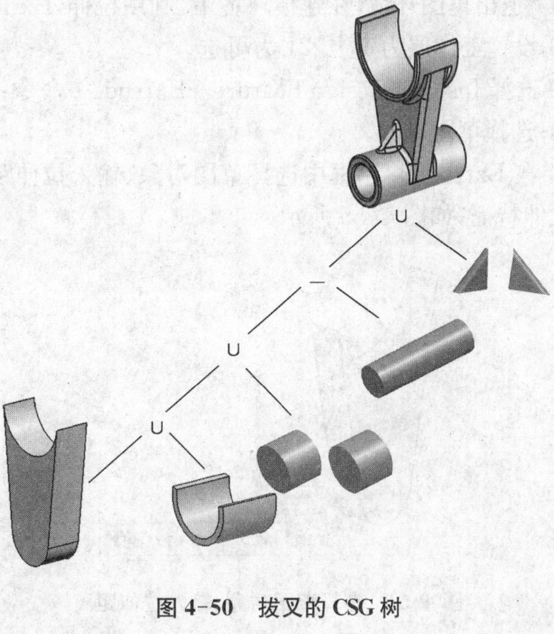

图 4-50 拔叉的 CSG 树

2）建立拔叉的三维模型

下面以图 4-49 所示的拔叉为例，具体说明利用 UG NX 软件建立叉架类零件的方法与一般过程。

建模过程：

(1) 启动 UG 程序后，新建一个名称为 CaJia_003.prt 的部件文件，单位为毫米。

(2) 选择 Start→All Applications→Modeling 命令，进入建模应用模块。

(3) 进入草图环境，建立拔叉连接主体的轮廓曲线。

设置 21 为工作层；选择 Insert→Sketch 命令，建立草图；以 XC-YC 平面作为草图安放面，接受默认的水平参考方向和草图名，点击 OK 按钮进入草图环境；建立草图对象。

① 选择 Insert→Profile 命令或图标，建立如图 4-51 所示的形状(不要求十分精确)，并作一条辅助线作为对称线。

② 选择 Insert→Constraints 命令或图标，在草图对象上加几何约束，如图 4-52 所示。

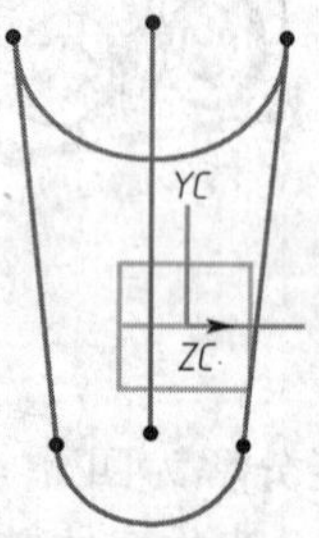

图 4-51　草绘轮廓外形

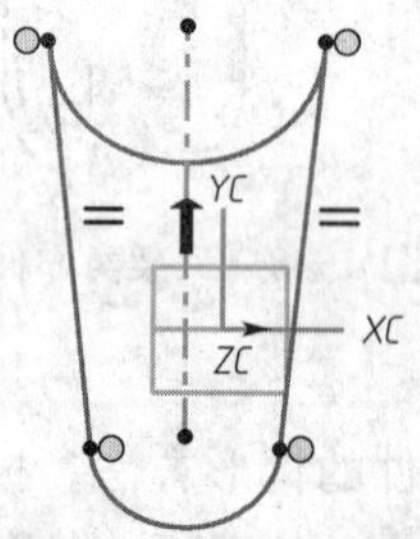

图 4-52　加几何约束

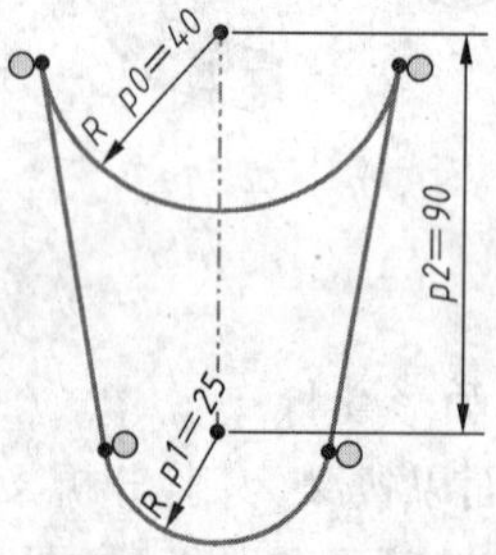

图 4-53　加尺寸约束

③ 选择 Insert→Dimensions 命令加尺寸约束。如图 4-53 所示。

(4) 退出草图环境，在建模环境下，利用拉伸(Extrude)功能建立叉架主体模型。

① 设置工作层为 1，层 21 为可选。

② 选择 Insert→Design Feature→Extrude…命令；设置 Selection Intent 选项为 Feature Curves；选择草图对象。

③ 在 Extrude 对话框中选择草图对象、输入拉伸距离，如图 4-54 所示，单击 OK 按钮；建立拉伸特征，如图 4-55 所示。

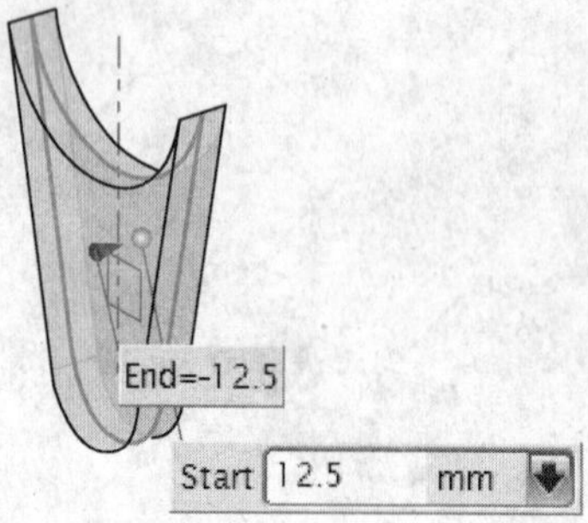

图 4-54　选择草图对象、输入拉伸距离

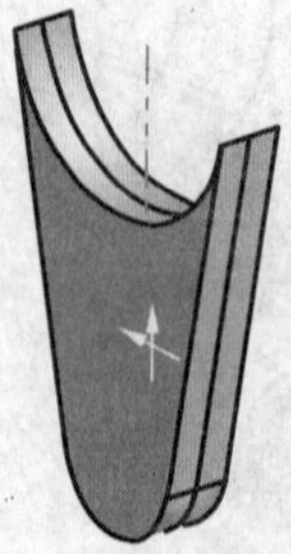

图 4-55　建立拉伸体

(5) 进入草图环境，建立拔叉的轮廓特征。

① 设置 22 为工作层；选择 Insert→Sketch 命令，建立草图；选择连接主体的左端面作为草图安放面，如图 4-56 所示；接受默认的草图名，单击 OK 按钮，进入草图环境；建立草图对象。

② 选择 Insert→Project Curve 命令，选择连接主体的上表面作为投射面，如图 4-57 所

示;在草图平面得到一条投射曲线,如图 4-58 所示。

③ 在草图平面上,建立草图曲线,选择 Insert→Constraints 命令或图标加几何约束,使草图曲线与投射曲线同心,等半径,如图 4-59 所示。

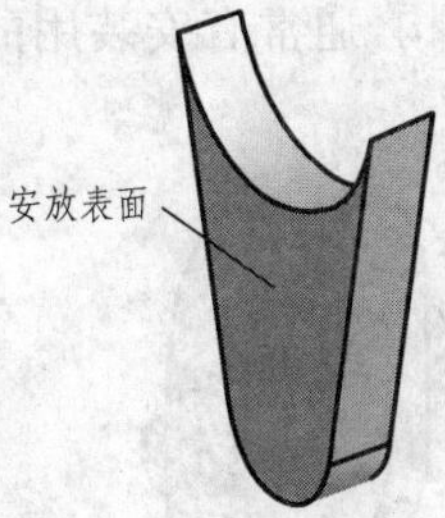

图 4-56 选择安放表面

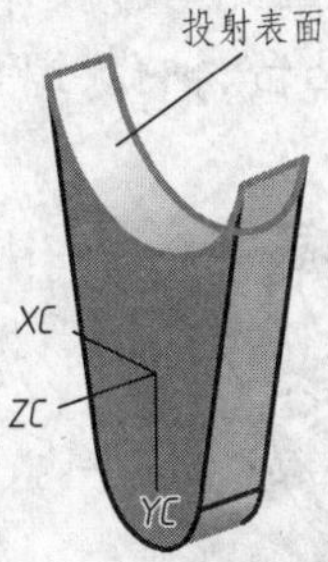

图 4-57 选择投射表面

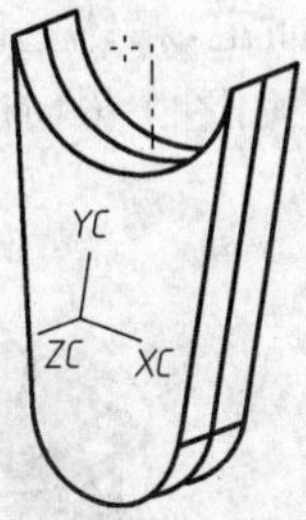

图 4-58 投射曲线

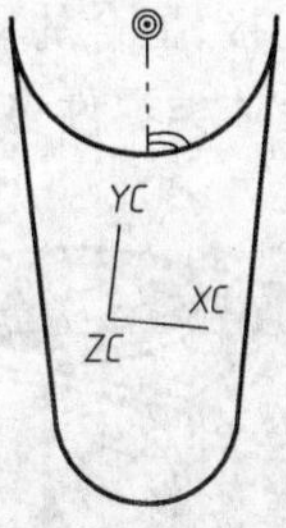

图 4-59 建立草图曲线

(6) 退出草图环境,在建模环境下,利用拉伸(Extrude)功能建立拔叉。

① 设置工作层为 1,层 22 为可选。

② 选择 Insert→Design Feature→Extrude…命令;设置 Selection Intent 选项为 Feature Curves;选择草图曲线。

③ 在 Extrude 对话框中,输入拉伸距离−15 及 45、偏置距离 8,并选择与连接主体做并布尔操作,单击 OK 按钮;建立拉伸特征,使层 22 不可见。如图 4-60 所示。

(7) 建立轴座。

① 选择 Insert→Design Feature→Boss 命令。

② 在 Boss 对话框中,输入 Diameter=40, Height=30;选择右端面作为安放面,单击 Apply 按钮。选择点到点的方式定位,选择右端面的 Edge 的中心作为定位参考点。

③ 用同样的方法,建立右边的凸台;如图 4-61 所示。

④ 在凸台上,打 $\phi28$ 的通孔;孔与凸台同轴。如图 4-62 所示。

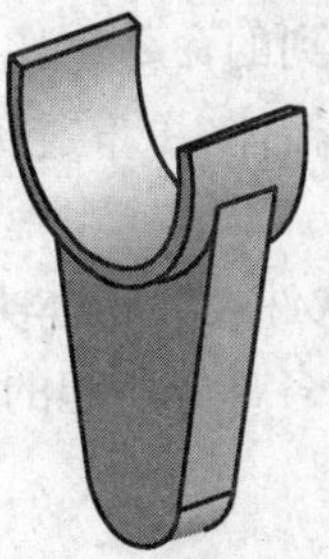

图 4-60 建立拔叉特征

图 4-61 建立凸台

图 4-62 打孔

图 4-63 肋板

(8) 建立肋板。

① 选择 Insert→Design Feature→Dart 命令。

② 分别选择轴座表面和连接主体表面作为放置表面,建立肋板,如图 4-63 所示。

(9) 进行倒角、倒圆。

至此,完成拔叉零件的三维模型。如图 4-49 所示。

4.3.4　箱体类零件

箱体类零件主要有阀体、泵体、箱体等零件，它是组成机器或部件的主要零件之一，起支承、包容其他零件的作用，内部需要安装各种零件，因此，其内、外部结构形状随其作用和周围与之连接、配合的零件形状而定，箱体上设计有凸台、轴孔、螺孔等结构，通常有安装用的底板。箱体类零件多为铸件。如图 4-64 所示。

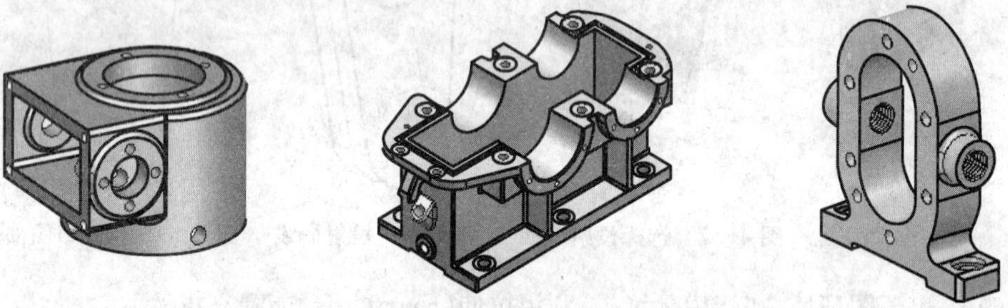

图 4-64　箱体类零件

1）构形分析

箱体类零件的主要功能是包容、支承、安装、固定部件中的其他零件，并作为部件的基础与机架相连。由于它主要用于支承、包容运动零件或其他零件，因此其内部常有空腔；箱体的内腔常用来安装轴、齿轮或者轴承等，故两端均有装轴承盖及套的孔；箱体类零件在使用时经常要安装、合箱，所以箱体的座、盖上有许多安装孔、定位销孔、连接孔；为了合箱严密，箱体上还设有凸缘；由于箱体是空腔，所以其壁通常比较薄，为了增加箱体的刚度，一般都设有加强筋；由于形状复杂，它们多为铸造件，因此具有许多铸造工艺结构，如铸造圆角、拔模斜度等。

箱体类零件的造型设计一直是比较繁琐、容易出错的。在建立箱体模型时，应先从总体上把握设计原则，规划好设计步骤。一般先构建箱体的整体轮廓，然后再添加局部特征；先执行添加材料的命令，如凸台、凸垫等，再执行除去材料的命令，如打孔、腔体等。

2）建立一级圆柱齿轮减速器上箱体的三维模型

由于箱体类零件的结构复杂，所以其三维造型相对比较困难，使用到的命令也比较多，考虑到修改方便，用户应尽可能采用草图、特征等参数化建模技术设计箱体，尽量避免使用坐标点、实体布尔运算等无法参数化的技术。

下面以一级圆柱齿轮减速器上箱体为例，具体说明利用 UG NX 软件设计箱体类零件的方法与一般过程。如图 4-65 所示。减速器上箱体按照其功能特性即各部分所起的作用、用途可分解为工作腔、底板两部分，这两部分相互叠加。

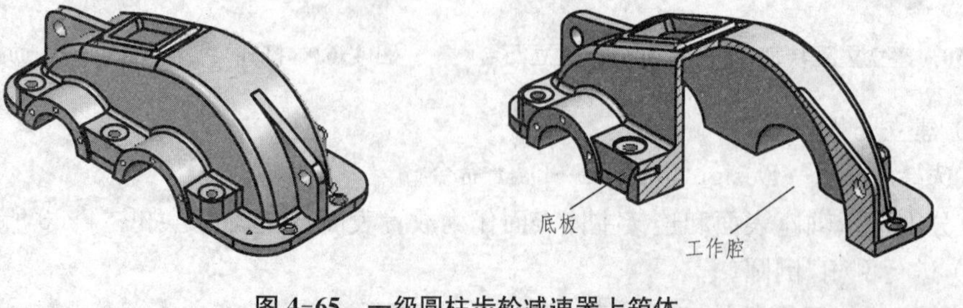

图 4-65　一级圆柱齿轮减速器上箱体

建模过程：

(1) 启动 UG 程序，新建一个名称为 JSQi_ShangXiangTi. prt 的部件文件，单位为毫米。

(2) 选择 Start→All Applications→Modeling 命令，进入建模应用模块。

(3) 进入草图环境，建立箱体工作腔的轮廓特征。

① 设置 21 为工作层；选择 Insert→Sketch 命令，建立草图；以 XC-ZC 平面作为草图安放面，接受默认的参考方向和草图名，单击 OK 按钮进入草图环境；建立草图对象。

② 选择 Insert→Profile 命令或图标，草绘截面曲线。

③ 选择 Insert→Constraints 命令或图标，在草图对象上加几何约束。

④ 选择 Insert→Dimensions 命令加尺寸约束。如图 4-66 所示。

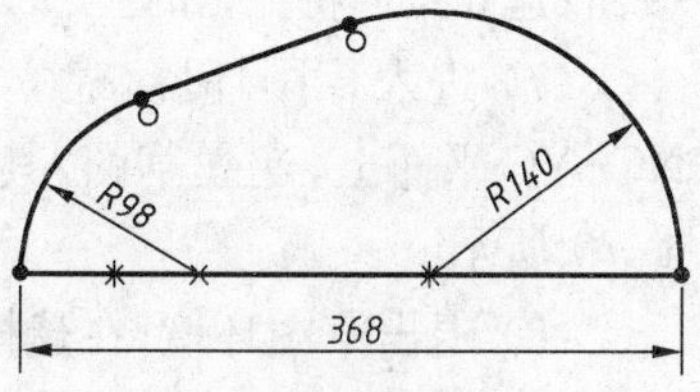

图 4-66　草图曲线

(4) 退出草图环境，在建模环境下，利用拉伸(Extrude)功能建立工作腔的主体模型。

① 设置工作层为 1，层 21 为可选；选择 Insert→Design Feature→Extrude…命令；设置 Selection Intent 选项为 Feature Curves。

② 选择草图对象。

③ 在 Extrude 对话框中选择、输入拉伸距离，单击 OK 按钮；建立拉伸特征，使层 21 不可见，如图 4-67 所示。

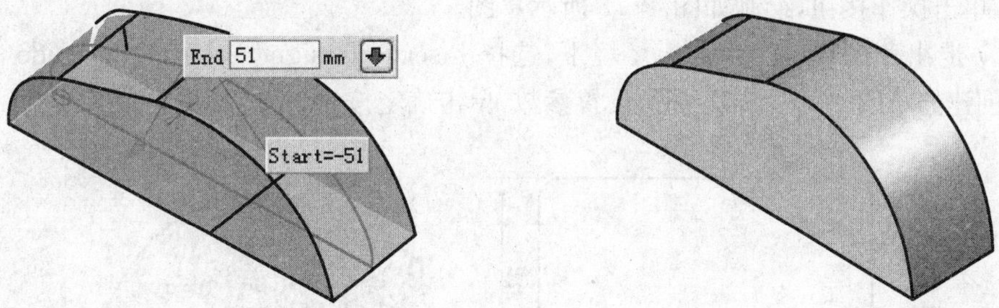

图 4-67　工作腔的拉伸特征

(5) 进入草图环境，建立箱体吊耳的轮廓特征。

① 设置 22 为工作层；选择 Insert→Sketch 命令，建立草图；以 XC-ZC 平面作为草图安放面，接受默认的水平参考方向和草图名，单击 OK 按钮，进入草图环境。

② 选择 Insert→Profile 命令或图标，草绘截面曲线。

③ 选择 Insert→Constraints 命令或图标，在草图对象上加几何约束。

④ 选择 Insert→Dimensions 命令加尺寸约束。如图 4-68 所示。

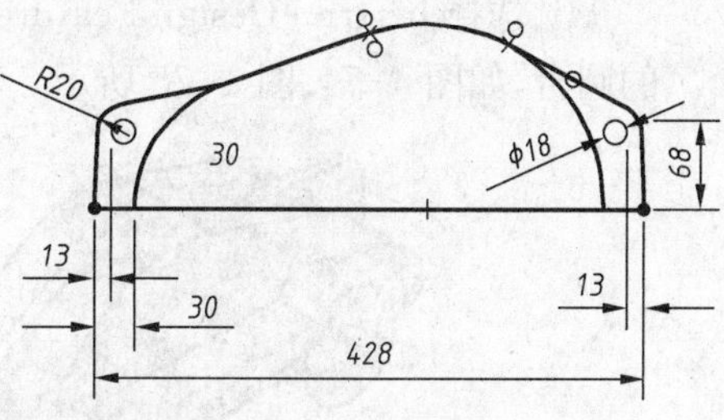

图 4-68　草图曲线

(6) 退出草图环境,在建模环境下,利用拉伸(Extrude)功能建立吊耳。

① 设置工作层为 1,层 22 为可选;选择 Insert→Design Feature→Extrude 命令;选择草图对象。

② 在 Extrude 对话框中选择、输入拉伸距离,单击 OK 按钮;建立拉伸特征,如图 4-69 所示,使层 22 不可见。

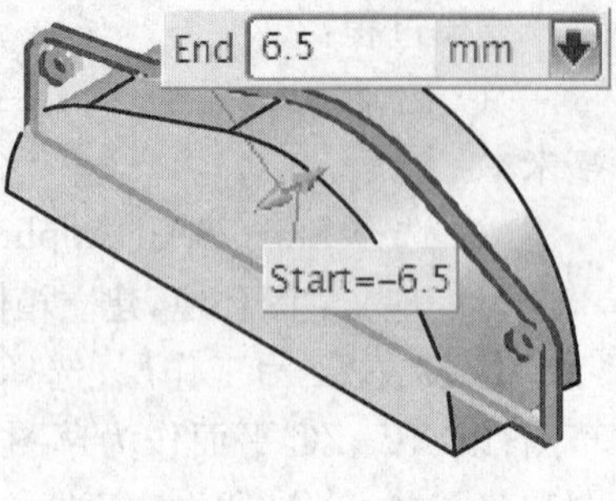

图 4-69　建立拉伸特征

(7) 进入草图环境,建立箱体底座的轮廓特征。在 XC-YC 平面上,建立草图,其几何约束和尺寸约束如图 4-70 所示。

(8) 退出草图环境,在建模环境下,利用拉伸(Extrude)功能建立底座,如图 4-71 所示。

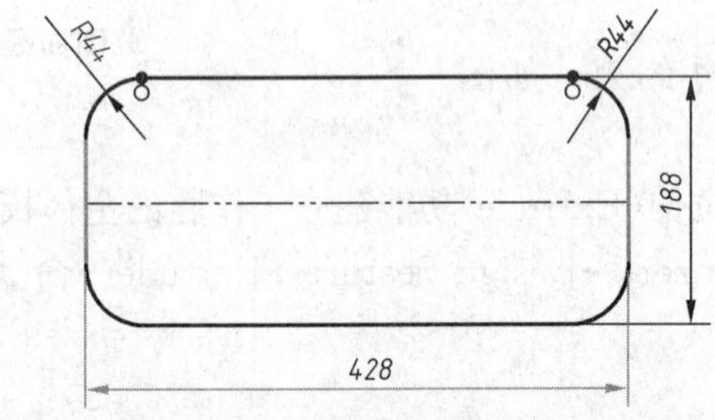

图 4-70　箱体底座的轮廓特征

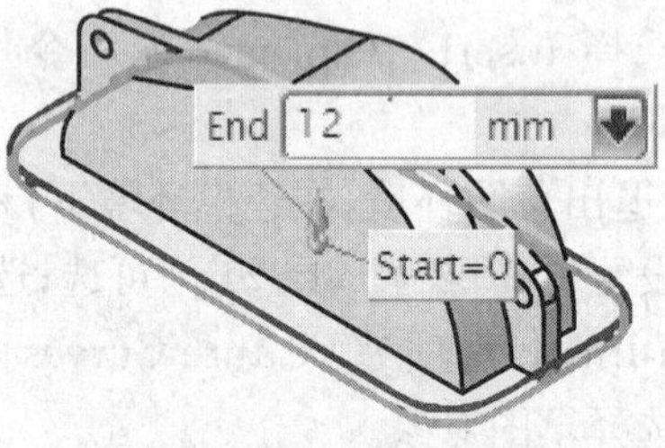

图 4-71　箱体底座

(9) 选择 Insert→Sketch 命令,进入草图模式,选取刚刚创建拉伸体的上表面为草图放置平面,单击操作按钮,绘制如图 4-72 所示草图。

(10) 退出草图环境。在建模环境下,选择 Insert→Design Feature→Extrude 命令,选取刚刚创建的草图,如图 4-73 所示设置参数,单击确定按钮,生成相应拉伸特征。

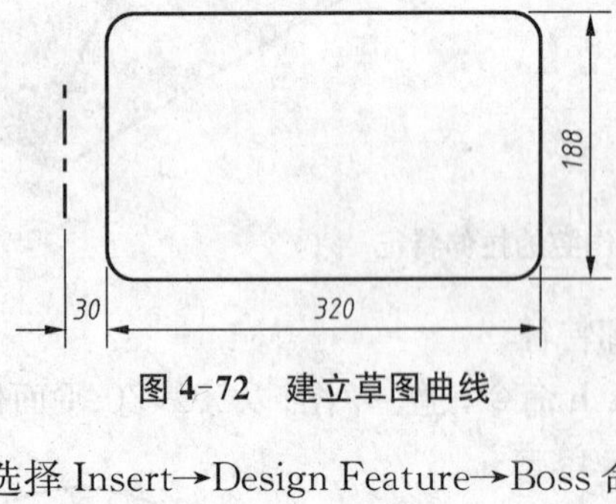

图 4-72　建立草图曲线

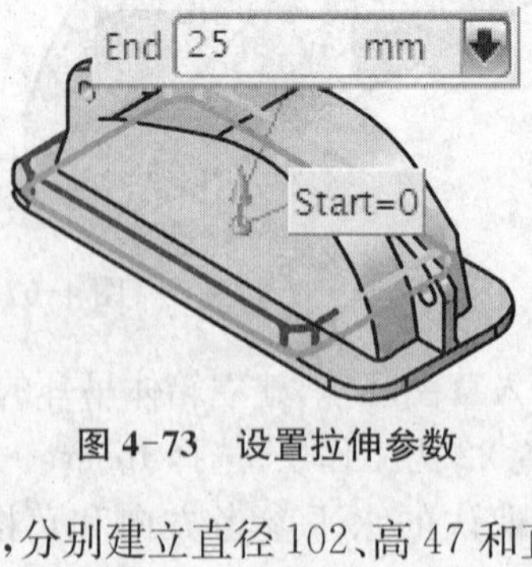

图 4-73　设置拉伸参数

(11) 选择 Insert→Design Feature→Boss 命令,分别建立直径 102、高 47 和直径 120、高 47 的圆台,如图 4-74、图 4-75 所示。其定位参数分别如图 4-76、图 4-77 所示。

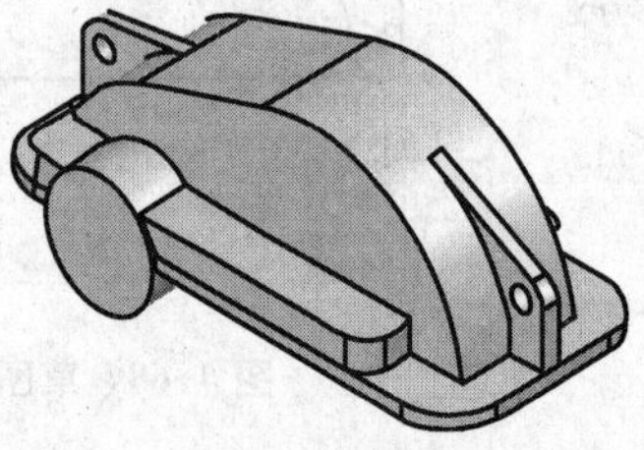

图 4-74　建立圆台(1)

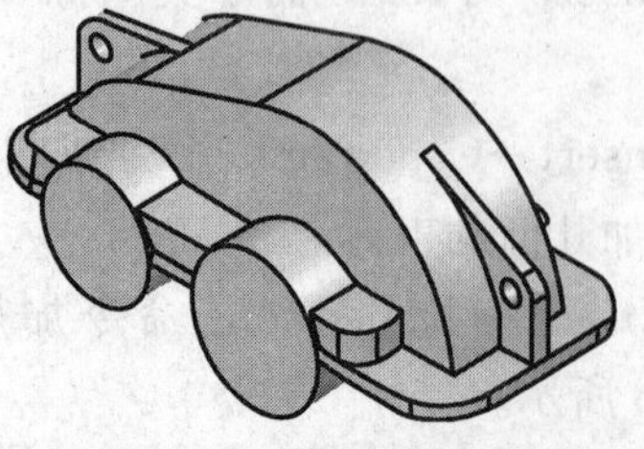

图 4-75　建立圆台(2)

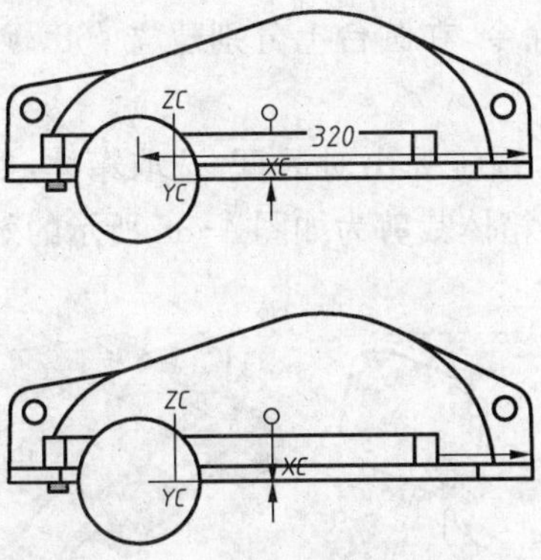

图 4-76　设置定位参数(1)

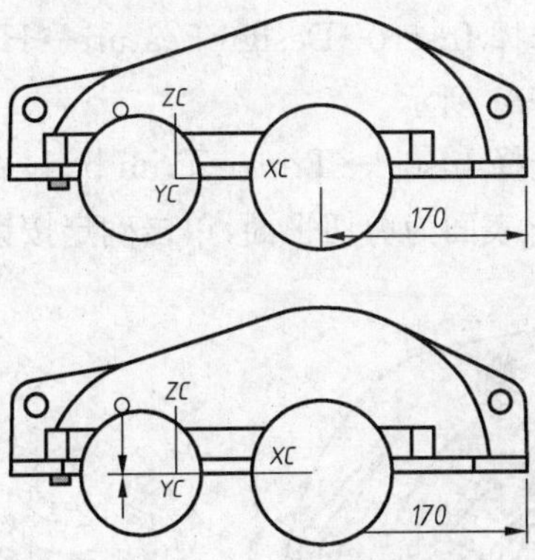

图 4-77　设置定位参数(2)

(12) 选择 Insert→Design Feature→Hole 命令，在凸缘上表面的两个圆角圆心上打沉头孔，参数如图 4-78 所示。沉头孔与凸缘的圆角同心。

图 4-78　创建沉头孔

(13) 建立与上一步骤建立的同样大小的沉头孔，离右端沉头孔的水平距离为 155 mm。

(14) 选择 Insert→Datum/Point→Datum Plane 命令，在底板上选择三个前后对称点，建立前后对称基准面，如图 4-79 所示。

(15) 建立镜像特征。

① 选择 Insert→Associative Copy→Instance 命令，系统弹出 Instance 对话框。单击 Mirror Body 按钮，系统弹出对话框，要求选定需要镜像的特征。

② 选取前面创建的 2 个圆台和 3 个沉头孔，以刚刚创建的基准平面为对称面，生成镜像结构如图 4-80 所示。

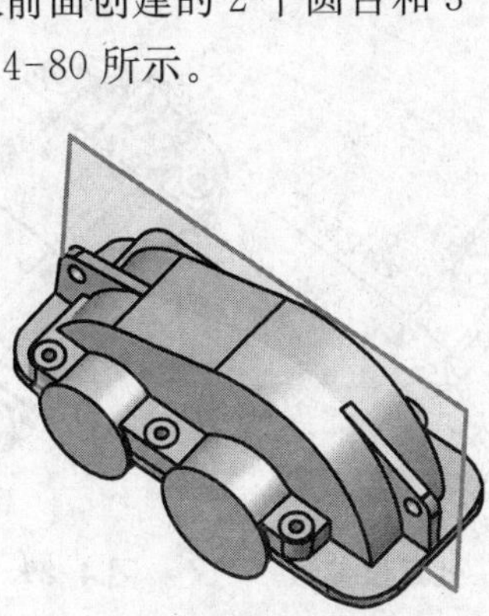

图 4-79　建立基准面

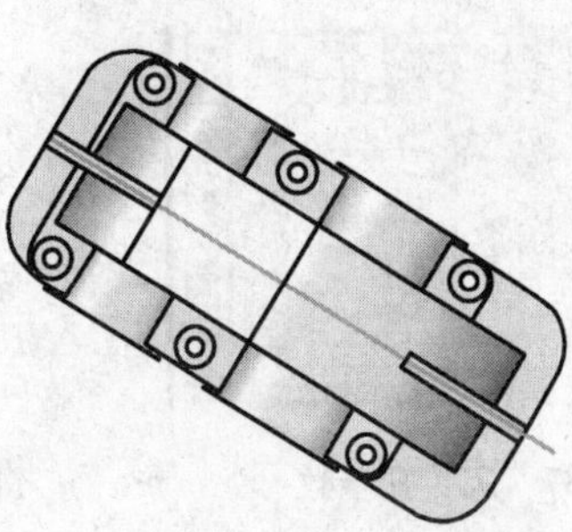

图 4-80　生成镜像结构

(16) 选择 Insert→Design Feature→Hole 命令，在圆台上分别建立 $\phi 68$、$\phi 90$ 的同轴通孔。如图 4-81 所示。

(17) 选择 Insert→Trim→Trim body 命令，系统弹出对话框，选取箱体，如图 4-82 所示，底板的下表面为剪切平面，单击确定按钮，将箱体裁剪为如图 4-83 所示的效果。

图 4-81　打轴承孔

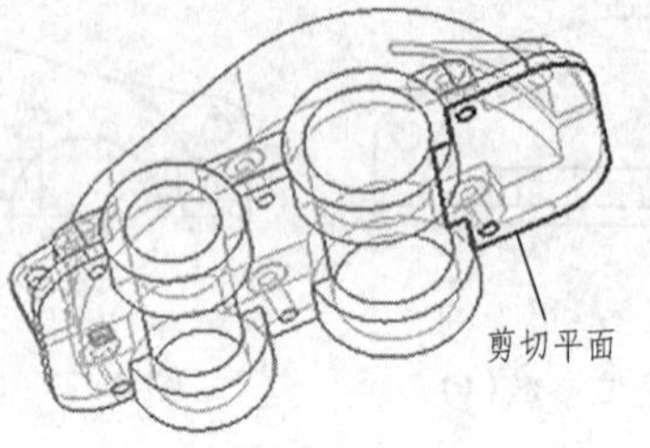

图 4-82　选择剪切平面

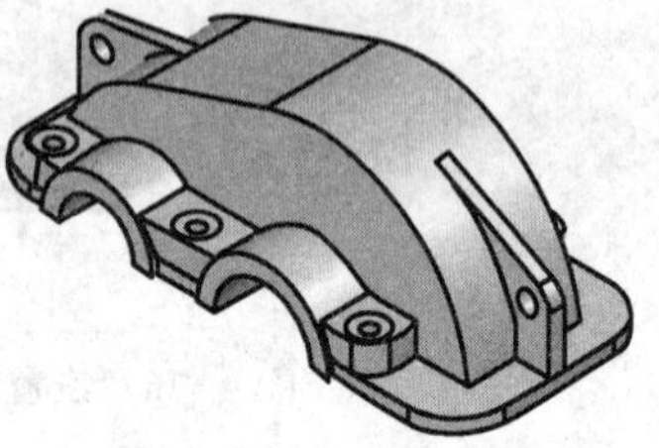

图 4-83　剪切结果

(18) 以(14)步建立的前后对称基准面为放置平面，绘制如图 4-84 所示的草图。

(19) 选择 Insert→Design Feature→Extrude 命令，选取刚刚创建的草图，拉伸距离从 −43 到 +43，并与原有模型做布尔减操作，生成相应空腔，如图 4-85 所示。

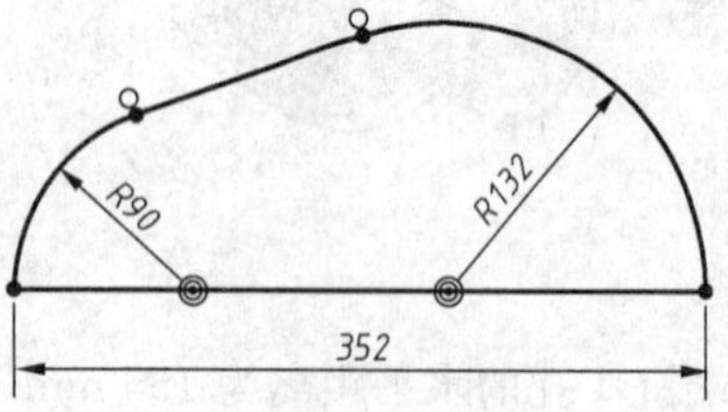

图 4-84　内腔轮廓

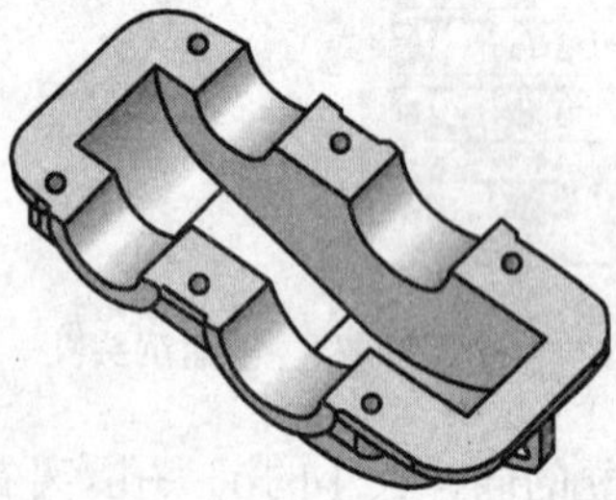

图 4-85　拉伸结果

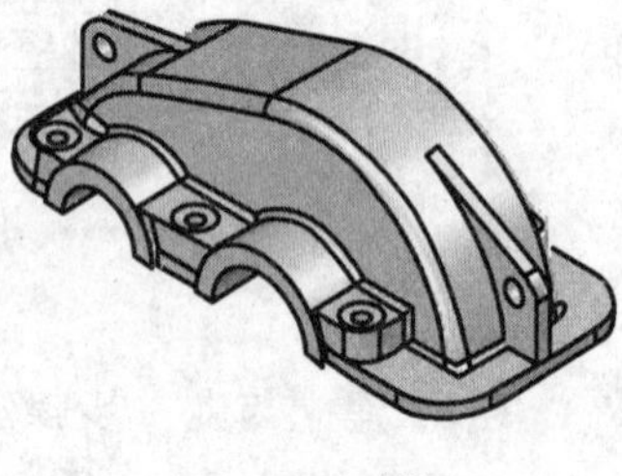

图 4-86　倒圆

(20) 选择 Insert→Detail Feature→Edge Blend 命令，对模型进行边倒圆，结果如图 4-86 所示。

(21) 选择 Insert→Design Feature→Hole 命令，创建底板上的沉头孔，其参数设计如图 4-87 所示，定位参数如图 4-88 所示。沉头孔如图 4-89 所示。

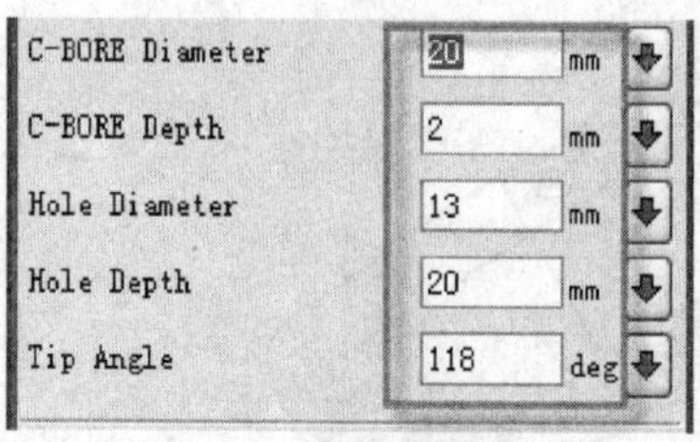

图 4-87　沉头孔参数

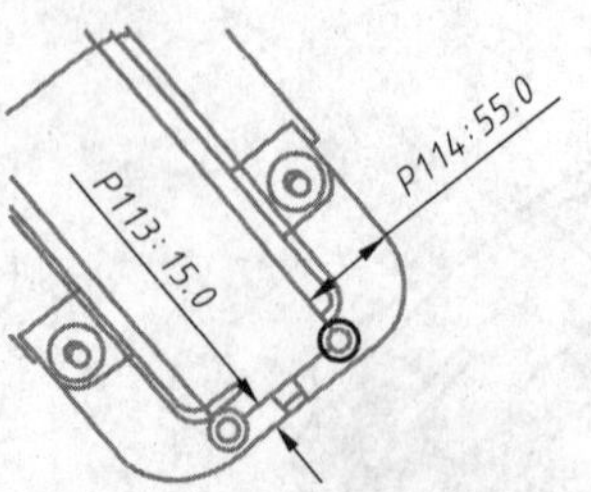

图 4-88　沉头孔定位参数

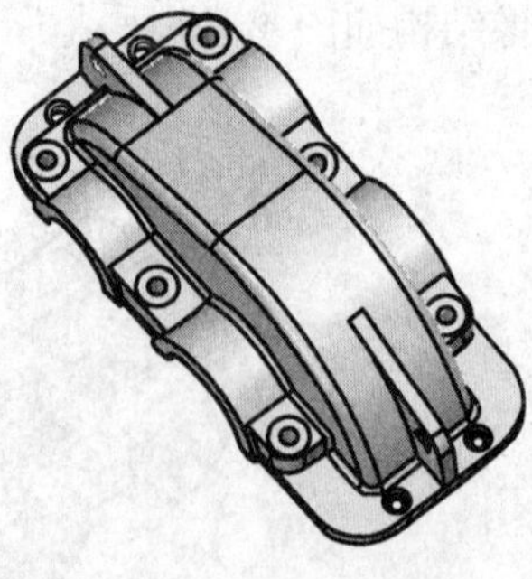

图 4-89　沉头孔

(22) 以箱体上表面的中间平面为放置面，绘制如图 4-90 所示的草图。

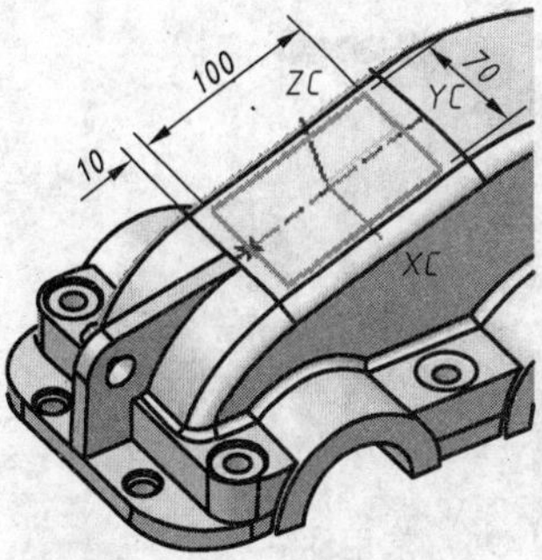

图 4-90 绘制草图

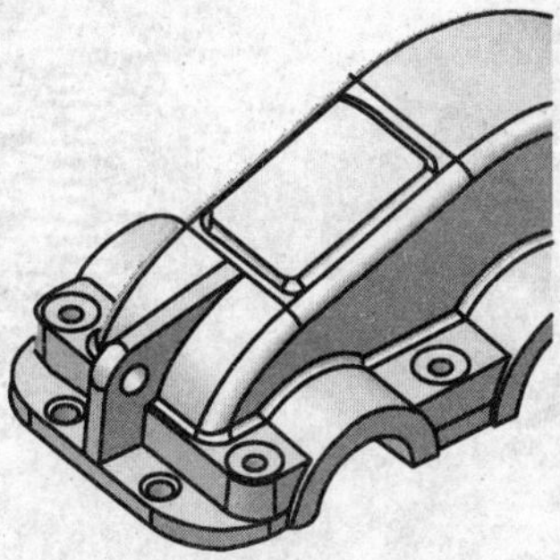

图 4-91 拉伸特征

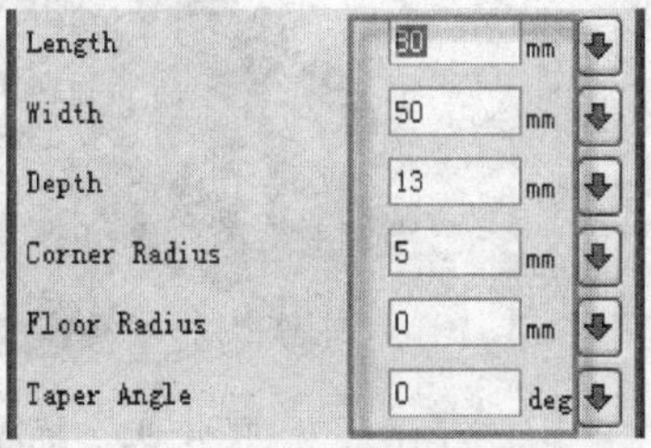

图 4-92 矩形腔参数

(23) 选择 Insert→Design Feature→Extrude 命令，选取刚刚创建的草图，设置拉伸高度为 5，单击确定按钮，生成拉伸体；对刚刚创建的拉伸体进行边倒圆操作，结果如图 4-91 所示。

(24) 选择 Insert→Design Feature→Pocket 命令，以刚刚创建的拉伸体的上表面为放置面，设置参数如图 4-92 所示，在拉抻体的正中间建立腔体，如图 4-93 所示。

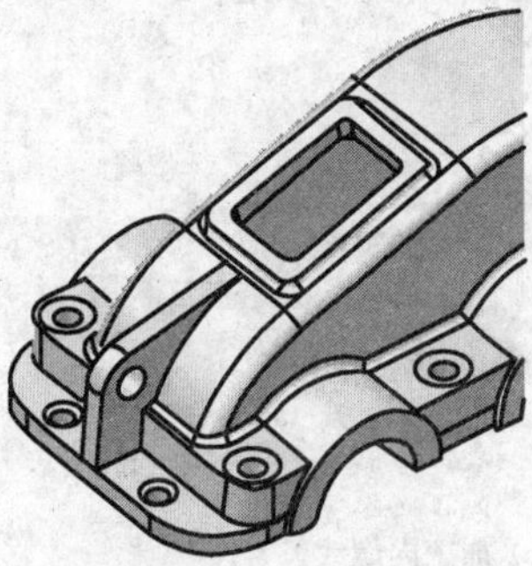

图 4-93 矩形腔

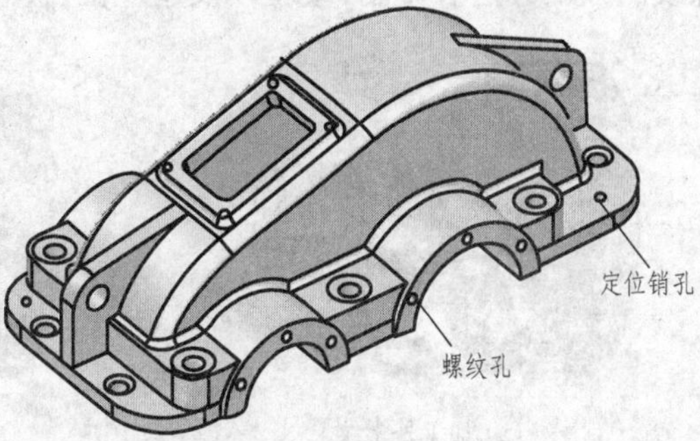

图 4-94 建立螺纹孔、销孔

(25) 打螺纹孔，其螺纹规格分别为 M6×1、M8×1。在底板上打圆柱销孔，其参数为直径 6，深度 20。至此，完成一级圆柱齿轮减速器上箱体的三维模型。如图 4-94 所示。

4.4 标准件、常用件的结构分析与建模

4.4.1 标准件、常用件的结构特点

在机器中广泛使用着螺纹联接件、键、销、齿轮、滚动轴承等零件，为便于零件批量生产、选用和更换，某些零件的结构形状、尺寸、标记和技术要求都已标准化，这类零件称为标准件，如螺钉、螺栓、螺母、垫圈、键等，如图 4-95 所示。某些零件只有部分结构要素标准化，这类零件称为常用件，如齿轮、弹簧等，如图 4-96 所示。在选用时，只要根据它们的结构型式、使用规格、代号、标记等查阅有关国家标准规定，即可得到详细数据。

图 4-95 标准件

图 4-96 常用件

1）螺纹及螺纹紧固件

（1）螺纹

① 螺纹的形成

螺纹是按照螺旋线的原理制造加工而成的。当一平面图形（如三角形、矩形、梯形等）绕一圆柱（或圆锥）表面做螺旋运动时形成的螺旋体，工业上称之为螺纹。在圆柱（或圆锥）外表面上形成的螺纹称为外螺纹；在圆柱（或圆锥）内表面上形成的螺纹称为内螺纹。

螺纹的加工方法有车制、碾压以及用丝锥、板牙等螺纹工具加工。如图 4-97 所示。

(a) 加工外螺纹

(b) 加工内螺纹

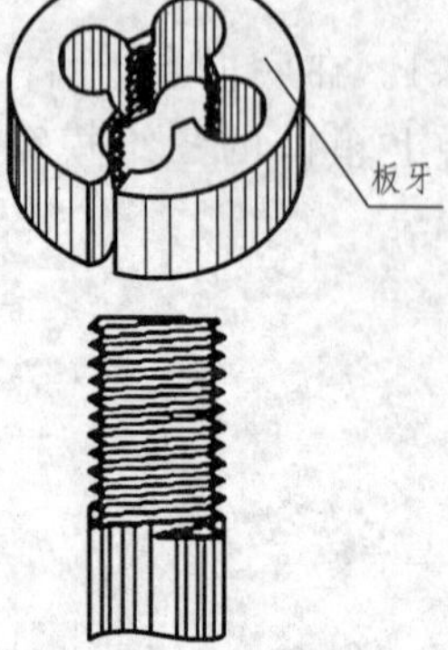

(c) 板牙

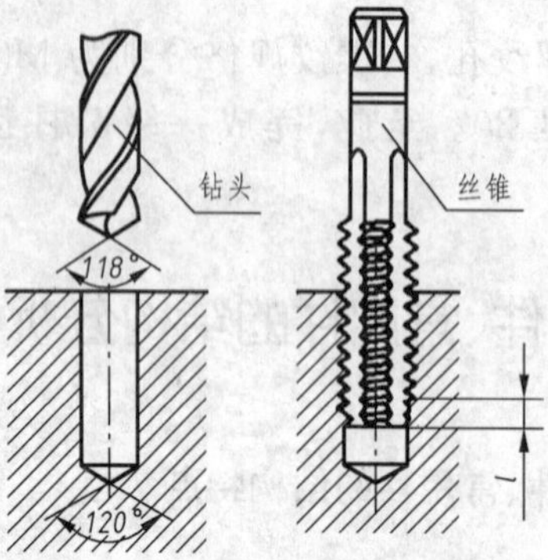

(d) 丝锥

图 4-97 常见螺纹加工方法

② 螺纹要素

a. 牙型。螺纹牙型是指假想用一平面沿螺纹轴线切出的螺纹断面轮廓形状。常见的牙型有三角形、梯形、锯齿形、矩形等。如图 4-98 所示。

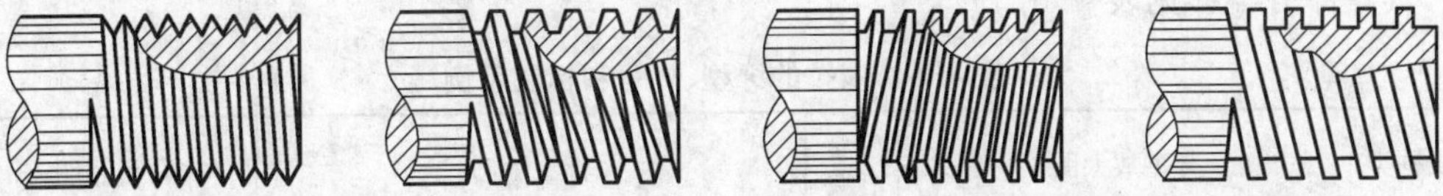

(a) 三角形　　(b) 梯形　　(c) 锯齿形　　(d) 矩形

图 4-98　螺纹牙型

b. 螺纹直径。螺纹的直径有三个,即大径、小径、中径。

螺纹大径又称公称直径,它代表了螺纹尺寸的直径。大径指与外螺纹牙顶或内螺纹牙底相重合的假想圆柱面的直径,内、外螺纹的大径分别用 D、d 表示。小径指与外螺纹牙底或内螺纹牙顶相重合的假想圆柱面的直径,内、外螺纹的小径分别用 D_1、d_1 表示。中径指母线通过牙型上的沟槽和凸起宽度相等的假想圆柱的直径,内、外螺纹的中径分别用 D_2、d_2 表示。如图 4-99 所示。

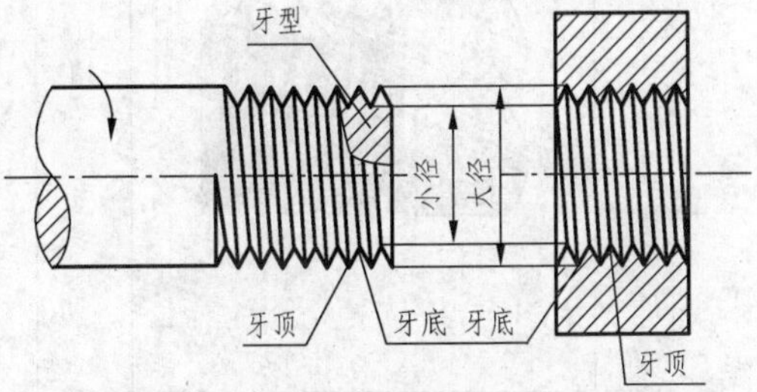

图 4-99　螺纹直径

c. 线数。螺纹有单线和多线螺纹之分,只有一条螺旋线形成的螺纹称为单线螺纹,有两条或两条以上在轴向等距分布的螺旋线形成的螺纹称为多线螺纹,如图 4-100 所示。

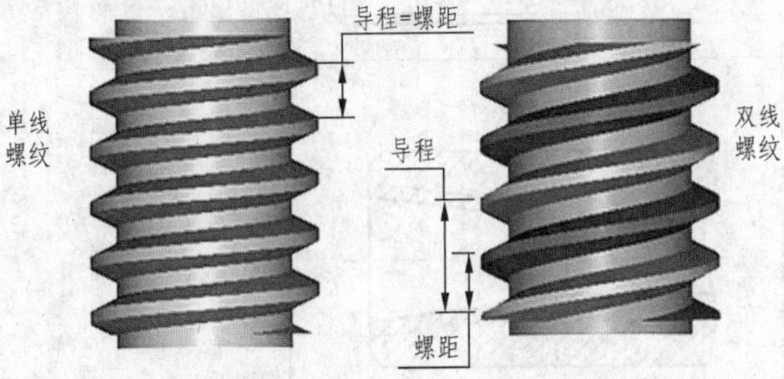

图 4-100　螺纹线数、螺距和导程

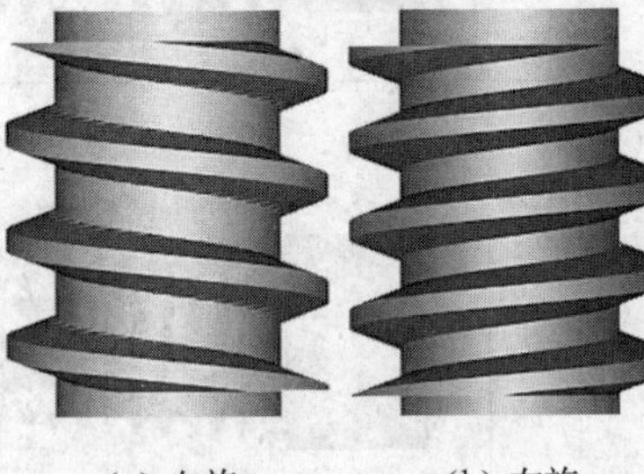

(a) 左旋　　(b) 右旋

图 4-101　螺纹旋向

d. 螺距和导程。螺距是指相邻两牙在中径线上对应点间的轴向距离。导程是指同一条螺旋线上相邻两牙在中径线上对应点之间的轴向距离。

e. 旋向。螺纹有左旋和右旋之分。当螺纹按顺时针方向旋进时,称为右旋螺纹,反之,称为左旋螺纹,如图 4-101 所示。

内、外圆柱螺纹联接的条件是螺纹的五个要素必须完全相同,否则内、外螺纹不能相互旋合。

③ 螺纹的种类及标注方法

a. 螺纹种类。按螺纹要素是否标准分成:标准螺纹(牙型、直径、螺距符合国家标准的螺纹)、特殊螺纹(牙型符合国家标准,直径和螺距不符合标准的螺纹)、非标准螺纹(牙型不符合标准的螺纹)。

按螺纹的用途分成:联接螺纹如普通螺纹、管螺纹;传动螺纹如梯形螺纹、锯齿形螺纹等。其具体分类详见表 4-6。

表 4-6　螺纹的牙型、代号和标注示例

螺纹种类		牙型放大图	特征代号	标注示例	说　明
联接螺纹	粗牙普通螺纹	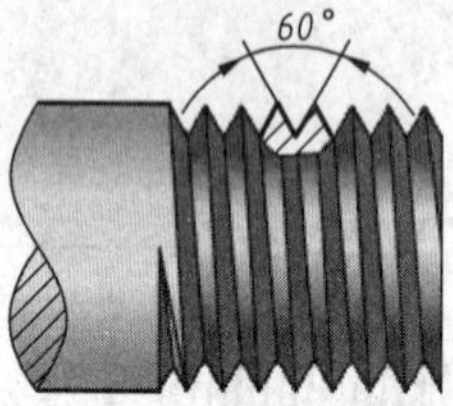	M	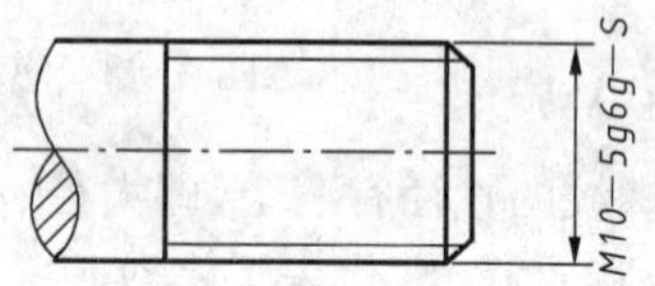	1. 粗牙螺纹不标注螺距； 2. 右旋螺纹省略“右”字，左旋时则标注 LH； 3. 单线螺纹允许不标注导程与线数； 4. 旋合长度为中等时，“N”可省略
	细牙普通螺纹			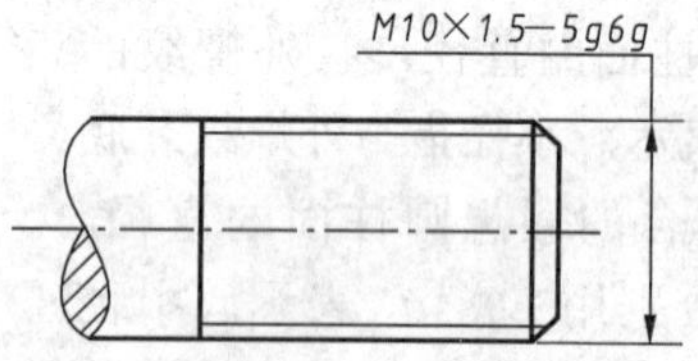	
	非螺纹密封的管螺纹	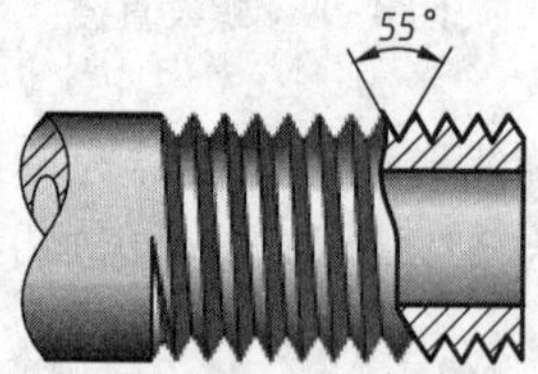	G	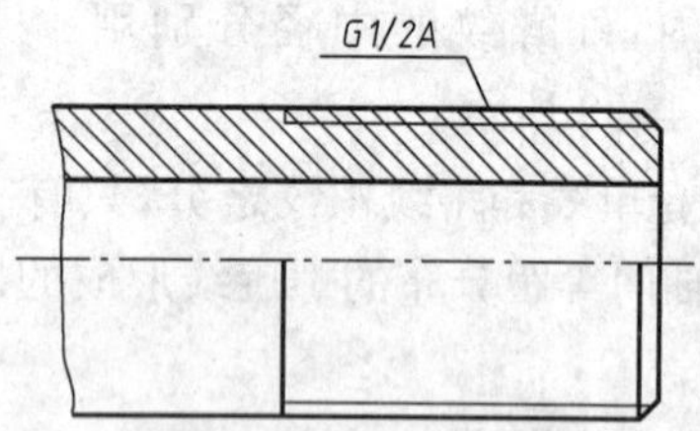	
	用螺纹密封的管螺纹	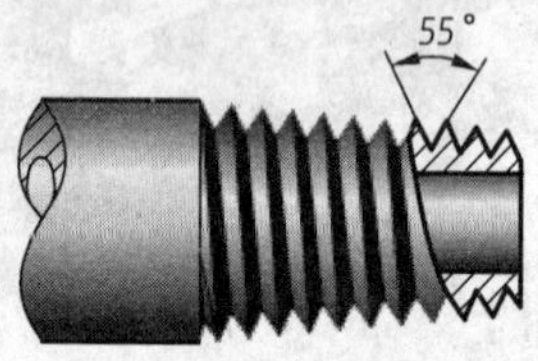	R Rc Rp	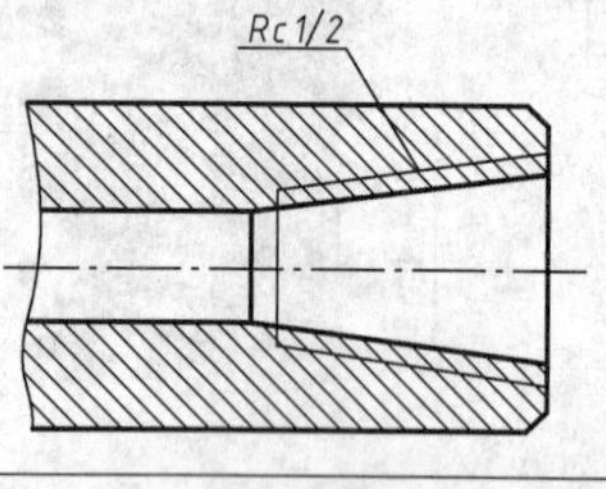	
传动螺纹	梯形螺纹	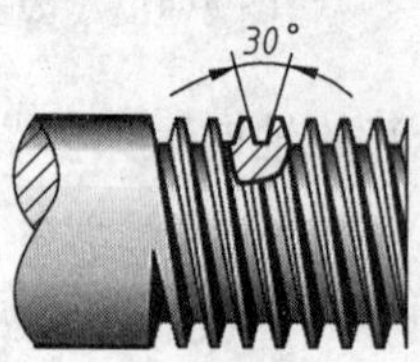	Tr	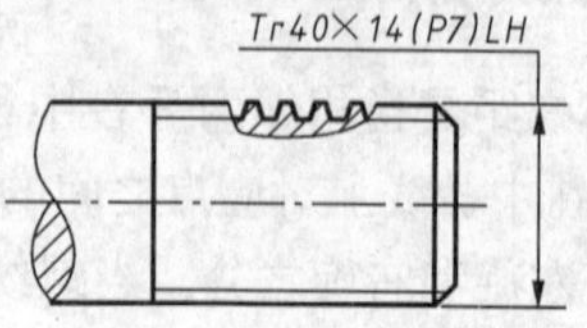	
	锯齿形螺纹	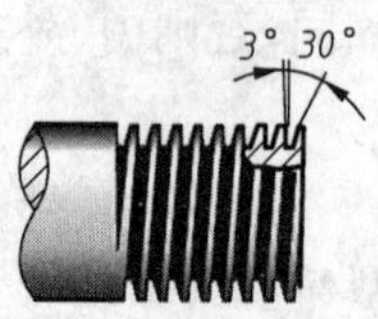	B	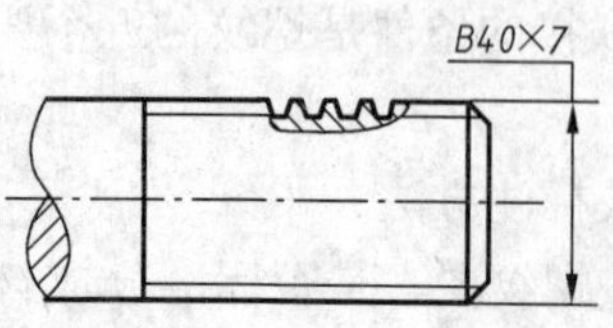	

b. 标准螺纹的标注格式。普通螺纹完整的标记由螺纹代号、螺纹公差带代号、螺纹旋合长度代号三部分组成。基本格式为：

特征代号 公称直径 × 螺距(导程/线程) 公差带代号 — 旋合长度代号 — 旋向

螺纹特征代号见表 4-6。公称直径指螺纹大径。当线数为 1 时,导程和线数省略。左旋螺纹的旋向标为“LH”,右旋时省略不标。粗牙普通螺纹,螺距省略标注。

公差带代号:由公差等级代号和基本偏差代号组成。螺纹公差通常用螺纹中径、顶径公差带代号表示。小写字母用于表示外螺纹的基本偏差代号,大写字母表示内螺纹的基本偏差代号。如 M10-5g6g,表示外螺纹中径、顶径公差带代号为 5g、6g; M10-6H5H,表示内螺纹中径、顶径公差带代号为 6H、5H,当中径、顶径公差带相同时,只标注一个代号,如 M10-6g。梯形螺纹和锯齿形螺纹只标注中径公差带代号。

旋合长度:指内、外螺纹旋合在一起的有效长度,普通螺纹的旋合长度分为 3 组,分别称为短旋合长度、中旋合长度和长旋合长度,相应代号为 S、N、L。旋合长度为中等时,“N”不标注。

标记示例:M20×2-7g6g-L-LH 表示左旋细牙普通外螺纹,公称直径为 20 mm,螺距为 2 mm,螺纹中径和顶径公差带代号分别为 7g、6g, L 表示采用长旋合长度。

c. 特殊螺纹的标记。特殊螺纹的标注,应在牙型符号前加注“特”,并注出大径和螺距。如图 4-102 所示。

d. 非标准螺纹的标记。应注出螺纹的大径、小径、螺距和牙型的尺寸。如图 4-103 所示。

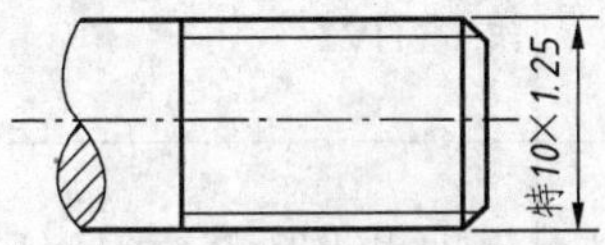

图 4-102　特殊螺纹的标注

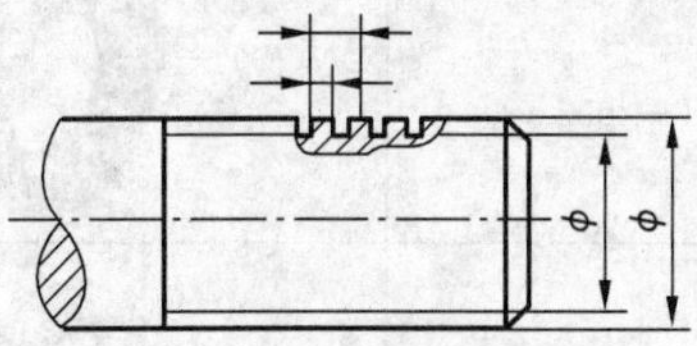

图 4-103　非标准螺纹的标注

(2) 螺纹紧固件及其联接

① 螺纹紧固件

螺纹紧固件是指用螺纹起联接作用的标准件。常用的螺纹紧固件有螺栓、双头螺柱、螺钉、螺母、垫圈等。螺纹紧固件的结构型式和尺寸已全部标准化,各种紧固件都有相应的标记。一般完整的标记包括名称、国标代号、尺寸、性能和构成等,见表 4-7。可根据它们的规定标记选取。

表 4-7　常用的螺纹紧固件种类、标记

名　称	图　例	标记说明
六角头螺栓 GB/T 5780—2000	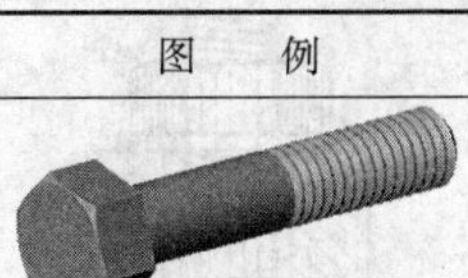	螺栓 GB/T 5780　M10×40 表示 C 级六角头螺栓,螺纹规格 M10,公称长度40 mm
双头螺柱 GB/T 897—1988	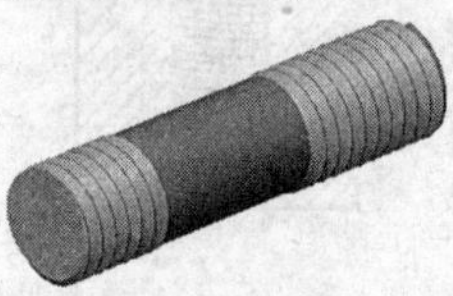	螺柱 GB/T 897　M10×50 表示 B 型双头螺柱,粗牙普通螺纹,螺纹规格 M10,公称长度 50 mm

续表 4-7

名　称	图　例	标记说明
开槽圆柱头螺钉 GB/T 65—2000	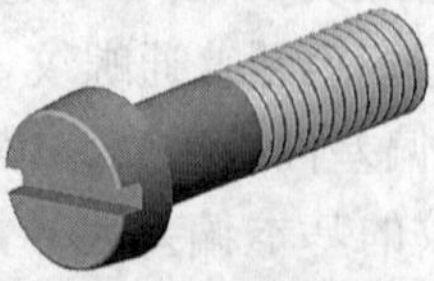	螺钉 GB/T 65　M5×20 表示开槽圆柱头螺钉，螺纹规格 M5，公称长度 20 mm
开槽沉头螺钉 GB/T 68—2000		螺钉 GB/T 68　M10×40 表示开槽沉头螺钉，螺纹规格 M10，公称长度 40 mm
开槽锥端紧定螺钉 GB/T 71—1985	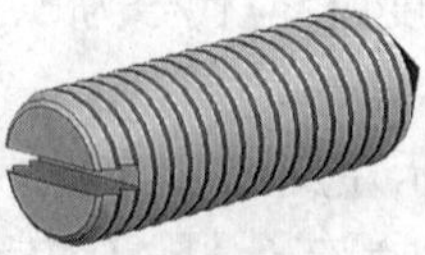	螺钉 GB/T 71　M8×12 表示开槽锥端紧定螺钉，螺纹规格 M8，公称长度 12 mm
六角螺母 GB/T 6170—2000	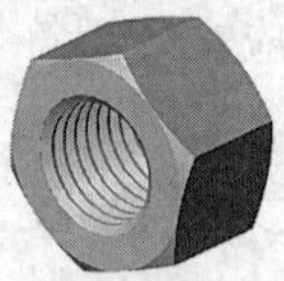	螺母 GB/T 6170　M12 表示 A 级的Ⅰ型六角螺母，螺纹规格 M12
垫圈 GB/T 97.1—2002		垫圈 GB/T 97.1-10-140 HV 表示 A 级平垫圈，公称长度 10 mm，性能等级 140HV
标准型弹簧垫圈 GB/T 93—1987		垫圈 GB/T 93-16-65Mn-O 表示规格为 16 mm、材料为 65Mn、表面氧化的标准型弹簧垫圈

② 螺纹紧固件的联接

螺纹紧固件的联接形式有：螺栓联接、双头螺柱联接、螺钉联接，见表 4-8。

表 4-8　螺纹紧固件的联接形式

名　称	螺栓联接	双头螺柱联接	螺钉联接
图 例	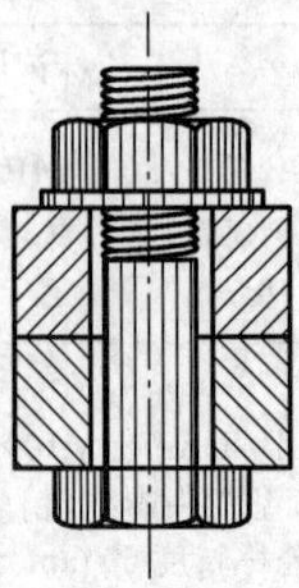	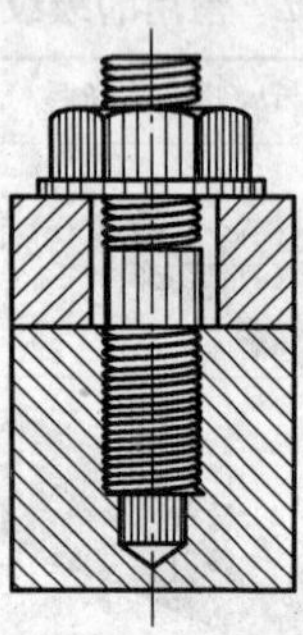	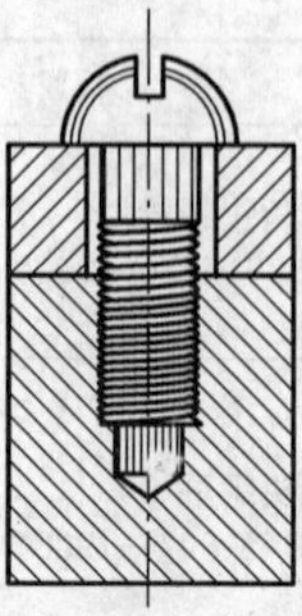

续表 4-8

名　称	螺栓联接	双头螺柱联接	螺钉联接
联接画法	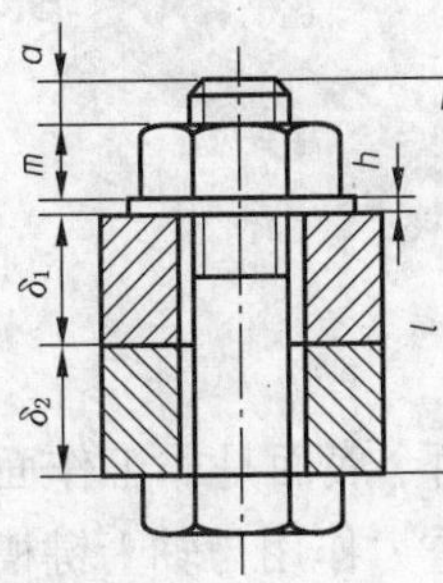	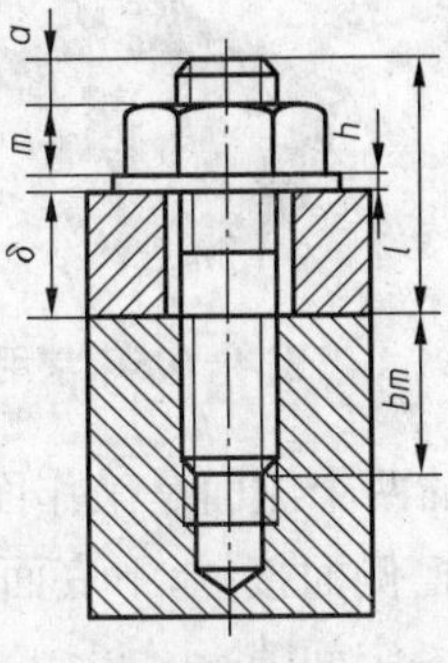	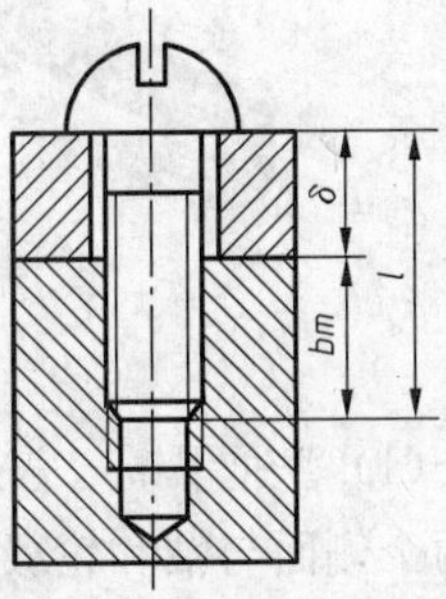
定义	用螺栓、螺母和垫圈将两个不太厚，而且又允许钻成通孔的零件联接在一起	用双头螺柱与螺母、垫圈配合使用，将两个零件联接在一起。螺柱连接适用于被连接件之一较厚或不能钻成通孔的情况	用螺钉连接两板，联接时，螺钉直接拧入较厚联接件的螺孔中。螺钉联接常用于受力不大的连接和定位
公称长度	$l \approx \delta_1 + \delta_2 + h + m + a$ $a \approx (0.2 \sim 0.3)d$ 再查标准取接近值	$l \approx \delta + h + m + a$ $a \approx (0.2 \sim 0.3)d$ 再查标准取接近值	$l \approx \delta + bm$ 旋入端长度 bm 与被旋入零件的材料有关： 钢　$bm = d$ 铸铁　$bm = 1.25 \sim 1.5d$ 铝合金　$bm = 2d$ 再查标准取接近值

例　已知螺纹紧固件的标记为：螺栓 GB/T 5782 M20×1、螺母 GB/T 6170 M20、垫圈 GB/T 97.1 20，被联接件的厚度 $\delta_1 = 25$ mm、$\delta_2 = 25$ mm，确定螺栓的有效长度 l。

解：根据 GB/T 6170、GB/T 97.1 查得：$m = 18$ mm，$h = 3$ mm

取 $a = 0.3 \times 20 = 6$

$l \geqslant \delta_1 + \delta_2 + h + m + a = 25 + 25 + 3 + 18 + 6 = 77$

根据 GB/T 5782 查得最接近的标准长度为 80，即 $l = 80$ mm。

2）键联接

除螺纹联接外，键联接和销联接也是常用的可拆卸的联接。如图 4-104 所示为键联接。为了把齿轮和轴装配在一起，使其同时转动，通常在轮毂和轴上分别加工出键槽，然后把键的一部分放入轴的键槽内，再将带键的轴装入具有通槽的轮毂中，使键的另一部分嵌入轮毂中的键槽中，这种联接称为键联接，这时键起传递扭矩的作用。

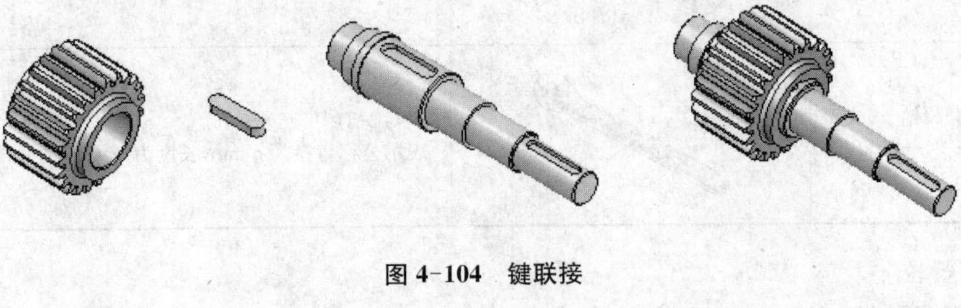

图 4-104　键联接

常用的键有普通平键、半圆键、钩头楔键。如图 4-105 所示。

图 4-105　常用的键

(1) 普通平键　普通平键的两个侧面是工作面，上下两个底面是非工作面。联接时，键的两个侧面与轴和轮毂上的键槽侧面接触，下底面由于受重力作用与轴上键槽的底面接触，上底面与轮毂上键槽的底面有一定间隙。

普通平键的标记为：键　键宽 b×键长 L　GB/T 1096—2003

如：键 6×18　GB/T 1096—2003

(2) 半圆键　半圆键联接时，与普通平键类似。适用于传递扭矩较小的场合。

半圆键的标记为：键　键宽 b×键长 L　GB/T 1099—2003

如：键 6×18　GB/T 1099—2003

(3) 钩头楔键　钩头楔键上底面成楔形，有 1∶100 的斜度，联接时，需沿轴向楔入，联接可靠。

钩头楔键的标记为：键　键宽 b×键长 L　GB/T 1565—2003

3) 销联接

销联接常用于零件的联接或定位，常用的销有圆柱销、圆锥销、开口销。销的标记见表 4-9。

表 4-9　销的标记

名　称	图　例	标记及含义
圆柱销 GB/T 119—2000	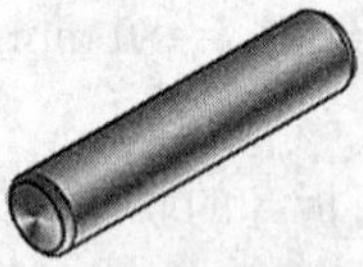	销 GB/T 119　A8×30 表示公称直径为 8 mm，长度为 30 mm 的 A 型圆柱销
圆锥销 GB/T 117—2000	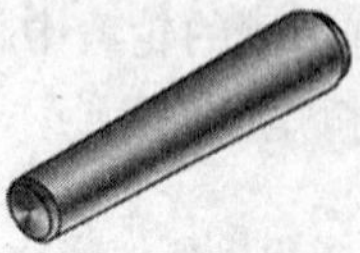	销 GB/T 117　A10×60 表示公称直径为 10 mm，长度为 60 mm 的 A 型圆锥销
开口销 GB/T 91—2000	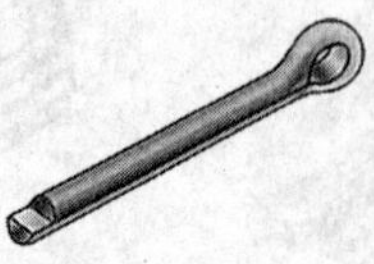	销 GB/T 91　6×30 表示公称直径为 6 mm，长度为 30 mm 的开口销

4) 齿轮

齿轮是机械工程中应用最广泛的一种常用件，它的主要作用是传递动力或改变运动方向或速度。

根据它的用途，齿轮传动可分为三大类：圆柱齿轮传动——用于平行轴之间的传动；圆锥齿轮传动——用于两相交轴线间的传动；蜗轮蜗杆传动——用于两垂直交叉轴线间的传动。如图 4-106 所示。

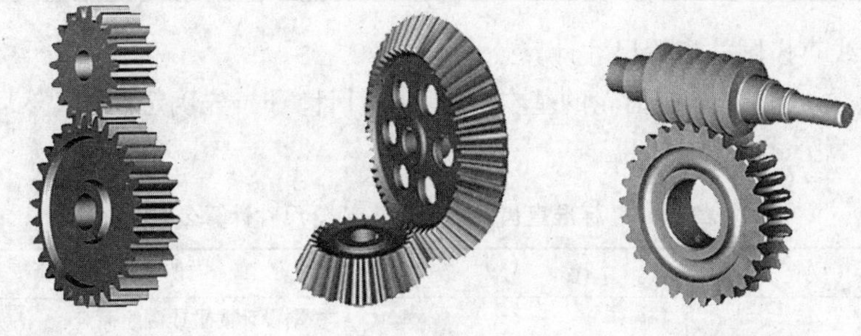

(a) 圆柱齿轮传动　　(b) 圆锥齿轮传动　　(c) 蜗轮蜗杆传动

图 4-106　齿轮传动

这里重点介绍渐开线直齿圆柱齿轮的结构参数。

直齿圆柱齿轮的外观是圆柱形，齿的方向与轴线平行。各部分的名称、参数如图 4-107 所示。

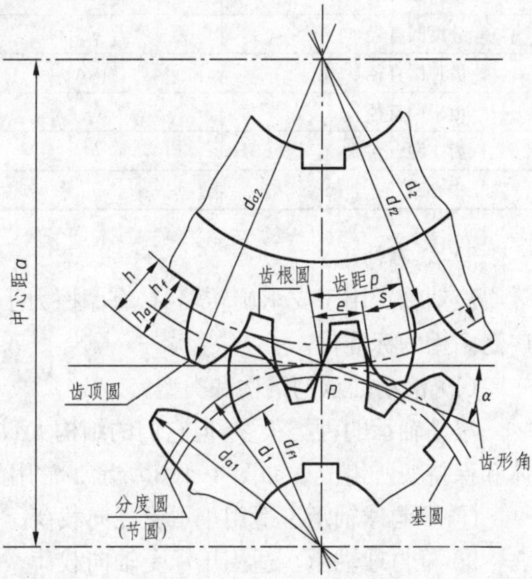

图 4-107　渐开线直齿圆柱齿轮各部分名称、参数

(1) 渐开线直齿圆柱齿轮的各部分名称

① 齿顶圆直径 d_a　通过齿顶的圆柱面直径。

② 齿根圆直径 d_f　通过齿根的圆柱面直径。

③ 分度圆直径 d　通过齿槽弧长与齿厚弧长相等的圆柱面直径。

④ 齿距 p　分度圆上相邻两齿廓对应点之间的弧长。分度圆上齿厚(s) = 齿槽宽(e) = $p/2$。

⑤ 齿高 h　轮齿的齿顶和齿根在径向上的高度称全齿高 h。

齿顶高 h_a　齿顶圆与分度圆之间的径向距离。

齿根高 h_f　齿根圆与分度圆之间的径向距离。

⑥ 中心距 a　两啮合齿轮轴线之间的距离称为中心距。

(2) 渐开线直齿圆柱齿轮的基本参数

① 齿数 z　齿轮上的轮齿数，它是根据传动比计算确定的。

② 模数 m　模数是计算齿轮的主要参数，齿轮分度圆直径 d = 齿距 p × 齿数 z/π，令 $m = p/\pi$，则 m 称为模数，所以，$d = mz$。

相互啮合的一对齿轮，齿轮的齿距 p 一定相等，因而模数 m 也一定是相等的。

为了便于设计和制造齿轮，已将模数标准化。见表 4-10。

表 4-10　模数的标准系列

第一系列	1	1.25	1.5	2	2.5	3	4	5	6	8	10	12	16	20	25	32	40	50
第二系列	1.75	2.25	2.75	(3.25)	3.5	(3.75)	4.5	5.5	(6.5)	7	9	(11)	14	18	22	28	36	45

(3) 渐开线直齿圆柱齿轮尺寸计算公式

齿轮的齿数 z、模数 m 是齿轮的基本参数。设计计算时，先确定 m、z，然后计算其他各部分尺寸。计算公式见表 4-11。

表 4-11　标准直齿圆柱齿轮各部分尺寸计算公式

名　称	代　号	计 算 公 式
齿　数	z	根据设计要求或测绘而定
模　数	m	$m = p/\pi$ 根据强度计算或测绘而得
齿顶高	h_a	$h_a = m$
齿根高	h_f	$h_f = 1.25\,m$
全齿高	h	$h = h_a + h_f$
分度圆直径	d	$d = mz$
齿顶圆直径	d_a	$d_a = d + 2h_a = m(z+2)$
齿根圆直径	d_f	$d_f = d - 2h_f = m(z-2.5)$
齿　距	b	$p = \pi m$
中心距	a	$a = (d_1 + d_2)/2 = (z_1 + z_2)m/2$

5) *滚动轴承*

滚动轴承用于支承旋转轴，具有摩擦力小、结构紧凑、旋转精度高的特点，是现代机器中广泛采用的标准件。

(1) 滚动轴承的结构和类型

滚动轴承的种类很多，但它们的结构大致相似，一般由外圈、内圈（或上圈、下圈）、滚动体和保持架所组成。如图 4-108 所示。常用的滚动轴承有：

① 深沟球轴承　适用于承受径向载荷。

② 推力球轴承　适用于承受轴向载荷。

③ 圆锥滚子轴承　适用于同时承受径向载荷和轴向载荷。

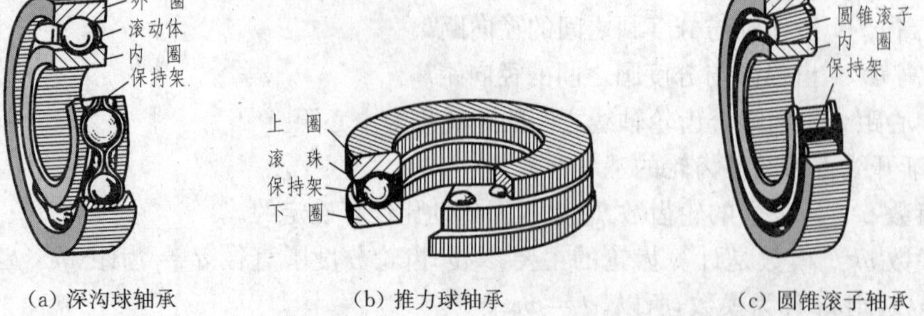

图 4-108　常用滚动轴承及其结构

(2) 滚动轴承的代号

按国家标准规定，滚动轴承代号是用字母加数字来表示滚动轴承的结构、尺寸、公差等级、技术性能等特征。轴承代号由前置代号、基本代号、后置代号构成，类型代号：60000型——深沟球轴承；50000型——平底推力球轴承；30000型——圆锥滚子轴承。前、后置代号——轴承在结构形状、尺寸、公差、技术要求等有所改变时，在基本代号左、右添加的补充代号，其构成见表4-12。

表4-12 轴承代号

前置代号	基本代号				后置代号
	类型代号	尺寸系列代号		内径代号	
		宽度系列代号	直径系列代号		

例 轴承代号6204

6——类型代号(深沟球轴承)

2——尺寸系列(02)代号

04——内径代号(内径尺寸＝04×5＝20 mm)

6) 弹簧

弹簧主要用于减震、夹紧、复位等。常用弹簧有压缩弹簧、拉伸弹簧、扭转弹簧、蜗卷弹簧等。如图4-109所示。对这些弹簧的结构形式、尺寸、精度、材料、表面处理、标记等均有规定，选用时可查阅相关国家标准。这里重点介绍圆柱螺旋压缩弹簧的名称及参数。

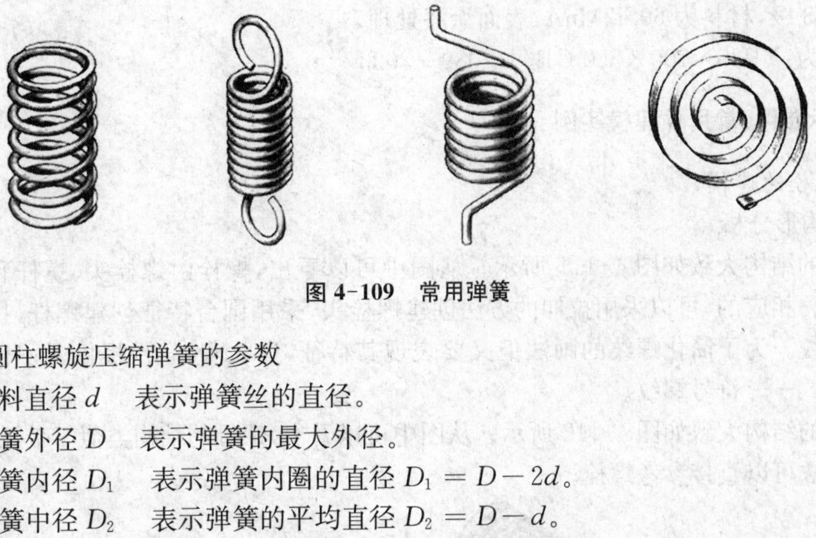

图4-109 常用弹簧

(1) 圆柱螺旋压缩弹簧的参数

① 材料直径 d 表示弹簧丝的直径。

② 弹簧外径 D 表示弹簧的最大外径。

③ 弹簧内径 D_1 表示弹簧内圈的直径 $D_1 = D - 2d$。

④ 弹簧中径 D_2 表示弹簧的平均直径 $D_2 = D - d$。

⑤ 节距 t 除支承圈外，相邻两圈对应点之间的轴向距离。

⑥ 有效圈数 n、支承圈数 n_2、总圈数 n_1 为使螺旋压缩弹簧工作时受力均匀，增加弹簧的平稳性，弹簧两端须并紧、磨平。并紧、磨平的各圈是起支承作用的，称支承圈，支承圈数用 n_2 表示。保持相等节距的圈数称有效圈数 n。总圈数为有效圈数与支承圈数的总和，$n_1 = n + n_2$。

⑦ 自由高度 H_0 不受外力作用时弹簧的高度 $H_0 = nt + (n_2 - 0.5)d$。

⑧ 旋向 弹簧分为左旋和右旋，常用右旋。

⑨ 展开长度 L 坯料的长度 $L = n_1\sqrt{(\pi D_2)^2 + t^2}$。

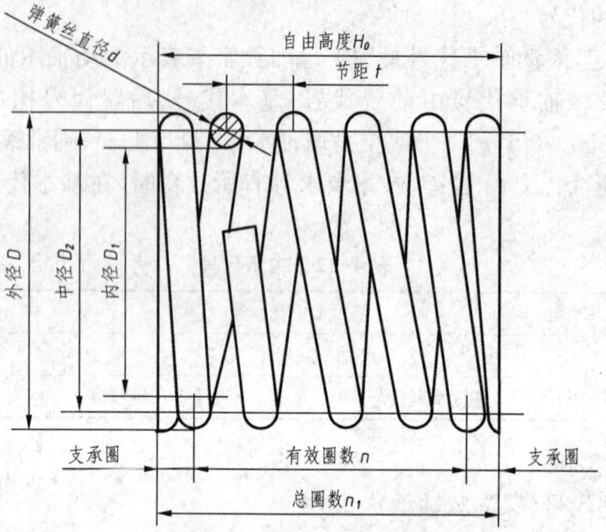

图 4-110 压缩弹簧各部分名称

(2) 圆柱螺旋压缩弹簧的标记

圆柱螺旋压缩弹簧标记的组成规定如下：

名称代号	型式代号	$d\times D_2\times H_0$	精度等级代号旋向代号	标准编号	材料牌号	表面处理

例 YB型右旋弹簧，材料直径为 25 mm，弹簧中径为 100 mm，自由高度为 250 mm，制造精度为 3 级，材料为 60Si2MnA，表面涂漆处理。

标记为：YB25×100×250 GB/T 2089—2003

4.4.2 标准件、常用件建模实例

1) 螺栓的建模

(1) 构形分析

螺栓的结构大致如图 4-111 所示。从图中可以看出，螺栓由螺栓头、螺杆和螺杆上的螺纹组成。相应的，可以采用拉伸的方法创建螺栓头，采用圆台特征创建螺杆，执行螺纹命令创建螺纹。为了简化螺纹的画法但又要表现其特征，UG NX 软件提供了一种创建螺纹的简便方式——符号螺纹。

螺母的结构大致如图 4-112 所示。从图中可以看出，螺母的结构类似于带孔的螺栓头，其造型方法可以直接参考螺栓。

图 4-111 六角头螺栓

图 4-112 六角螺母

(2) 基于 UG 软件的设计思路

螺栓的结构比较简单。一般的,可以参照下列步骤进行:

① 查国家标准,明确螺栓的结构尺寸,了解其结构特征。

② 依据螺栓结构尺寸,建立相应的表达式。

③ 绘制螺栓头截面草图,通过拉伸创建螺栓头。

④ 执行圆台(Boss)命令,创建螺杆。

⑤ 执行螺纹(Thread)命令,创建螺纹。

(3) 建模操作

建立六角头螺栓 GB 5782 M10×40 的参数化模型。六角头螺栓各部分结构尺寸标识如图 4-113 所示。

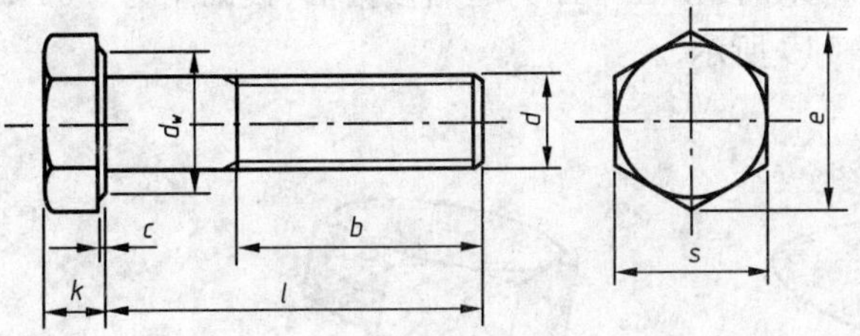

图 4-113 六角头螺栓各部分结构尺寸标识

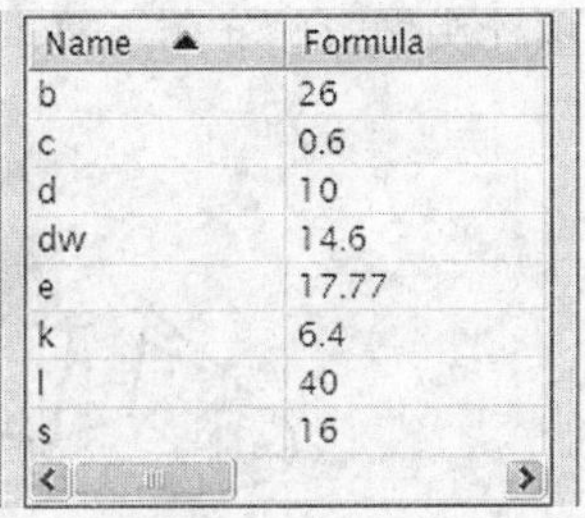

Name ▲	Formula
b	26
c	0.6
d	10
dw	14.6
e	17.77
k	6.4
l	40
s	16

图 4-114 六角头螺栓各部分尺寸表达式

① 由标准 GB 5782—2000,查得六角头螺栓各部分尺寸。选择 Tools→Expressions 命令,打开表达式对话框,在对话框中,建立各部分尺寸的表达式。如图 4-114 所示。

② 建立螺栓头。

a. 选择 Insert→Datum/Point→Datum CSYS 命令,建立基准坐标系,如图 4-115 所示。

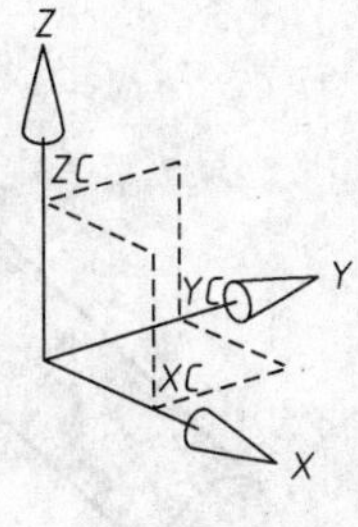

图 4-115 基准坐标系

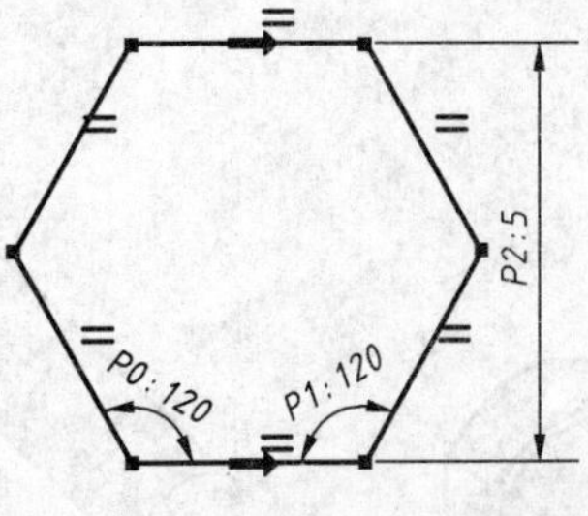

图 4-116 六边形草图对象

b. 以基准坐标系的 *XC-YC* 面为草图面,建立如图 4-116 所示的六边形草图对象;并建立图示几何约束、尺寸约束。

c. 选择 Insert→Design Feature→Extrude…命令,拉伸草图,并使拉伸距离等于 $k-c$,如图 4-117 所示。

③ 建立螺栓头的倒圆角特征。

a. 以拉伸体的底面为草图平面,建立如图 4-118 所示的六边形的内切圆草图对象。

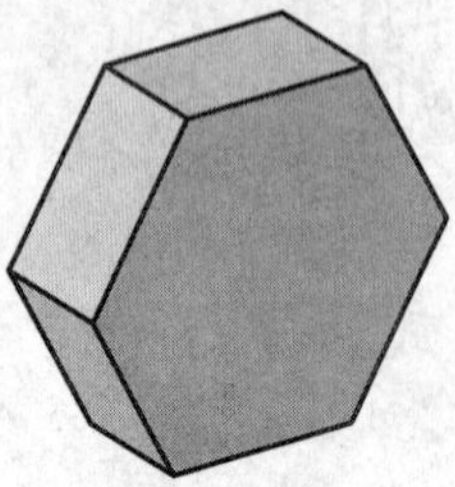

图 4-117　螺栓头

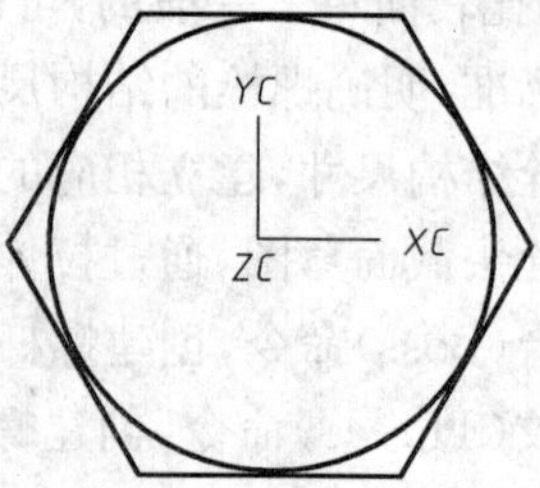

图 4-118　六边形内切圆

b. 选择 Insert→Design Feature→Extrude…命令，以建立的草图对象六边形的内切圆为拉伸曲线，使拉伸距离等于 $k-c=5.8$；以草图所在平面为起始拔锥面、拔锥角为$-60°$；并与螺栓头做"交"布尔运算。结果如图 4-119 所示。

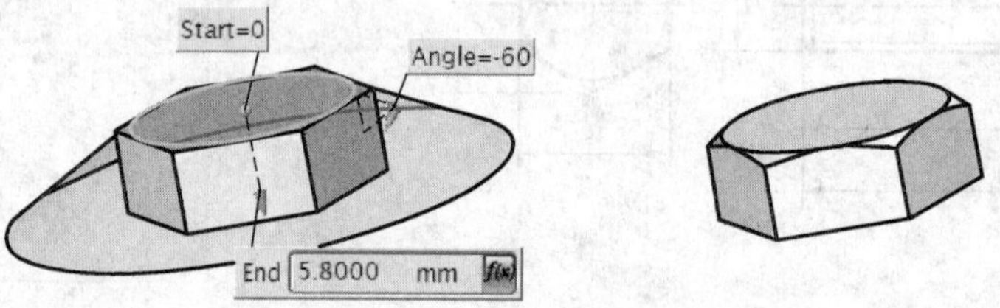

图 4-119　建立倒圆角特征

④ 创建螺杆。

a. 建立凸台，在对话框中，输入 Diameter＝dw＋2 * c，输入 Height＝c，采用点到点的中心定位方式，使凸台与六边形的内切圆同心，结果如图 4-120 所示。

b. 选择刚建立的凸台作为安放表面，在对话框中，输入 Diameter＝d，输入 Height＝l，采用点到点的中心定位方式，使凸台与刚建立的凸台同心。并倒角 *C*1。结果如图 4-121 所示。

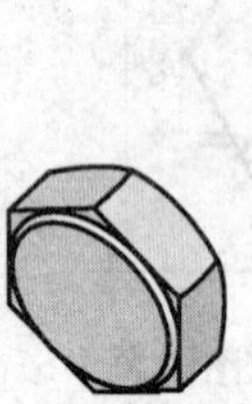

图 4-120　建立凸台

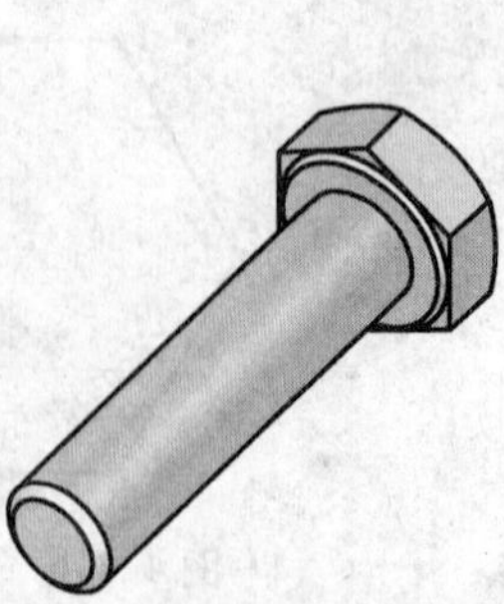

图 4-121　建立螺杆

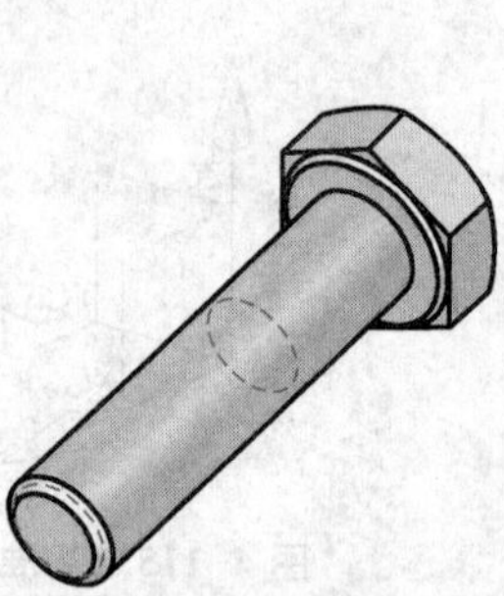

图 4-122　建立符号螺纹

⑤ 建立外螺纹。选择 Insert→Design Feature→Thread 命令，选择圆柱外圆面，建立符号螺纹，并输入螺纹长度 *b*，选择右旋，其他参数接受系统默认值，单击 OK 按钮。建立的符号螺纹如图 4-122 所示。

⑥ 保存文件。至此，已完成六角头螺栓的参数化模型。

2）齿轮的建模

（1）构形分析

齿轮机构依靠轮齿啮合传动，不仅传动比稳定、寿命长、效率高，而且工作可靠性高。几乎所有回转运动的机器，都使用齿轮作为传动件。在这个常用零件的设计和制造中，人们通常会花费大量的时间和精力。随着 CAD/CAM 技术的发展，齿轮零件的设计已由手工设计转向由计算机设计自动完成，减少了设计工作量，提高了设计质量，同时为现代高速、多变、中小批量的设计提供了必要的保障手段。

（2）基于 UG 软件的设计思路

齿轮一般由轮胚、轮齿、辐板、轮毂等组成。齿轮类零件的造型设计难点在于轮齿的生成，因此在设计之初，应首先分析轮齿曲线，必要时还要给出数学描述。只要建立起一个轮齿或轮槽，再通过环形阵列即可创建整个齿轮模型。

利用 UG 软件进行齿轮造型设计的一般步骤如下：

① 根据设计要求确定齿轮的基本参数，包括模数、齿数、压力角、轴孔径、齿轮厚度等。

② 依据齿顶圆直径和齿轮厚度等参数以及选定的齿轮形式，创建齿轮齿胚。

③ 利用参数化曲线绘制轮齿轮廓曲线，生成齿槽曲面。

④ 执行拉伸或扫描命令，从齿胚上切除材料，形成齿槽。

⑤ 执行圆周阵列命令，形成所有齿槽，相应也就创建了所有轮齿。

图 4-123　渐开线齿轮

（3）建模操作

建立渐开线直齿圆柱齿轮的三维模型。在生产实践中，渐开线齿轮应用最为广泛。以图 4-123 所示渐开线直齿圆柱齿轮为例，说明齿轮的造型设计过程。已知齿轮的参数为：模数 $m=3$，齿数 $z=20$，压力角 $a=20°$，齿轮厚度为 30。设计要求：建立齿轮的三维模型，要求实现完全的参数化驱动。

建模过程：

① 启动 UG 程序后，新建一个名称为 Gear. prt 的部件文件，其单位为毫米。选择 Start →All Applications→Modeling 命令，进入建模应用模块。

② 建立渐开线齿轮的表达式。

a. 根据已知条件：z（齿数）＝20、m（模数）＝3、pressure_angle（压力角）＝20°、thickness（齿轮厚度）＝30，参照表 4-11 计算标准直齿圆柱齿轮各部分尺寸，如 r_b（基圆半径）、p_c（齿距）、r_a（齿顶圆半径）、r_f（齿顶圆半径）等。并建立下列表达式，描述渐开线：

$t=1$（系统常数，其值从 0 到 1 之间变化）

$a=0$（展角的最小值）

$b=60$（展角通常小于 60°）

$e=(1-t)*a+t*b$（展角）

$x_t=r_b*\cos(e)+r_b*e*pi/180*\sin(e)$　（渐开线上某一点的 x 坐标）

$y_t=r_b*\sin(e)-r_b*e*pi/180*\cos(e)$　（渐开线上某一点的 y 坐标）

b. 选择 Tools→Expression 命令，在表达式对话框中，输入渐开线齿轮的计算公式，要注意各表达式的单位（角度、常数或长度等），如图 4-124 所示。

Expressions

Listed Expressions

Named

Name	Formula	V...	Units	Type
a	0	0	degrees	Number
b	60	60	degrees	Number
e	(1-t)*a+t*b	60	degrees	Number
m	3	3	mm	Number
pc	pi()*m	9....	mm	Number
pressure_angle	20	20	degrees	Number
ra	rp+1*m	33	mm	Number
rb	rp*cos(pressur...	28...	mm	Number
rd	rp-1.157*m	26...	mm	Number
rp	z*m/2	30	mm	Number
t	1	1		Number
tb	2*rb*(tp/(2*rp)...	5....	mm	Number
the	tb/rb*360/(2*...	10...	degrees	Number
the_space	360/z-the	7....	degrees	Number
thickness	30	30	mm	Number
tp	pc/2	4....	mm	Number
xt	rb*cos(e)+rb*e...	39...	mm	Number
yt	rb*sin(e)-rb*e*...	9....	mm	Number
z	20	20		Number

图 4-124　建立表达式

③ 建立齿轮轮坯。

利用已建立的表达式，选择圆柱、凸台、孔、倒圆、倒角命令建立齿轮轮坯。如图4-125所示。

图 4-125　齿轮轮坯

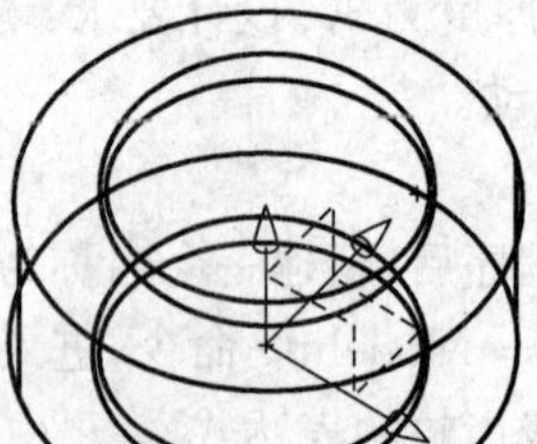

图 4-126　建立基准坐标系

④ 建立渐开线。

a. 设置工作层到 61；选择 Insert→Datum/Point→Datum CSYS…命令，并选择“ ”(Origin, X point, Y point)方法建立基准坐标系，如图 4-126 所示。

b. 设置工作层到 81；选择 Insert→Curve→Law Curve 命令，并选择“ ”(By Equation)，连续单击两次 OK 按钮，指定 x 的表达式为 x_t；再选择“ ”(By Equation)，连续单击两次 OK 按钮，指定 y 的表达式为 y_t；选择“ ”(Constant)，指定 z 的值为常量 0。

c. 在对话框中选择 Specify Csys Reference 作为曲线建立的参考坐标系。

d. 选择基准坐标系的任意元素，在对话框中单击 OK 按钮直到建立渐开线，如图 4-127

所示。

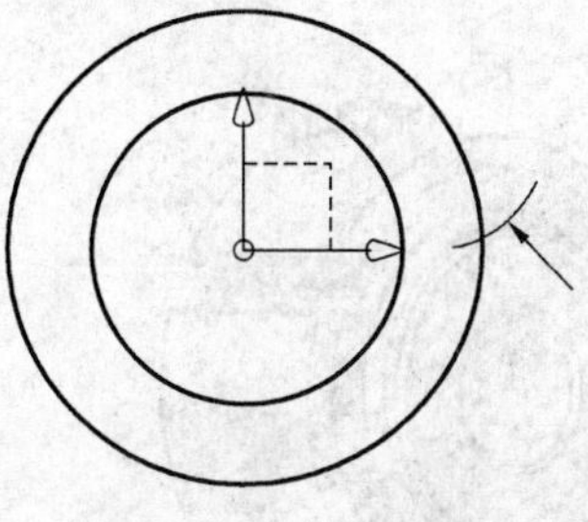

图 4-127　建立渐开线

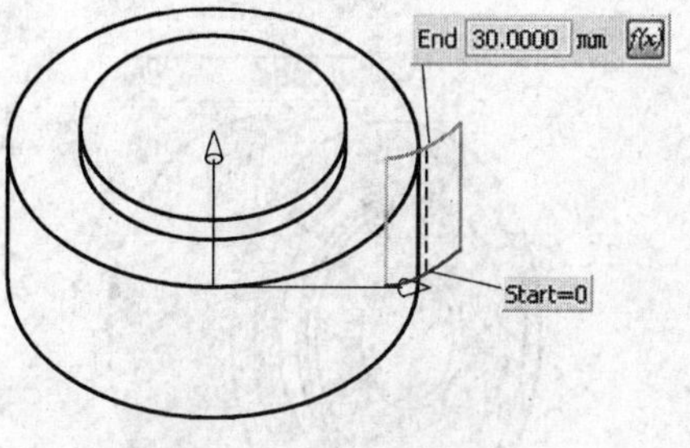

图 4-128　渐开线拉伸曲面

⑤ 建立齿轮的渐开线拉伸曲面。

a. 设置层 82 为工作层。

b. 选择拉伸命令，拉伸长度＝ thickness，拉伸曲面如图 4-128 所示。

⑥ 建立渐开线拉伸曲面的另一面。

a. 建立镜像基准面。设置层 62 为工作层，建立通过基准坐标系的 *Z* 轴(①)并与基准坐标系的 *XC*-*ZC* 基准面(②)成齿间角一半(the_space/2)的基准面，如图 4-129 所示。

b. 选择 Insert→Associative Copy 命令，以镜像特征(Mirror Feature)的方法，选择渐开线拉伸曲面，以刚刚建立的基准面为镜像平面，生成镜像特征如图 4-130 所示。

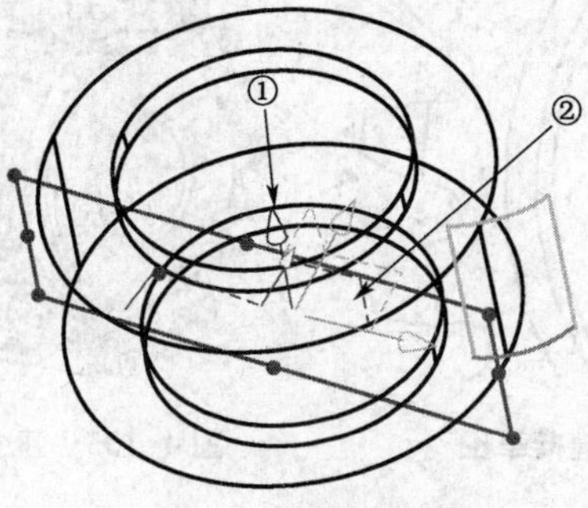

图 4-129　建立基准面

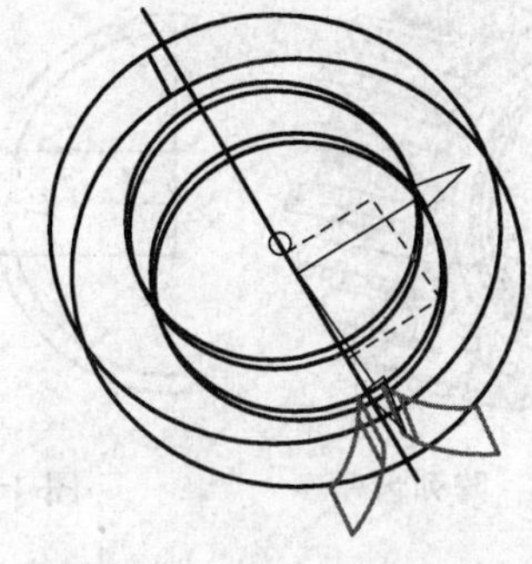

图 4-130　镜像渐开线拉伸曲面

⑦ 建立齿轮槽底部的圆弧草图对象。

a. 设置工作层为 41。建立齿根圆，选择 Insert→Curve→Lines and Arcs→Circle Center-Radius 命令建立圆，半径 ＝ r_f。

b. 选择基准坐标系的 *XC*-*YC* 面为草图平面，镜像渐开线拉伸曲面的基准面为水平参考方向。

c. 用"⌒"(Arc by 3 Points)的方法建立圆弧，其第一个点是渐开线的起始点，第二个点选择在齿根圆上的一点，第三个点是另一侧渐开线的起始点，加几何约束使圆弧与齿根圆相切，并连接两条渐开线另一端点建立一直线，如图 4-131 所示。

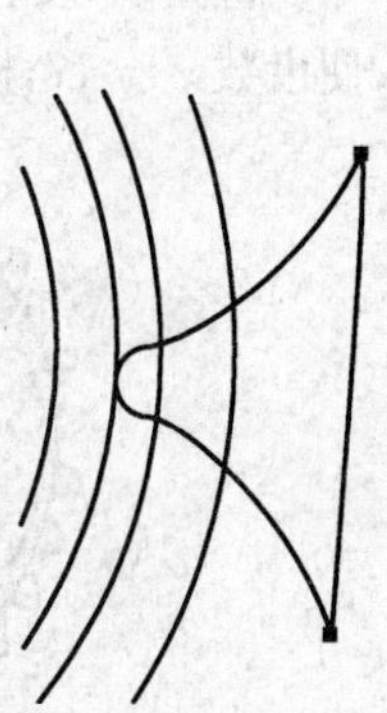

图 4-131　建立齿根圆弧

⑧ 建立齿槽的拉伸特征。

a. 使层 1 为工作层，层 21 和层 81 可选，其他层不可见。

b. 选择如图 4-132(a)所示的曲线作为拉伸曲线，拉伸 End 值为 thickness＝30,并与齿坯求布尔减操作,建立的齿槽如图 4-132(b)所示。

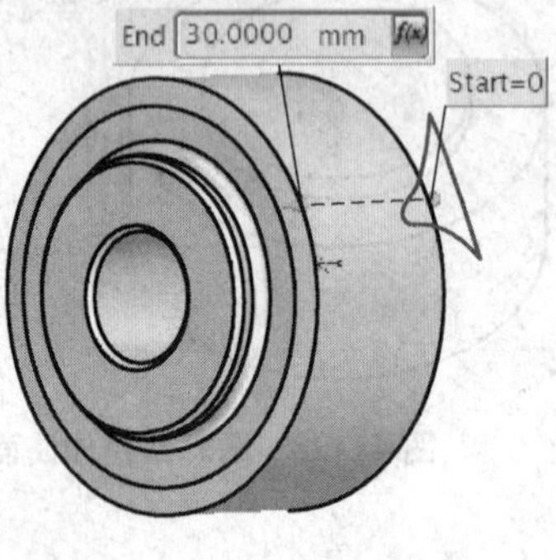

(a) (b)

图 4-132 建立齿槽拉伸特征

⑨ 阵列齿槽。

a. 选择 Insert→Associative copy→Circular Array…命令。

b. 在对话框中,输入 number＝z, Angle＝360/z。

c. 选择齿坯内孔轴线作为旋转轴。阵列后模型如图 4-133 所示。

图 4-133 阵列齿槽

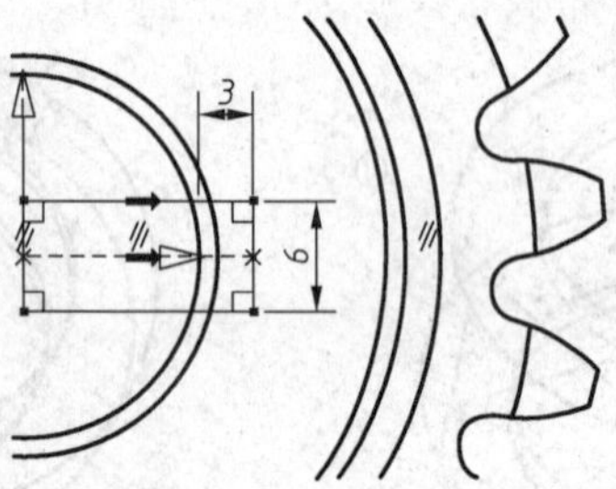

图 4-134 键槽草图

图 4-135 建立键槽

⑩ 建立键槽。

a. 在层 22 上建立键槽拉伸草图,如图 4-134 所示。键槽的参数根据孔的直径查取。

b. 拉伸键槽,并选择求布尔减操作。模型如图 4-135 所示。

⑪ 检验模型的参数化。在表达式中,分别改变齿数 $z=25$,模数 $m=2$,齿厚 thickness＝20;使齿数 $z=17$,模数 $m=4$, 齿厚 thickness＝45,渐开线齿轮的参数模型如图 4-136 所示。

图 4-136 改变模型参数

4.4.3 标准件库在产品设计中的应用

机械产品中,有大约30%～70%的零件是标准件或非标常用件,相同类型的标准件,规格也有很多,并成系列,如果针对如此庞杂的系列零件一一造型的话,其工作量将是非常繁重的。由于这些零件往往结构相似仅尺寸不同,目前,已经有许多企业和科研机构,借助于CAD技术建立了标准件库,设计人员只需根据标准件的类型及规格参数直接从标准件库中选取,然后将其装配在相应位置即可,避免了重复工作,节省了设计时间。

1) 国内外的标准件库的开发现状

国产CAD软件金银花MDA2000V2集成的标准件库主要分为标准件、非标准件、通用件、自定义件四大类,其中标准件又分为国家标准件和国家军用标准件。在国家标准件库中收录了大量的标准件,分为螺栓、螺钉、螺母垫片、铆钉、轴承等几类。

CSPLIB机械CAD标准件库是一个运行于AutoCAD之上的机械标准件库,是一套全新的CAD产品目录零件管理信息系统,其数据描述符合GB 10091-事物特性表和GB/T 15049.1-CAD标准件图形文件编制总则。CAD标准件图形文件编制总则规定以ASCII形式作为描述零件特性的文件格式。CSPLIB完全遵循上述标准而设计,可显示标准件几何视图变形,进行快速检索,并将图形插入到CAD系统。

Autodesk公司的MDT带有总共120万个各种标准工具库,是世界上目前为止最全的机械工具标准集。因为有的用户已经长期使用UG、CATIA等高端软件,除了自行二次开发适合的机械工具库外,也可以通过STEP技术作为接口,将MDT 6.0的工具集从它的环境中生成*. STP格式文件,从而被UG、CATIA等软件接受,生成完整的线框模型,因而可以作为投影视图的几何图形而被使用。

美国UGS公司委托盐城工学院工程中心进行标准件库的开发,包括中国、美国、德国、日本、意大利、俄罗斯等国常用机械标准,建立了近1 000个标准2 000种常用标准件,其附着在UG NX 5.0软件中进入市场。

2) 基于参数化模型基础上的三维零件库

(1) 创建三维零件库的基本原理

根据相似性原理对需要建库的零件进行分类,确定其能够完整表示零件族或零件系列所有零件特征的虚拟的复合零件。复合零件是在UG NX环境下用交互方式创建的三维零件模型,我们称其为三维零件模板。零件模板综合了该零件族所有零件个体的形状和结构特征,即基于零件模板可以派生该零件族的任何一个零件,零件可以继承零件模板的全部特征或部分特征。之后,在三维零件模板的基础上确定一组设计参数来控制模型的形状和拓扑关系,并建立零件族设计参数的系列尺寸。最后,通过选择不同尺寸来自动生成零件的三维模型,从而实现零件的快速调用。

(2) 建立三维零件模板

建立利用UG NX的Part Families工具可以方便的定义零件主要参数生成系列化零件数据库。以图4-112六角螺母为例,说明建立零件模板的方法。首先建立虚拟的复合零件模型,再进入Tools→Part Families命令,选取表达式中的D、M、S作为控制参数,设置好保存目录,选择Create命令进入Excel工作表。在Excel里面,根据标准零件系列尺寸或标准件的规格尺寸录入零件控制参数的值。如图4-137所示。保存零件族并退出Part Families,生成带 Excel 参数表的三维零件模板。

工作表 在 Part Family - LUO■U-GB5782-8...

	A	B	C	D
1	*OS_PART_NAME*	D	M	S
2	M5	5	5.6	8
3	M6	6	6.4	8
4	M8	8	7.9	13
5	M10	10	9.5	16

Sheet1

图 4-137　控制参数表

(3) 零件模板的调用

零件模板作为装配件引入主模型,在匹配成员列表里选择需要的规格,生成相应规格的零件。如图 4-138 所示。

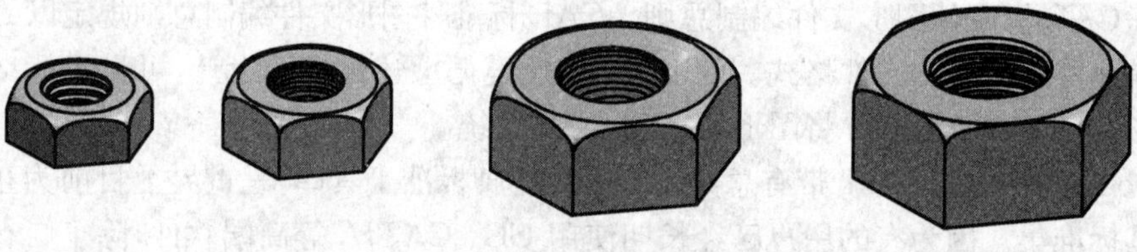

图 4-138　根据模板生成的螺母系列零件

利用 UG NX 软件提供的相关参数化建模功能,能够方便编辑修改,加速设计进程。在相关参数化模型基础上,借助零件族的 Excel 工作表,可以快速准确地创建标准件、通用零件及产品系列化设计的三维模型库,提高设计质量和效率。

5　装配建模与结构分析

由若干零件构成的具有一定功能的机器或部件，称为装配体。装配体把包含复杂零件的整体机械或部件予以分块简化，使制造变得容易一些，也使其运动及其他所需功能得到实现，即使产品的设计符合制造工艺性要求。

在设计新产品或改进原有产品时，一般都要构造出装配体。有了装配体，就可以根据装配体所包含的零件及装配体要实现的功能、需达到的性能指标，确定各零件的制造规范。可针对装配体进行装配的干涉检查，减少甚至消除制造过程中的返工；可针对装配体进行产品的整体性能、部件性能的工程分析，有了分析结果作为参考，可减少产品试制中的实验费用；可利用随装配体确定的零件，进行复杂零件的加工仿真（如冷加工从毛坯到成品零件的过程仿真、注塑件的注塑过程流道分析），生成加工代码和车间工艺文件。

本章主要讨论装配建模的方法、装配结构的工艺分析知识以及运用三维软件建立典型部件装配模型。

5.1　装配建模

由零件装配成装配体的过程称为装配建模。装配建模的过程分为产品级和零件级。装配建模的方式根据需要可采用自顶向下、自底向上以及两种方式综合运用。

5.1.1　机械产品的装配

1）机械产品的功能结构

通常将机器的构成分为动力、传动、控制与反馈、执行四个基本组成部分，如图 5-1 所示。其中：动力部分提供能量，以电动机和内燃机使用最为广泛；传动和执行部分，由各种机构组成，转换、传递能量或利用能量做有用的机械功以实现物料、信息的变换；控制与反馈部分，包括各种控制机构、电气装置、计算机和液、气压系统等，实现人机交流。

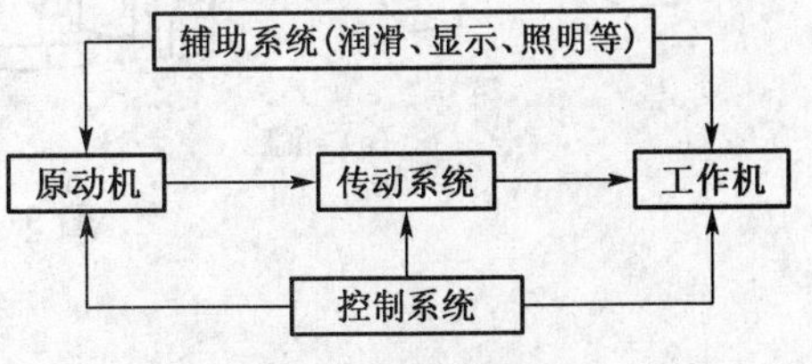

图 5-1　机器的组成

如图 5-2 所示，单级圆柱齿轮减速箱主要由传动零件（齿轮等）、轴、轴承、箱体及其附件组成。齿轮减速箱按功能可分为动力部分、传动部分、支承部分及附加部分四大类，其中的模块又可细化。减速箱的动力部分一般是电动机。传动零件（齿轮等）、轴、轴承及定位零件构成了减速箱的传动部分，如图 5-3(a)、(b)所示是减速箱的两个传动轴。如图 5-4(a)、(b)所示箱体作为减速箱的支承部分。如图 5-5 所示螺栓、螺塞等为减速箱的附加部分。由这四个部分形成完整的单级圆柱齿轮减速箱，实现传递转矩、减速等功能。

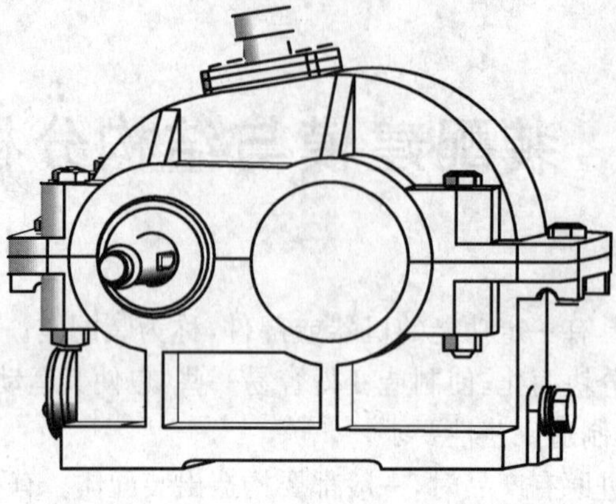

图 5-2　单级圆柱齿轮减速箱

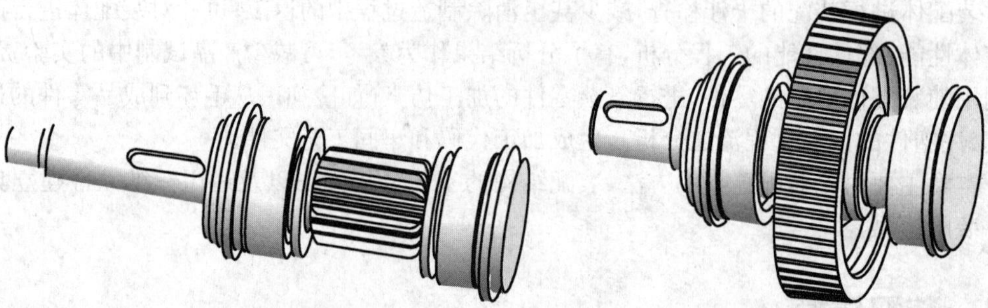

(a) 输入传动轴系　　(b) 输出传动轴系

图 5-3　减速箱的传动轴

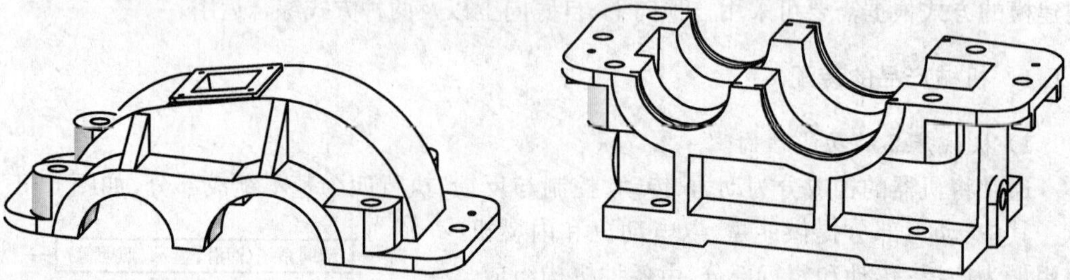

(a) 箱盖　　(b) 箱体

图 5-4　减速箱的支承部分

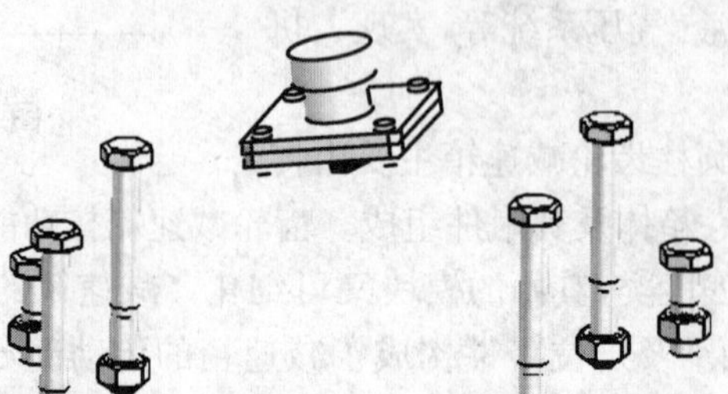

图 5-5　附件

2）零件的装配

从零件到装配体的装配过程，通常是按照一定的层次结构完成其装配建模过程。机器或部件在装配时，许多零件常常是按照一定的装配关系依次通过一根或多根轴线装配起来的，该轴线称为装配干线。

以单级圆柱齿轮减速箱为例，如图 5-2 所示，装配体由传动零件（齿轮等）、轴、轴承、箱体及其附件组成。装配时，先将齿轮、轴承、轴承端盖以及轴上的定位件等按照各自在轴上的位置装在轴上，形成轴系部件，如图 5-6(a)、(b)所示。

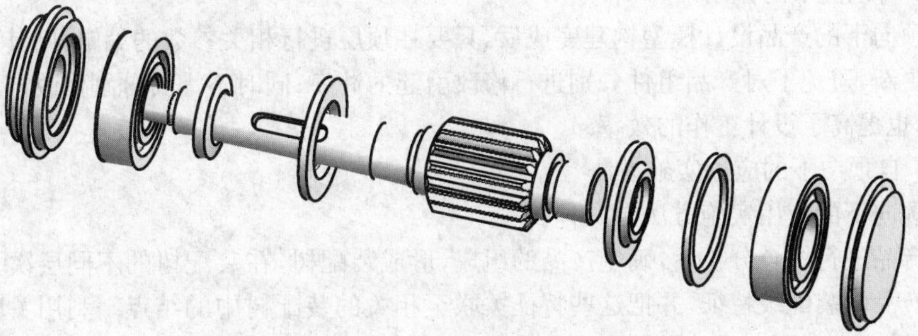

(a) 轴系零件

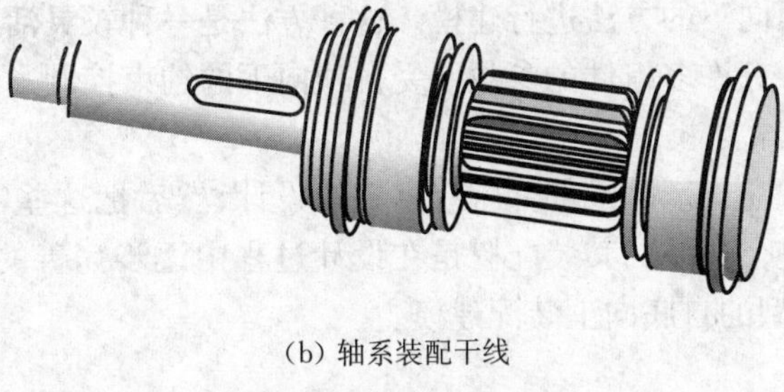

(b) 轴系装配干线

图 5-6 轴系部件

把轴系部件装入箱体，如图 5-7 所示。最后装入螺栓、螺塞等附件形成单级圆柱齿轮减速箱，如图 5-2 所示。

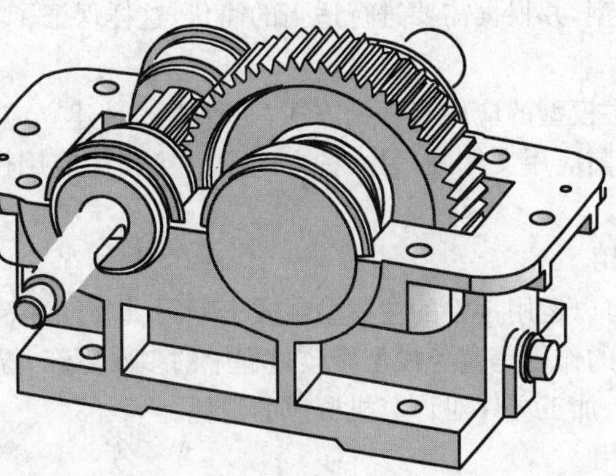

图 5-7 轴系部件装入箱体

5.1.2 装配建模的方法

1）自顶向下的装配建模

（1）自顶向下的概念

自顶向下，即先进行总体设计、概要设计，再利用总体设计的信息控制详细设计的方法。其中总体设计是对产品或部件的组成、结构、部件间的关系进行分析、研究、综合、抽象；详细设计是利用总体设计的信息进行细化，详细设计受到总体设计、概要设计信息的控制。

（2）自顶向下的作用

自顶向下的产品设计模型构建完成后，只要在顶层进行相关参数的编辑，则其下层的信息随之更新，避免了对产品组件分别进行修改引起的冲突；同时不需要分别修改产品中的不同组件，也提高了设计工作的效率。

（3）自顶向下的应用实施方法

自顶向下的应用实施方法有两种：

对产品进行综合分析后，确定产品的组成，形成装配树，在装配树的不同层次上构建用于控制产品的装配级特征，并把这些特征关联至相关的装配树中的结点。利用关联特征细化产品设计，直至所有零件设计完成。这是一种系统性自顶向下的方法。

不管用何种方法对产品进行设计，当设计中需要使某些部件与另一些特定部件的模型相关联时，则利用自顶向下的方法进行建模。这种方法是一种较灵活的方法，称之为混合型自顶向下的方法，其中有许多组件的参数不受自顶向下的约束控制。

2）自底向上的装配建模

自底向上，就是先完成产品或部件所有零件的设计，然后把这些零件组装成部件，再利用零件、部件装配成整个产品。其装配树是在设计过程中逐步完善的。单级圆柱齿轮减速箱的装配过程就是典型的自底向上装配建模。

3）装配主模型

（1）主模型的概念

主模型是根据产品设计的需要而建立模型。这种模型只包含原始的设计信息，不包含工程图、工程分析、加工工艺信息，而这些信息的生成是基于主模型来进行的。而各种工程应用中都是引用主模型，并根据需要进行适当的简化，这样保证了各种应用模型中信息的一致性。

在 UG 软件中，主模型的应用有两种方式，一种方式是建立应用文件，而把主模型文件以装配的方式加入当前应用文件中；另一种方式是直接利用应用模板，例如图模板、工程分析模板等。

（2）主模型的作用

如图 5-8 所示，可以运用零件的主模型生成工程图、进行虚拟装配、进行运动分析、生成加工代码等。主模型的作用是避免模型修改过程中的多次更新，提高工作效率，降低分析文件、装配文件、工程图、加工文件对计算机资源的消耗。

（3）主模型的应用

主模型技术在基于三维 CAD 模型的工程分析、三维虚拟装配，工程图的制作、加工代码的生成中都得到应用，一个对象的多种工程分析和应用使用同一主模型避免了同一对象在不同应用中的重复建模，也使得同一对象在不同应用、分析中使用同一模型，使得各种信息得到统一。主模型对进行复杂产品的并行设计提供了强有力的技术支持。

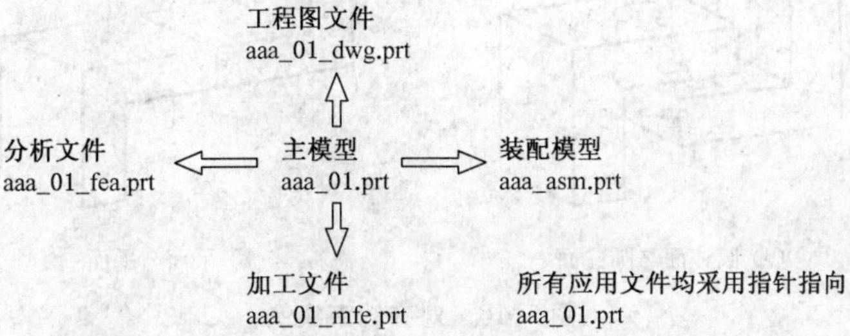

图 5-8 主模型的概念及应用

4) 装配中的连接关系

在装配中，两个零件之间的位置关系分为约束和非约束关系。约束关系是实现装配级参数化，零件间有关联关系，当一个零件移动时，与之有约束关系的所有零部件随之移动，始终保持相对位置，约束的尺寸值还可以灵活修改。非约束关系仅仅是把零部件放置在某个位置，当一个零件移动时，其他零部件不随之移动。

两个零件之间存在的几何位置约束称为配对约束。这些配对约束是因零件与零件间具有确定的位置关系，形成的约束关系。配对约束方式有贴合(Mate)、对齐(Align)、角度(Angle)、平行(Parallel)、垂直(Perpendicular)、中心(Center)、距离(Distance)、相切(Tangent)等。

(1) 贴合

如图 5-9 所示两个零件间的约束方式为贴合，通过两个零件的面贴合在一起来约束两个零件，要求这两个面形式要完全一致(都为平面或都为曲面)，且对于非平面的两个面其尺寸也必须完全一致，例如两个圆柱面进行贴合时，就要求两个圆柱面的直径尺寸完全一致，否则就无法进行装配。两个平面贴合，两个平面的法线反向平行，两个柱面贴合，柱面的轴线方向一致。

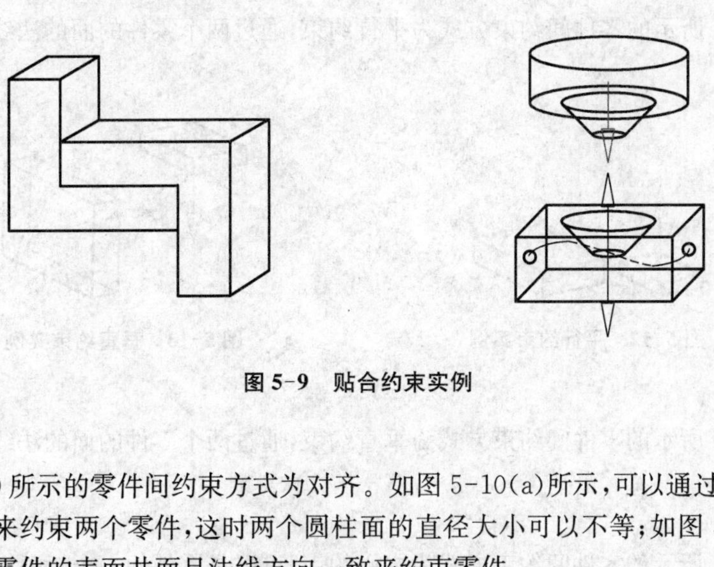

图 5-9 贴合约束实例

(2) 对齐

如图 5-10 所示的零件间约束方式为对齐。如图 5-10(a)所示，可以通过两个圆柱面的轴线方向一致来约束两个零件，这时两个圆柱面的直径大小可以不等；如图 5-10(b)所示，可以通过两个零件的表面共面且法线方向一致来约束零件。

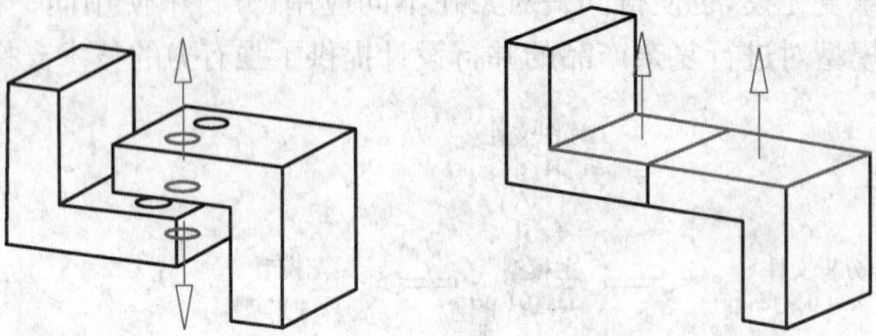

(a) 圆柱面与圆柱面　　　　(b) 平面与平面

图 5-10　对齐约束实例

选用对齐方式比贴合方式灵活得多，平面可与某指定轴线方向对齐，即平面的法线和该轴线方向平行；圆柱面可与直线类对象对齐，即圆柱的轴线方向和选定直线平行。

(3) 角度

如图 5-11 所示的零件间约束方式为角度约束，通过两个零件的面的法线成一定的角度关系来约束两个零件。

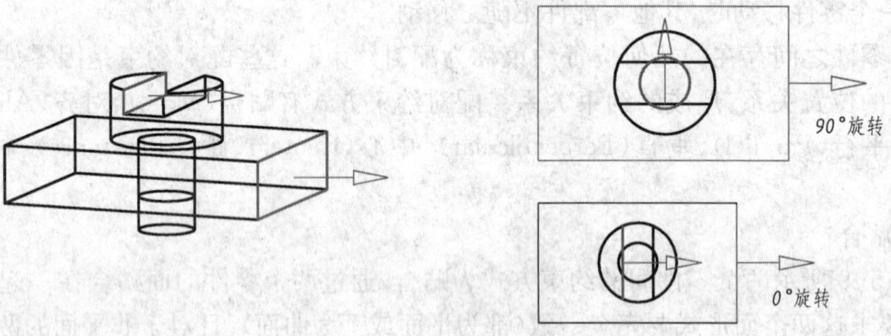

图 5-11　角度约束实例

(4) 平行

如图 5-12 所示的零件间约束方式为平行约束，通过两个零件的面的法线平行来约束两个零件。

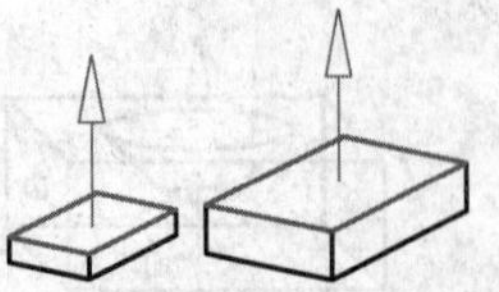

图 5-12　平行约束实例

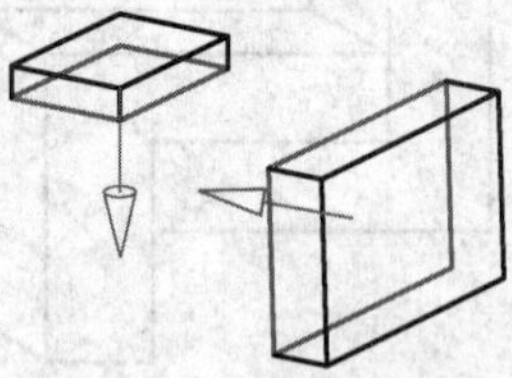

图 5-13　垂直约束实例

(5) 垂直

如图 5-13 所示的零件间约束方式为垂直约束，通过两个零件的面的法线垂直来约束两个零件。

(6) 中心

如图 5-14 所示的零件间约束方式为中心约束，可以是零件的一个对象和另一个零件的一个对象的方向一致(即图 5-14 所示的 1 to 1);也可以是零件的一个对象在另一个零件的两个对象的中心处(即图 5-14 所示的 1 to 2);还可以是零件的两个对象和另一个零件的两个对象成对称关系(即图 5-14 所示的 2 to 2)。

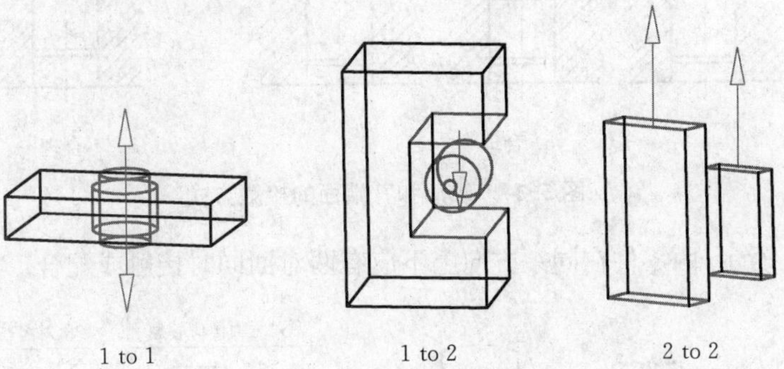

图 5-14 中心约束实例

(7) 距离

如图 5-15 所示的零件间约束方式为距离约束,通过两个零件的面的法线平行,且存在一定的距离来约束两个零件。

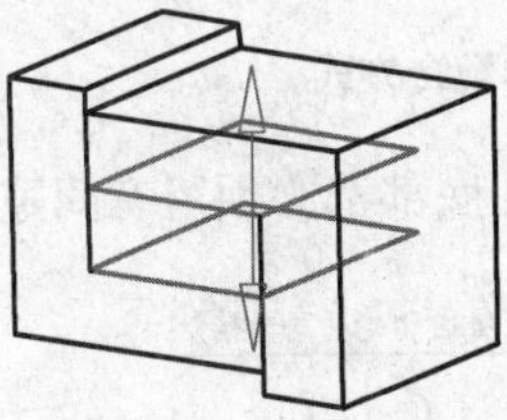

图 5-15 距离约束实例

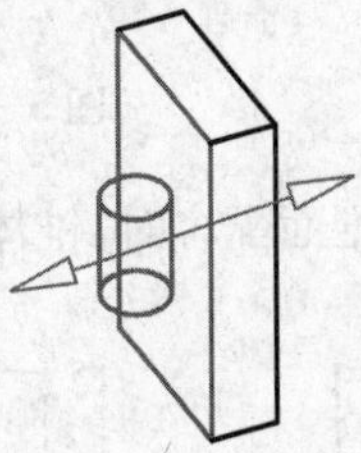

图 5-16 相切约束实例

(8) 相切

如图 5-16 所示的零件间约束方式为相切约束,通过两个零件的面相切来约束两个零件。

对于特定的零部件,可以选择不同的约束方式装配,而实现相同的装配效果。可根据设计中对装配零件定位的需要进行灵活应用。

5.2 装配结构分析

5.2.1 装配结构的工艺分析

为保证机器或部件的性能要求和零件加工与装拆的方便,在设计时必须考虑装配结构的合理性。

1) 接触面与配合面的结构

为保证轴肩与孔端面接触,应将孔边倒角或在轴上加工槽,如图 5-17(a)所示。如图 5-17(b) 所示,在孔的边缘没有倒角,使得轴肩不能和孔端面直接接触,不能保证轴的轴向定位。

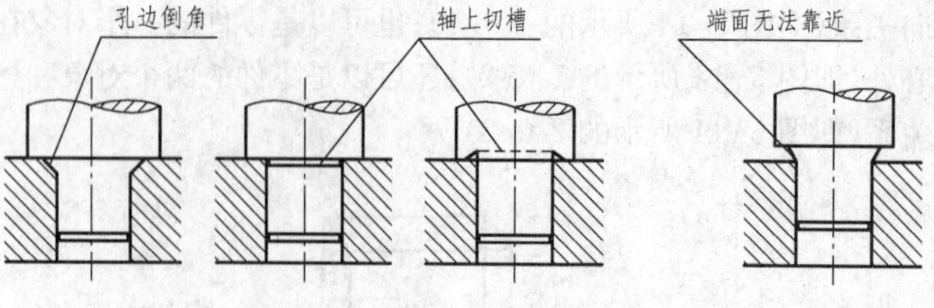

(a) 合理　　(b) 不合理

图 5-17　轴肩和孔端面的接触方式

如图 5-18 所示,两零件在同一方向上不应有两对面同时接触或配合。

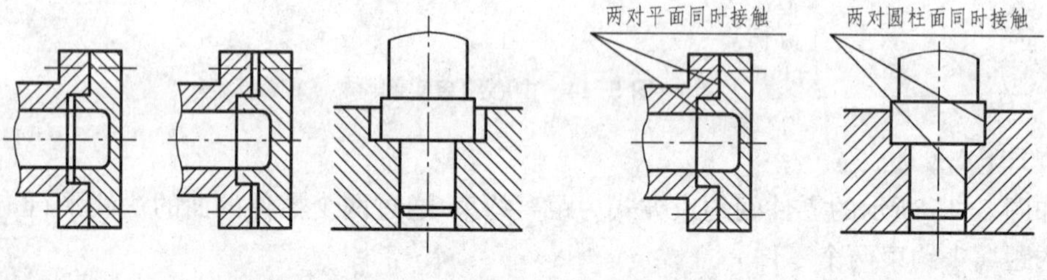

(a) 合理　　(b) 不合理

图 5-18　两零件的配合方式

如图 5-19 所示,锥面配合时,锥体顶部与锥孔底部都必须留有间隙。

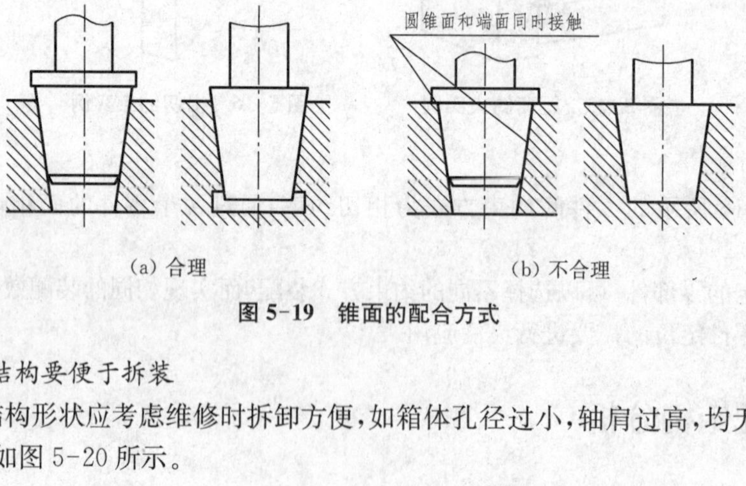

(a) 合理　　(b) 不合理

图 5-19　锥面的配合方式

2) 零件结构要便于拆装

零件的结构形状应考虑维修时拆卸方便,如箱体孔径过小,轴肩过高,均无法合理地拆卸滚动轴承,如图 5-20 所示。

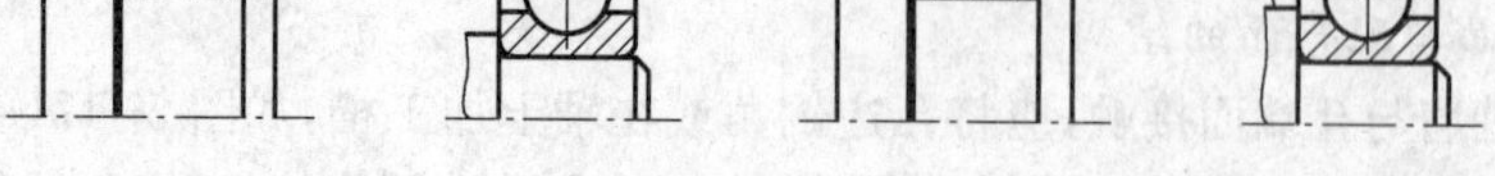

(a) 合理　　(b) 不合理

图 5-20　滚动轴承的拆卸

在箱壁上预先加工孔或螺孔，则拆卸时就可用适当的工具或螺钉顶出套桶、轴承等，如图 5-21 所示。

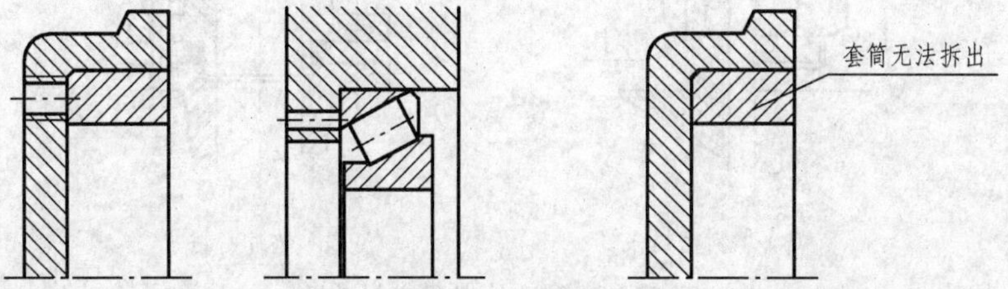

(a) 合理　　(b) 不合理

图 5-21　拆卸预留孔

为了便于拆卸，销钉孔尽量做成通孔或选用带螺孔的销钉，销孔下部增加一小孔是为了排除被压缩的空气，如图 5-22 所示。

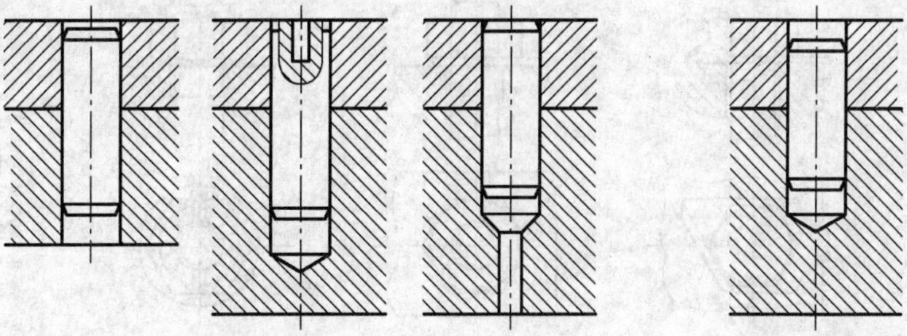

(a) 合理　　(b) 不合理

图 5-22　销钉的拆卸

3) 密封装置

为防止灰尘、杂屑飞入或润滑油外溢，常采用如图 5-23 所示的滚动轴承密封装置。

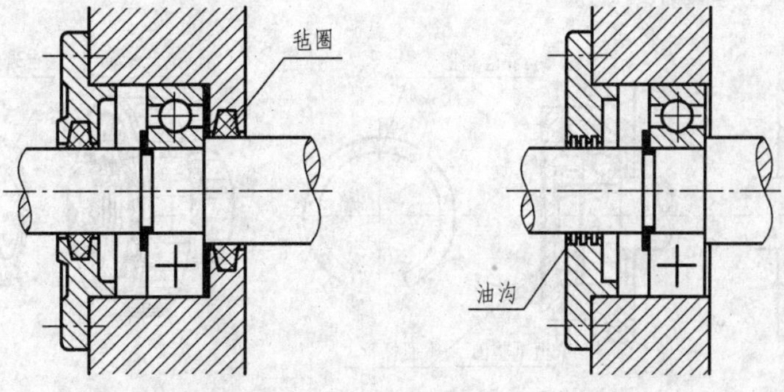

(a) 粘圈式密封　　(b) 间隙和油沟式密封

图 5-23　滚动轴承密封装置

为防止阀中或管路中的液体泄漏常采用如图 5-24 所示的密封装置。

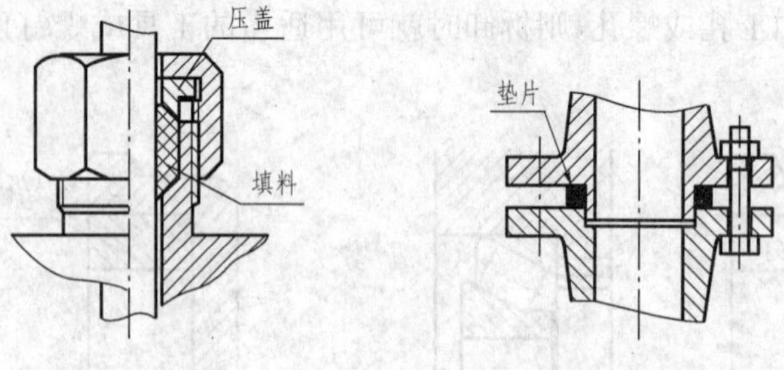

(a) 填料密封　　(b) 垫片密封

图 5-24　防液体泄漏密封装置

4）防松装置

为了防止由于振动导致机器中的螺纹联接自行松脱，常采用的各种螺纹防松(锁紧)装置如图 5-25 所示。

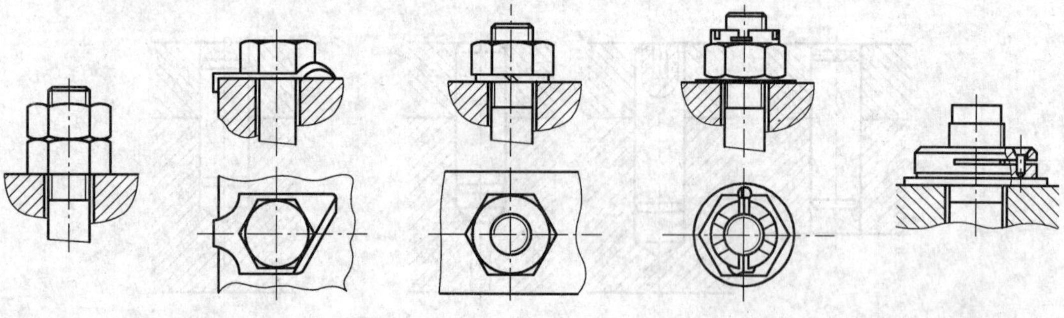

双螺母　止动垫圈　弹簧垫圈　开口销　开缝圆螺母

图 5-25　防松装置

5）滚动轴承的固定

为了防止机器中的滚动轴承在工作时产生轴向窜动，必须采用一定的结构或装置来固定其内外圈，如图 5-26 所示。

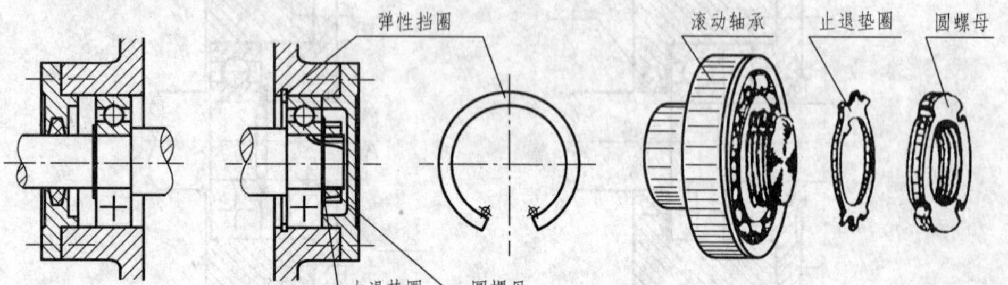

图 5-26　滚动轴承的轴向定位

5.2.2　装配体的相关设计

1）几何参数相关设计

所有零件在装配中都不是孤立存在的，零件和零件之间都存在一定的约束关系，一个零件的尺寸可以用其他零件的尺寸和位置参数来确定，这样可以保证这些零件装配后具有相关性。当编辑零件的尺寸时，与之相关联的另一个零件的对应尺寸也将作相应的变化。如图 5-27 所示，齿轮的轴孔直径和键槽宽度可以根据轴上的相应轴段尺寸参数来确定。

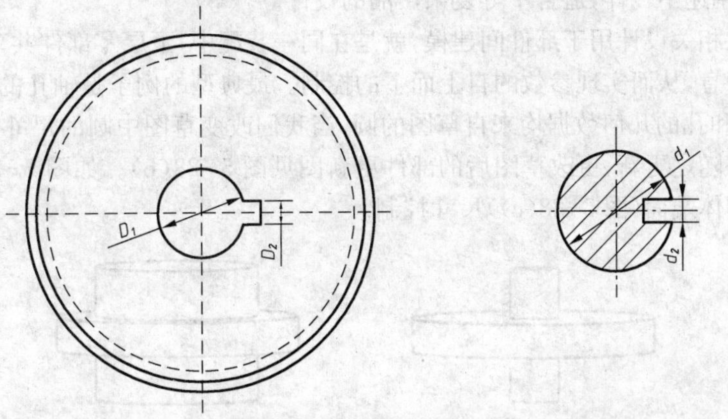

图 5-27 几何参数相关设计(用轴上尺寸制约齿轮)

在 UG 环境下，可以采用表达式来表示零件的尺寸大小。创建轴的同时，系统自动生成了表达轴的尺寸的表达式。表达式可以定义和控制模型的许多尺寸，如特征或草图的尺寸。例如创建一直径为 20 mm，高度为 30 mm 的圆柱，则系统自动生成表达式 p0=20，p1=30。可以使用表达式控制零件特征间的关系或装配中零件间的关系。例如，齿轮的孔径可以由轴的直径来表示。如果轴的直径变了，齿轮的孔径自动更新。一个部件中的表达式可根据另一个部件的表达式定义，即几何参数相关设计实现装配体相关设计。使用几何参数相关设计，可以建立零件之间的约束关系。如图 5-27 中齿轮孔径和轴直径之间的关系式 D_1 = Axel:d_1，部件表达式建立了孔和轴之间的约束关系。

2）几何形状相关设计

几何形状相关设计，即 UG/WAVE (What_ if Alternative Value Engineer)，是总体参数化设计技术，用于系统与产品设计。几何形状相关设计技术用在自顶向下的装配中，使产品总体设计自上而下自动传递，把驱动产品设计变化的关键设计变量(可以是参数也可以是某些曲线基准) 放入系统提供的顶层控制结构中，使子部件和零件的设计与这些变量相关，对这些变量进行修改，顶层结构和与其相关的子部件和零件将自动更新。系统通过“自顶向下(Top _ Down) ”的一系列工程参数控制、驱动整个产品，遵循先总体设计后详细设计，局部设计决策服从总体设计决策的原则。它使产品“团队化、协同化”的并行设计成为现实。在产品的装配设计中，当某个主参数改变后，产品会按照原来设定的控制结构、几何关联性和设计准则，自动的更新产品系统中每一个需要改变的零部件，并确保产品设计意图和整体性，从而增强企业产品的设计速度，提高产品的设计质量，缩短产品的开发周期，降低生产成本，增强企业的竞争能力。

几何形状相关设计由 UG 软件提供的几何联接(WAVE Geometry Linker)和关联拷贝(WAVE Associativity Manager)工具来实现。几何联接主要用于相关零件间建模，建立装配体内部各零件之间几何对象的“父子”关联，必须是父几何对象驱动子几何对象，同时可以驱动多个子几何对象。例如减速箱中的上、下端盖的驱动，上端盖的几何信息来自于下端盖，关联于下端盖。当下端盖尺寸发生变化，上端盖会自动随之改变。关联拷贝主要用于自顶向下的方法建模，在产品模型内建立几何对象之间的关联，也是一种父子关联，与几何联接器类似，但用途不一样，适合中等复杂产品的设计。

几何形状相关设计用于部件间建模，就是在同一装配中，下层零部件共享上层或同层零部件的几何信息，从而实现参数的自上而下的控制。最典型的例子是轴孔的配合，例如在图5-28(a)中轴和孔的几何数据均来自草图的圆，当我们改变草图中圆的尺寸时，与草图相关的轴孔两部件随之更新，更改草图后的部件更新图见图 5-28(b)。如图 5-28(d)所示的垫片的尺寸由阀体端面(图 5-28(c))尺寸控制。

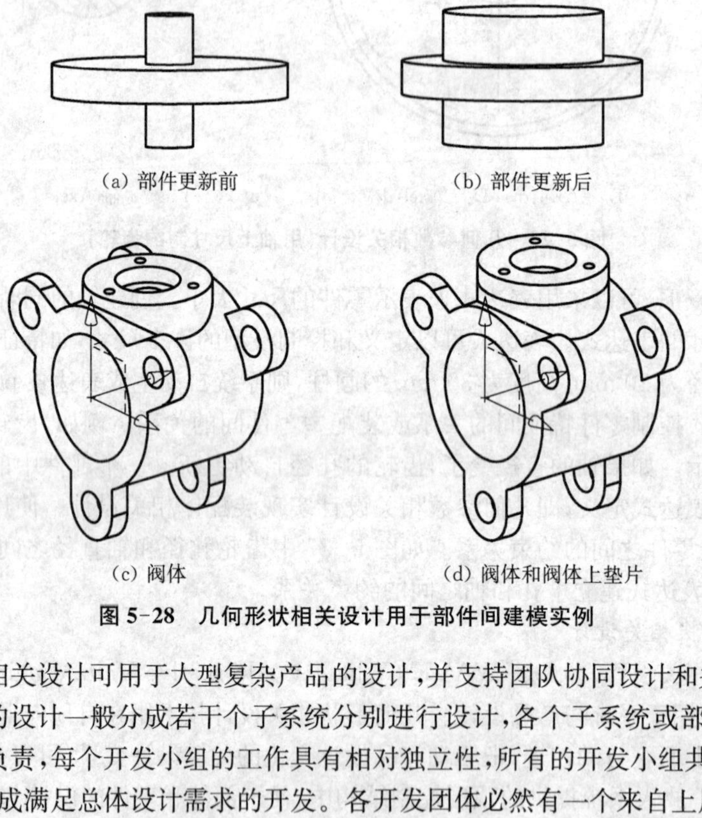

(a) 部件更新前　　(b) 部件更新后

(c) 阀体　　(d) 阀体和阀体上垫片

图 5-28　几何形状相关设计用于部件间建模实例

几何形状相关设计可用于大型复杂产品的设计，并支持团队协同设计和并行设计方式。通常复杂产品的设计一般分成若干个子系统分别进行设计，各个子系统或部件的设计由不同的开发小组负责，每个开发小组的工作具有相对独立性，所有的开发小组共同组成产品开发团队，共同完成满足总体设计需求的开发。各开发团体必然有一个来自上层的约束，所有的设计约束来自上层的总体需求。我们把总体控制参数用一些简单的几何图形(草图、基准）表达出来，为产品下一级装配设计或详细设计提供种子文件。当某个参数发生改变后，产品会按照控制结构自动更新产品系统中每一个需要改变的零部件，确保产品设计意图和整体性的传达。

几何形状相关设计可实现总体参数的定义与应用，完全可以用控制结构来实现，当上一级参数发生改变时，下一级参数也会发生更新，当控制结构和零部件之间的关联性设计完成后，零部件细节设计便可以同时展开。一旦总体参数发生改变，零部件的控制集合体将自动更新，这样既保证了整体装配结构的一致性，又使得设计效率大大提高。

3）装配复制

在产品装配体中，往往会出现这样的情况，就是同一零件会以同样的形式出现在不同位置上，这些位置之间存在着一定的规律，有的是呈矩形分布，有的呈圆周分布，如图 5-29、图 5-30 所示。通常把这种位置关系，称为装配复制。

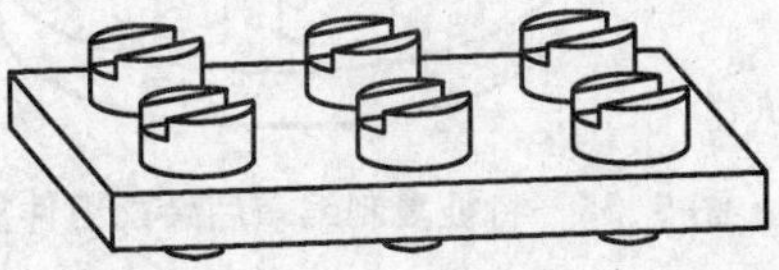

图 5-29 矩形复制

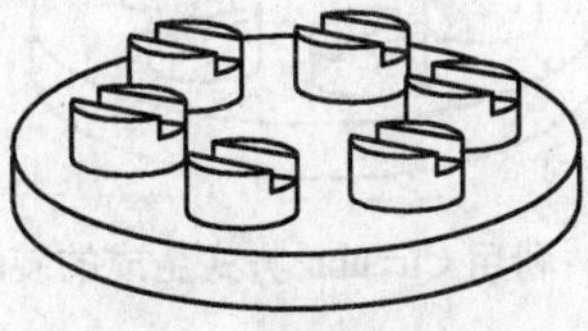

图 5-30 圆周复制

UG 软件中提供了装配复制的生成及相应的编辑工具。可以使用装配复制图标或使用主菜单命令 Assemblies→Components→Create Array…，选择需要复制的对象来创建装配复制。

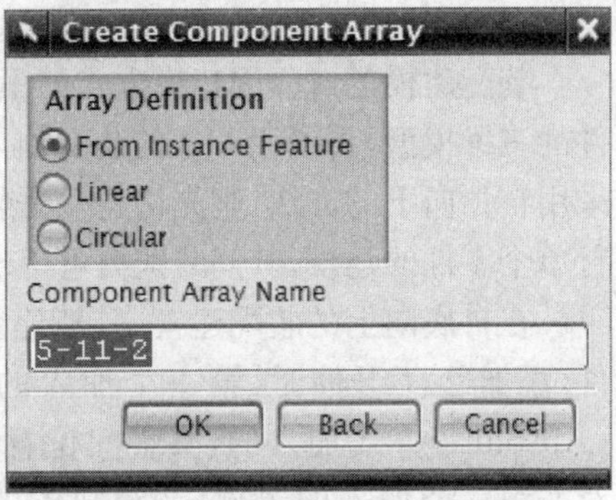

图 5-31 组件复制类型选择对话框

UG 系统提供了特征引用复制（From Instance Feature）、线性复制（Linear）和圆周复制（Circular）三种形式。

特征引用复制是基于特征参数的复制，即将若干个零件 1 装配到零件 2 上时，若干个零件 1 自动配对到零件 2 上的若干对应位置（以特征复制的方式形成），使用 Assemblies→Components→Create Array…命令，利用图 5-31 所示对话框，选择 From Instance Feature，则完成装配复制。如图5-32 所示，将零件装配至另一零件上，装配复制结果如图 5-33 所示。

图 5-32 零件装配至另一零件的阵列特征

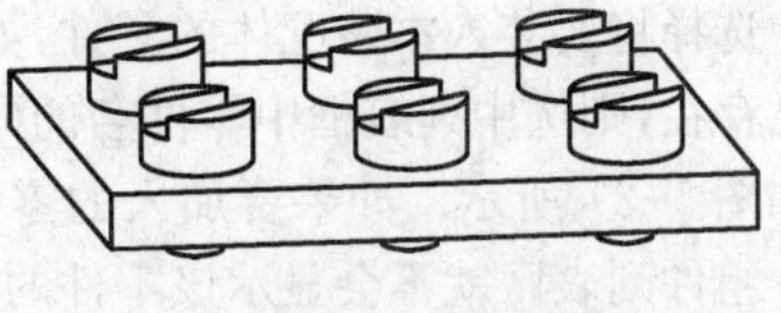

图 5-33 装配组件引用阵列的结果

特征引用复制中，装配复制的控制参数存在于包含装配特征的基本装配组件（Base Component）中，当基本装配组件的特征参数发生改变时，则装配组件复制也随之发生改变，同时装配导航器中装配树也随之变化。

装配线性复制和圆周复制是基于几何参数的复制，利用它进行的复制，其复制参数与装配中基组件的参数是两个参数，一个在装配文件中，另一个在基组件所在的文件中。为了使两者一致，要对两者都进行编辑，否则两者就不一致。

图 5-34 为利用圆周几何复制方式生成的装配复制，而基本装配组件上的孔本身采用的是特征复制方式生成的。当环状基本组件中的特征复制发生改变时，装配几何复制并不随之改变，如图 5-35 所示。

线性复制的生成步骤大体是：①选择要进行线性复制的组件；②选择复制方向；③确定复制组件的个数及相邻两者之间的间距，确认即完成。

圆周复制的生成步骤大体是：①选择要进行圆周复制的组件；②选择复制参考轴；③输入复制参数，确认即完成。

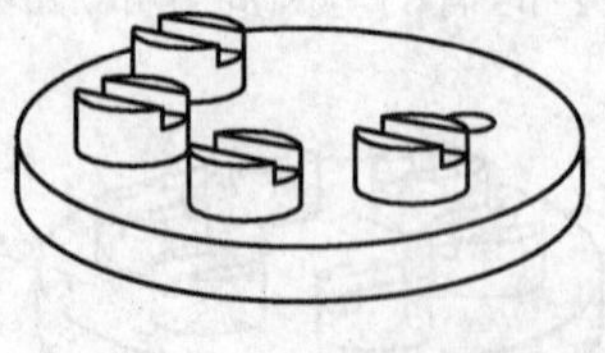

图 5-34　利用 Circular 方式生成的装配复制

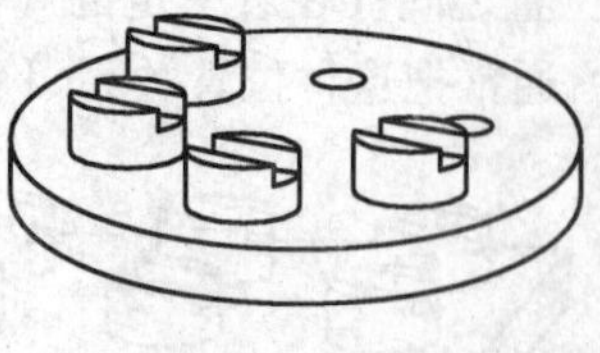

图 5-35　特征复制编辑后装配组件复制不变

5.3　利用 UG NX 系统建立装配模型

装配建模的过程因建模方式的不同而不同。若采用自底向上的方法，则先创建所有零件的三维模型，再利用 UG 的装配加入组件、约束组件来构建由多零件构成的装配模型；若采用自顶向下的方法，则先构建一个装配树，再利用设定工作部件来获得当前工作组件，进行单个零件的建模，其间装配树可逐步建立。

在自底向上的装配建模中，新建装配树顶层的装配文件，添加已存组件时，第一个加入的组件是以绝对坐标(Absolute)方式加入的，其空间位置由设计者任意确定。对非第一个加入的组件，系统缺省的加入方式是以配对(Mate)方式加入，当然用户也可以 Absolute 方式进行加入，然后再进行配对。其具体的操作命令是 Assemblies→Components→Add Existing…，则弹出如图 5-36 所示的添加已存组件对话框，其中有一个已打开组件的列表框，可从中选择将要装入本装配体的零件，如果零件在当前工作区已存在，则选中列表框中零件名的同时该零件会高亮显示如图 5-37 所示。如果要加入的零件当前未打开，则已打开组件列表区就不会显示该零件的文件名，可单击图 5-36 中 Open 选项，从资源管理器中获得所需要的零件。零件选定确认后，选择零件的引用集、定位方式、层选择方式等，用户可根据设计的需要来确定引用集、定位方式(Absolute/Select Origin/Mate/Reposition)、层选择方式(Work/Original/As Specified)。

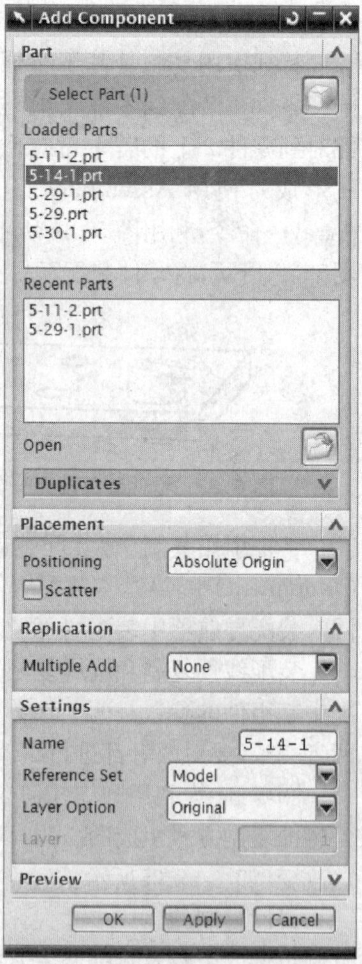

图 5-36　添加已存组件对话框

零件以 Absolute/Select Origin /Mate/Reposition 方式之一加入装配区后，则在装配树中会新增一个节点，如图 5-38 所示，添加零件 shaft_nut 后，装配对中新增一个 shaft_nut 节点。

这里我们利用自底向上的方法来构建千斤顶的装配模型。如图 5-39 所示可知，该千斤顶由底座、起重螺杆、旋转杆、螺钉、顶盖五个零件组成。现以千斤顶装配建模为例，来具体说明一个装配体的建立过程。

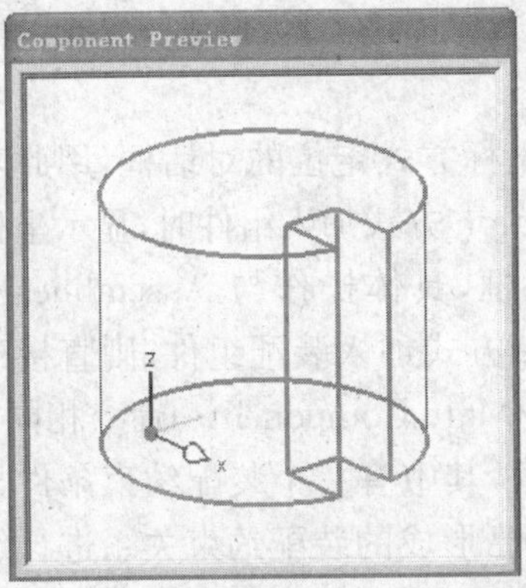

图 5-37　组件预览

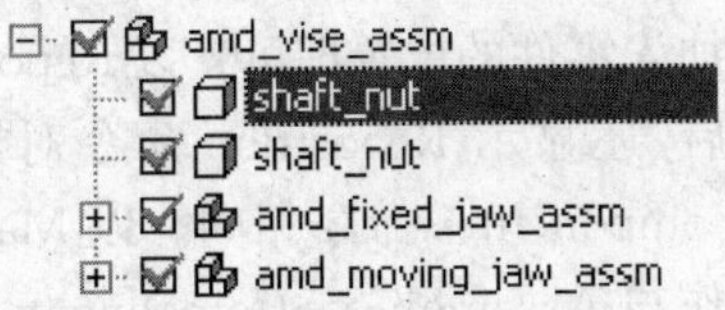

图 5-38　添加组件后装配树中新增一个结点

图 5-39　千斤顶装配模型

其具体的步骤如下：

(1) 新建一个文件夹 qianjinding，在其中根据零件图的形状和尺寸把每个零件的三维模型构建好，如图 5-40 所示底座、起重螺杆、顶盖、螺钉、旋转杆。这种建模可以是设计者的构思，也可以是基于已有零件工程图来建模，还可以是根据装配体的二维工程图信息，来构建其中的零件模型。

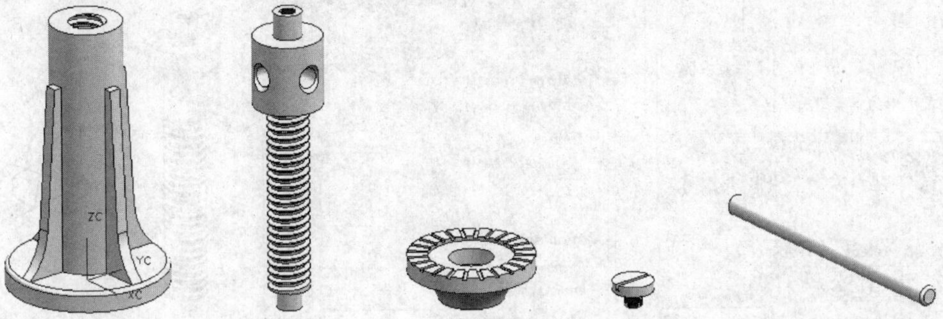

(a) 底座　(b) 起重螺杆　(c) 顶盖　(d) 螺钉　(e) 旋转杆

图 5-40　组成千斤顶的零件模型

(2) 在同一个文件夹中新建一个文件，作为总装配文件，注意文件的名称要反映其文件内容。

(3) 利用 Assemblies→Components→Add Existing…命令，如图 5-36 所示选择装配组件，在如图 5-38 所示的添加组件对话框中进行装配的类型、加入组件的图层设定、引用集的选择，把构建好的零件分别加到装配文件中。注意第一个加入的文件是以 Absolute 方式加入的，其余零件如果要对其加入装配约束关系，则以 Mate 方式加入，如果对其不加入装配约束关系，则以 Reposition 方式加入。在千斤顶的装配建模中，第一个装入的组件为图 5-40 所示的底座；第二个加入的组件为起重螺杆，通过中心对齐(Align)及面面之间距离(Distance)来约束起重螺杆和底座之间的装配连接关系；第三个加入的组件为旋转杆，通过中心对齐(Align)及距离(Distance)来约束旋转杆和起重螺杆之间的装配连接关系；然后加入的组件为顶盖，通过贴合及中心对齐来约束顶盖和起重螺杆之间的装配连接关系；最后加入的组件为螺钉，通过贴合及中心对齐来约束螺钉和顶盖之间的装配连接关系，形成千斤顶的装配模型。

以 Absolute 方式加入的组件，加入时系统给出一个以坐标方式定位的对话框，用此对话框或在工作区选点，确定加入零件的位置即可。以 Reposition 方式加入组件时，显示坐标方式确定位置由用户确认后，还显示 Reposition 命令对话框，具体操作与 Assemblies→Components→Reposition Component…命令相同。以 Mate 方式加入装配组件，则直接进入装配定位过程，其具体操作与 Assemblies→Components→Mate Component…命令相同。

关于 Mate 方式的装配连接约束，如图 5-41 所示对话框，其中有一个装配约束条件显示区，用于对已形成的装配约束进行统一管理，利用它可对已形成的装配约束关系进行编辑、抑制等操作。装配配对约束类型的选择区，使设计者在加入组件进行配对约束时，根据设计的需要确定配对约束的类型，这些类型按顺序分别是贴合、对齐、角度、平行、垂直、中心、距离、相切。

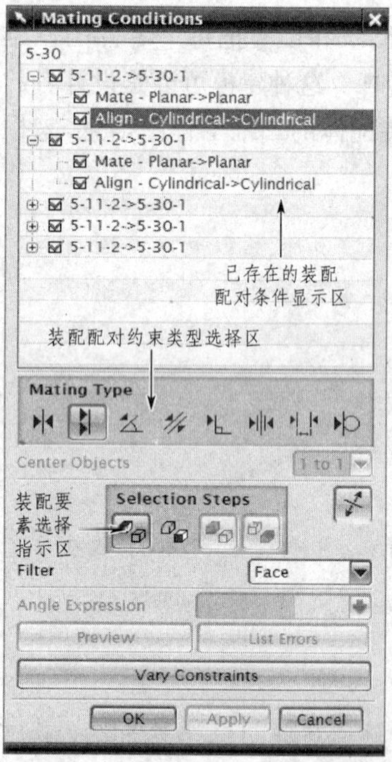

图 5-41　Mate 装配约束界面

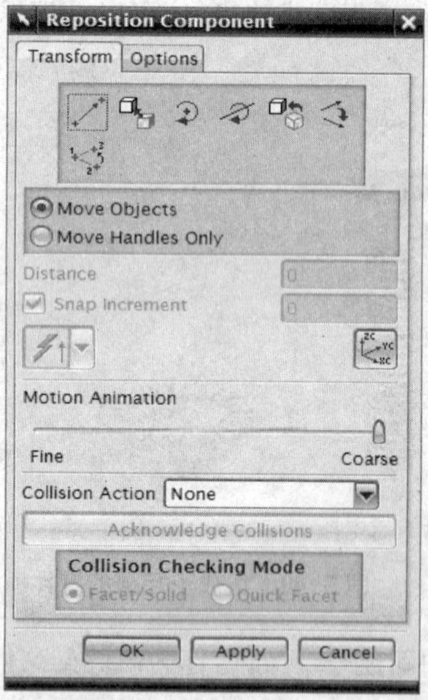

图 5-42　重定位组件对话框

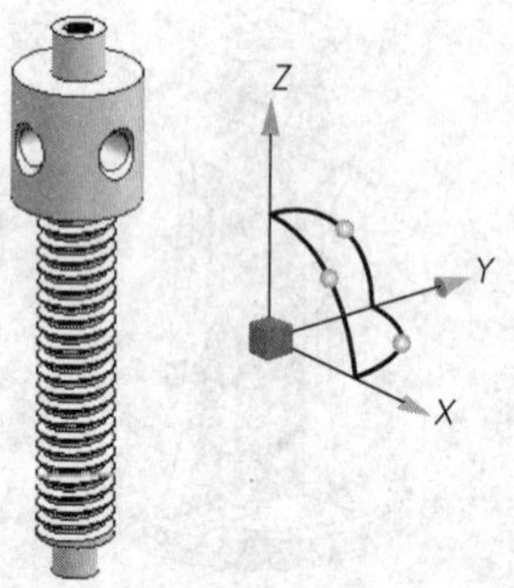

图 5-43　与重点定相配合的零件及其动态坐标

有的情况下，需要改变零件之间的连接关系，可以利用重定位组件（Reposition Component）来实现，利用如图 5-42 所示的对话框，选择需要移动的零部件，利用如图 5-43 所示的移动手柄对装入的零件进行移动。如果要进行直线移动，则单击 *X*、*Y* 或 *Z* 轴所对应的箭头后，拖动鼠标，使零件沿着 *X*、*Y* 或 *Z* 方向进行移动。如果要使工件绕 *X*、*Y* 或 *Z* 轴进行转动，则单击 *YOZ*、*ZOX* 或 *XOY* 平面内的转动手柄，拖动鼠标，则装入的工件就会绕 *X*、*Y* 或 *Z* 轴转动。注意：重定位组件，必须在无装配约束或装配约束被抑制或删除情况下，相应的重定位操作才可实施，否则无法移动装配组件。

6 正投影法基础

本章主要讨论投影法的基本知识，点、线、面、体的三面投影，立体表面交线的三面投影，以形体分析法为主、线面分析法为辅的方法来读图，轴测图的投影原理和画轴测图的基本方法，使用三维软件生成三视图的方式。

6.1 投影法的基本知识

6.1.1 投影法的概念

物体在光线的照射下，会在地面或墙壁上产生影子，这个影子即称为投影。

如图 6-1 所示，光源 S 为投影中心，平面 P 为投影面，点 A、B、C 为空间物体上的点，连接 SA 并延长与平面 P 相交于点 a，形成投射线 SAa，点 a 即为空间点 A 在投影面 P 上的投影。Sa 称为投影方向。

由于一条直线只能与平面至多相交于一点，因此当投影方向和投影面确定以后，点在该投影面上的投影是唯一的。

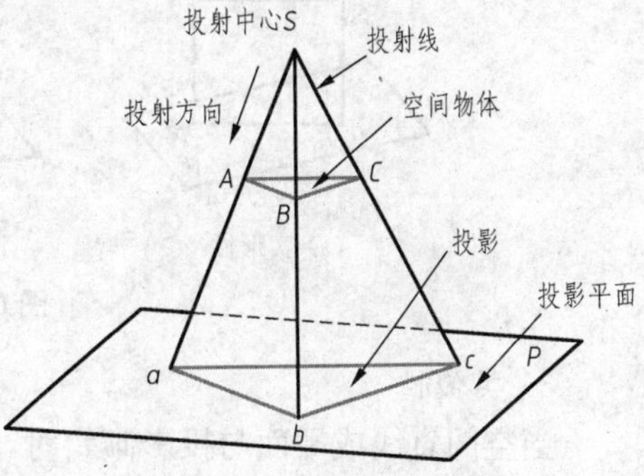

图 6-1　中心投影法

6.1.2 投影法的分类

1）中心投影法

如图 6-1 所示，投射线都通过投影中心的投影方法称为中心投影法，即中心投影法的投射线相交于一点。中心投影法常用于生成透视图。

2）平行投影法

如图 6-2、图 6-3 所示，投射线都互相平行的投影方法称为平行投影法。如图 6-2 所

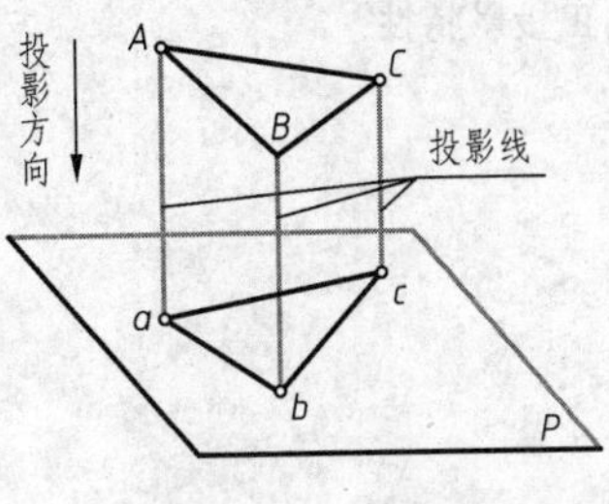

图 6-2　正投影法

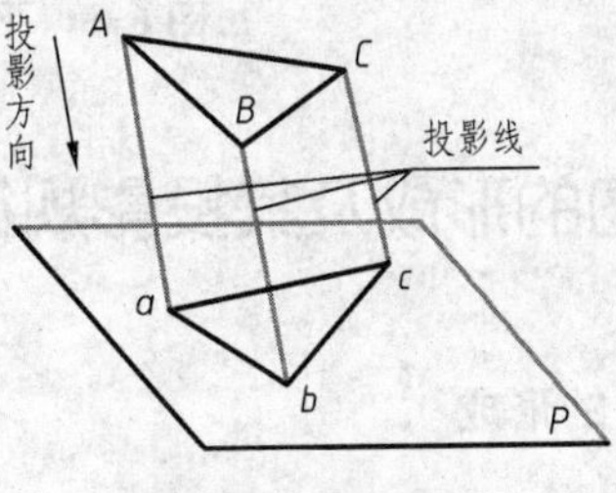

图 6-3　斜投影法

示，投影方向（或投射线）垂直于投影面的称为正投影法。如图 6-3 所示，投影方向（或投射线）倾斜于投影面的称为斜投影法。一般机械工程中的图样均用正投影法，以后只要不特别说明均是指正投影法。

6.1.3 正投影法的基本特性

工程中所遇到的物体，其形状千差万别。仔细观察会发现，每个物体的表面都是由线和面所组成。因此，物体的投影就是组成物体的线和面的投影总和。研究正投影的基本性质，主要集中在研究线和面（特别是直线、平面）的投影特性。

1）实形性

当空间直线或平面与投影面平行时，其投影反映实长或实形，如图 6-4(a)中直线 AB 的投影 ab，如图 6-5(a)中$\triangle ABC$ 的投影$\triangle a'b'c'$所示。

2）积聚性

当空间直线或平面与投影面垂直时，则直线的投影积聚为一个点；平面的投影积聚为一条直线。点的不可见投影加括号，如图 6-4(b)直线 CD 的投影 $c(d)$，如图 6-5(b)中$\triangle ABC$ 的投影$\triangle a'b'(c')$所示。

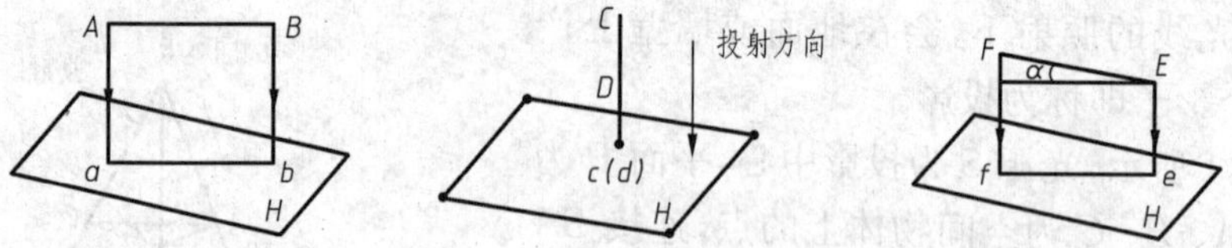

(a) 实形性　(b) 积聚性　(c) 类似性

图 6-4 直线的正投影

3）类似性

当空间直线或平面与投影倾斜时，则直线的投影仍为直线但长度变短了；平面的投影仍为类似形但面积变小了。如图 6-4(c)中直线 EF 的投影 ef；如图 6-5(c)中$\triangle ABC$ 的投影$\triangle a'b'c'$所示。

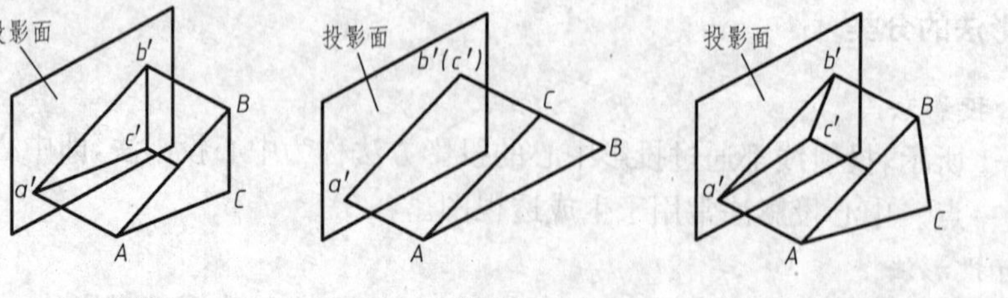

(a) 实形性　(b) 积聚性　(c) 类似性

图 6-5 平面的正投影特性

6.2 三视图的形成及其投影规律

6.2.1 三视图的形成

将物体向投影面作正投影所得的图形称为视图。物体的一个视图不能表达物体全貌。

如图 6-6 所示的三个物体,按图上示出的位置把它们向直立投影面 V 投射,得到的视图则完全相同。因此,根据这一个视图不能辨别它所表示的是哪一个物体。

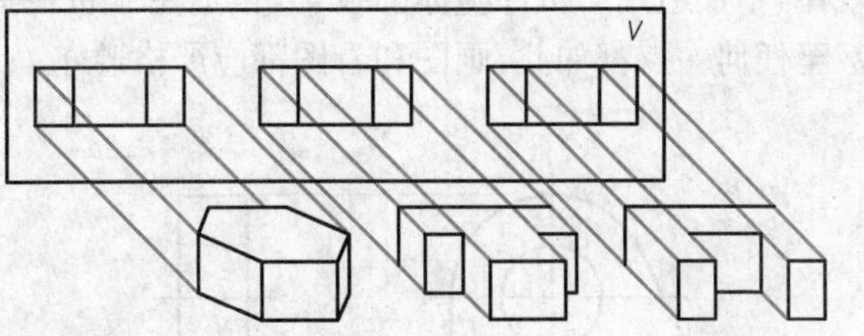

图 6-6　三个不同结构物体具有相同的一个视图

要表示出某个物体的全部面貌,就必须从不同的方向进行投射画出它的几个视图。一般物体都具有长、宽、高三个互相垂直的方向,因此,首先在空间设立三个互相垂直的投影面:正投影面用 V 表示、水平投影面用 H 表示和侧投影面用 W 表示。三个投影面之间的交线为 OX、OY、OZ 称为投影轴,三个相互垂直的投影轴交点 O 称为原点。再把物体放在其中,使它的主要表面各平行于三个投影面,如图 6-7 所示。

在三投影面体系中可得到物体的三个视图,其正面投影称为主视图,水平投影称为俯视图,侧面投影称为左视图。

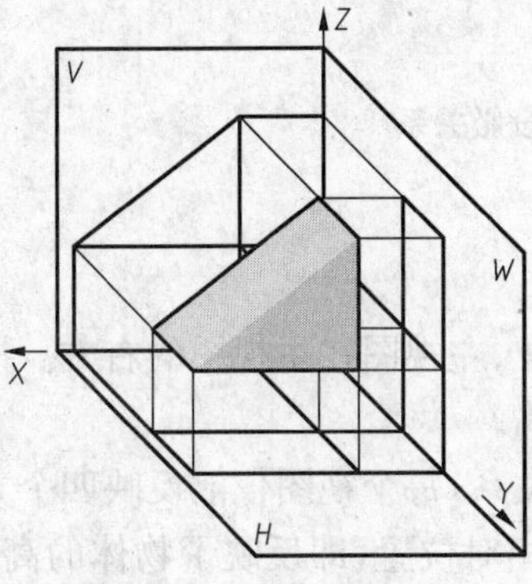

图 6-7　三投影面体系

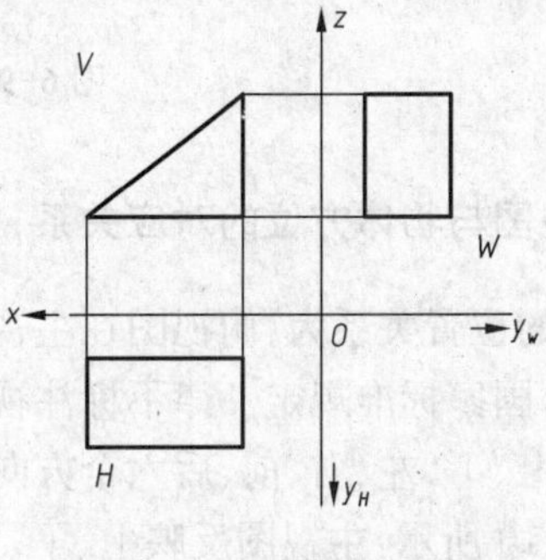

图 6-8　三投影面体系展开图

为了画图方便,以 V 面所在面为放置面,让 H 面绕 OX 轴向下方旋转 90 度至放置面,让 W 面绕 OZ 轴向右后方旋转 90 度至放置面,将相互垂直的三个投影面展开在同一个平面上,如图 6-8 所示。

为了使作图简便,图形清晰,不必画出投影轴和投影间的连线,三视图间的投影规律和相对位置关系仍应保持不变,如图 6-9 所示。

6.2.2　三视图的投影关系

如图 6-9 所示,反映出模型长、宽、高三个方向的尺寸大小。每个视图只能反映出两个方向的大小,如主视图反映压块的长度和高度,左视图反映它的宽度和高度,俯视图反映它的长度和宽度。由此可得出三视图之间的投影规律为:

(1) 主视图和俯视图都反映物体的长度,且长对正。

(2) 主视图和左视图都反映物体的高度，且高平齐。

(3) 俯视图和左视图都反映物体的宽度，且宽相等。

正投影的投影规律，不仅适用于机件整体的投影，也适用于机件局部结构的投影，对于物体上的每个部分甚至任何一点都如此，画图和看图都应严格遵守。

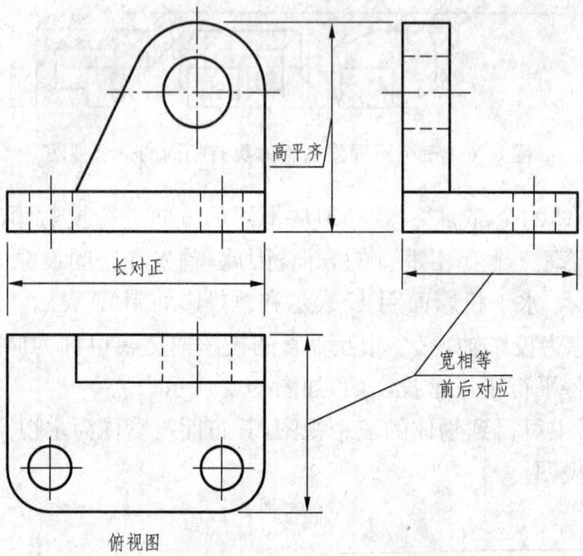

图 6-9 模型的投影关系

6.2.3 三视图与物体方位的对应关系

三视图的位置关系为：俯视图在主视图的下方、左视图在主视图的右方。按照这种位置配置视图时，国家标准规定一律不标注视图的名称。

物体有上、下、左、右、前、后六个方向的位置关系，每个视图仅能反映四个方向的位置关系。如图 6-10 所示：主视图反映上、下、左、右的相对位置，即反映了物体的高度和长度；俯视图反映左、右、前、后的相对位置，即反映了物体的长度和宽度；左视图反映上、下、前、后的相对位置，即反映了物体的高度和宽度。

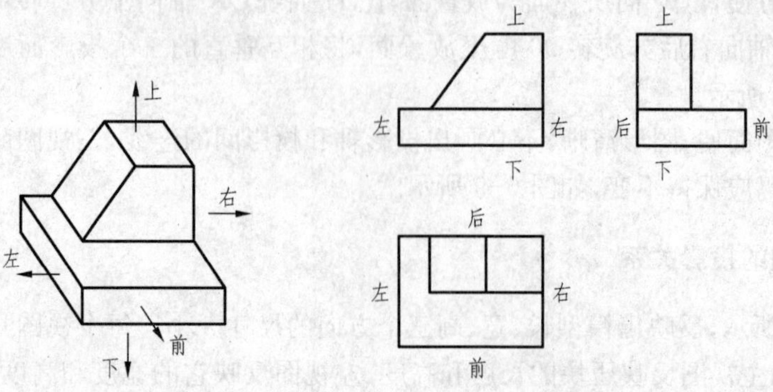

(a) 物体上的位置关系 (b) 三视图所反映的位置关系

图 6-10 三视图的位置关系

6.3 基本几何元素的投影

6.3.1 点的投影

1) 点的三面投影

如图 6-11 所示,设有一空间点 A,分别向 H、V、W 面进行投射,得 a、a'、a''三面投影。

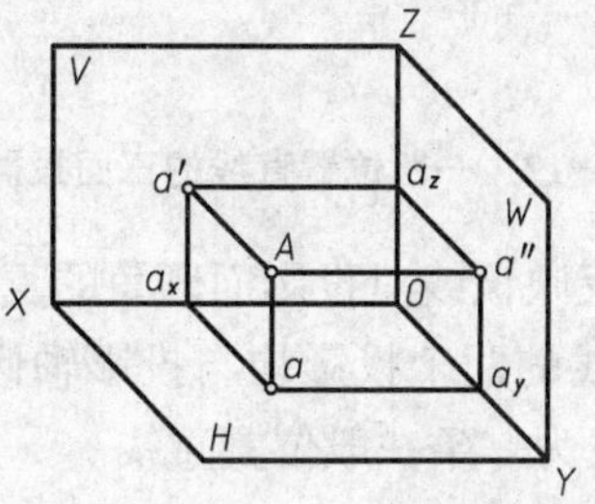

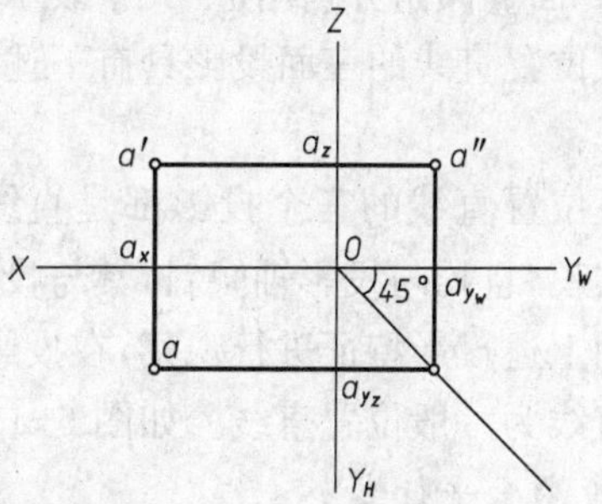

图 6-11 点在三面投影体系中的投影

由图 6-11 可知,A 点的 3 个直角坐标 x_A、y_A、z_A 即为 A 点到 3 个坐标面的距离,它们与 A 点的投影 a、a'、a''的关系如下:

$$Aa'' = aa_y = a'a_z = Oa_x = x_A$$
$$Aa' = aa_x = a''a_z = Oa_y = y_A$$
$$Aa = a'a_x = a''a_y = Oa_z = z_A$$

由此可见,点的投影与坐标关系:

a 由 Oa_x 和 Oa_y,即 A 点的 x_A、y_A 两坐标确定;

a' 由 Oa_x 和 Oa_z,即 A 点的 x_A、z_A 两坐标确定;

a'' 由 Oa_y 和 Oa_z,即 A 点的 y_A、z_A 两坐标确定。

所以,点的一个投影不能确定该点空间的唯一位置,必须两个投影才行。空间点 $A(x_A, y_A, z_A)$ 在三投影面体系中有唯一的一组投影(a, a', a'')。

2) 点的投影规律

(1) 点的正面投影和水平投影的连线垂直于 X 轴。这两个投影均反映空间点的 X 坐标。

(2) 点的正面投影和侧面投影的连线垂直于 Z 轴,这两个投影均反映空间点的 Z 坐标。

(3) 点的水平投影到 X 轴距离等于点的侧面投影到 Z 轴的距离,这两个投影均反映空间点的 Y 坐标。

根据点的三面投影规律,可由点的 3 个坐标值画出其三面投影图,也可根据点的两面投影求作第三投影。

6.3.2 直线的投影

从几何原理可知,两点决定一条直线。从投影原理可知,直线的投影一般仍是直线。因此，分别作出直线上两点(通常是线段的两个端点）的三面投影之后，用直线连接其同面投影，如图 6-12 所示，ab、$a'b'$、$a''b''$即为直线的三面投影。

1）一般位置直线

与三个投影面都成倾斜状态的直线，称为一般位置直线。该直线与其投影之间的夹角为直线对该投影面的倾角。直线对 H、V、W 面的倾角分别用α、β、γ表示。

一般位置直线的三面投影具有下述的投影特征：

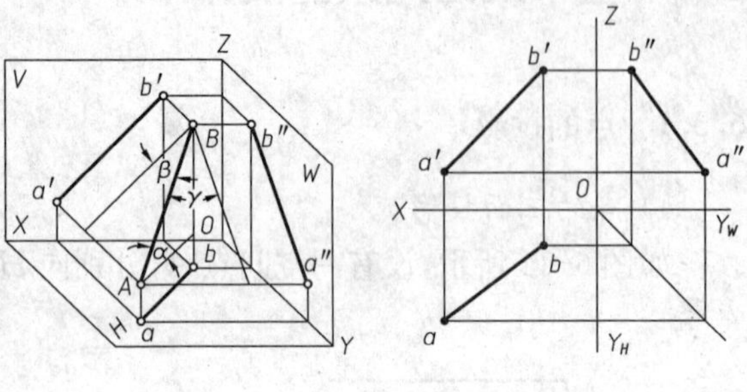

(a)　　(b)

图 6-12　一般位置直线的三面投影

一般位置直线的三个投影都是直线，不反映实长，且均与投影轴倾斜，其与投影轴的夹角不反映该线对投影面倾角的真实大小。

利用上述投影特征进行观察，在投影图上，如果直线的两个投影均与投影轴倾斜，则可判定该直线为一般位置直线。如图 6-12 所示，AB 直线为一条一般位置直线。

2）投影面平行线

平行于一个投影面而与另外两个投影面倾斜的直线称为投影面平行线。

投影面平行线有三种情况：

平行于 H 面而与 V、W 面倾斜的直线称为水平线；

平行于 V 面而与 H、W 面倾斜的直线称为正平线；

平行于 W 面而与 H、V 面倾斜的直线称为侧平线。

以水平线为例，如表 6-1 所示，由于水平线是平行于 H 面的，所以线上所有点到 H 面的距离都相等，故有下列投影特征：

(1) 水平线的 H 面投影反映线段实长。即：$ab=AB$。

(2) 水平线的 V、W 面投影分别平行于 H 面的两根轴。即 $a'b' \parallel OX$ 轴，$a''b'' \parallel OY_W$ 轴。

(3) 水平线的 H 面投影与OX 轴夹角反映该直线对 V 面的倾角β；与 OY_H轴的夹角，反映该直线对 W 面的倾角 γ。

对正平线和侧平线作同样的分析，可得出类似的投影特征，如表 6-1 所示。

表 6-1　投影面平行线的投影特征

直线的位置	直观图	投影图	投影特性	
平行于 H 面 (水平线)	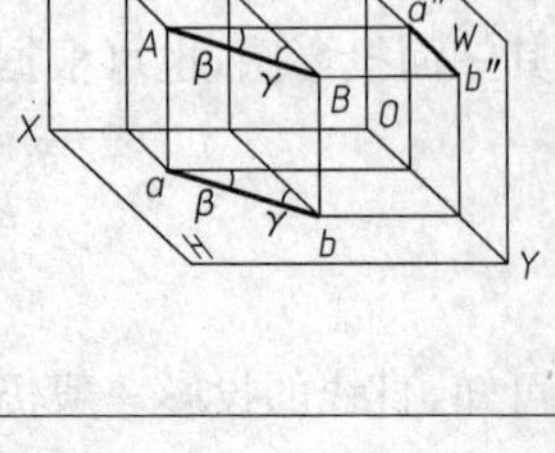	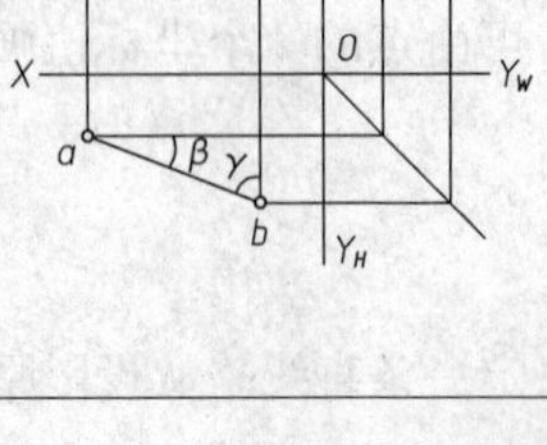	1. $ab=AB$ 2. $a'b' \parallel OX$ 轴 $a''b'' \parallel OY_W$ 轴 3. β 和 γ 反映实角	1. 在所平行的投影面上投影反映实长，该投影与轴的夹角反映直线与投影面的倾角

续表 6-1

直线的位置	直观图	投影图	投影特性	
平行于 V 面 （正平线）	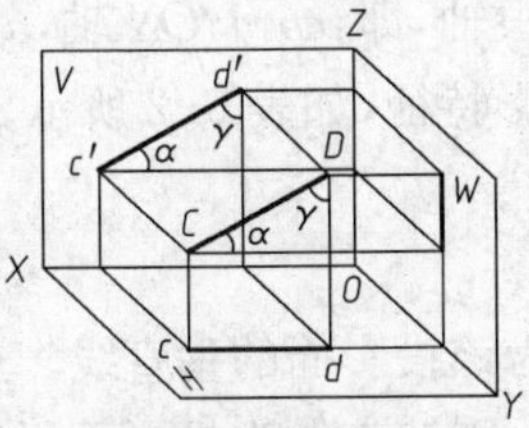	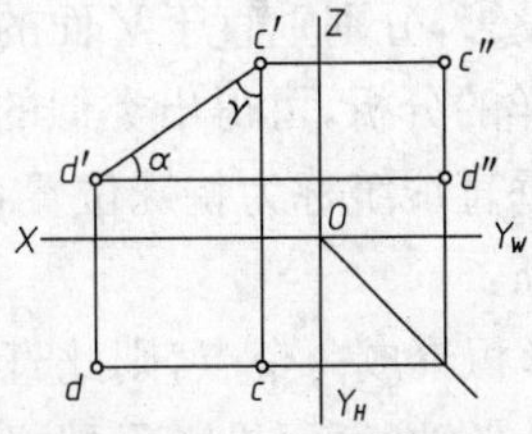	1. $c'd' = CD$ 2. cd // OX 轴 $c''d''$ // OZ 轴 3. α 和 γ 反映实角	2. 另两面投影分别平行于直线所平行的那个投影面的两根轴
平行于 W 面 （侧平线）	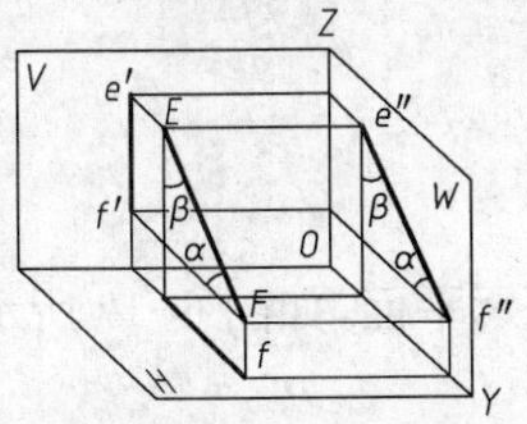	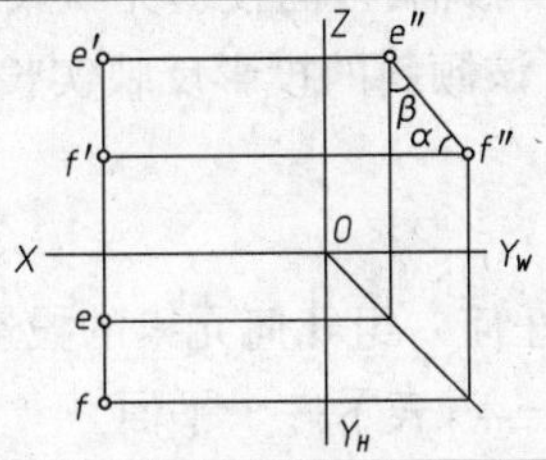	1. $e''f'' = EF$ 2. ef // OY_H 轴 $e'f'$ // OZ 轴 3. α 和 β 反映实角	

3）投影面垂直线

垂直于一个投影面的直线，称为投影面垂直线。

投影面垂直线有三种情况：垂直于 H 面的直线，称为铅垂线；垂直于 V 面的直线，称为正垂线；垂直于 W 面的直线，称为侧垂线。

直线垂直于一个投影面，必然平行另外两个投影面。以正垂线为例，如表 6-2 所示：由于正垂线垂直于 V 面，必然平行于 H，W 面，故有下列投影特征：

表 6-2 投影面垂直线的投影特征

直线的位置	直观图	投影图	投影特性	
垂直于 H 面 （铅垂线）	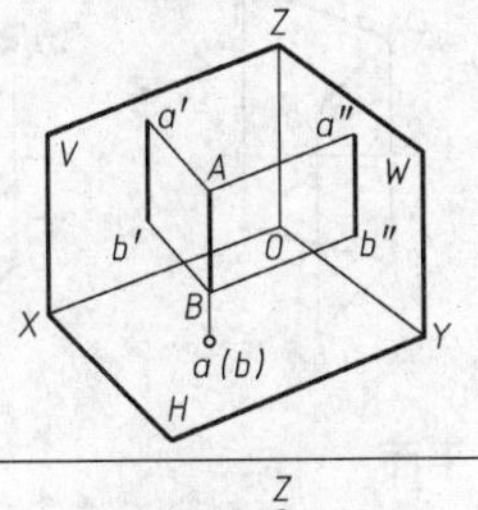	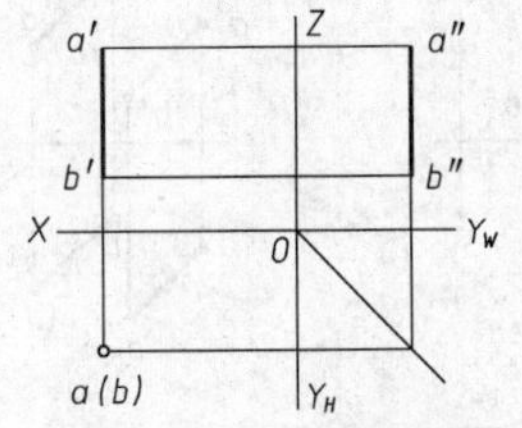	1. ab 积聚成一点 2. $a'b' \perp OX$ 轴 $a''b'' \perp OY_W$ 轴 3. $a'b' = a''b'' = AB$	1. 在所垂直的投影面上积聚成一点 2. 另两面投影分别垂直于直线所垂直的那个投影面的两根轴，且反映线段实长
垂直于 V 面 （正垂线）	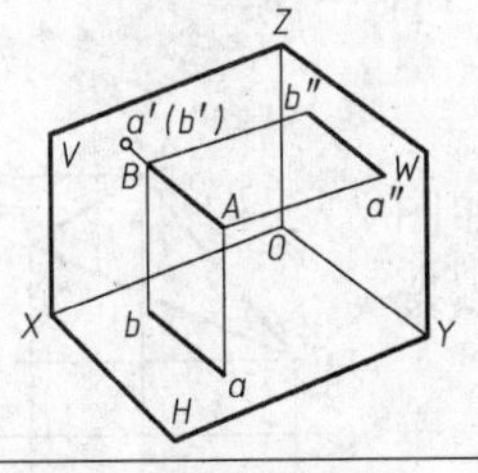	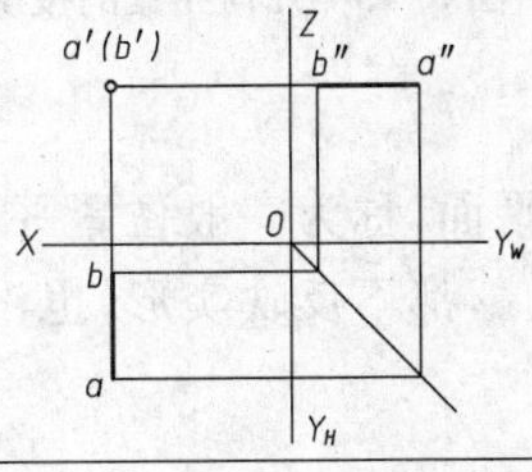	1. $a'b'$ 积聚成一点 2. $ab \perp OX$ 轴 $a''b'' \perp OZ$ 轴 3. $ab = a''b'' = AB$	
垂直于 W 面 （侧垂线）	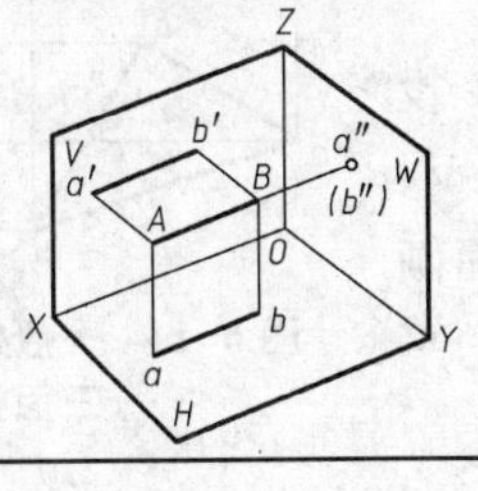	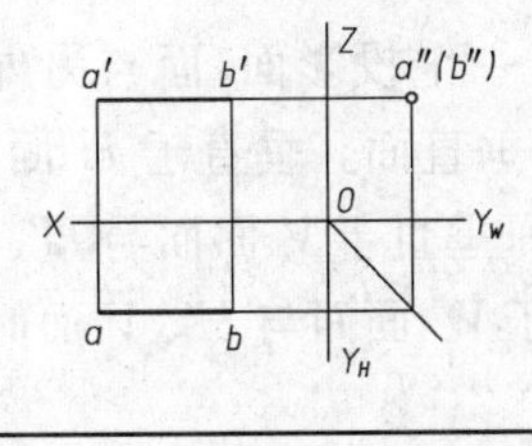	1. $a''b''$ 积聚成一点 2. $ab \perp OY_H$ 轴 $a'b' \perp OZ$ 轴 3. $ab = a'b' = AB$	

(1) 正垂线的 V 面投影积聚成一点。

(2) 正垂线的 H、W 面投影反映实长，即：$ab = a''b'' = AB$。

(3) 正垂线的 H、W 面投影，分别垂直于 V 面的两根轴，即：$ab \perp OX$ 轴，$a''b'' \perp OZ$ 轴。

对铅垂线和侧垂线作同样的分析，可得出类似的投影特征，如表 6-2 所示。

通常把投影面平行线和垂直线统称为特殊位置直线。

对于特殊位置直线的判断：

(1) 若直线的某一面投影积聚成一个点，则此直线为该投影面的垂直线。

(2) 只要有投影平行于投影轴(三面投影无积聚点)，则该直线为投影面平行线，且平行于投影成倾斜的那个投影面，该倾斜的投影反映实长。

6.3.3　平面的投影

在投影图上可以用下列任何一组几何元素的投影表示平面，如图 6-13 所示。

(1) 不在同一直线上的三点，表示一个平面。

(2) 一直线和直线外一点，表示一个平面。

(3) 平行两直线，表示一个平面。

(4) 两相交直线，表示一个平面。

(5) 任意平面图形(如三角形、四边形等)，表示一个平面。

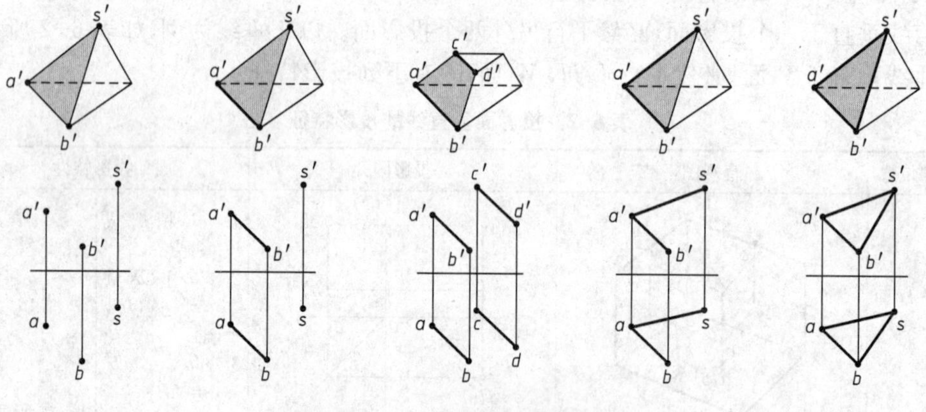

图 6-13　几何元素的投影表示平面

1) 一般位置平面

对三个投影面都倾斜的平面，称为一般位置平面，如图 6-14 所示。该平面的三个投影都不反映实形，也没有积聚性，有类似性。

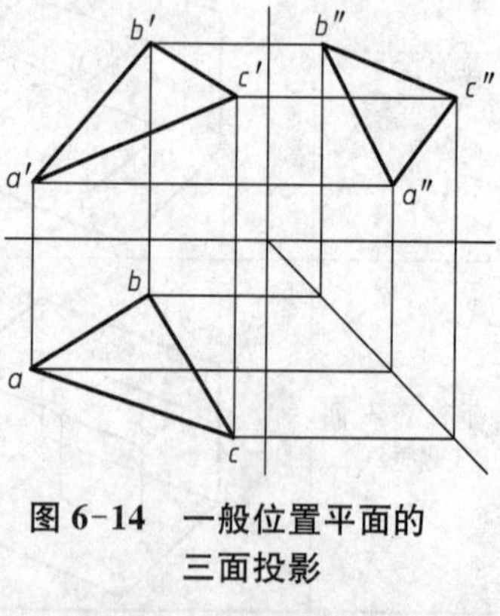

图 6-14　一般位置平面的三面投影

2) 投影面垂直面

三投影面体系中，垂直于一个投影面，而与另外两个投影面倾斜的平面，称为投影面垂直面。垂直于 H 面而与 V、W 面倾斜的平面，称为铅垂面；垂直于 V 面而与 H、W 面倾斜的平面，称为正垂面；垂直于 W 面而与 H、V 面倾斜的平面，称为侧垂面。

投影面垂直面的投影特征：在它所垂直的投影面上的投影，积聚为一条与投影轴倾斜的直线，该直线与投影轴的夹角分别反映了平面与另外两投影面倾角的真实大小；其余两面投影具有类似性，如表 6-3 所示。

表 6-3　投影面垂直面的投影特征

平面的位置	直观图	投影图	投影特性	
垂直于 H 面 (铅垂面)	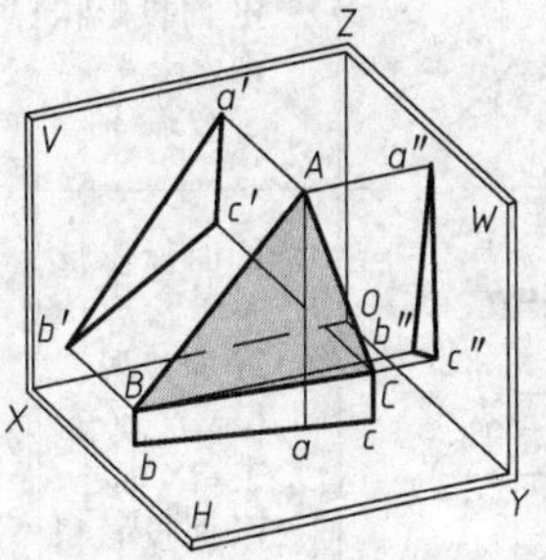	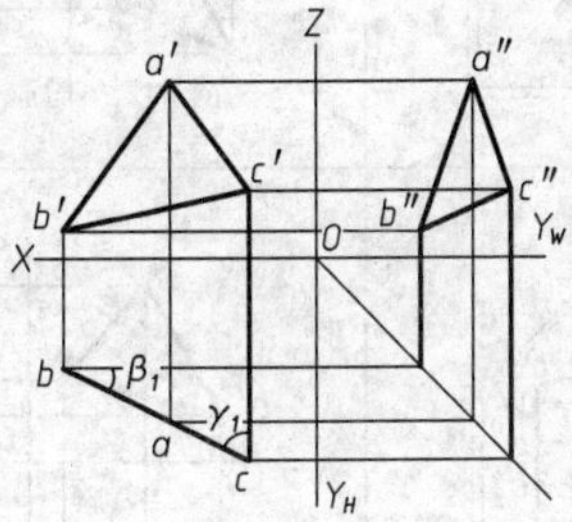	1. H 面投影积聚成一直线 2. β_1 和 γ_1 反映平面对 V、W 面的倾角	
垂直于 V 面 (正垂面)	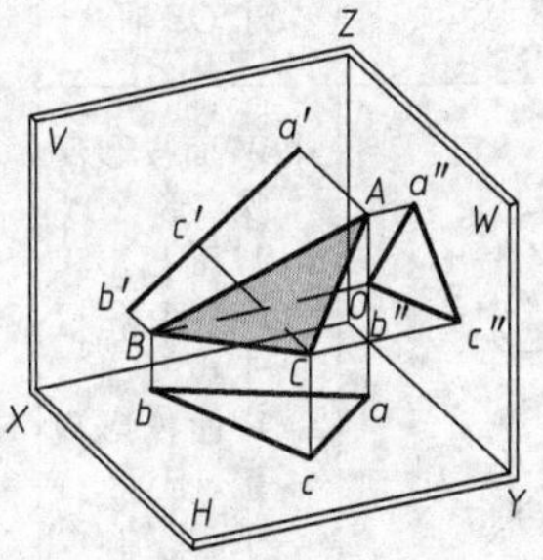	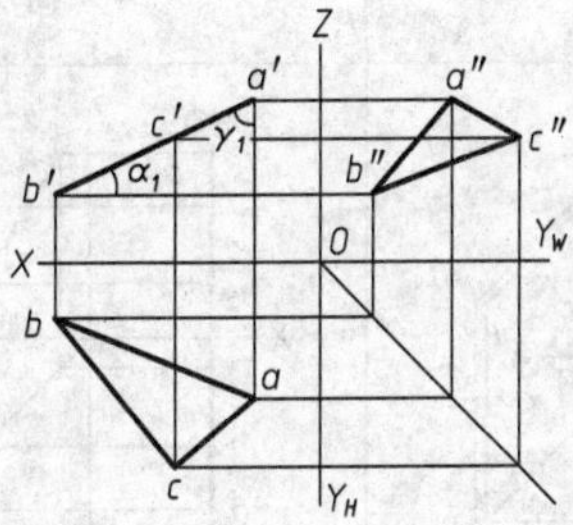	1. V 面投影积聚成一直线 2. α_1 和 γ_1 反映平面对 H、W 面的倾角	1. 在所垂直的投影面上积聚成一直线，该直线与投影轴的夹角反映该平面对投影面的倾角 2. 另两面投影为比实形小的类似图形
垂直于 W 面 (侧垂面)	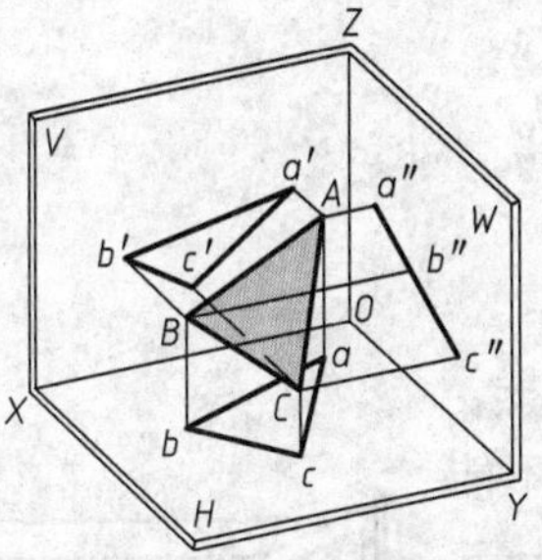	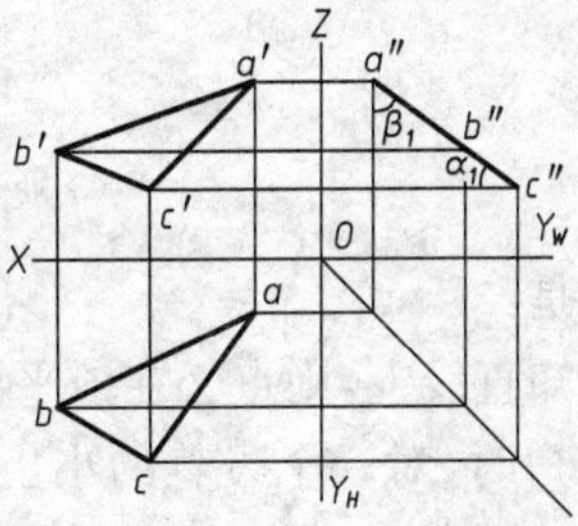	1. W 面投影积聚成一直线 2. β_1 和 α_1 反映平面对 V、H 面的倾角	

投影面垂直面的判别方法：在投影图中，只要有一面投影积聚成一条与投影轴倾斜的直线，则该平面一定为该投影面垂直面。

3) 投影面平行面

在三投影面体系中，平行于一个投影面（必垂直于另外两个投影面）的平面，称为投影面平行面。平行于 H 面的平面，称为水平面；平行于 V 面的平面，称为正平面；平行于 W 面的平面，称为侧平面。

投影面平行面的投影特征：在它所平行的投影面上的投影反映实形；另外两面投影积聚为与相应投影轴平行的直线，如表 6-4 所示。

投影面平行面的判别方法：在投影图中，只要有一面投影积聚成一条平行于投影轴的直线，则此平面为投影面平行面，它所平行的投影面上的投影为反映该平面实形的几何图形。

表 6-4　投影面平行面的投影特征

平面的位置	直观图	投影图		投影特性
平行于 H 面（水平面）	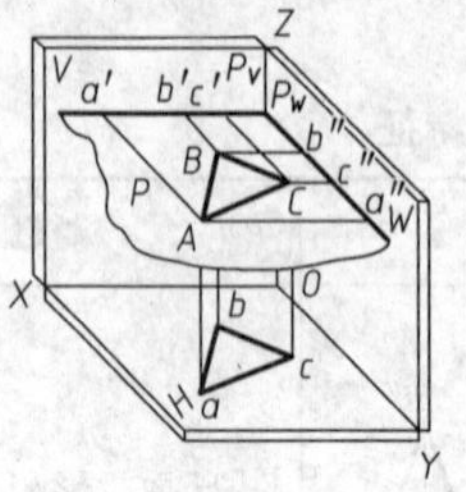	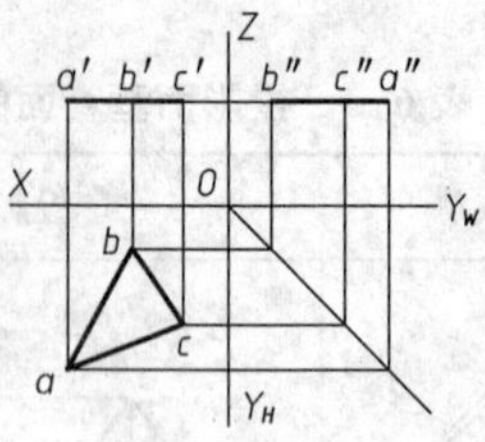	1. H 面投影反映实形 2. V 面投影积聚，且平行于 OX 轴 W 面投影积聚，且平行于 OY_W 轴	
平行于 V 面（正平面）	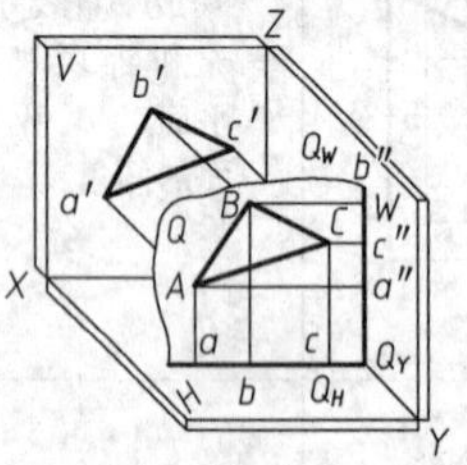	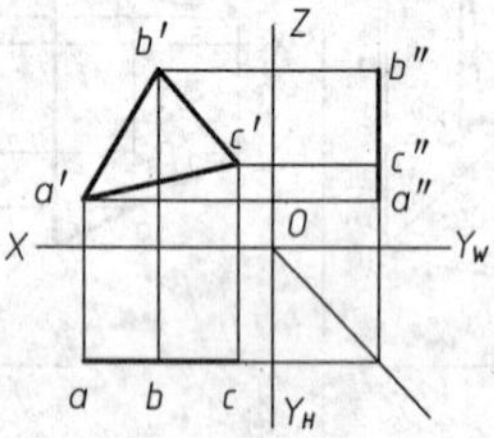	1. V 面投影反映实形 2. H 面投影积聚，且平行于 OX 轴 W 面投影积聚，且平行于 OZ 轴	1. 在所平行的投影面上投影反映实形 2. 另两面投影积聚成平行与投影轴的线段
平行于 W 面（侧平面）	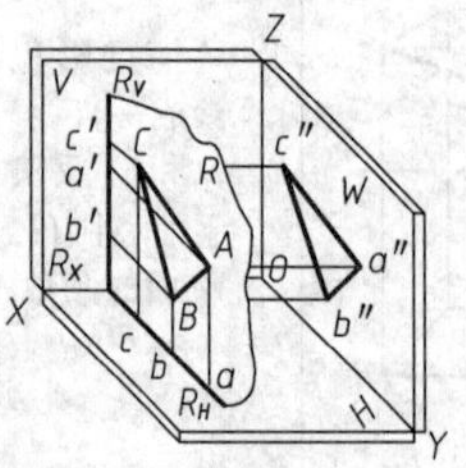	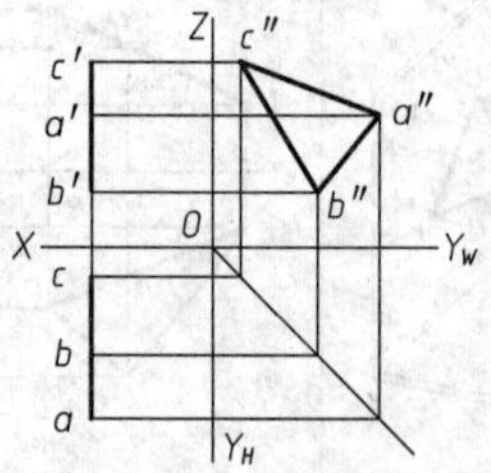	1. W 面投影反映实形 2. H 面投影积聚，且平行于 OY_H 轴 V 面投影积聚，且平行于 OZ 轴	

6.3.4　平面上的点、线、面

1）平面上的点

点在平面上的几何条件是：

若点在平面内的任一已知直线上，则点必在该平面上。

如图 6-15 所示：开着窗户时，对一个飞着的小虫，不能判明它是否正处在窗口的平面内。而对于窗口上框悬挂着的小球，则可以肯定它在窗口的平面内。

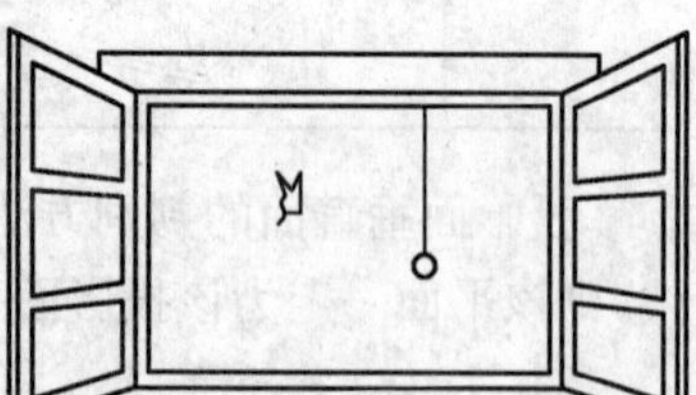

图 6-15　平面上的点

2）平面上的直线

直线在平面上的几何条件是：

若一直线通过平面上的两个已知点，则此直线在该平面上（即属于该平面的直线）；或一直线通过平面上的一个已知点并平行于该平面上的另一已知直线，则此直线也在该平面上。如图 6-16 所示：直线 BD 通过平面 $ABCD$ 的 B、D 两点，则直线 BD 在平面 $ABCD$ 上；直线 CE 通过平面 $ABCD$ 上的 C 点，且 $CE /\!/ DA$，则直线 CE 也在平面 $ABCD$ 上。

3）平面上的投影面平行线

平面上的投影面平行线，既符合直线在平面上的条件，又具有投影面平行线的投影特性。如图 6-17 所示：过 A 点在平面 ABC 上求作一条水平线，过 C 点在平面 ABC 上求作一条正平线。

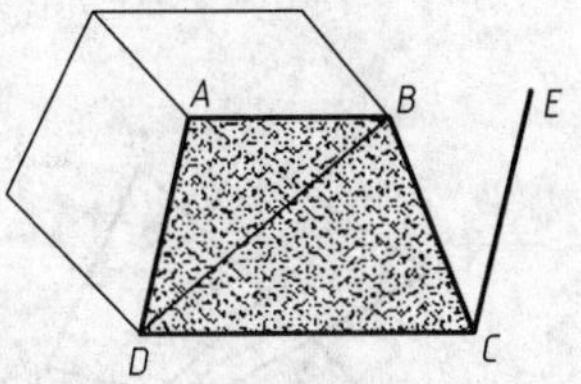

图 6-16　平面上的直线

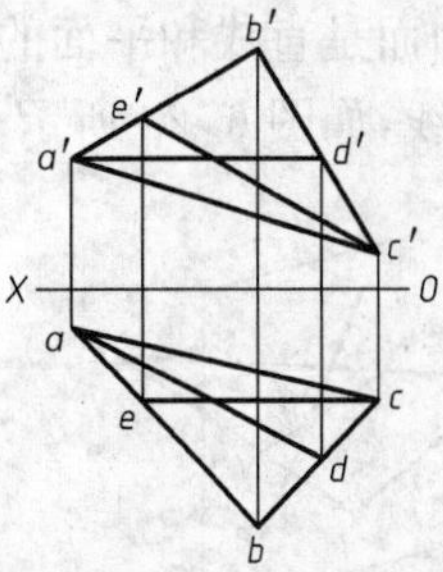

图 6-17　平面上的投影面平行线

在一个平面上，可作无数条投影面平行线。但若要求过平面上的一个定点作指定投影面的平行线，则只能作出一条。

6.3.5　直线平面相互位置关系

1）直线与平面平行

若一直线平行于平面上的任一直线，则此直线与该平面相互平行。在图 6-18 中，因为直线 AB 平行于平面 P 上的一直线 CD，所以 AB 与平面 P 相互平行。图 6-19 表明了直线 MK 与△ABC 相互平行的投影图，其中 $m'k' \parallel a'd'$、$mk \parallel ad$。

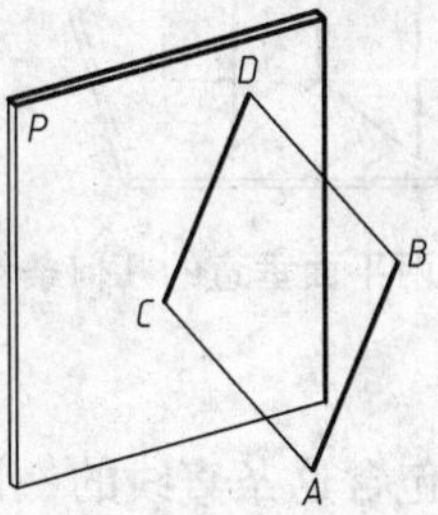

图 6-18　直线与平面平行(一)

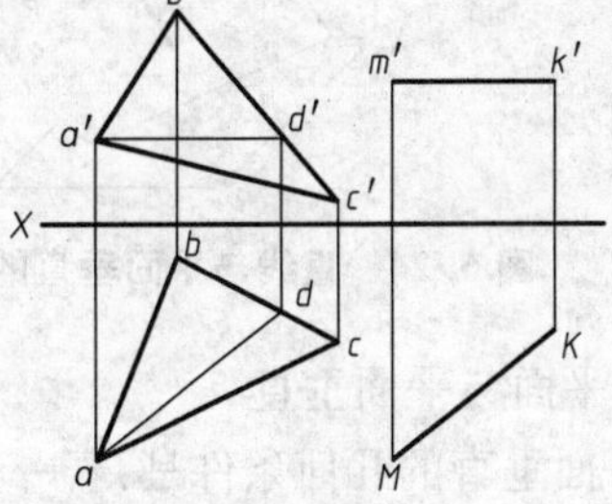

图 6-19　直线与平面平行(二)

2）平面与平面平行

若一平面上的两相交直线对应地平行于另一平面上的两相交直线，则这两个平面相互平行（如图 6-20、图 6-21 所示）。

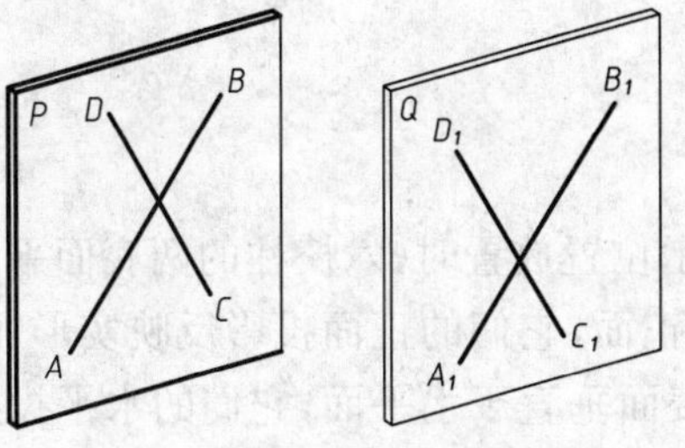

图 6-20　平面与平面平行(一)

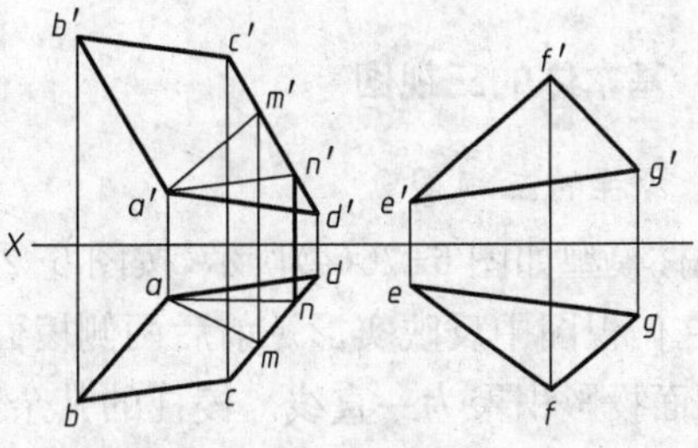

图 6-21　平面与平面平行(二)

3) 相交关系

直线与平面、平面与平面不平行，则必相交。直线与平面相交，产生一个交点，它既在直线上又在平面上，因而是直线和平面的共有点，如图 6-22 所示；两平面相交，产生一条交线，它是两平面的共有线，如图 6-23 所示。

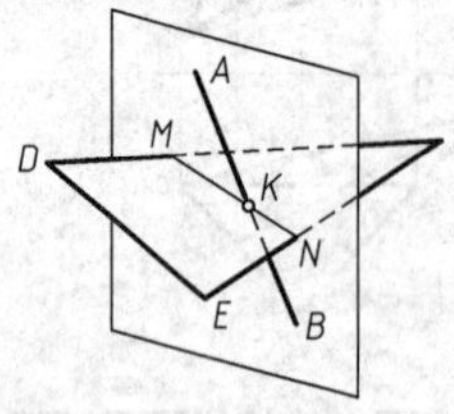

图 6-22　直线与平面相交

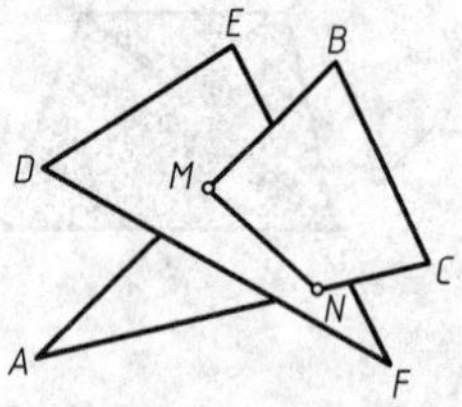

图 6-23　平面与平面相交

4) 垂直关系

(1) 直线与平面垂直

若一直线垂直于平面内任意两相交直线，则此直线必垂直于这个平面；反之，若直线垂直平面，则直线垂直平面内的任意直线。如图 6-24 所示，直线 KL 垂直于平面 P 内的相交两直线 AB、CD，则直线 KL 必垂直于平面 P，直线 KL 称作平面 P 的垂线或法线。

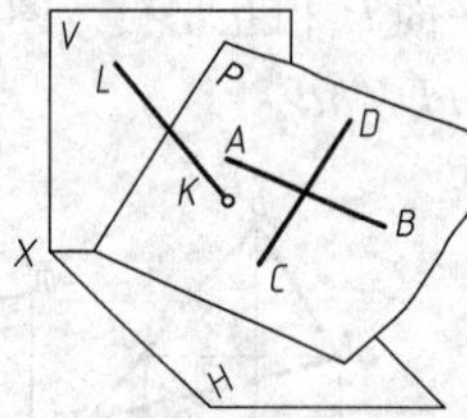

图 6-24　直线与平面垂直的几何条件

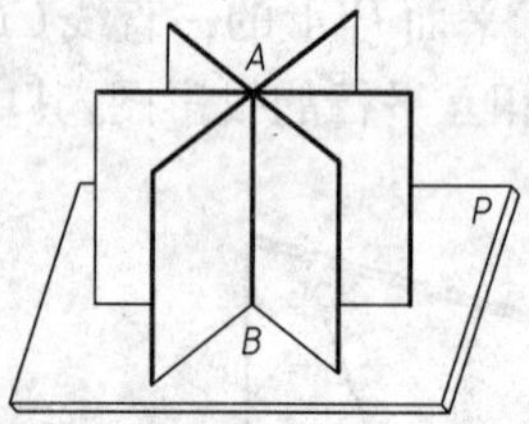

图 6-25　两平面垂直的几何条件

(2) 平面与平面垂直

两平面垂直的几何条件是：若一直线垂直于一平面，则包含这条直线的一切平面都垂直于该平面。由此可知，直线垂直平面是平面与平面垂直的必要条件。如图 6-25 所示，由于直线 AB 垂直于 P 面，则包含 AB 的所有平面都垂直 P 面。

6.4　立体的投影

6.4.1　基本体的三视图

1) 棱柱的三视图

棱柱模型如图 6-26(a)所示，按图 6-26(b)所示位置放置时，六棱柱的两底面平行于水平面，在俯视图中反映实形。前后两侧棱面平行于正面，它们的正面投影反映实形，水平投影及侧面投影积聚为一直线。棱柱的其余四个侧棱面垂直于水平面，它们的水平投影都积聚成直线，与六边形的边重合，正面投影和侧面投影均为类似形。如图 6-26(c)所示，为正六棱柱的三视图。

(a) (b) (c)

图 6-26 棱柱的模型和三视图

2）棱锥的三视图

棱锥处于图 6-27(a)所示位置时，其底面是平行于水平面，在俯视图上反映实形。后侧棱面垂直于侧面，另两个侧棱面为一般位置平面。如图 6-27(b)所示，为正四棱锥的三面投影。

(a) (b)

图 6-27 棱锥的模型和三视图

3）圆柱的三视图

圆柱实体模型如图 6-28(a)所示，按图 6-28(b)所示位置放置时，圆柱的轴线垂直于 H 面，其上下底面平行与水平面，其水平投影反映实形，其正面和侧面投影积聚为一直线。圆柱面的水平投影也积聚为一圆，在正面与侧面投影上分别表示决定投影范围的外形轮廓线(即为圆柱面可见部分与不可见部分的分界线的投影)，如图 6-28(c)所示，正面投影上为最左、最右两条素线的投影，即 $a_1'a_2'$，$a_3'a_4'$ 为前后转向轮廓线；在侧投影面上为最前、最后两条素线的投影，即 $b_1''b_2''$，$b_3''b_4''$ 为左右转向轮廓线。作图时可先画出水平投影的圆，再画出其他两个投影。

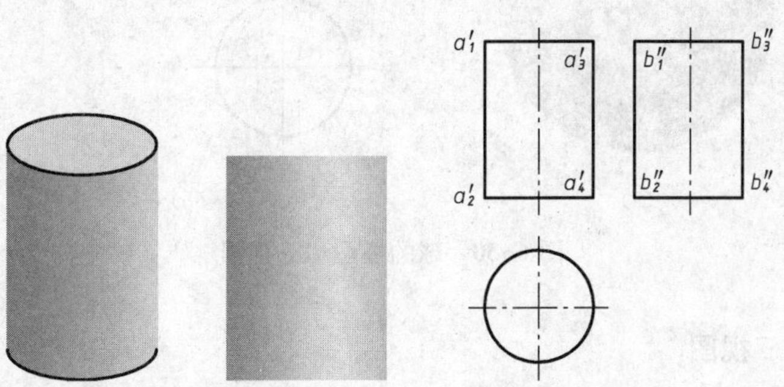

(a) (b) (c)

图 6-28 圆柱的模型和三视图

4) 圆锥的三视图

圆锥模型如图 6-29(a)所示,圆锥的轴线垂直于 H 面,其底面平行于水平面,其水平投影反映实形,其正面和侧面投影积聚为一直线。对于圆锥面上点的水平投影均在这个水平圆内,圆锥面的正面与侧面投影上分别表示决定投影范围的外形轮廓线,如图 6-29(b)所示,正面投影上为最左、最右两条素线的投影,即 $s'a_1'$, $s'a_2'$ 为前后转向轮廓线;在侧投影面上为最前、最后两条素线的投影,即 $s''b_1''$, $s''b_2''$ 为左右转向轮廓线。

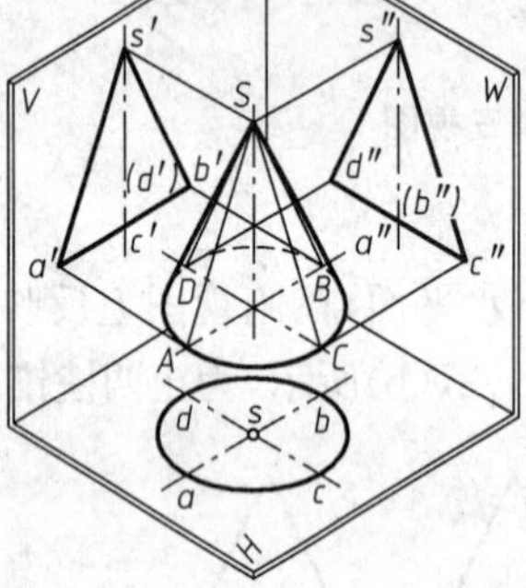

(a)

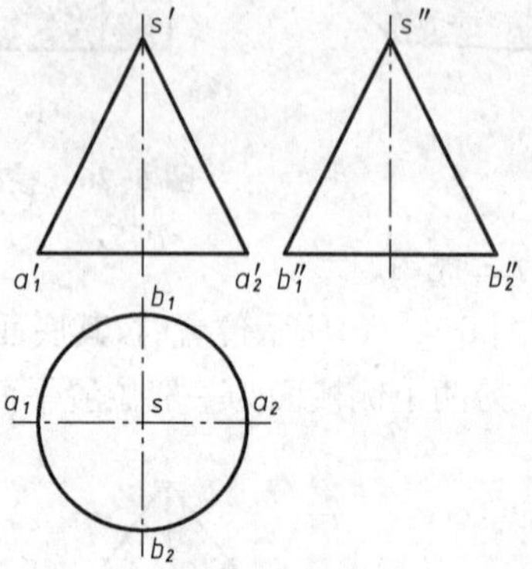

(b)

图 6-29　圆锥的模型和三视图

5) 球的三视图

球模型如图 6-30(a)所示,球的三个投影均为圆,其直径与球直径相等,但三个投影面上的圆是不同转向轮廓线的投影。如图 6-30(b)所示,正面投影上的圆是平行于 V 面的最大圆的投影,即区分前、后半球表面的前后轮廓转向线;水平投影上的圆是平行于 H 面的最大圆的投影,即区分上、下半球表面的上下轮廓转向线;侧面投影上的圆是平行于 W 面的最大圆的投影,即区分左、右半球表面的左右轮廓转向线。

(a)

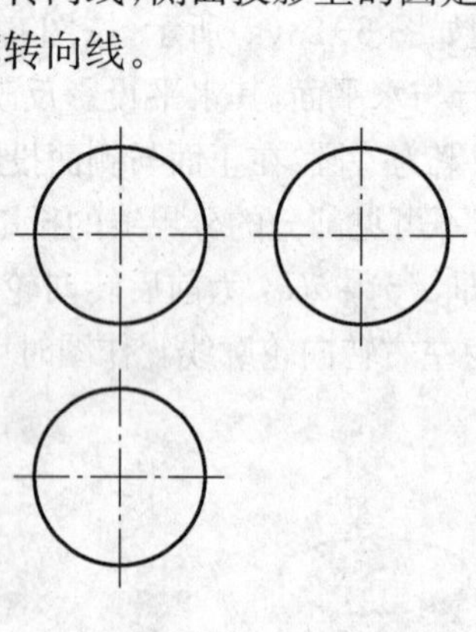

(b)

图 6-30　球的模型和三视图

6.4.2　组合体的三视图

1) 形体分析

形体分析就是分析组合体是由哪些基本形体按照怎样的方式组合而成的,并明确各部分的形状、大小和相对位置关系，以及哪些基本形体是组成该组合体的主体部分，从而认清所表达的组合体的形体特征。如图 6-31(a)所示，组合体可以由底板Ⅰ、垂直直立的板Ⅱ、肋板Ⅲ三部分叠加而成。如图 6-31(b)所示，其中底板Ⅰ和垂直直立的板Ⅱ是基本形体经挖切形成。

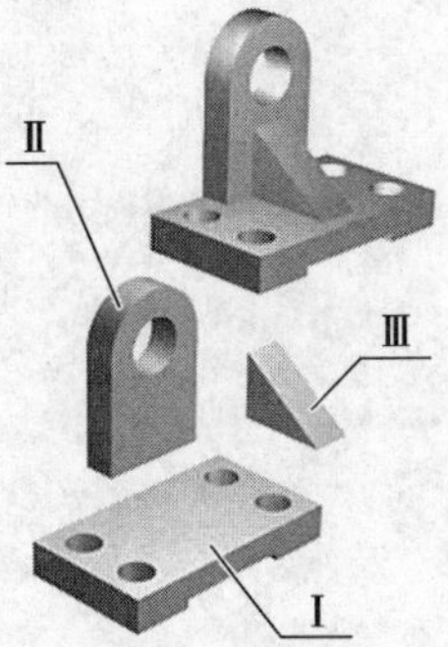

(a)

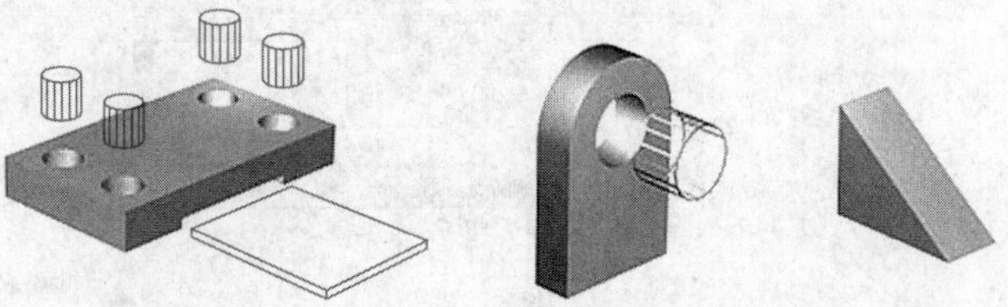

(b)

图 6-31 组合体的形体分析

2) 组合体如何放置

为了清楚地反映组合体的形状，首先要确定安放位置，生成三视图。

物体应按正常工作位置或将组合体上较大底板水平放置，并使组合体上尽量多的平面平行于投影面，这样可使视图反映表面实形，且使视图简单易读。不能平行于投影面的平面应尽量垂直于投影面。若是回转体，应使回转体的轴线垂直于投影面，总之要使围成组合体的各表面尽量处于特殊位置，如图 6-31(a)所示的组合体，其安放位置就选取其自然安放位置。

3) 选择主视图投影方向

安放位置确定后，接下来应确定主视图的投影方向。在三视图中，主视图是最主要的视图，主视图选择得好与不好，将直接影响画图和读图。确定主视图的投影方向时，通常要求主视图能够较多地表达物体的形状特征，即尽可能地把各组成部分的形状及相互关系在主视图上显示出来，并使物体的主要表面、轴线等平行或垂直于投影面，还要使组合体在左视图和俯视图中的虚线愈少愈好，并使图面布局匀称合理。如图 6-32 所示选取图示方向作为其主视图的投影方向最好，因为组成该轴承座的各基本形体及它们间的相对位置关系在此方向表达最为清晰，因而最能反映它的结构形状特征。

4) 选比例、定图幅

画图比例应根据组合体的大小和制图标准规定的比例来确定，一般尽量选用 1∶1 的比例，必要时可选用适当的放大或缩小的比例。按选定的比例，根据组合体的长、宽、高计算出三个视图所占的面积，并考虑标注尺寸以及视图之间、视图与图框之间的间距，据此选用合适的标准图幅。

5) 生成三视图

运用软件，先创建组合体的三维模型，生成三视图表达组合体信息。图 6-32(a)所示的组合体，在形体分析的基础上，启动 UG 软件，新建文件，进入建模环境，创建三维模型(建立长方体、长方体上表面建立圆台、圆台上表面建简单孔、长方体上表面建一孔、阵列、倒角)，使用下拉菜单 Start→Drafting，出现图 6-32(b)所示确定图幅对话框，利用该对话框确定图幅大小、比例、单位等，选择图 6-32(c)所示的制图布局工具条中加视图图标，根据确定的主视图投射方向自动加入主视图、左视图、俯视图如图 6-32(d)所示。

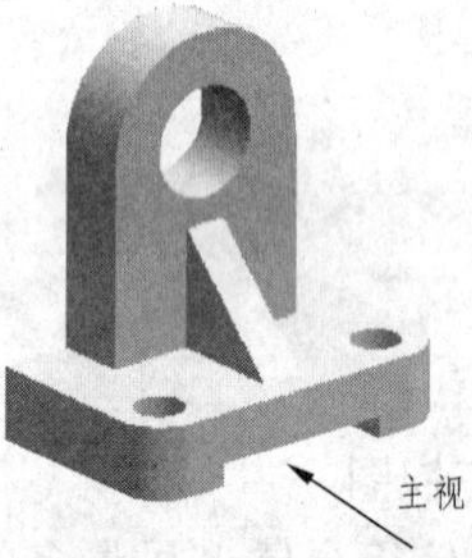

(a) 组合体

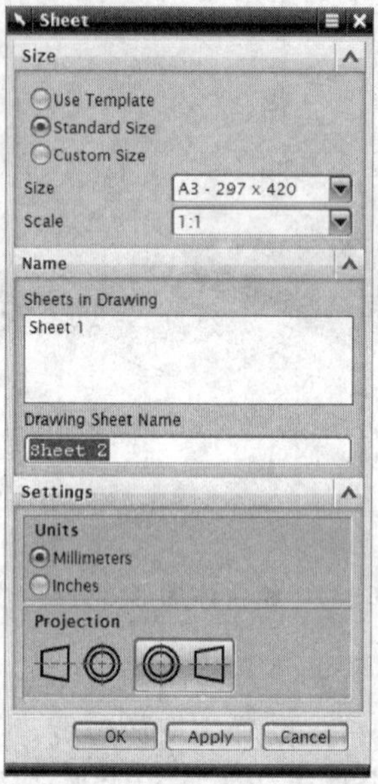

(b) 确定图幅

(c) 生成视图工具条

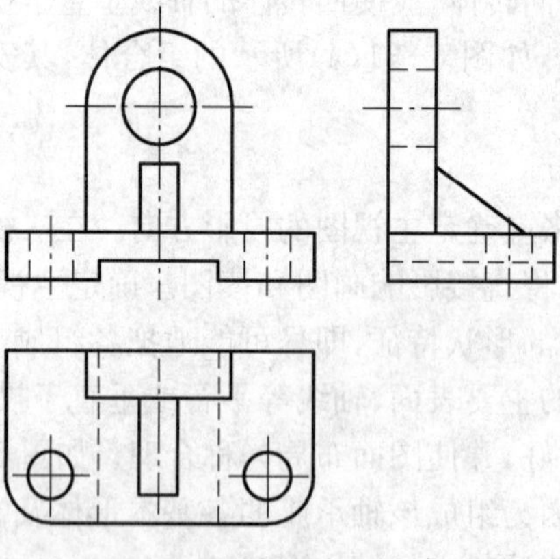

(d) 组合体三视图

图 6-32　生成组合体三视图

6.5　立体表面交线的投影

6.5.1　截交线

1) 截交线的概念及性质

有很多组合体是由平面切割基本形体形成的，用三视图表达形体时，在视图上产生表面交线。如图 6-33 所示，平面与立体相交，也称为平面截断立体。此平面称为截平面，截平面与立体表面的交线称为截交线，它是截平面与立体表面的公有线。截平面所围成的平面图形称为截断面。

图 6-33 立体表面的交线

截交线的一般性质如下：

(1) 截交线既在截平面上，又在立体表面上。因此截交线上的点是截平面与立体表面的共有点。

(2) 由于立体表面是封闭的，因此截交线必定是封闭的，截断面是封闭的平面图形。

(3) 截交线的形状决定于立体表面的形状以及截平面与立体的相对位置。

2) 截交线的空间形状及投影

(1) 平面与平面立体相交

如图 6-34 所示，平面与平面体相交，截交线是由直线段围成的封闭多边形。多边形的边数是截平面所截到的棱面数，多边形的各顶点是截平面与平面体上相应棱线的交点。

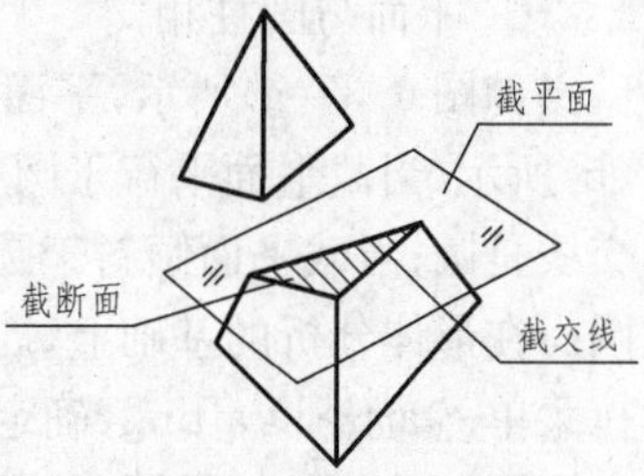

图 6-34 平面与平面体相交

先进行形体分析，创建组合体的三维模型，生成三视图表达组合体信息。在形体分析时，要注意两个相对位置的分析，第一个相对位置是截平面与立体的相对位置，它决定截交线的形状；第二个相对位置是截平面与投影面的相对位置，它决定截交线投影的形状。在形体分析的基础上，启动 UG，新建文件，进入建模环境，创建三维模型，使用下拉菜单 Start→Drafting，确定图幅大小、比例、单位等，根据确定的主视图投射方向自动加入主视图、左视图、俯视图，截交线自动生成，如图 6-35 所示。可以对照空间、平面截交线的表达方式，进一步认识截交线的表达。

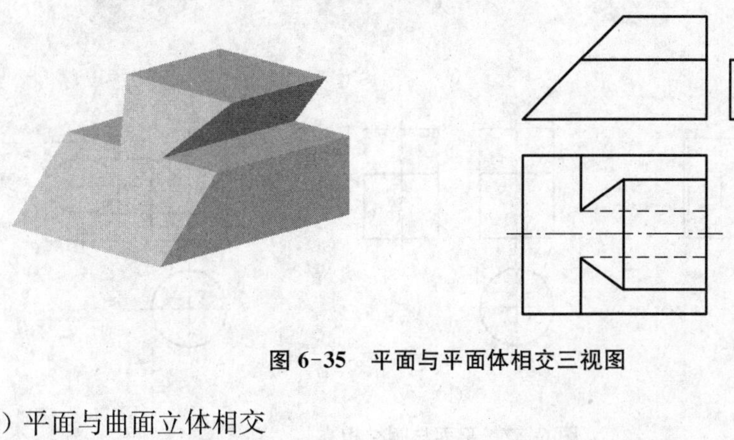

图 6-35 平面与平面体相交三视图

(2) 平面与曲面立体相交

如图 6-36 所示，平面与曲面立体的截交线一般为封闭的平面曲线，但也可能是多边形，或者是直线和曲线的组合图形。截交线是截平面与曲面立体表面的共有线。截交线上的任何点都是截平面与曲面立体表面的共有点。

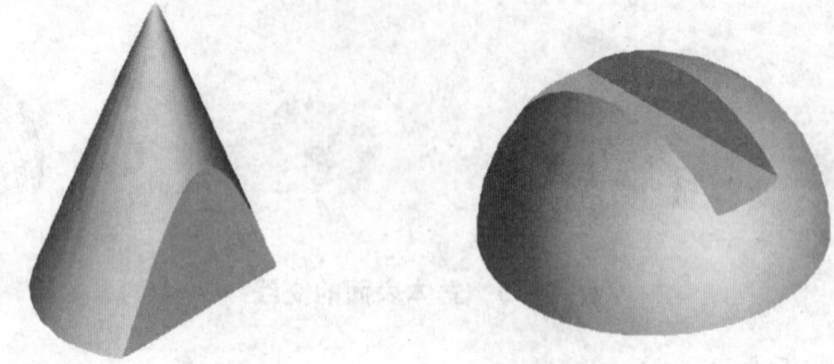

图 6-36　平面与曲面立体相交

在分析时，要考虑截交线的形状及投影形状。截交线的形状取决于两个因素：一是立体表面的性质，是圆柱、圆锥还是圆球；另一是截平面与曲面立体的相对位置。截交线投影的形状取决于截平面与投影面的相对位置。

① 平面与圆柱相交

如图 6-37(a)所示，平面截切圆柱其截交线有三种基本形状：圆、矩形、椭圆。如图 6-37(b)所示，当截平面平行于圆柱轴线时，截交线是两条直线；当截平面垂直于圆柱轴线时，截交线是圆；当截平面倾斜于圆柱轴线时，由于截平面与圆柱的轴线斜交，因此截交线为一椭圆。在形体分析的基础上，启动 UG 软件，新建文件，进入建模环境，创建三维模型，使用下拉菜单 Start→Drafting，确定图幅大小、比例、单位等，根据确定的主视图投射方向自动加入主视图、左视图、俯视图，截交线自动生成，如图 6-37(b)所示。可以对照空间、平面截交线的表达方式，进一步认识截交线的表达。

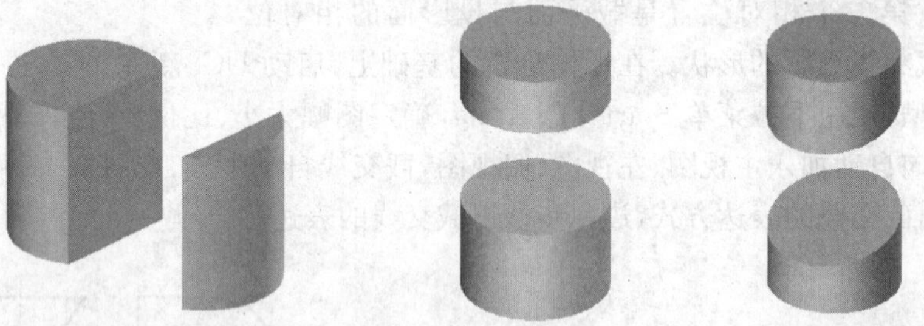

(a)

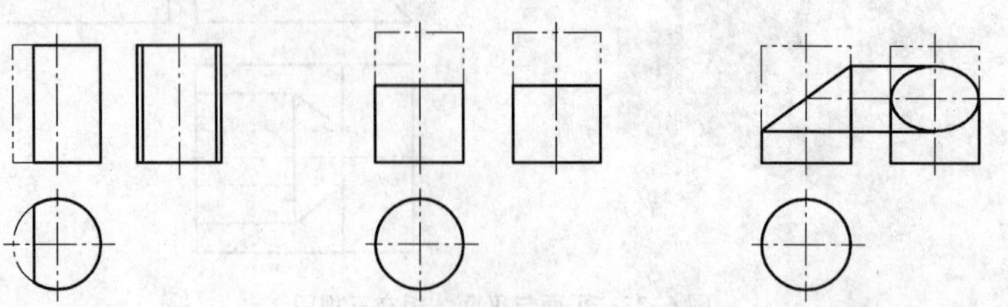

(b)

图 6-37　平面与圆柱相交

② 平面与圆锥相交

如图 6-38(a)所示,平面截切圆锥,截交线可能有五种基本形状:圆、三角形、椭圆、双曲线、抛物线。当截平面通过锥顶时,截交线是三角形;当截平面垂直轴线时,截交线是圆;当截平面与所有素线相交时,截平面是椭圆;当截平面平行于圆锥面上的某一素线时,截交线是抛物线;当截平面平行于圆锥的轴线时,截交线是双曲线。在形体分析的基础上,启动 UG,新建文件,进入建模环境,创建三维模型,使用下拉菜单 Start→Drafting,确定图幅大小、比例、单位等,根据确定的主视图投射方向自动加入主视图、左视图、俯视图,截交线自动生成,如图 6-38(b)所示。可以对照空间、平面截交线的表达方式,进一步认识截交线的表达。

(a)

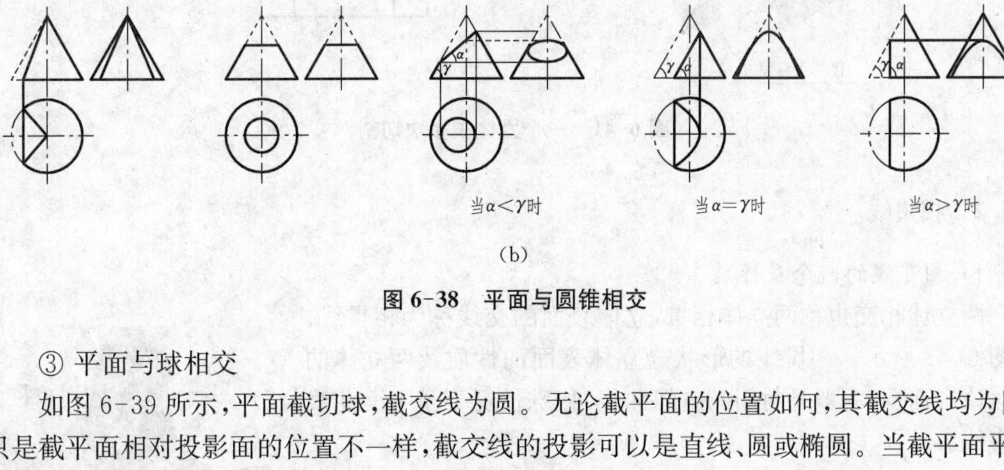

(b)

图 6-38　平面与圆锥相交

③ 平面与球相交

如图 6-39 所示,平面截切球,截交线为圆。无论截平面的位置如何,其截交线均为圆。只是截平面相对投影面的位置不一样,截交线的投影可以是直线、圆或椭圆。当截平面平行于某一投影面时,截交线在投影面的投影为圆;当截平面不平行与投影面时,截交线在投影面上的投影为椭圆。

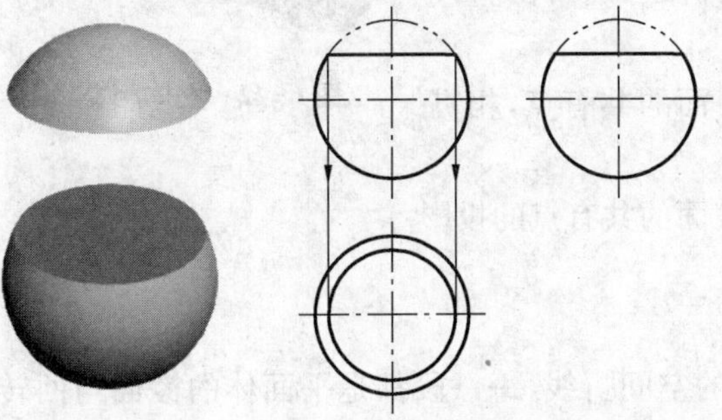

图 6-39　平面与球相交

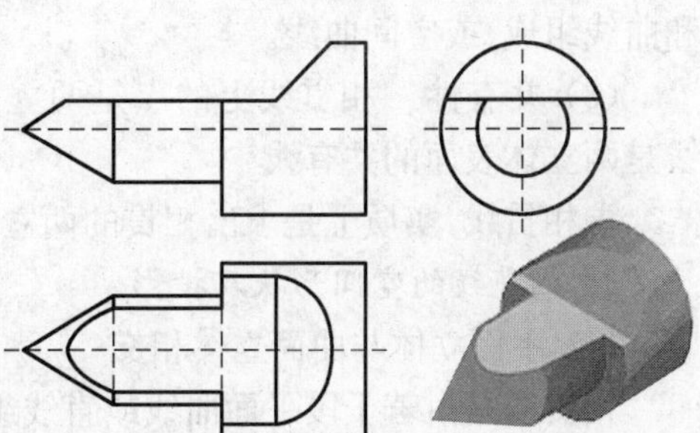

图 6-40　平面切割组合体

(3) 平面切割组合体

平面切割组合体，首先分析组合体是由哪些基本体组成的，找出它们的分界线，再分析这些平面与基本体的截交线。如图 6-40 所示，首先自左向右分析组合体由一个圆锥和两个圆柱基本回转体组成，是相互叠加的连接关系；再分析平面与各基本体的截交线形状及投影情况。

(4) 一个立体被多次切割

如图 6-41 所示，一个立体被多次切割形成的组合体。首先分析组合体是由基本体如何经平面切割形成的，支承块是长方体Ⅰ经过切去中部(Ⅱ)、前后挖切(Ⅲ)、切去四边角(Ⅳ)形成；再分析每次切割形成的截交线的形状及投影情况。

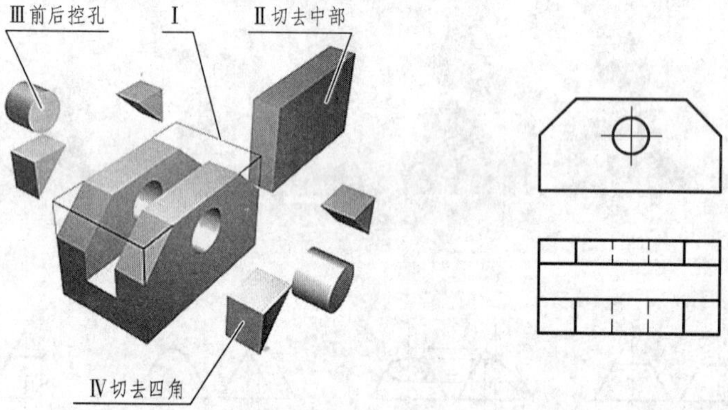

图 6-41 一个立体被多次切割

6.5.2 相贯线

1) 相贯线的概念及性质

两立体相交也称两立体相贯，立体表面的交线称为相贯线，如图 6-42 所示。相贯线的形状随立体表面的性质及两立体的相对位置而变，一般是封闭的空间曲线，特殊情况下是平面曲线或直线。

图 6-42 立体相交

相贯线的性质：

(1) 表面性 相贯线位于两立体的表面上。

(2) 封闭性 相贯线一般是封闭的空间折线(通常由直线和曲线组成)或空间曲线。

(3) 共有性 相贯线上的点是两立体表面的共有点，相贯线是两立体表面的共有线。

求相贯线，实质上是求出相贯的两立体表面的共有点的投影。

2) 相贯线的空间形状及投影

(1) 平面立体与曲面立体相交

相贯线是由若干段平面曲线或直线组成的空间折线，每一段都是平面体的棱面与回转体表面的交线，如图 6-43 所示。

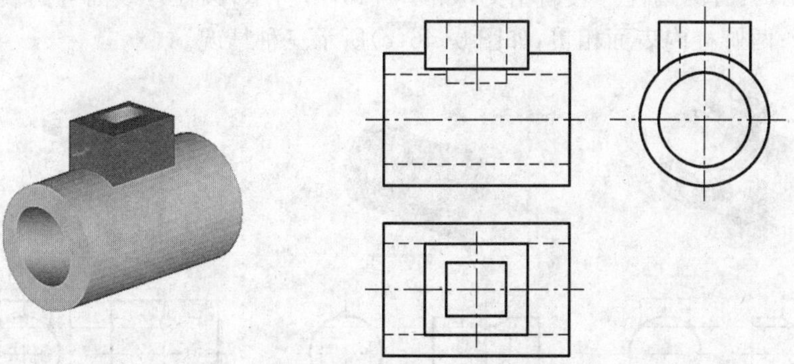

图 6-43　平面立体与曲面立体相交

(2) 曲面立体与曲面立体相交

两曲面立体相贯，其相贯线的形状取决于两曲面立体各自的形状、大小和相对位置，一般为封闭的光滑的空间曲线，它是两回转体表面的共有线。

两圆柱外表面相贯，圆柱直径的大小不同有三种情况，如图 6-44 所示。进入建模环境，编辑竖直圆柱的直径，使之变小如图 6-44(a)所示，运用 Start→Drafting，使用图 6-45 所示更新视图图标，可以得到新的三视图。进入建模环境，编辑竖直圆柱的直径，使之变大，编辑水平放置圆柱的直径，使之变小，如图 6-44(b)所示，运用 Start→Drafting，使用图 6-45 所示更新视图图标，可以得到新的三视图。

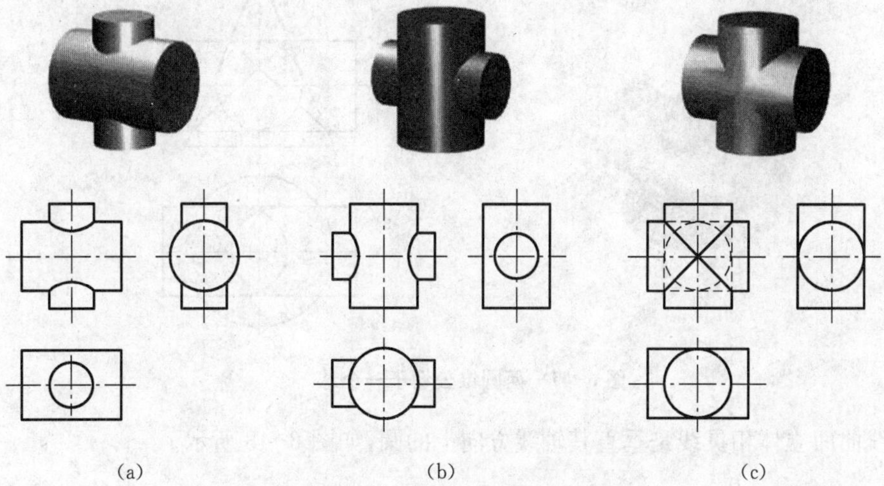

图 6-44　两圆柱外表面相交

图 6-45　更新视图图标

两圆柱相贯：有两圆柱外表面相交，如图 6-46(a)所示；圆柱外表面与内表面相交，如图 6-46(b)所示；两圆柱内表面相贯，如图 6-46(c)所示三种情况。

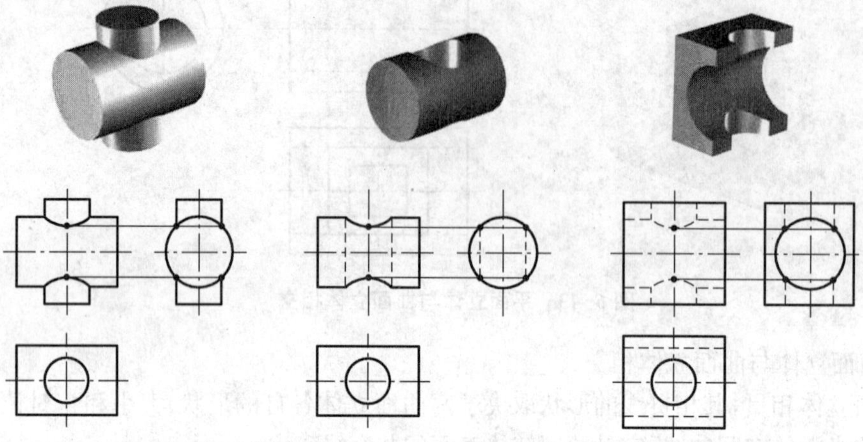

(a)　　(b)　　(c)

图 6-46　两圆柱相交

轴线相交，且平行于同投影面的圆柱与圆柱、圆柱与圆锥、圆锥与圆锥相交，若它们能公切于一个球，则它们的相贯线是垂直于这个投影面的椭圆，如图 6-47 所示。

图 6-47　两圆锥公切于一个球

同轴线曲面立体相贯线是垂直其轴线方向上的圆，如图 6-48 所示。

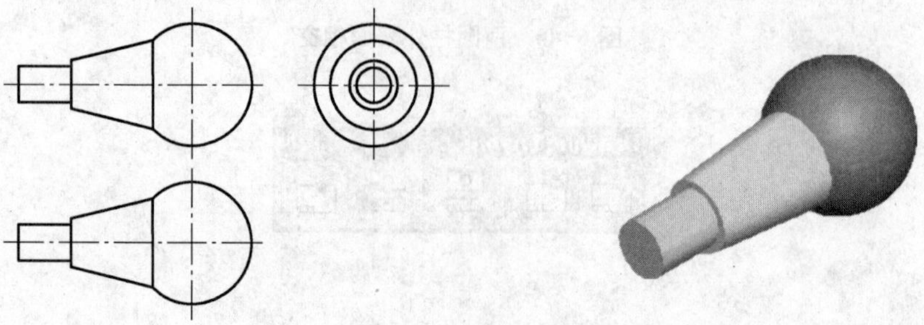

图 6-48　同轴曲面立体相交

6.6 组合体读图

6.6.1 组合体读图的方法

根据组合体的视图创建模型，首先要读懂组合体的三视图。读组合体三视图的基本方法是形体分析法，对于读三视图中出现的局部难点，则需用线面分析法进行分析。

1）形体分析法

形体分析法是读视图的最基本方法。通常从最能反映物体形状特征的主视图着手，分析该物体是由哪些基本形体所组成以及它们的组合形式；然后运用投影规律，逐个找出每个形体在其他视图上的投影，从而想象出各个基本形体的形状以及各形体之间的相对位置关系，最后想象出整个物体的形状。进入 UG 建模环境，根据想象的形体创建参数化、全相关的三维模型。

如图 6-49(a)所示，主视图反映 U 形柱Ⅱ、圆柱Ⅳ的形体特征及位置关系，左视图反映形体Ⅲ的形体特征及相对于 U 形柱Ⅱ的位置关系，俯视图反映Ⅰ的形体特征，最后想象出整个物体的形状如图 6-49(b)所示。

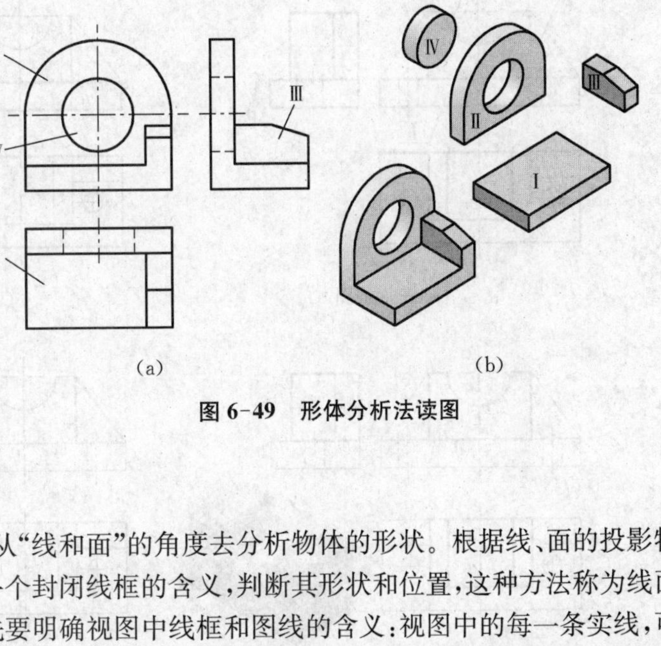

图 6-49 形体分析法读图

2）线面分析法

对于一些复杂的组合体，可从“线和面”的角度去分析物体的形状。根据线、面的投影特性，分析投影图中每条线段、每一个封闭线框的含义，判断其形状和位置，这种方法称为线面分析法。用线面分析法读图首先要明确视图中线框和图线的含义：视图中的每一条实线，可能是垂直于投影面的平面、曲面或平面与曲面组合面的投影，或是两个面交线的投影或是曲面的投影轮廓线的投影；视图中的每个封闭线框，一般表示物体上的一个表面(平面、曲面或平面与曲面组合面)的投影。

如图 6-50(a)所示主视图只有一个封闭线框，估计是图示形状的棱柱体，对照投影关系从左视图可知，该棱柱的前、后端面被两个侧垂面 P 各切去一块，如图 6-50(b)。该组合体除四个水平面和四个侧平面外，还有两个侧垂面 P 和两个正垂面 B。前、后端面的侧

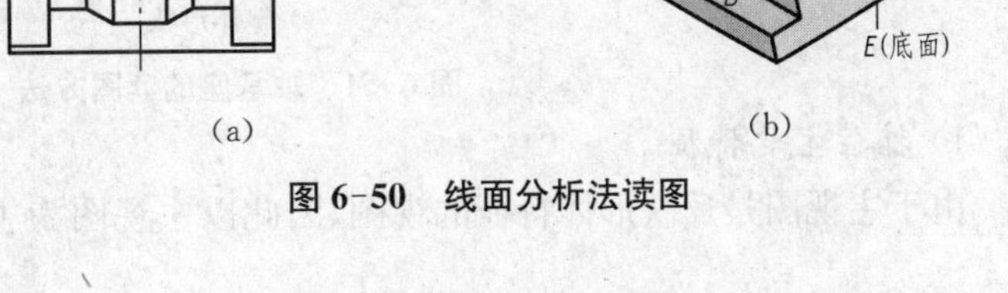

图 6-50 线面分析法读图

垂面 P 是十二边形。由类似性可知其正面投影和水平投影也应是十二边形。根据 P 面的正面投影和侧面投影可求得水平投影。四个不同高度的水平面 C、A、D、E 与正垂面 B、侧垂面 P 和侧平面的交线都是投影面垂直线，所以这些水平面的形状都是矩形，其边长由正面投影和侧面投影确定。综合归纳想象出整体如图 6-50(b)。

6.6.2　读组合体三视图思路和步骤

读组合体三视图主要运用形体分析法，把视图按线框分解成几个部分，想象出各部分的形状、相对位置和组合方式，对一些复杂的组合体，再结合线面分析，想象出整个组合体的结构形状。

下面以图 6-51(a)轴承座的三视图为例，说明读图的思路和步骤。

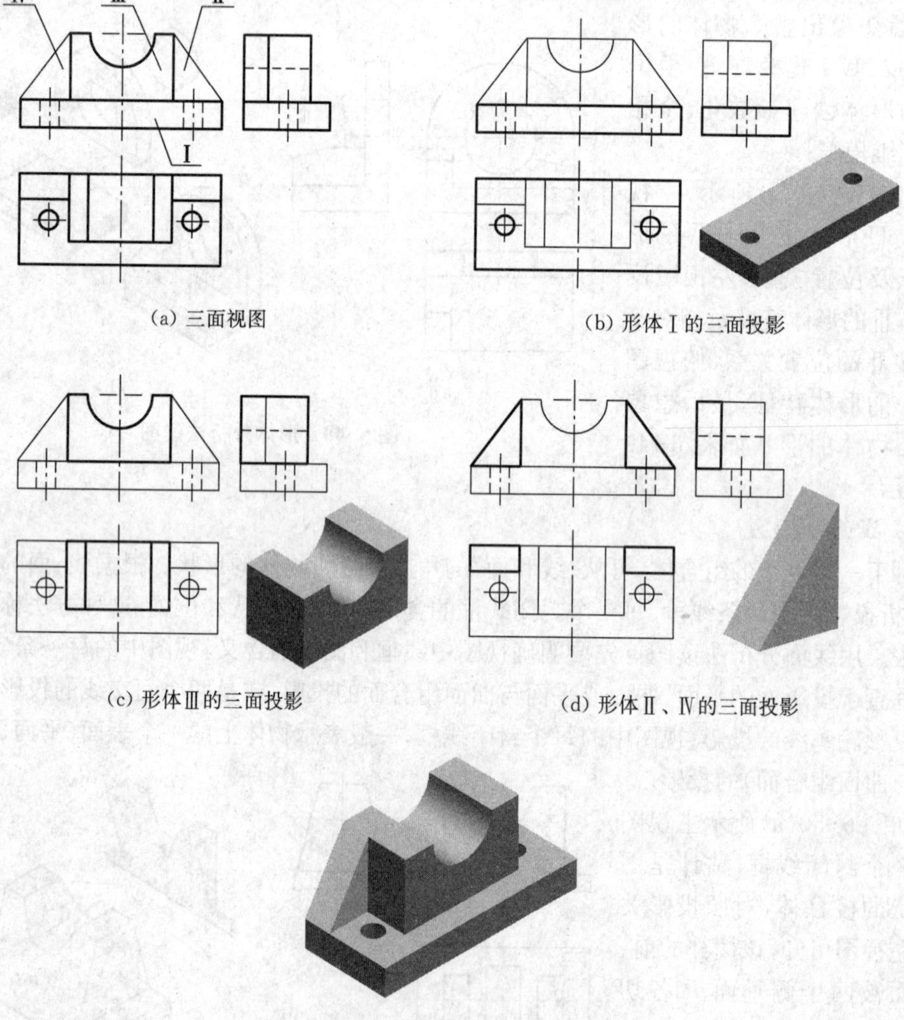

(a) 三面视图　　(b) 形体Ⅰ的三面投影

(c) 形体Ⅲ的三面投影　　(d) 形体Ⅱ、Ⅳ的三面投影

(e) 整体形状

图 6-51　轴承座的读图方法

1）抓住主要特征

由于主视图是反映形体特征的视图，因此以主视图为主、配合其他视图、进行初步的投

影分析和空间分析。找出反映物体特征较多的视图，在较短的时间里，对物体有个大概的了解。图 6-51(a)轴承座，主视图较明显地反映了Ⅰ、Ⅱ、Ⅲ、Ⅳ形体的特征，该轴承座大体可分为四三部分。

2) 分析特征的相对位置关系

参照特征视图，分解形体；按照投影规律找出每一部分的三个投影，想象出它们的形状。Ⅰ、Ⅱ、Ⅲ形体从主视图出发，按照投影规律分别在其他视图上找出对应的投影，如图中粗实线所示；然后想象出各组成部分的形状，如图 6-51(b)、(c)、(d)中的轴测图所示。

3) 几个视图综合分析构造形体

在看懂每部分形体的基础上，进一步分析它们之间的组合方式和相对位置关系，从而想象出整体的形状。长方体Ⅱ在底板上面，两形体的对称面重合且后面靠齐；肋板Ⅱ、Ⅳ在长方体Ⅰ的左、右两侧，且与其相接，后面靠齐，从而综合想象出物体的整体形状，如图 6-51(e)所示。

4) 进一步分析线面关系

对于图 6-51(a)轴承座，形体清晰，通过上述三步已想象出整体结构。有些物体，对于视图中的一些局部投影复杂之处，有时需要进一步分析线面关系。

用线面分析法读图，就是运用投影规律，把物体分解为线、面等几何要素，通过分析这些要素的空间位置、形状，进而想象出物体的形状。在读切割体三视图时，主要靠线面分析。下面以图 6-52 所示压块的三视图为例，来说明读图的思路和步骤。

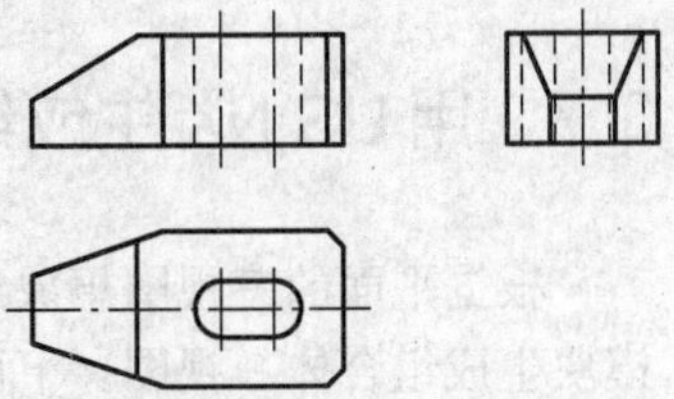

图 6-52 压块的三视图

1) 抓住主要特征

由于压块三个视图的轮廓基本上都是矩形，只切掉了几个角，所以它的原始形体是长方体。

2) 抓住特征分清面

所谓抓住特征，就是指看懂物体上各被切面的空间位置和几何形状。从压块的外表面看，主视图左上方的缺角是正垂面切出的；俯视图左端的前后缺角是分别用两个铅垂面切出的；左视图下方前、后的缺块，则是分别用正平面和水平面切出的。可见，压块的外形是由一个长方体被几个特殊位置平面切割后形成的。

在搞清被切面空间位置后，再根据平面的投影特性，分清各切面的几何形状：

在图 6-53(a)中，先从主视图中的斜线出发，在俯视图中找出与之对应的梯形线框，在左视图中对应的投影也一定是一个梯形线框，该面是垂直于正面而倾斜于水平面和侧面的梯形平面。

在图 6-53(b)中，先从俯视图中的斜线出发，在主、左视图中找出与之对应的投影，该面是垂直于水平面而倾斜于正面和侧面的五边形。

在图 6-53(c)中，先从俯视图中的键槽和斜线出发，在主视图中找出与之对应的投影。

3) 综合起来想整体

在看懂压块各表面的空间位置和形状后，还必须根据视图搞清面与面的相对位置，进而综合地想象出压块的整体形状，如图 6-53(d)所示。

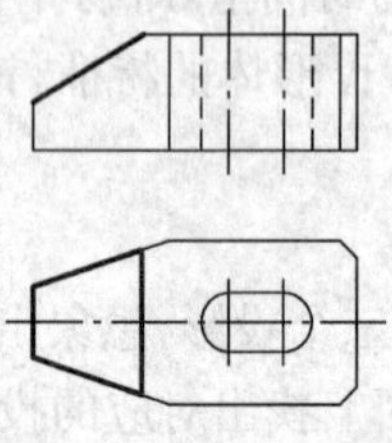

(a) 正垂面

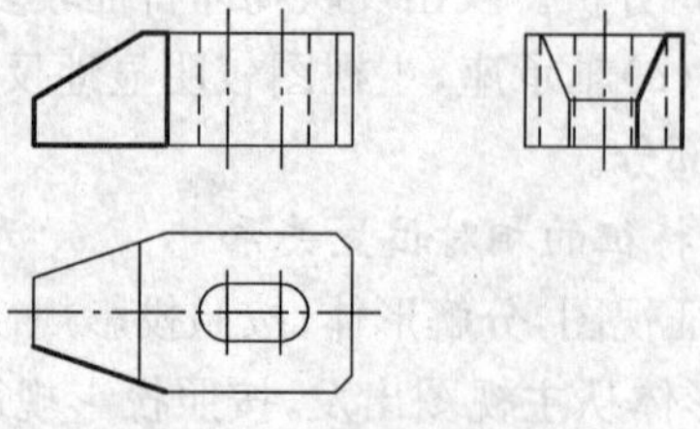

(b) 铅垂面

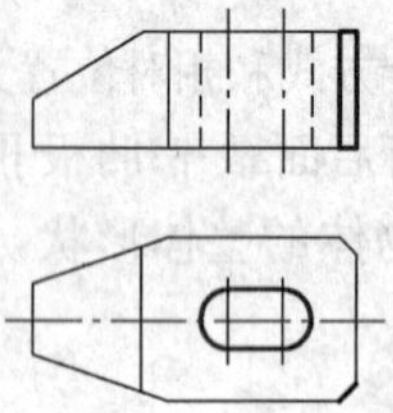

(c) 综合想象

(d) 整体形状

图 6-53 压块的读图方法

6.7 用 UG NX 生成组合体视图

根据平面的三视图想象出组合体的结构，运用三维造型软件创建三维模型，再运用制图模块生成组合体三视图。下面以轴承座为例说明生成组合体视图的方法。

由组合体三视图想象出形体的结构，如图 6-54(a)所示。轴承座是由一些简单形体叠加、切割、综合而成。创建三维模型，首先可采用体素特征创建长方体，在长方体上表面建两简单通孔，在长方体下表面采用型腔特征去除材料得到底板；在底板上叠加，通过创建凸垫实现，凸垫上切割材料通过建简单通孔实现；在底板上建凸垫，然后再倒角可以形成肋板；最后通过镜像特征实现左右各一个支承肋板，从而得到轴承座的实体模型。在对模型形体分析的基础上，确定轴承座的放置方位，确定主视图的投射方向，选择比例及图幅，运用制图模块生成轴承座三视图。具体步骤如下：

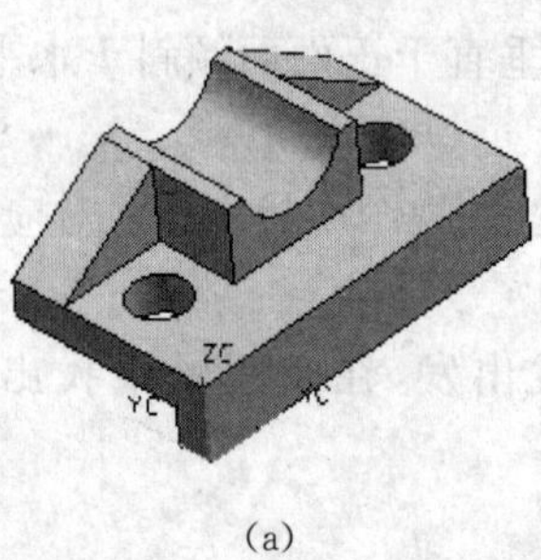

(a)

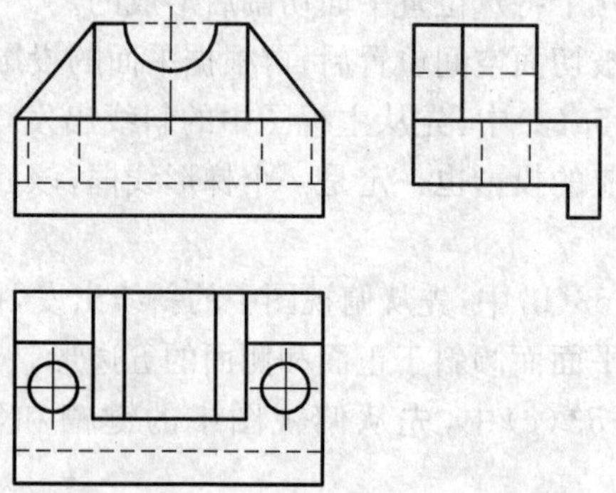

(b)

图 6-54 创建轴承座三维模型、三视图

(1) 使用菜单 File→New，在指定的目录中建立新部件文件“fmf_ parametric_1_dwg”，

单位为 Millimeters，然后选择菜单 Start→Assemblies，启动装配模块。

(2) 运用 Assemblies→Components→Add Existing…，加入文件 fmf_ parametric_1。

(3) Start→Drafting，进入工程图模块。

(4) 确定比例为 1∶1，图幅为 A3，加入视图生成如图 6-54(b)所示的三视图。

6.8　轴测投影图

6.8.1　轴测图的基本性质

如图 6-55 所示，分别用轴测图和三视图反映组合体。用正投影法绘制的三视图能确切地表达物体的形状，但其缺点是立体感差，不易想象物体的形状。因此在工程上，常采用轴测图这种直观性较好，并具有一定立体感的图形作为辅助图样。

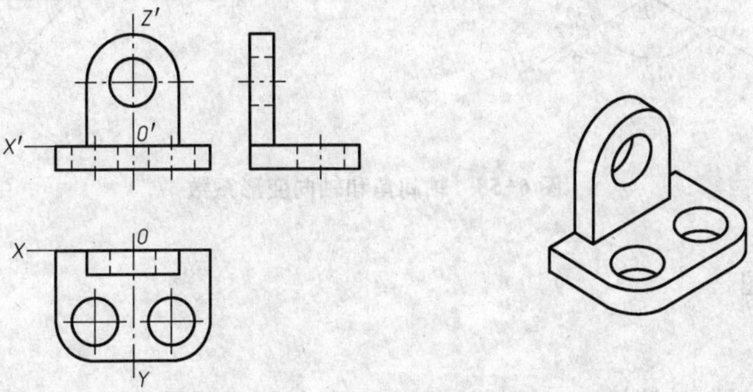

图 6-55　组合体的轴测图和三视图

轴测图是用平行投影法，将物体连同确定其空间位置的直角坐标系沿不平行于任一坐标面的方向投射在单一投影面上所得到的具有立体感的图形。轴测投影也分两大类：当投影方向垂直轴测投影面时，而物体倾斜放置时，称正轴测投影，如图 6-56 所示；当投影方向倾斜轴测投影面时，称斜轴测投影，图 6-57 所示。

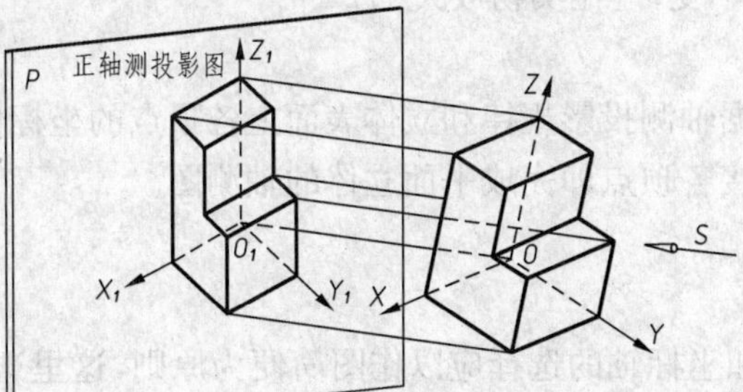

图 6-56　正轴测图的形成

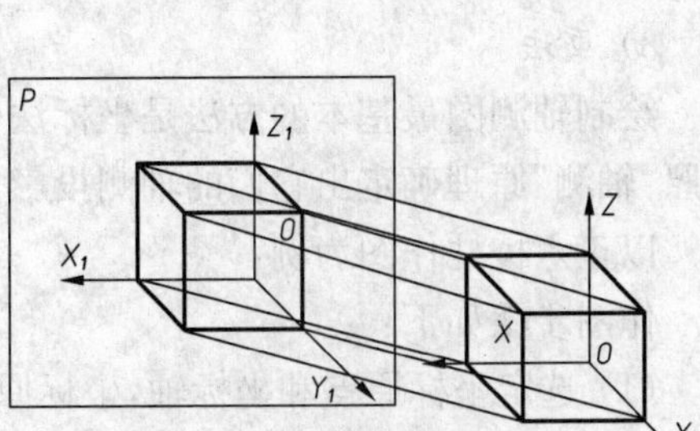

图 6-57　斜轴测图的形成

由于轴测图是用平行投影法得到的，所以它具有平行投影的投影特性。轴测图的投影特性：平行性，立体上互相平行的直线在轴测投影图上仍然平行；真实性，立体上平行于轴测投影面的平面，在轴测图中反映实形；定比性，立体上两平行线段长度之比在投影图上保持不变。根据定比性，物体上凡与坐标轴平行的线段，都具有相同的轴向变形系数。

为便于作图，在物体上建立直角坐标系 OX、OY、OZ，将物体连同坐标系一起向投影面作投影，如图 6-56、图 6-57 所示。接受投影的面称为轴测投影面；物体上的三个坐标轴在轴测投影面上的投影称为轴测轴；轴测轴之间的夹角 $\angle X_1OY_1$、$\angle X_1OZ_1$、$\angle Y_1OZ_1$ 称为轴间角。

由于物体上三个坐标轴对轴测投影面倾角的不同，所以在轴测图上各条轴线长度的缩短程度也不相同，坐标轴在轴测图上的缩短率称为轴向变形系数，如图 6-58 所示，括号内为简化的变形系数。

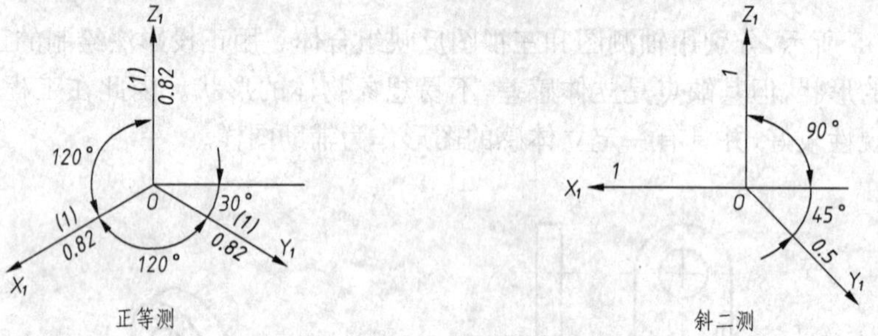

图 6-58　轴间角和轴向变形系数

6.8.2　正等测图

1) 形成

当三根坐标轴与轴测投影面倾斜的角度相同时，用正投影法得到的投影图称为正等轴测图，简称正等测。

2) 轴间角和轴向比例

由于空间坐标轴 OX、OY、OZ 对轴测投影面的倾角相等，可计算出其轴间角 $\angle X_1OY_1 = \angle X_1OZ_1 = \angle Y_1OZ_1 = 120°$，其中 O_1Z_1 轴规定画成铅垂方向。

由理论计算可知：三根轴的轴向伸缩系数为 0.82，但为了作图方便，通常简化伸缩系数为 1。用此轴向伸缩系数画出的图形其形状不变，但比实物放大 1.22 倍。

3) 画法

绘制轴测图最基本的方法是坐标法，根据轴测投影规律和立体表面上各顶点的坐标值，按照“轴测”原理确定出它们的轴测投影，连接各顶点即完成平面立体的轴测图。

以正六棱柱作图为例：

作图步骤如下：

(1) 选定坐标原点和坐标轴，坐标原点和坐标轴的选择应以作图简便为原则，这里选定正六边形的中心为坐标原点，作轴测轴 O_1X_1，O_1Y_1，O_1Z_1，使三个轴间角均等于 120°，如图 6-59 所示。

(2) 作六棱柱顶面的正等测，在正投影图上按 1∶1 量得各边各点之坐标，作出顶面。

(3) 分别由各顶点沿 Z_1 轴向下量取各点之 Z 坐标，作各棱线，得底面的正等测。

(4) 经整理加深得正六棱柱体的正等轴测图。

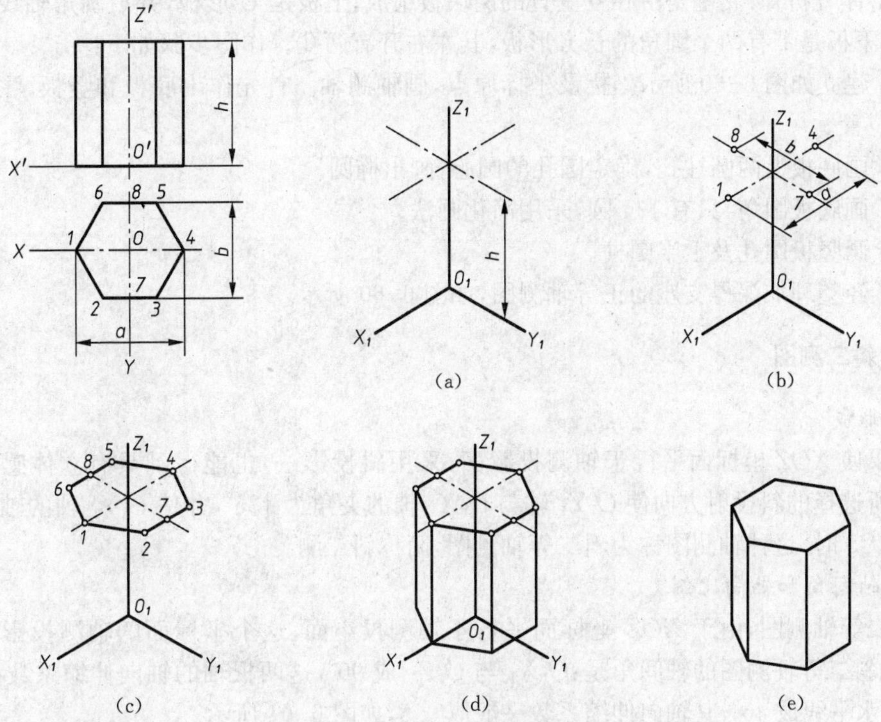

图 6-59　正六棱柱的正等测作图

组合体的正等测画法，以如图 6-60 所示的物体为例：

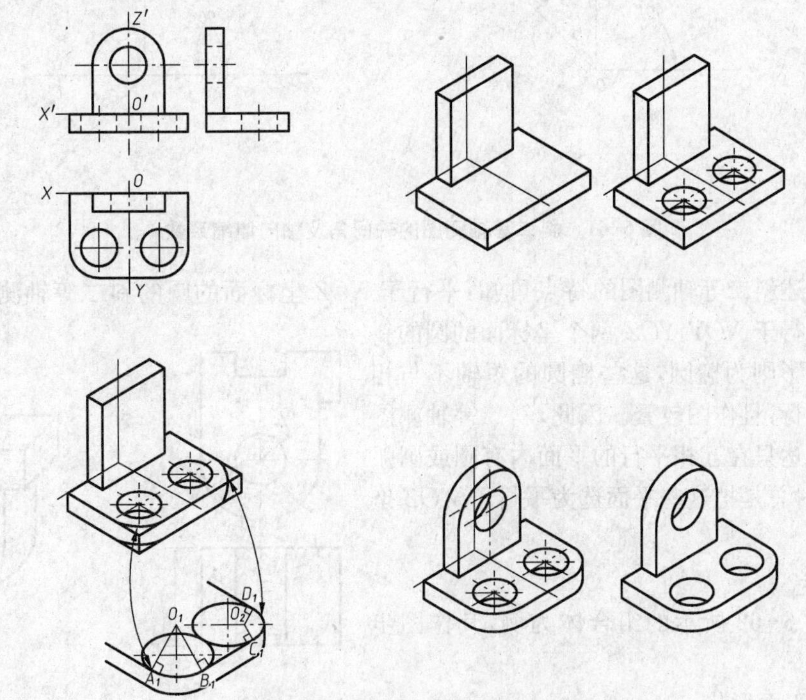

图 6-60　组合体的正等测作图

由形体分析知：支座是由相互垂直的两块板组成；上板是U形板，并沿圆角轴线开了一个圆孔，下板是带有两个圆角的长方形板，其左右开有两孔。作图步骤如下：

(1) 建立如图6-60所示坐标及坐标原点，画轴测轴。首先作出底板和竖板，注意保持其相对位置。

(2) 画底板上两圆柱孔，确定圆孔的圆心，画出椭圆。

(3) 画底板圆角，只有1/4圆，采用简化画法。

(4) 画竖板圆孔及上半圆柱。

(5) 经整理加深得支座的正等轴测图，如图6-60所示。

6.8.3　斜二测图

1）形成

如果使 XOZ 坐标面平行于轴测投影面，采用斜投影法，也能得到具有立体感的轴测图。当所选择的斜投射方向使 O_1Y_1 轴与 O_1X_1 轴的夹角为135°，并使 O_1Y_1 轴的轴向伸缩系数为0.5时，这种轴测图称为斜二等轴测图，简称斜二测。

2）轴间角和轴向比例

斜二等轴测图，由于 XOZ 坐标面平行于轴测投影面，这个坐标面的轴测投影反映实形，因此斜二等轴测图的轴间角是：O_1X_1 与 O_1Z_1 成90°，这两根轴的轴向伸缩系数都是1；O_1Y_1 与水平线成45°，其轴向伸缩系数一般取0.5，如图6-61所示。

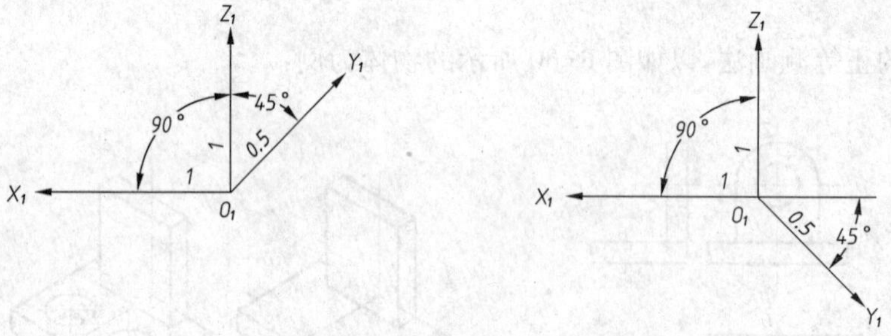

图6-61　斜二等轴测图的轴间角及轴向伸缩系数

由于上述斜二等轴测图的特点可知：平行于 XOZ 坐标面的圆的斜二等轴测投影反映实形。而平行于 XOY，YOZ 两个坐标面的圆的斜二等轴测投影则为椭圆，这些椭圆的短轴不与相应轴测轴平行，且作图较繁。因此，斜二等轴测图一般用来表达只在互相平行的平面内有圆或圆弧的立体，这时总是把这些平面选为平行于 XOZ 坐标面。

3）画法

以如图6-62所示的组合体为例，其作图步骤为：

(1) 画正面形状。

(2) 按 OY 方向画45°平行线，长度为 $0.5y$。

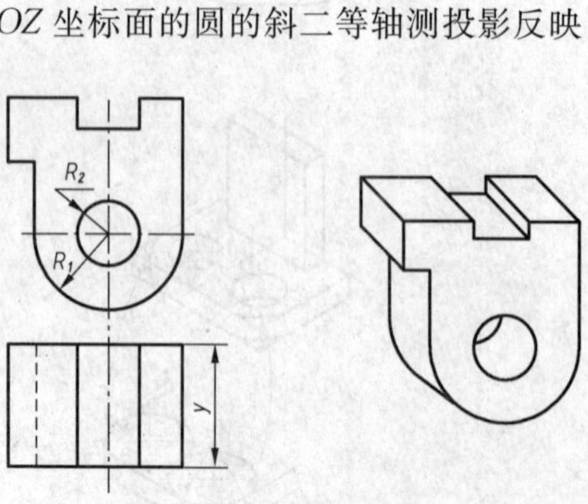

图6-62　斜二等轴测图

(3) 圆心沿 OY 向后移 0.5y,画出后表面的圆弧。

(4) 作前后圆的切线。

(5) 经整理加深得组合体的斜二轴测图,如图 6-62 所示。

7　机件形状的常用表达方法

在工程实际中，机件(包括零件、部件和机器)的结构形状是多种多样的，对于外形和内形都比较复杂的机件，仅用三视图往往是不够的。为此，国家标准规定了机件的各种表达方法。本章将介绍视图、剖视图、断面图、简化画法等常用表达方法。

7.1　视　　图

视图是机件向投影面投射所得的图形，视图主要用来表达机件的外部结构形状。视图通常有基本视图、向视图、局部视图和斜视图。

7.1.1　基本视图

机件在基本投影面上的投影称为基本视图。如图 7-1(a)所示，将机件置于由六个基本投影面构成的投影系中，分别向六个基本投影面投射，得到六个基本视图：主视图、俯视图、左视图、右视图、仰视图和后视图。各基本投影面的展开方式如图 7-1(b)所示，展开后各视图的配置如图 7-1(c)所示，当六个基本视图按展开后的位置配置时，不需加注视图名称。

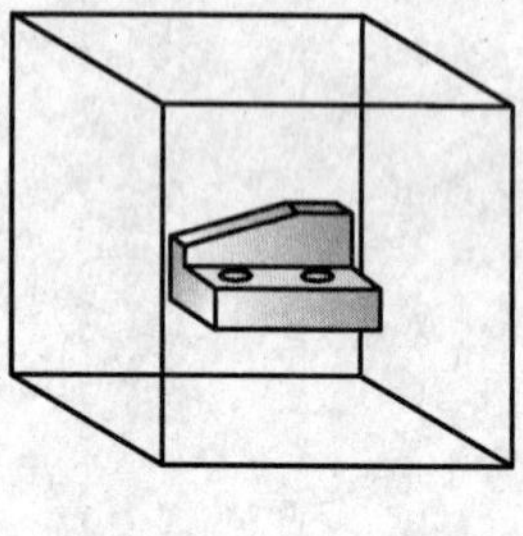

(a) 基本视图的六面投影箱

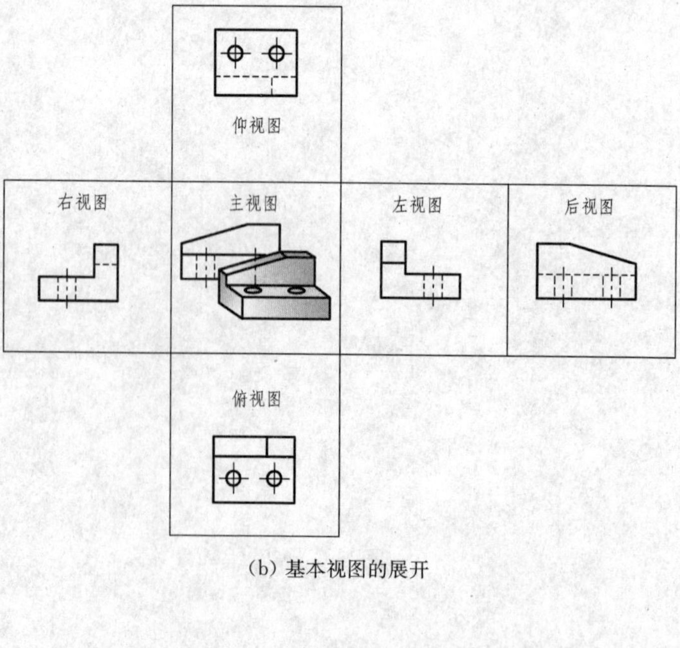

(b) 基本视图的展开

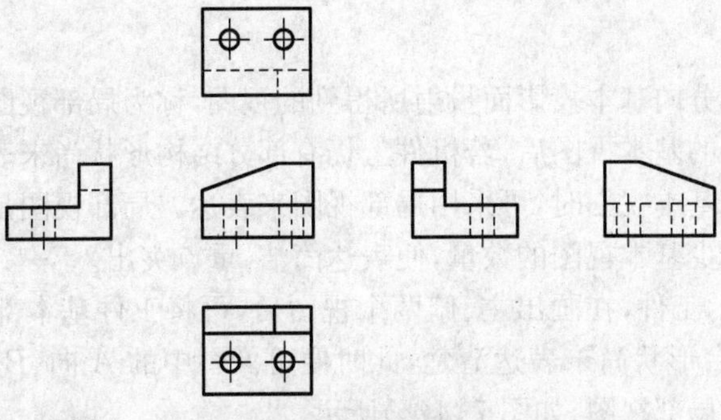

(c) 基本视图配置

图 7-1 基本视图的形成

由前面章节可知,三视图的投影规律是主、俯视图——长对正,主、左视图——高平齐,俯、左视图——宽相等。在六个基本视图中,“三等”规律仍存在,即:右视图与左视图同样反映物体高、宽方向的尺寸,仰视图与俯视图同样反映物体长、宽方向的尺寸,后视图与主视图同样反映物体长、高方向的尺寸,如图 7-2 所示。

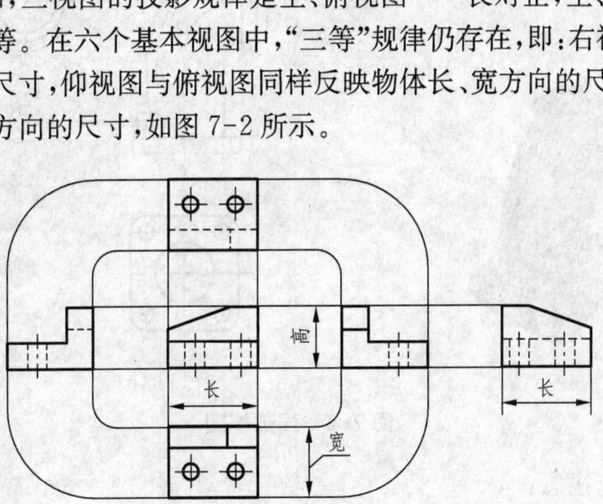

图 7-2 基本视图的“三等”规律

实际绘图时,无须将六个视图全部画出,应根据机件表达的需要,选用必要的基本视图。

7.1.2 向视图

从某一个方向投射所得到的视图,称为向视图。向视图是可以自由配置的视图。若六个视图不按上述位置配置时,可用向视图自由配置。即在向视图的上方用大写拉丁字母标注,同时在相应试图的附近用箭头指明投射方向,并标注相同的字母,如图 7-3 所示。

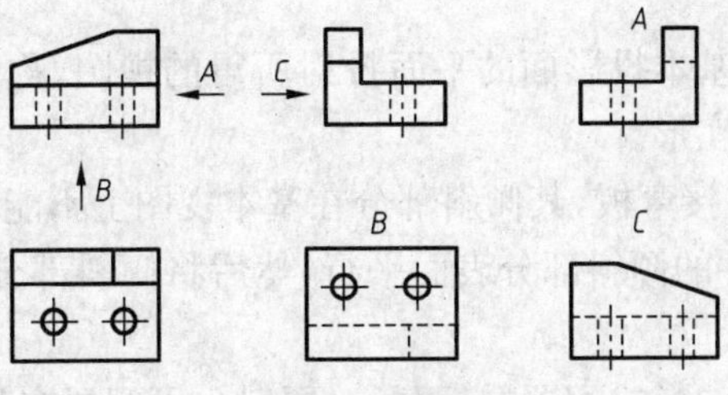

图 7-3 向视图

7.1.3 局部视图

将机件的某一部分向基本投影面投射所得到的视图，称为局部视图。

当采用一定数量的基本视图后，若机件上仍有部分结构形状尚未表达清楚，而又没有必要再画出其他完整的基本视图时，可采用局部视图来表达。局部视图是不完整的基本视图，利用局部视图可以减少基本视图的数量，使表达简洁，重点突出。

如图 7-4(a)所示工件，在画出主、俯两个视图后，可将工件基本部分的形状表达清楚，但仍有左、右两侧凸台形状尚未表达清楚，此时便可像图中的 A 向、B 向和 C 向那样，只画出所需要表达部分的局部视图，如图 7-4(b)所示。

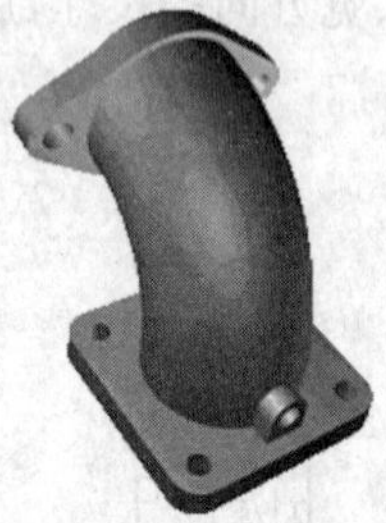
(a)

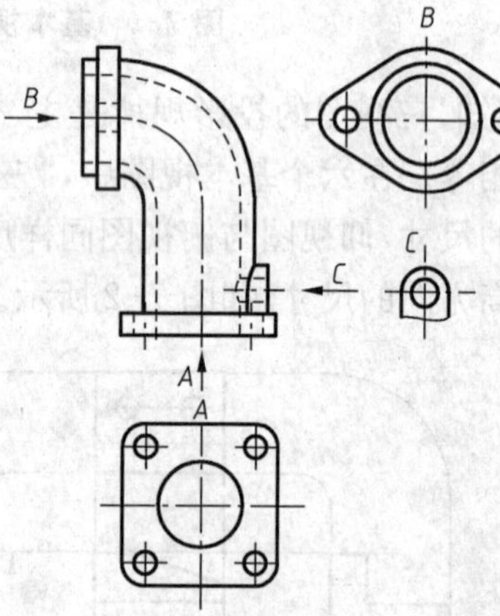

(b)

图 7-4 局部视图

画局部视图时应注意：

(1) 在相应的视图上用带字母的箭头指明所表示的投影部位和投影方向，并在局部视图上方用相同的字母标注视图的名称。

(2) 局部视图最好画在有关视图的附近，并直接保持投影联系。也可以画在图纸内的其他地方，如图 7-4(b)中右下角画出的"C"。当表示投影方向的箭头标在不同的视图上时，同一部位的局部视图的图形方向可能不同。

(3) 局部视图的范围用波浪线表示，如图 7-4(b)中"C"。所表示的图形结构完整、且外轮廓线又封闭时，则波浪线可省略，如图 7-4(b)中"B"。

7.1.4 斜视图

机件向不平行于任何基本投影面的平面投射所得的视图，称为斜视图。斜视图主要用于表达机件上倾斜部分的实形。

如图 7-5(a)所示的连接弯板，其倾斜部分在基本视图上不能反映实形，为此，可选用一个新的投影面，使它与机件的倾斜部分表面平行，然后将倾斜部分向新投影面投影，这样便可在新投影面上反映实形。

斜视图一般按向视图的形式配置并标注，必要时也可配置在其他适当位置，在不引起误解时，允许将视图旋转配置，表示该视图名称的大写拉丁字母应靠近旋转符号的箭头端，见

图 7-5(b)，也允许将旋转角度标注在字母之后。

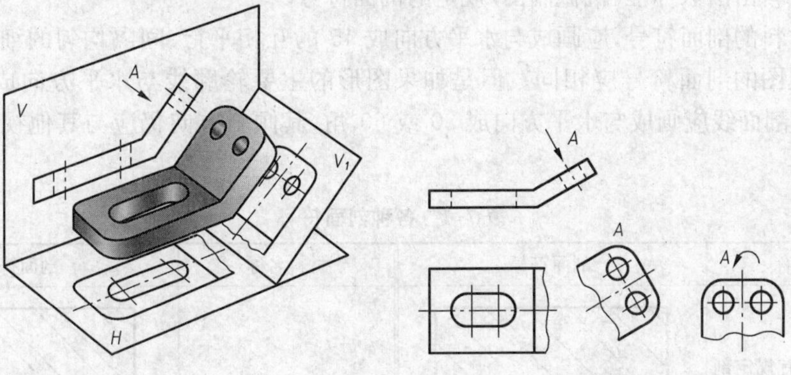

(a)　　(b)

图 7-5　斜视图及其标注

7.2 剖　视　图

六个基本视图基本解决了机件外形的表达问题，但当零件的内部结构较复杂时，视图的虚线也将增多，要清晰地表达机件的内部形状和结构，常采用剖视图的画法。剖视图主要用来表达机件的内部结构形状。

7.2.1　剖视图的概念

1) 剖视图的形成

剖切被表达物体的假想平面或曲面，称为剖切面。假想用剖切面剖开机件，将处在观察者与剖切面之间的部分移去，而将其余部分向投影面投射，所得的图形，称为剖视图。

图 7-6　剖视图的形成

如图 7-6 所示的机件，在主、俯视图中，用虚线表达其内部结构，不够清晰。按照图 7-6 所示的方法，假想沿机件前后对称平面把它剖开，拿走剖切平面前面的部分后，将后面部分再向正投影面投影，这样，就得到了一个剖视的主视图。

2) 剖视图的画法

画剖视图时，首先要选择适当的剖切位置，使剖切平面尽量通过较多的内部结构(孔、槽等)的轴线或对称平面，并平行于选定的投影面。如图 7-6 所示，以机件的前后对称平面为剖切平面。

其次，内外轮廓要画齐全。机件剖开后，处在剖切平面之后的所有可见轮廓线都应画齐全，不得遗漏。

最后要画上剖面符号。在剖视图中，凡是被剖切的部分应画上剖面符号。表 7-1 列出了常见的材料由国家标准《机械制图》规定的剖面符号。

金属材料的剖面符号，应画成与水平方向成 45°的互相平行、间隔均匀的细实线。同一机件各个视图的剖面符号应相同。但是如果图形的主要轮廓线与水平方向成 45°或接近 45°时，该图剖面线应画成与水平方向成 30°或 60°角，其倾斜方向仍应与其他视图的剖面线一致。

表 7-1　各种剖面符号

材料名称	剖面符号	材料名称	剖面符号
金属材料(已有规定剖面符号者除外)	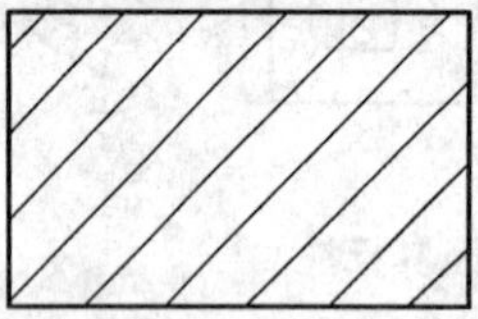	砖	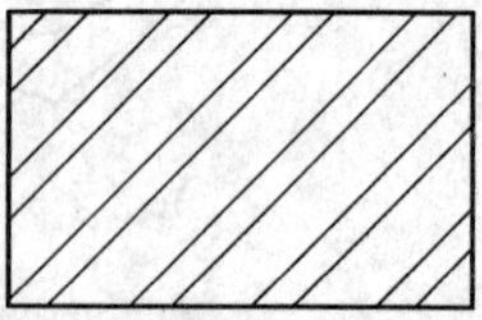
线圈绕组元件	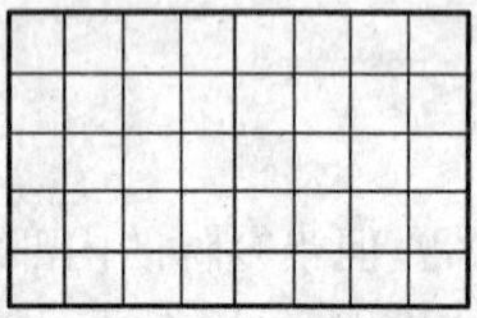	玻璃及供观察用的其他透明材料	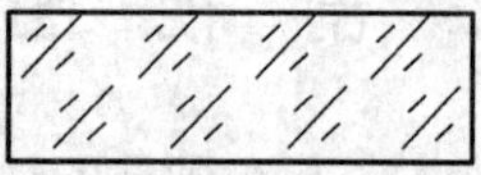
转子、电枢、变压器和电抗器等的叠钢片	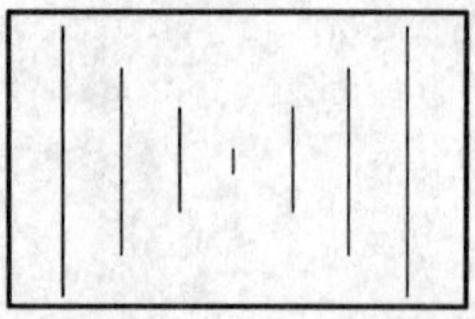	液体	
型砂、填砂、粉末冶金、砂轮、陶瓷刀片、硬质合金刀片等	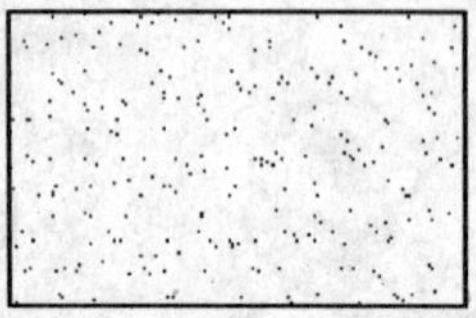	非金属材料(已有规定剖面符号者除外)	

3) 剖视图的标注

剖视图标注的目的是帮助看图者判断剖切面的位置和剖切后的投射方向，以便找到各相应视图之间的投影关系。

标注的内容一般包括三部分：剖切平面的位置、投影方向和剖视图的名称。

如图 7-7 所示，在剖视图中用剖切符号(即粗短线)标明剖切平面的位置，并写上字母；用箭头指明投影方向；在剖视图上方用相同的字母标出剖视图的名称。

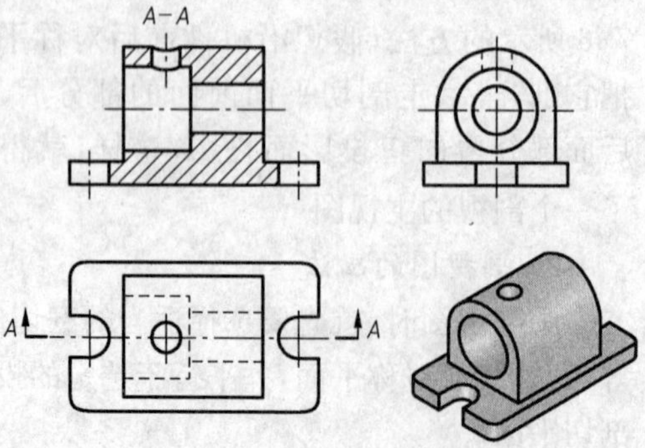

图 7-7　剖视图的标注

在下列情况中，剖视图的标注内容可以省略或简化。

(1) 当剖切平面通过机件的对称(或基本对称)平面,且全剖视图按投影关系配置,中间又无其他视图隔开时,可以省略标注。

(2) 当剖视图按投影关系配置的,中间又无其他视图隔开时,箭头可以省略。

4) 画剖视图应注意的问题

(1) 剖视只是一种表达机件内部结构的方法,并不是真正剖开和拿走一部分。因此,除剖视图以外,其他视图要按原来形状画出。

(2) 剖视图中一般不画虚线,但如果画少量虚线可以减少视图数量,而又不影响剖视图的清晰时,也可以画出这种虚线。

(3) 机件剖开后,凡是看得见的轮廓线都应画出,不能遗漏。要仔细分析剖切平面后面的结构形状,分析有关视图的投影特点,以免画错。

7.2.2　剖视图的种类

为了用较少的图形,把机件的形状完整清晰地表达出来,就必须使每个图形能较多地表达机件的形状。这样,就产生了各种剖视图。按剖切范围的大小,剖视图可分为全剖视图、半剖视图、局部剖视图。按剖切面的种类和数量,剖视图可分为阶梯剖视图、旋转剖视图、斜剖视图和复合剖视图。

1) 全剖视图

用剖切平面,将机件全部剖开后进行投影所得到的剖视图,称为全剖视图(简称全剖视)。如图 7-7、图 7-8 中的主视图,均为全剖视图。

全剖视图一般用于表达外部形状比较简单,内部结构比较复杂的机件。全剖视图的标注遵循上述剖视图标注的规定。

2) 半剖视图

当机件具有对称平面时,以对称中心线为界,在垂直于对称平面的投影面上投影得到的,由半个剖视图和半个视图合并组成的图形称为半剖视图。如图 7-9 所示。

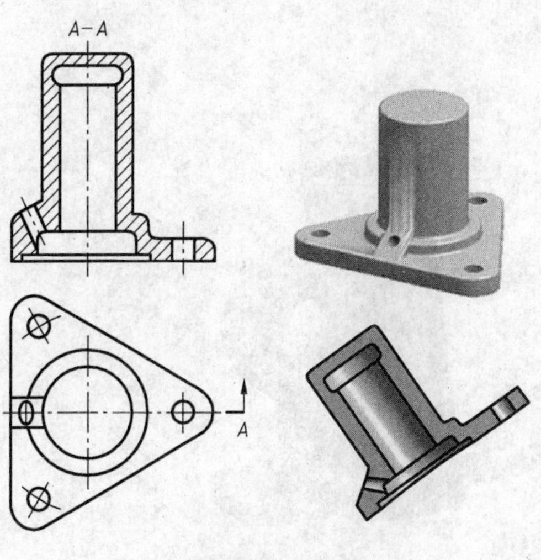

图 7-8　全剖视图及其标注

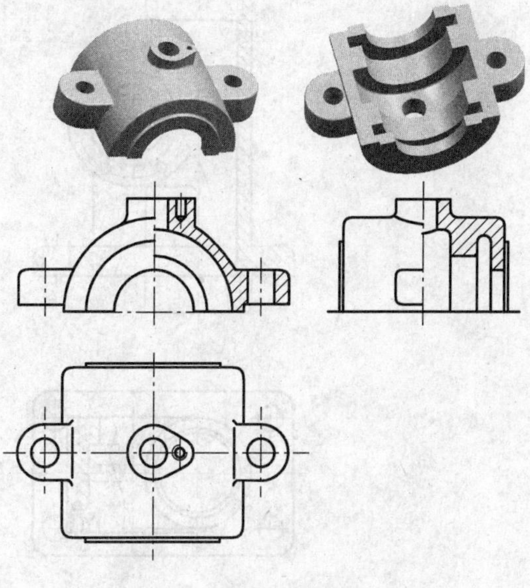

图 7-9　半剖视图及其标注

半剖视图既充分地表达了机件的内部结构，又保留了机件的外部形状，因此它具有内外兼顾的特点。但半剖视图只适宜于表达对称的或基本对称的机件。半剖视图的标注遵循剖视图标注的规定。

在半剖视图中，应注意以下几点：

(1) 具有对称平面的机件，在垂直于对称平面的投影面上，才宜采用半剖视。如机件的形状接近于对称，而不对称部分已另有视图表达时，也可以采用半剖视。

(2) 半个剖视和半个视图必须以细点画线为界。如果作为分界线的细点画线刚好和轮廓线重合，则应避免使用。

(3) 半剖视图中的内部轮廓在半个视图中不必再用虚线表示。

3) *局部剖视图*

将机件局部剖开后进行投影得到的剖视图称为局部剖视图。局部剖视图也是在同一视图上同时表达内外形状的方法，并且用波浪线作为剖视图与视图的界线。

图 7-10 和图 7-11 的主视图和俯视图，均采用了局部剖视图。

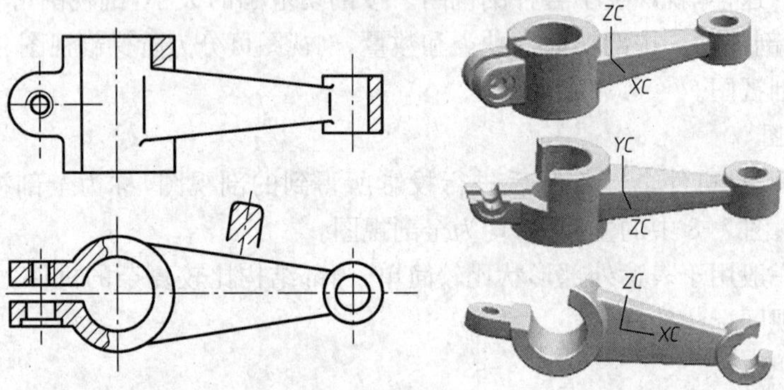

图 7-10　局部剖视图(1)

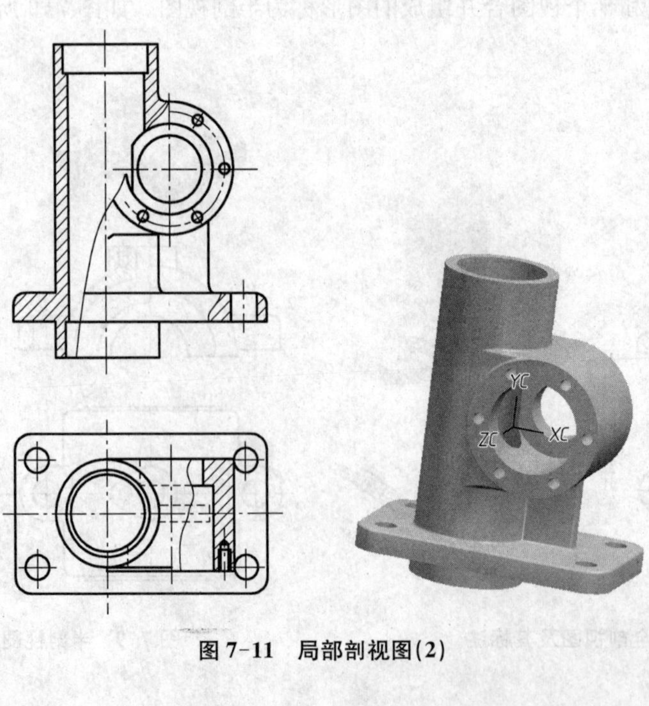

图 7-11　局部剖视图(2)

从以上几例可知，局部剖视是一种比较灵活的表达方法，剖切范围根据实际需要决定。但使用时要考虑到看图方便，剖切不要过于零碎。它常用于下列两种情况：

(1) 机件只有局部内形要表达，而又不必或不宜采用全剖视图时。

(2) 不对称机件需要同时表达其内、外形状时，宜采用局部剖视图。

表示视图与剖视范围的波浪线，可看作机件断裂痕迹的投影，波浪线的画法应注意以下几点：

(1) 波浪线不能超出图形轮廓线。如图 7-12(a)所示。

(2) 波浪线不能穿孔而过，如遇到孔、槽等结构时，波浪线必须断开。如图 7-12(a)所示。

(3) 波浪线不能与图形中任何图线重合，也不能用其他线代替或画在其他线的延长线上。如图 7-12(b)、(c)所示。

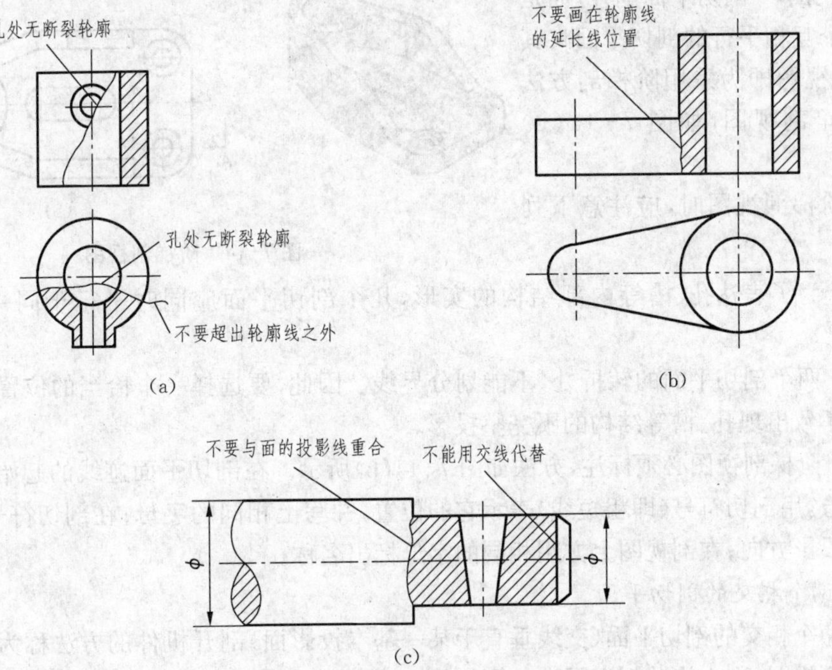

图 7-12　局部剖视图的波浪线的画法

(4) 当被剖切部位的局部结构为回转体时，允许将该结构的中心线作为局部剖视图与视图的分界线。如图 7-13 所示的拉杆的局部剖视图。

局部剖视图的标注方法遵循剖视图的标注规则。当剖切位置较为明显时，一般不标注。

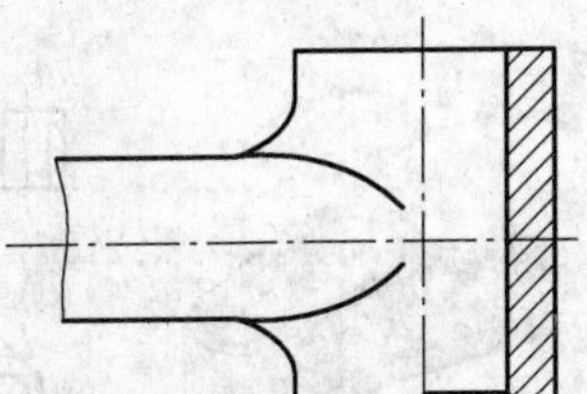

图 7-13　拉杆局部剖视图

7.2.3　剖切面的种类

剖视图是假想将机件剖开而得到的视图，因为机件内部形状的多样性，剖开机件的方法也不尽相同。国家标准规定有：单一剖切平面、几个互相平行的剖切平面、两个相交的剖切平面、不平行于任何基本投影面的剖切平面、组合的剖切平面等。

1）单一剖切平面

用一个剖切平面剖开机件的方法称为单一剖，所画出的剖视图，称为单一剖视图。单一剖切平面一般为平行于基本投影面的剖切平面。前面介绍的全剖视图、半剖视图、局部剖视图均为用单一剖切平面剖切而得到的，可见，这种方法应用最多。

2）几个互相平行的剖切平面

用两个或多个互相平行的剖切平面把机件剖开的方法，称为阶梯剖，所画出的剖视图，称为阶梯剖视图。它适于表达机件内部结构的中心线排列在两个或多个互相平行的平面内的情况。

如图 7-14(a)所示机件，内部结构的中心位于两个平行的平面内，不能用单一剖切平面剖开，而是采用两个互相平行的剖切平面将其剖开，主视图即为采用阶梯剖方法得到的全剖视图，如图 7-14(b)所示。

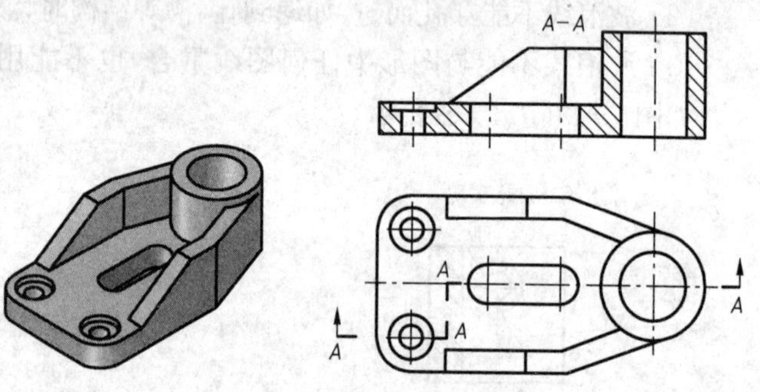

(a)　　　　(b)

图 7-14　阶梯剖视图

画阶梯剖视图时，应注意下列几点：

(1) 为了表达孔、槽等内部结构的实形，几个剖切平面应同时平行于同一个基本投影面。

(2) 两个剖切平面的转折处，不能划分界线。因此，要选择一个恰当的位置，使之在剖视图上不致出现孔、槽等结构的不完整投影。

(3) 阶梯剖视图必须标注，方法如图 7-14(b)所示。在剖切平面迹线的起始、转折和终止的地方，用剖切符号(即粗短线)表示它的位置，并写上相同的字母；在剖切符号两端用箭头表示投影方向；在剖视图上方用相同的字母标出名称。

3）两个相交的剖切平面

用两个相交的剖切平面(交线垂直于某一基本投影面)剖开机件的方法称为旋转剖，所画出的剖视图，称为旋转剖视图。如图 7-15、图 7-16 所示的机件，均采用旋转剖视表示。

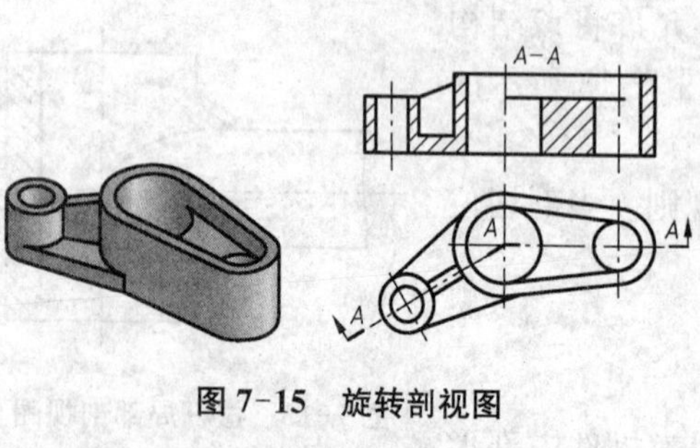

图 7-15　旋转剖视图

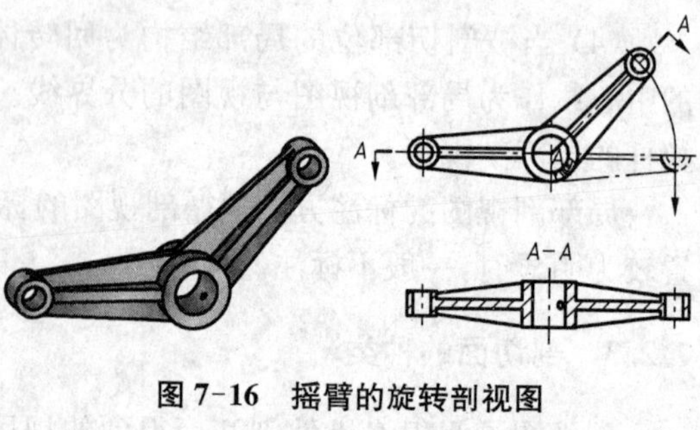

图 7-16　摇臂的旋转剖视图

画旋转剖视图时应注意以下两点：

(1) 倾斜的平面必须旋转到与选定的基本投影面平行，以使投影能够表达实形，但剖切平面后面的结构，一般应按原来的位置画出它的投影。

(2) 旋转剖视图必须标注,标注方法与阶梯剖视相同。

4) 不平行于任何基本投影面的剖切平面

用不平行于任何基本投影面的剖切平面剖开机件的方法称为斜剖,所画出的剖视图,称为斜剖视图。斜剖视适用于机件的倾斜部分需要剖开以表达内部实形的时候,并且内部实形的投影是用辅助投影面法求得的。

如图 7-17 所示机件,上部基本轴线与底板不垂直,用斜剖视图表示。

画斜剖视图时,应注意以下几点:

(1) 剖视最好与基本视图保持直接的投影联系,如图 7-17 中的"*B-B*"。必要时可以将斜剖视画到图纸的其他地方,但要保持原来的倾斜度,也可以转平后画出,加注旋转符号。

(2) 斜剖视主要用于表达倾斜部分的结构。

(3) 斜剖视图必须标注,方法如图 7-17 所示,箭头表示投影方向。

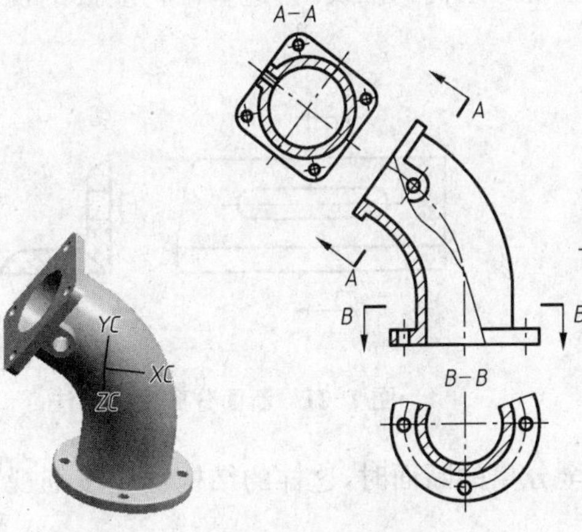

图 7-17　机件的斜剖视图

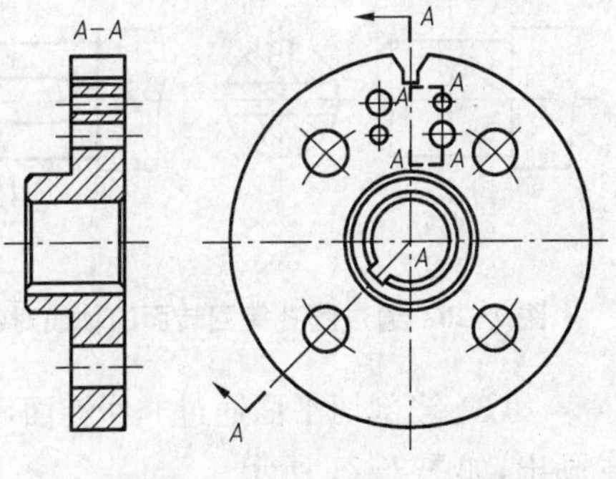

图 7-18　机件的复合剖视图

5) 组合的剖切平面

当机件的内部结构比较复杂,用阶梯剖或旋转剖仍不能完全表达清楚时,可以采用以上几种剖切平面的组合来剖开机件,这种剖切方法,称为复合剖,所画出的剖视图,称为复合剖视图。

如图 7-18 所示的机件,为了在一个图上表达各孔、槽的结构,便采用了复合剖视,应特别注意复合剖视图中的标注方法。

7.3　断面图

断面图主要用来表达机件某部分断面的结构形状。

7.3.1　断面图的基本概念

假想用剖切平面将机件在某处切断,只画出切断面形状的投影并画上规定的剖面符号的图形,称为断面图。如图 7-19 所示。断面图仅画出机件断面的图形,而剖视图则要画出剖切平面以后的所有部分的投影。

7.3.2　断面图的分类

断面图分为移出断面图和重合断面图两种。

1）移出断面图

画在视图轮廓线之外的断面图称为移出断面图。如图 7-19 所示断面即为移出断面。

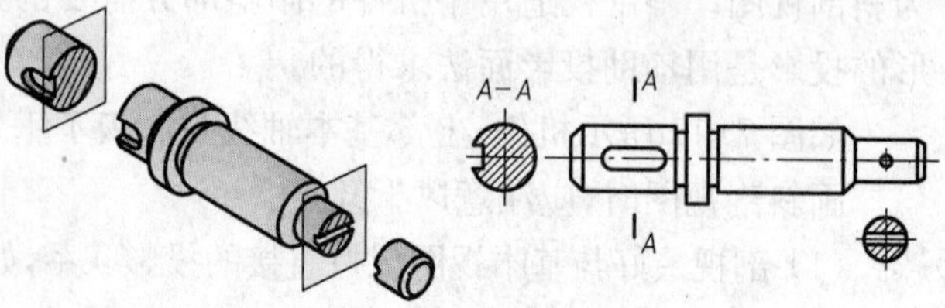

图 7-19　断面图的画法

画法要点：

（1）移出断面的轮廓线用粗实线画出，断面上画出剖面符号。移出断面应尽量配置在剖切平面的延长线上，必要时也可以画在图纸的适当位置。

（2）当剖切平面通过由回转面形成的圆孔、圆锥坑等结构的轴线时，这些结构应按剖视画出，如图 7-20 所示。

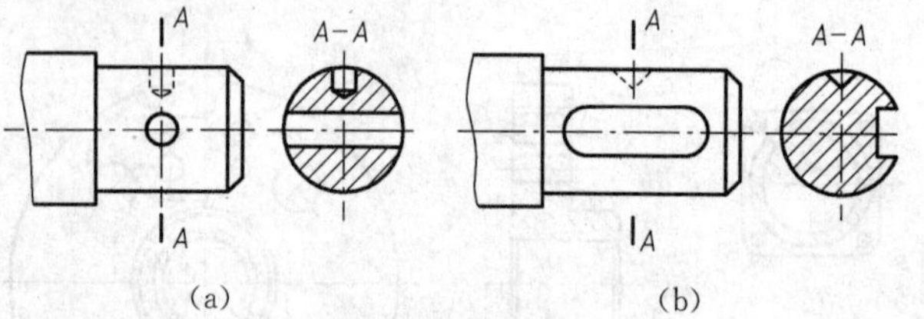

图 7-20　通过圆孔等回转面的轴线时断面图的画法

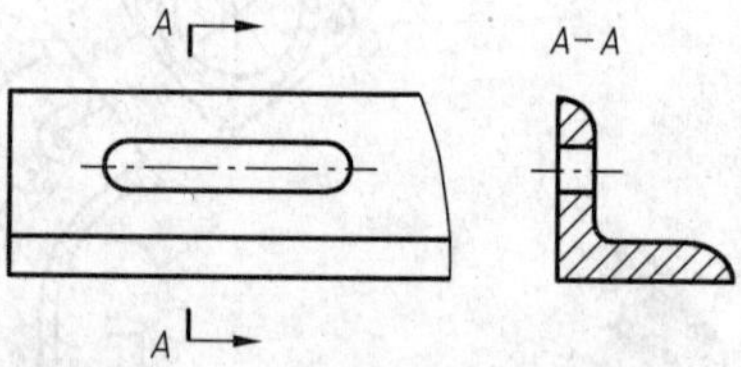

图 7-21　断面分离时的画法

（3）当剖切平面通过非回转面，会导致出现完全分离的断面时，这样的结构也应按剖视画出，如图 7-21 所示。

2）重合断面图

画在视图轮廓线之内的断面图称为重合断面图。如图 7-22 所示的断面即为重合断面。

为了使图形清晰，避免与视图中的线条混淆，重合断面的轮廓线用细实线画出。当重合断面的轮廓线与视图的轮廓线重合时，仍按视图的轮廓线画出，不应中断，如图 7-22（a）所示。

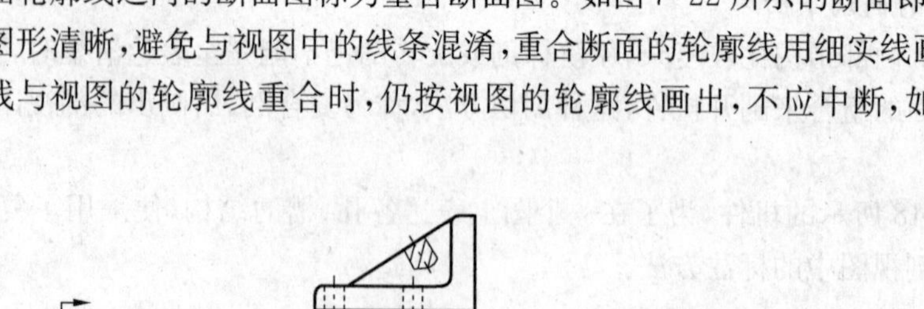

图 7-22　重合断面图

7.3.3　剖切位置与标注

（1）当移出断面不画在剖切位置的延长线上时，如果该移出断面为不对称图形，必须标注剖切符号与带字母的箭头，并在断面图上方标出相应的名称；如果该移出断面为对称图形，因为投影方向不影响断面形状，所以可以省略箭头。

(2) 当移出断面按照投影关系配置时，不管该移出断面为对称图形或不对称图形，因为投影方向明显，所以可以省略箭头。

(3) 当移出断面画在剖切位置的延长线上时，如果该移出断面为对称图形，只需用细点划线标明剖切位置，可以不标注剖切符号、箭头和字母；如果该移出断面为不对称图形，则必须标注剖切位置和箭头，但可以省略字母；如图 7-19 所示。

(4) 当重合断面为不对称图形时，需标注其剖切位置和投影方向，如图 7-22(a)所示；当重合断面为对称图形时，一般不必标注，如图 7-22(b)所示。

7.4　其他表达方法及第三角画法

机件除了视图、剖视图、断面图等表达方法以外，对机件上的一些特殊结构，还可以采用一些规定画法和简化画法。

7.4.1　局部放大图

机件上某些细小结构在视图中表达的还不够清楚，或不便于标注尺寸时，可将这些部分用大于原图形所采用的比例画出，这种图称为局部放大图，如图 7-23、图 7-24 所示。

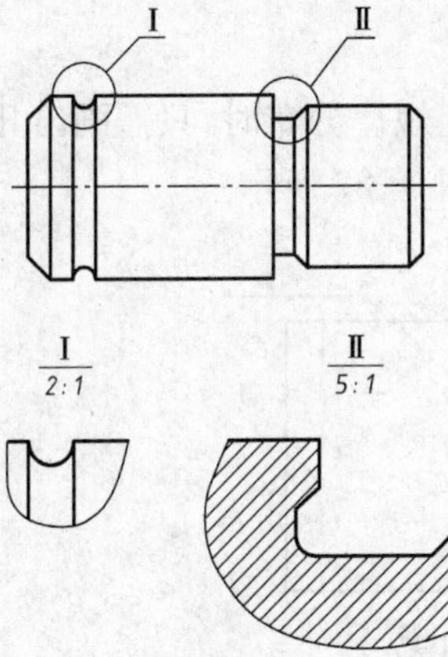

图 7-23　局部放大图

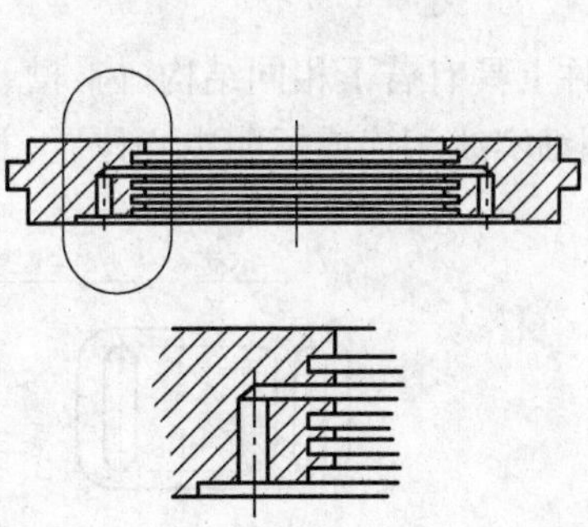

图 7-24　局部放大图

局部放大图必须标注，标注方法是：在视图上画一细实线圆，标明放大部位，在放大图的上方注明所用的比例，即图形大小与实物大小之比（与原图上的比例无关），如果放大图不止一个时，还要用罗马数字编号以示区别。

局部放大图可画成视图、剖视图、断面图，它与被放大部位的表达方法无关。局部放大图应尽量配置在被放大部位的附近。

7.4.2　有关肋板、轮辐等结构的画法

机件上的肋板、轮辐及薄壁等结构，如纵向剖切都不要画剖面符号，而且用粗实线将它们与其相邻结构分开，如图 7-25 所示。

回转体上均匀分布的肋板、轮辐、孔等结构不处于剖切平面上时，可将这些结构假想旋转到剖切平面上画出。如图 7-26 所示。

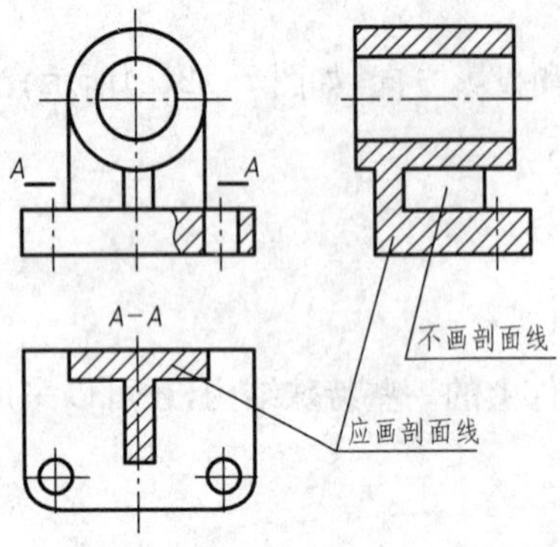

图 7-25　肋板的剖视画法

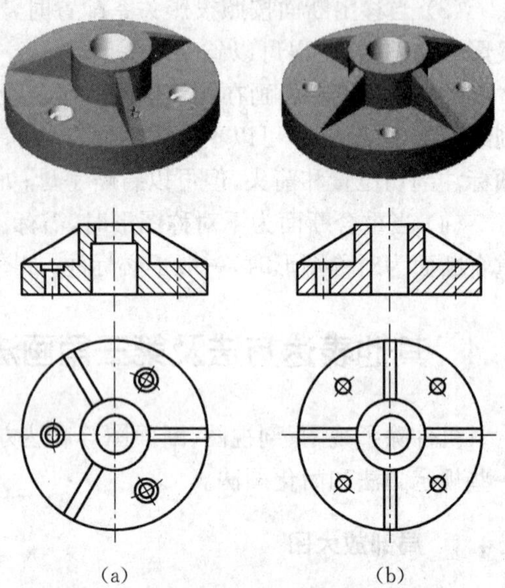

图 7-26　均匀分布的肋板、孔的剖切画法

7.4.3　相同结构的简化画法

当机件上具有若干相同结构(齿、槽、孔等)，并按一定规律分布时，只需画出几个完整结构，其余用细实线相连或标明中心位置，并注明总数，如图 7-27 所示。

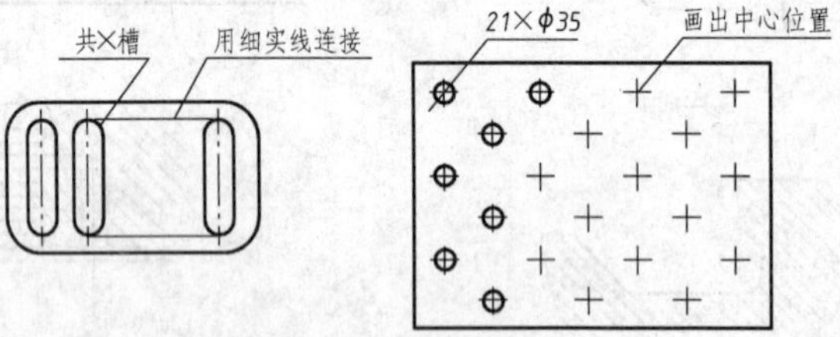

图 7-27　相同结构的简化画法

7.4.4　较长机件的折断画法

较长的机件(轴、杆、型材等)，沿长度方向的形状一致或按一定规律变化时，可断开缩短绘制，但必须按原来实长标注尺寸，如图 7-28 所示。

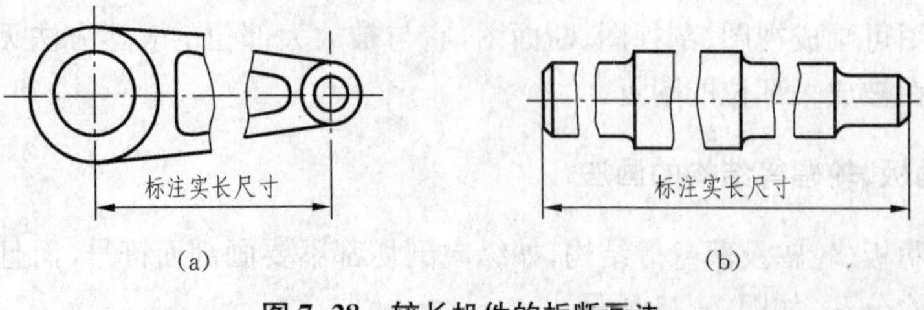

图 7-28　较长机件的折断画法

机件断裂边缘常用波浪线画出，圆柱断裂边缘常用花瓣形画出，如图 7-29 所示。

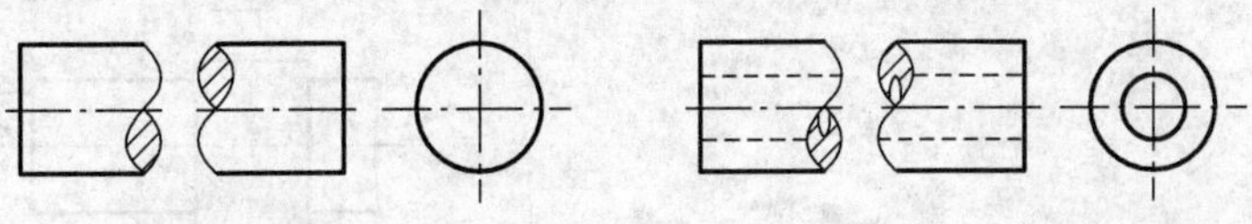

(a) (b)

图 7-29 圆柱与圆筒的断裂处画法

7.4.5 较小结构的简化画法

机件上较小的结构，如在一个图形中已表示清楚时，在其他图形中可以简化或省略，如图 7-30(a)和图 7-30(b)所示的主视图。在不致引起误解时，图形中的相贯线允许简化，例如用圆弧或直线代替非圆曲线，如图 7-30(a)所示。

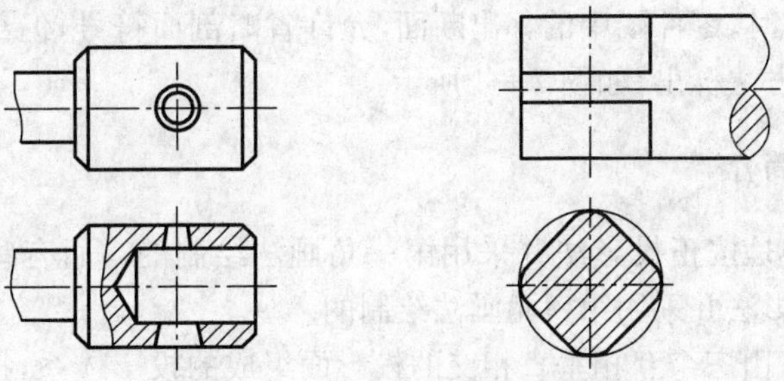

(a) (b)

图 7-30 较小结构的简化画法

7.4.6 某些结构的示意画法

网状物、编织物或机件上的滚花部分，可在轮廓线附近用细实线示意画出，并标明其具体要求。如图 7-31 所示即为滚花的示意画法。

当图形不能充分表达平面时，可以用平面符号（相交细实线）表示，如图 7-32 所示。如已表达清楚，则可不画平面符号，如图 7-30(b)所示。

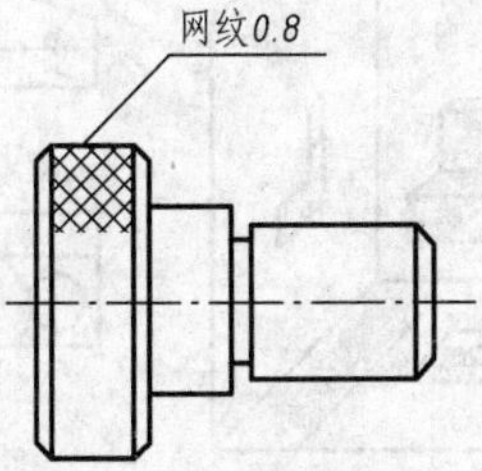

图 7-31 滚花的示意画法

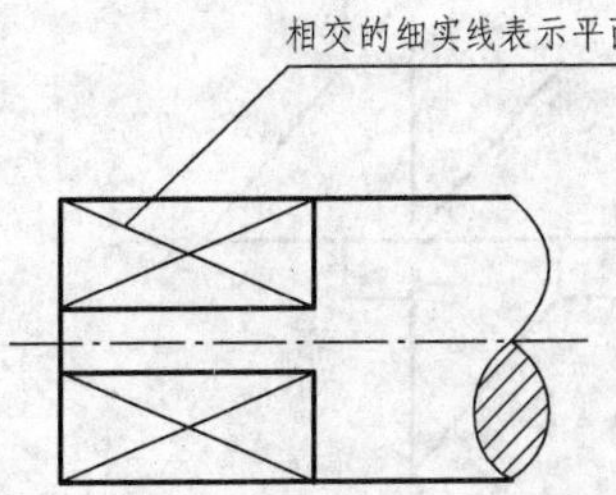

图 7-32 平面符号表示法

7.4.7 对称机件的简化画法

在不致引起误解时，对于对称机件的视图可以只画一半或四分之一，并在对称中心线的两端画出两条与其垂直的平行细实线，如图 7-33 所示。

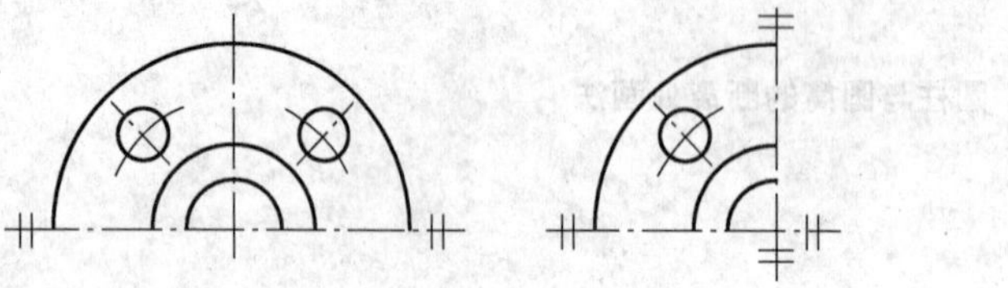

图 7-33 对称机件的简化画法

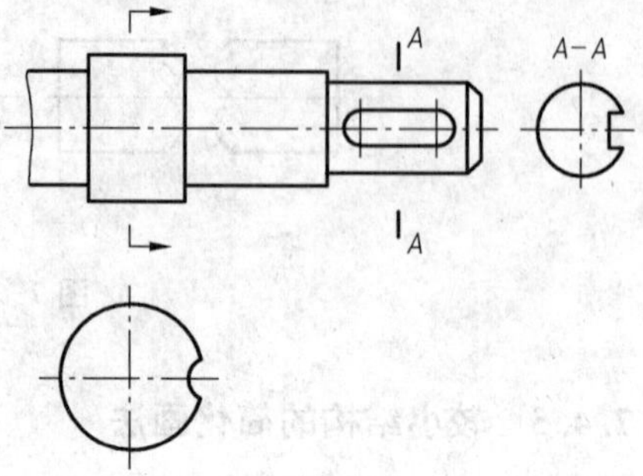

图 7-34 移出剖面的简化画法

7.4.8 允许省略剖面符号的移出断面

在不致引起误解时，零件图中的移出断面，允许省略剖面符号，但剖切位置和断面图的标注，必须按规定的方法标出，如图 7-34 所示。

7.4.9 第三角画法简介

我国的工程图样是按正投影法并采用第一角画法绘制的。而有些国家(如英国、美国等)的图样是按正投影法并采用第三角画法绘制的。

如图 7-35 所示，由三个互相垂直相交的投影面组成的投影体系，把空间分成了八个部分，每一部分为一个分角，依次为Ⅰ、Ⅱ、Ⅲ、Ⅳ…Ⅶ、Ⅷ分角。将机件放在第一分角进行投影，称为第一角画法。而将机件放在第三分角进行投影，称为第三角画法。

区别在于人(观察者)、物(机件)、图(投影面)的位置关系不同。采用第一角画法时，是把物体放在观察者与投影面之间，从投影方向看是“人、物、图”的关系，如图 7-36 所示。

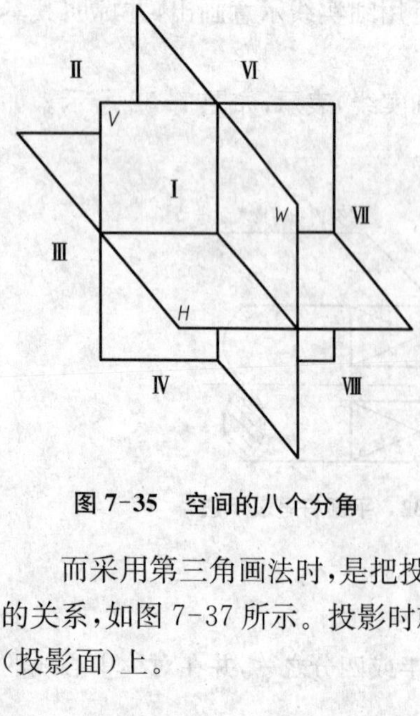

图 7-35 空间的八个分角

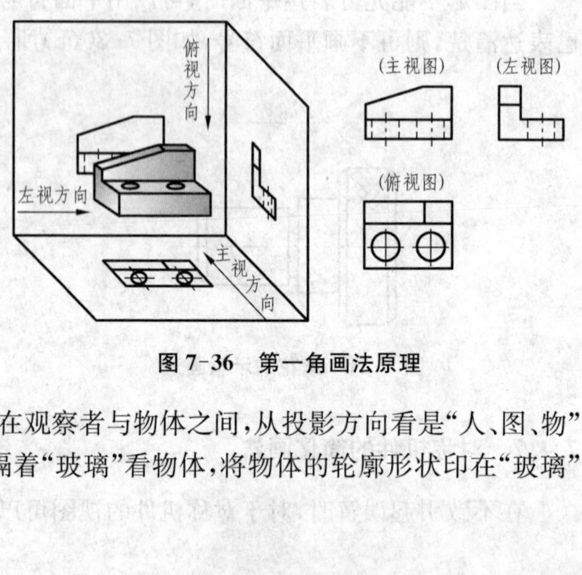

图 7-36 第一角画法原理

而采用第三角画法时，是把投影面放在观察者与物体之间，从投影方向看是“人、图、物”的关系，如图 7-37 所示。投影时就好像隔着“玻璃”看物体，将物体的轮廓形状印在“玻璃”(投影面)上。

采用第三角画法时，从前面观察物体在 V 面上得到的视图称为前视图；从上面观察物体在 H 面上得到的视图称为顶视图；从右面观察物体在 W 面上得到的视图称为右视图。各投影面的展开方法是：V 面不动，H 面向上旋转 90°，W 面向右旋转 90°，使三投影面处于同一平面内。展开后三视图的配置关系如图 7-37 所示。

采用第三角画法时也可以将物体放在正六面体中，分别从物体的六个方向向各投影面进行投影，得到六个基本视图，即在三视图的基础上增加了后视图（从后往前看）、左视图（从左往右看）、底视图（从下往上看）。展开后六视图的配置关系如图 7-38 所示。

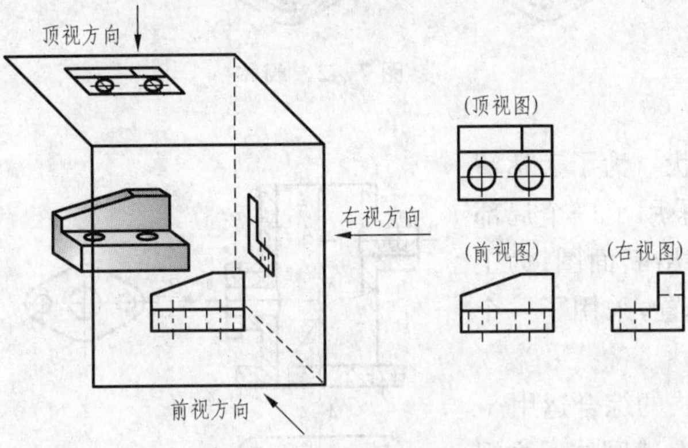

图 7-37　第三角画法原理

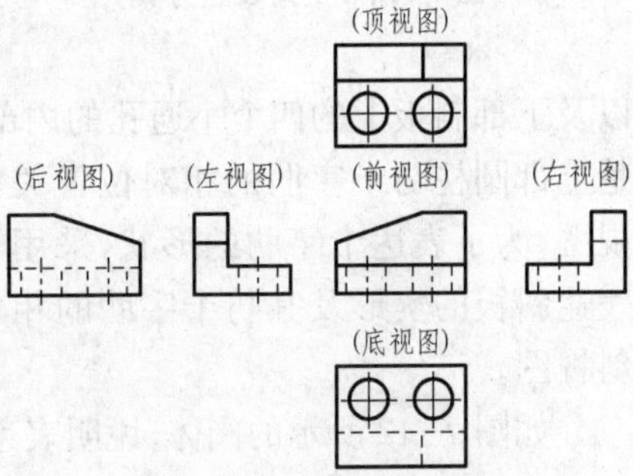

图 7-38　第三角画法投影面展开及视图的配置

在国际标准中规定，可以采用第一角画法，也可以采用第三角画法。为了区别这两种画法，规定在标题栏中专设的格内用规定的识别符号表示。国标中规定的识别符号如图 7-39 所示。

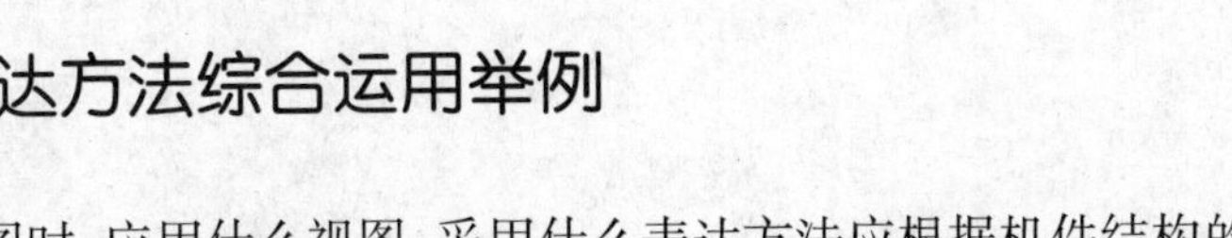

(a) 第一角画法用　　(b) 第三角画法用

图 7-39　两种画法的识别符号

7.5　机件表达方法综合运用举例

实际出工程图时，应用什么视图，采用什么表达方法应根据机件结构的具体情况选择使用。在选择表达机件的图样时，首先应考虑看图方便，并根据机件的结构特点，用较少的图形，把机件的结构形状完整、清晰地表达出来。在这一原则下，还要注意所选用的每个图形，它既要有各图形自身明确的表达内容，又要注意它们之间的相互联系。

如图 7-40 所示的支架，说明表达方法的综合运用。

图 7-40　支架

如图 7-41 所示，用四个图形表达了上述支架。主视图采用了局部剖视，它既表达了肋、圆柱和斜板的外部结构形状，又表达了上部圆柱的通孔

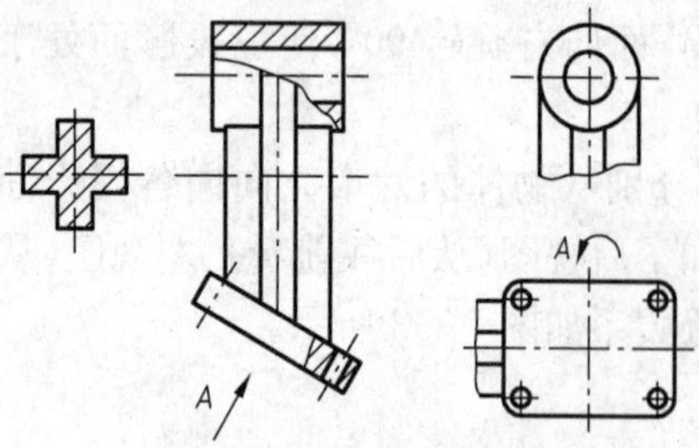

图 7-41　支架表达方案

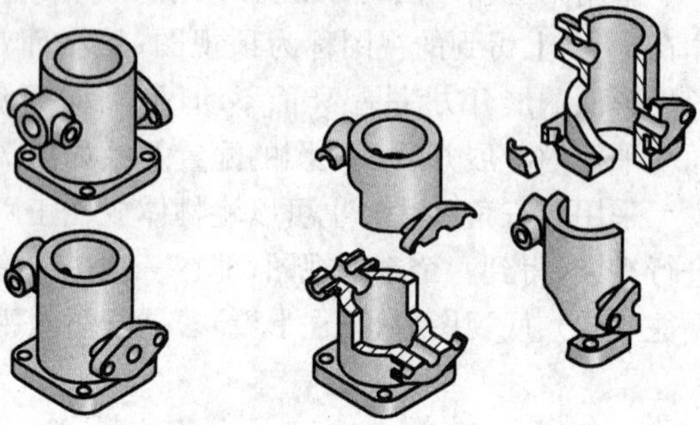

图 7-42　阀体

以及下部斜板上的四个小通孔的内部形状。为了表达清楚上部圆柱与十字肋的相对位置关系，采用了一个局部视图；为了表达十字肋的形状，采用了移出断面图；为了表达斜板的实形及其与十字肋的相对位置，采用了一个斜视图。

如图 7-42 所示的阀体，说明表达方法的综合运用。

如图 7-43 所示，用三个图形表达了上述阀体。主视图采用了两处局部剖，既表达了阀体两边连接处的部分外部和内部结构，又表达了底板四个均匀分布的小孔的内部形状。俯视图采用了一个阶梯剖，通过它与主视图联系起来分析，就可基本将两边连接处的结构想象出来。为了表达清楚右边连接处的形状，采用了一个向视图 B。

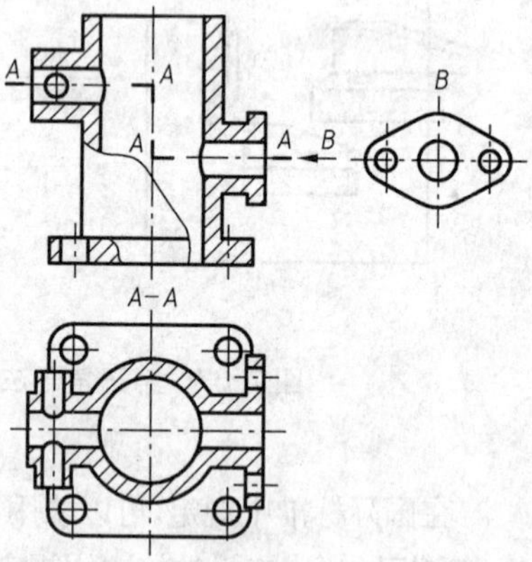

图 7-43　阀体表达方案

8 零 件 图

任何机器或部件都是由零件装配而成。表达单个零件的图样称为零件图。尽管CAD/CAM技术快速发展，零件图仍然会作为工程界的语言在今后相当长时间内发挥作用，在以图纸作为信息传递载体的企业，零件图是制造和检验零件的主要依据，是设计和生产过程中的主要技术资料。

本章介绍由零件三维模型生成零件图和阅读零件图的方法，主要包括零件的二维视图表达、尺寸标注及技术要求，以及用UG NX绘制零件图的方法。

8.1 零件图的内容

8.1.1 零件图的内容

图8-1所示为齿轮轴的零件图。从图中可以看出，一张完整的零件图应包括下列基本内容：

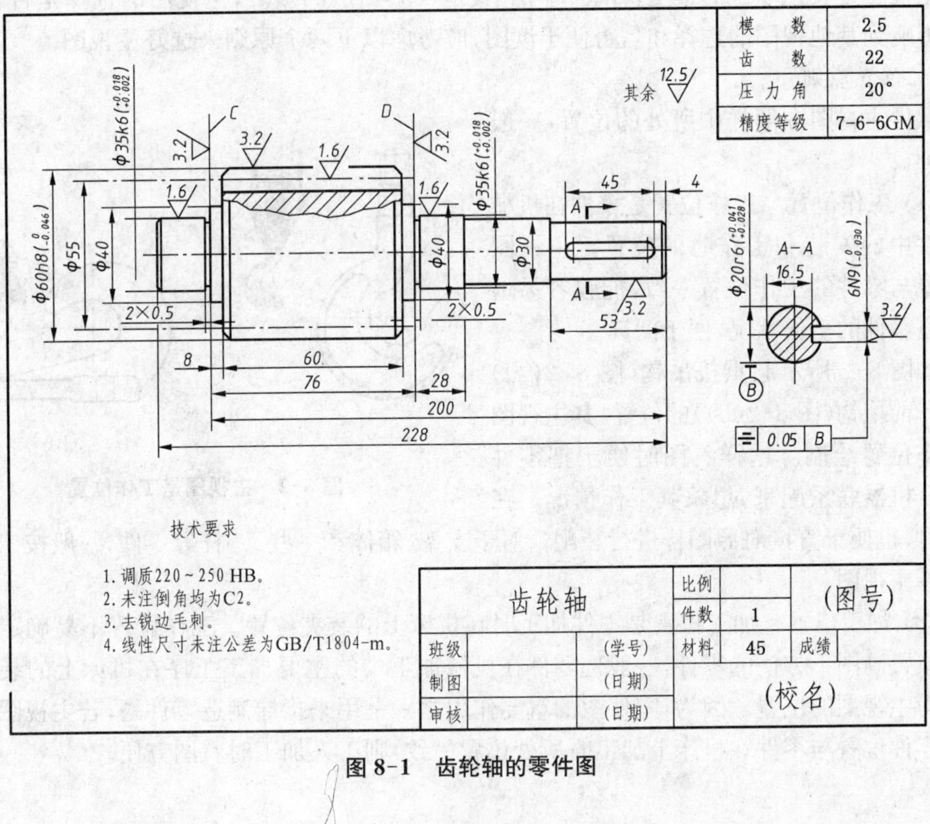

图8-1 齿轮轴的零件图

(1) 图形　一组图形(视图、剖视图、断面图等)正确、完整、清晰地表达出零件各部分的内外结构形状。

(2) 尺寸　正确、完整、清晰、合理地标注出制造该零件所必需的尺寸。

(3) 技术要求　对零件几何形状及尺寸的精度要求、表面质量要求及材料性能要求等,如尺寸公差、形状和位置公差、表面粗糙度、热处理要求以及其他制造、检验、试验等方面的要求,一般应采用规定的代号、符号、数字和字母等标注在图上,需用文字说明的技术要求,一般注写在标题栏上方图纸空白处。

(4) 标题栏　标题栏位于图纸的右下角,填写零件的名称、材料、比例以及设计、描图、审核人的签字、日期等项内容。

8.1.2　绘制零件图的过程

绘制零件图一般按如下过程进行:分析零件结构、选择表达方案、标注尺寸、注写技术要求、填写标题栏。

8.2　零件表达方案的选择

表达一个零件所选用的一组图形,应能完整、正确、清晰、简明地表达各组成部分内、外形状和结构,便于标注尺寸和技术要求,即零件的表达方案应便于阅读和绘制。

8.2.1　主视图的选择

主视图是表达零件的最主要的一个视图,是一组图形的核心,主视图的选择是否合理,直接影响到其他视图的选择和是否便于读图,应考虑以下两个原则来选好主视图。

1) 位置原则

零件主视图在图样中所处的位置,一般有两种:

(1) 工作位置　工作位置是零件在机械或部件中的安装和工作时的位置。主视图的位置与零件的工作位置一致,能较容易地想象出零件的工作状况,便于阅读。

如图 8-2 所示起重机吊钩(图 8-2(a))和汽车前拖钩(图 8-2(b))的位置,其主视图按工作位置绘制。这样看图时便于把零件和整个机器联系起来,想象其工作情况。在装配时,也便于直接对照图样进行装配。对于支架、箱体和一些叉、杆等零件,一般按工作位置选择主视图。

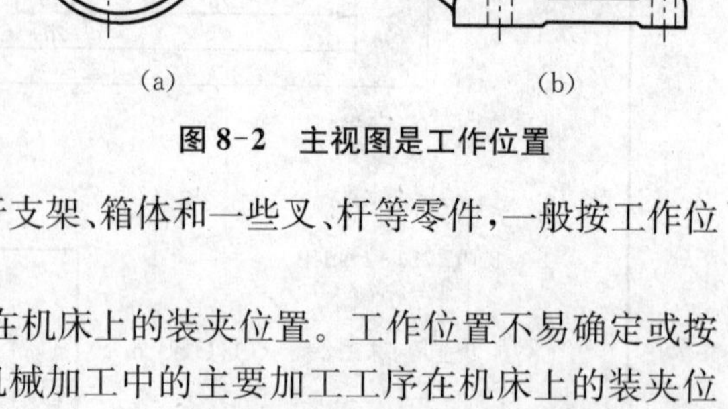

(a)　(b)

图 8-2　主视图是工作位置

(2) 加工位置　加工位置是零件加工时在机床上的装夹位置。工作位置不易确定或按工作位置画图不方便的零件,一般选零件在机械加工中的主要加工工序在机床上的装夹位置作为主视图的位置。因为,零件图的重要作用之一是用来指导制造零件的,若主视图所表示的零件位置与零件在机床上加工时所处位置一致,则工人加工时看图方便。

回转体类零件的主要加工方法是车削，有些重要表面还要在磨床上进一步加工。因此不论工作位置如何，一般均按该类零件在车床和磨床上加工时所处的位置(轴线侧垂放置)来绘制主视图。如图 8-3 所示轴和盘盖零件，其主视图应选轴线水平位置。

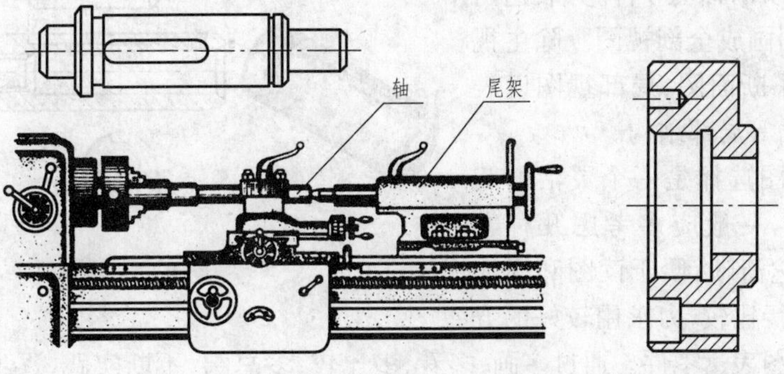

(a) 轴　　(b) 盘盖

图 8-3　主视图是加工位置

2) 特征形状原则

从构形观点来看，零件的工作部分是最基本的结构组成部分。为此，零件的主视图应清晰地表达工作部分的结构以及与其他部分的联系。零件的种类是多种多样的，而每个零件都有它独特的特征形状。所谓特征形状有两方面的含义：

第一，以工作部分为主，尽可能多地表达零件各部分结构及其相互位置关系；

第二，清楚地表达工作部分中各几何形体之间空间层次和相对位置。

图 8-4 是机床尾架的主视图的比较。由图可知，图 8-4(a)的表达效果比图 8-4(b)要好得多，更能清楚地反映出各部分结构形状和相对位置。

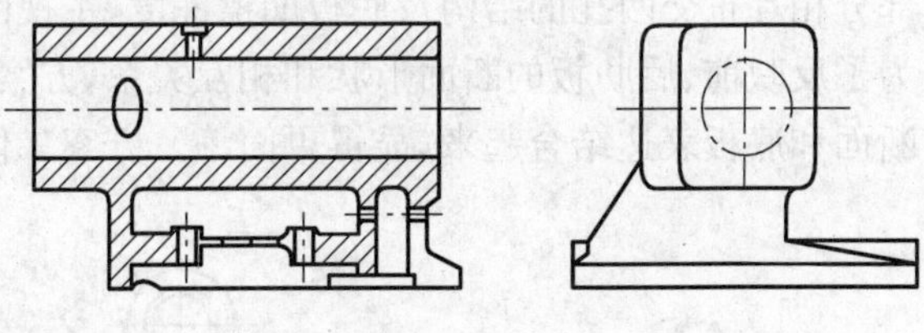

(a)　　(b)

图 8-4　主视图投影方向的比较

总之，选取零件的主视图时，应先对零件的结构进行分析、了解零件的结构特点，决定按工作位置选取还是按加工位置选取。然后用比较的方法选出形状特征明显的方向定为主视图方向，并考虑其他视图的选择及充分利用图纸幅面。

8.2.2　其他视图的选择

一般来讲，仅用一个主视图是不能完全反映零件的结构形状的，必须选择其他视图，包括剖视、断面、局部放大图和简化画法等各种表达方法。主视图确定后，对其尚未表达清楚的部分，再选择其他视图予以完善表达。具体选用时，应注意以下几点：

(1) 根据零件的复杂程度及内、外结构形状，全面地考虑还应需要的其他视图，使每个所选视图应具有独立存在的意义及明确的表达重点，注意避免不必要的细节重复，在明确表达零件的前提下，使视图数量为最少。

(2) 优先考虑采用基本视图，当有内部结构时应尽量在基本视图上作剖视；对尚未表达清楚的局部结构和倾斜部分结构，可增加必要的局部(剖)视图和局部放大图；有关的视图应尽量保持直接投影关系，配置在相关视图附近。

(3) 按照视图表达零件形状要正确、完整、清晰、简便的要求，进一步综合、比较、调整、完善，选出最佳的表达方案。

如图 8-5 所示轴套零件，为表达内部形状，主视图画成全剖视图。除主视图外，又采用了断面图、局部视图以表达键槽、开口槽等局部结构。

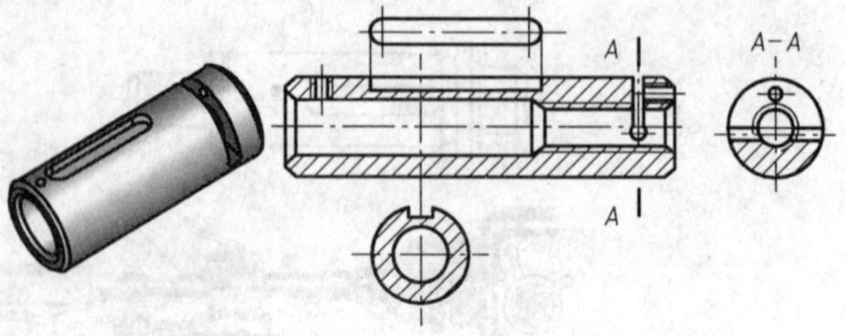

图 8-5 轴套

零件的视图选择是一个灵活的问题。在选择时，一般应多考虑几种方案，从是否表达清晰、便于读图和标注尺寸等方面进行比较，力求用较好的方案和较少的视图表达零件。通过多画、多看、多比较、多总结，不断实践，逐步提高视图表达能力。

8.2.3 视图表达方案实例

【例 1】 如图 8-6 所示轴承座，由支承、圆筒、底板三部分组成。

主视图选图示的工作位置，为了更好地反映零件的形状特征，选择 A 为主视图的投射方向。采用两种方案来表达轴承座。方案一和方案二左视图都采用了全剖视图，表达圆筒部分相互正交两孔的结构及底板凹槽深度，主视图上取局部剖视图表达底板上两孔为通孔；为了反映前、后肋板的断面形状和相互关系，方案一采用移出断面图，方案二采用剖视图把断面和底板表达结合起来，显得更简练。方案二优于方案一。

图 8-6 轴承座

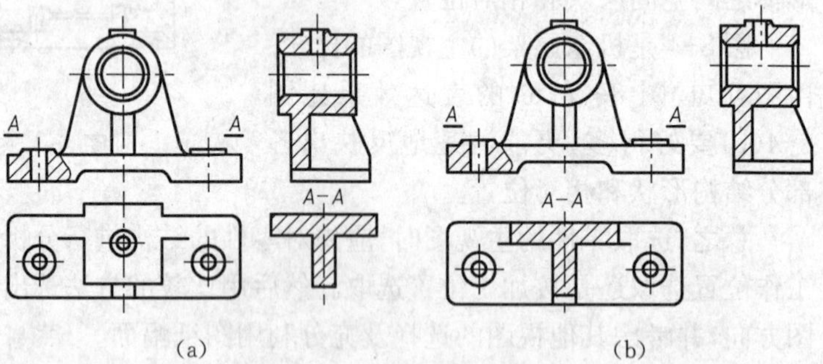

图 8-7 轴承座表达方案

【例 2】 图 8-8 所示箱体，可分为腔体和底板两大部分，腔体的内、外结构形状复杂程度类似，四个侧面和上、下底面均有孔和凸台。

在主视图满足工作位置的前提下，可用两种方案表达箱体。图中 A 表示投射方向。

方案一：如图 8-9(a)所示，采用了七个图形。主视图表达了箱体前表面的外形，并用

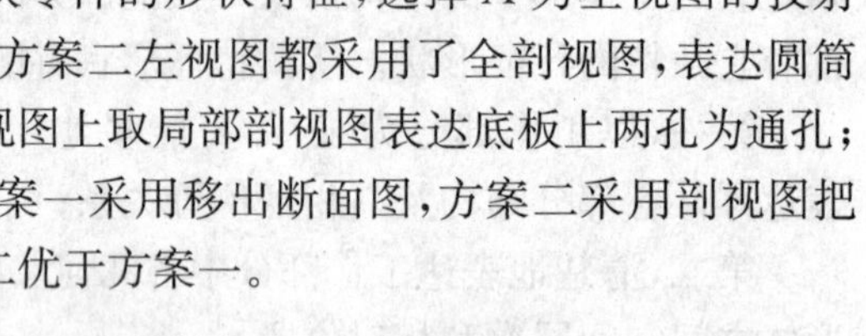

图 8-8 箱体

两个局部剖视表示了两个轴承孔；俯视图主要表达外形，用局部剖视表达了轴承孔，左视图是 B-B 全剖视图，表达内形；D 向视图表达左壁外侧的凸台；C-C 局部剖视图表达左壁内侧凸台；E 向局部视图表达右壁上两个螺纹孔；F 向局部视图表达了底面凸台。

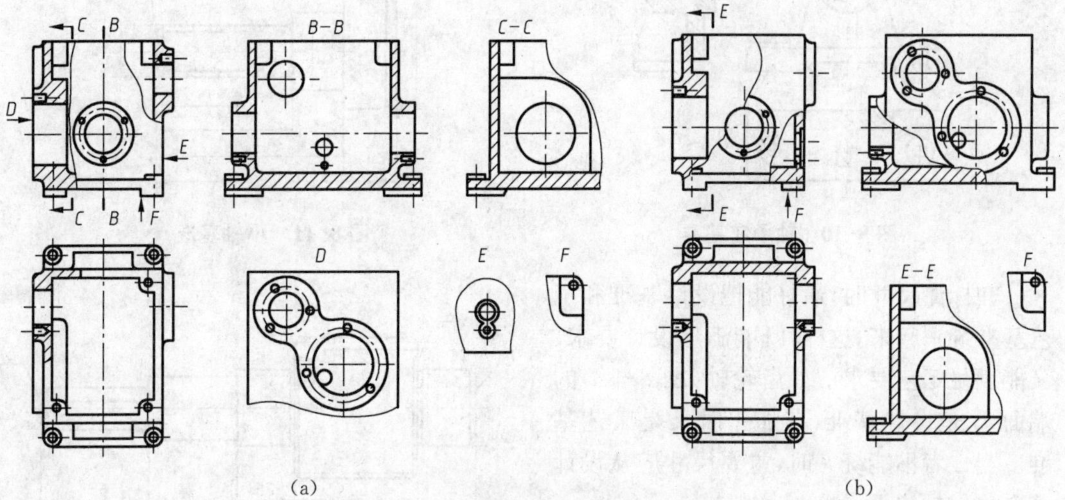

图 8-9 箱体表达方案

方案一显得较零乱，不便阅读。方案二如图 8-9(b)所示，主视图上用局部剖视图表达右壁螺纹孔，省去了 E 向局部视图；左视图采用局部剖视图，既表达腔体内形，也表达了左侧面凸台，省去了 D 向局部视图；俯视图上的局部剖视明确说明了左、右壁上两孔同轴；图 8-9(b)比图 8-9(a)的方案少用了两个图形，好于方案一。

8.3 零件图的尺寸标注

零件图上所标注的尺寸是加工和检验零件的重要依据。零件图的尺寸标注，除了要符合尺寸完整、标注清晰、并符合国家标准规定之外，还要尽量标注合理。合理性，就是要求零件图上所标注的尺寸既要符合零件的设计要求，又要符合生产实际，便于加工和测量，并有利于装配。这里，将着重介绍合理标注尺寸的一些原则和方法。要合理地标注零件的尺寸，需要较多的生产实践经验和专业知识。

8.3.1 尺寸基准及其选择

1) 设计基准和工艺基准

尺寸基准是标注零件尺寸的起始位置。尺寸基准通常分为设计基准和工艺基准两类：

(1) 设计基准　根据零件在机器或部件中的结构和性能要求选定的一些基准，称为设计基准。如图 8-10 所示轴承座，底面 A 是沿高度方向上的设计基准，对称面 B 是沿长度方向上的设计基准，端面 C 是轴承座沿宽度方向上的设计基准，从设计基准出发标注尺寸，可以直接反映设计要求，能体现所设计零件在部件中的功能。

(2) 工艺基准　零件在加工或测量时，确定零件相对机床、工装或量具位置的面、线或点，称为工艺基准。如图 8-11 所示，右端面 D 为小轴的轴向尺寸基准，回转轴线为径向尺寸基准。从工艺基准出发标注尺寸，可直接反映工艺要求，便于保证加工质量和测量。

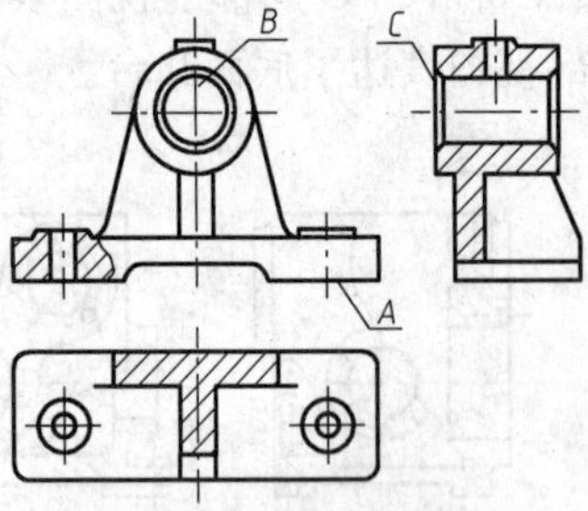

图 8-10　轴承座基准

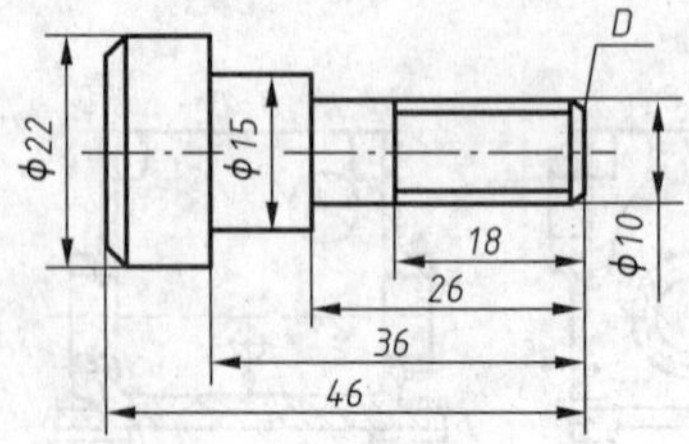

图 8-11　小轴基准

在标注尺寸时，最好能把设计基准和工艺基准统一起来，这样，既能满足设计要求、又能满足工艺要求。如齿轮轴(图 8-12)的端面 E 是设计基准，在加工时又是工艺基准。当二者不能统一时，主要尺寸应从设计基准出发标注。

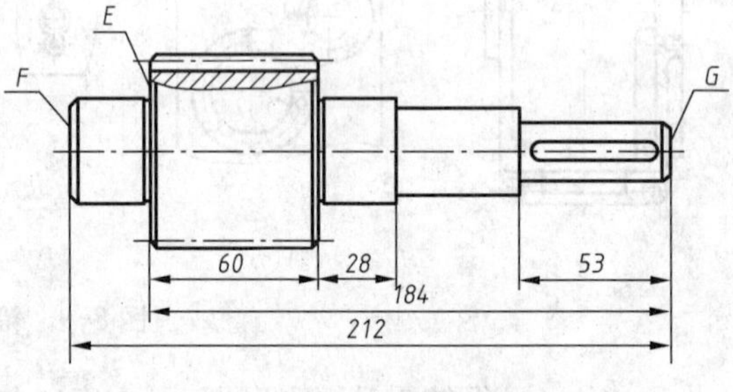

图 8-12　齿轮轴基准

2) 主要基准和辅助基准

沿零件长、宽、高三个方向上各有一个至几个尺寸基准。一般在三个方向上各选一个设计基准作为主要尺寸基准，其余的尺寸基准是辅助尺寸基准。如图 8-12 所示，沿长度方向上，端面 E 为主要基准，端面 F、G 为辅助基准，主要基准 E 与辅助基准 F、G 之间应有直接的联系尺寸。

3) 尺寸基准的选择

合理地选择尺寸基准，是在标注尺寸时首先要考虑的重要问题。通常选取零件的主要加工面、主要支承面、安装面、对称面以及主要回转轴线等作为尺寸基准。尽量使工艺基准重合于设计基准。

现以图 8-13 所示轴承挂架为例，分析其尺寸基准的选择。其工作状况是两个固定在机

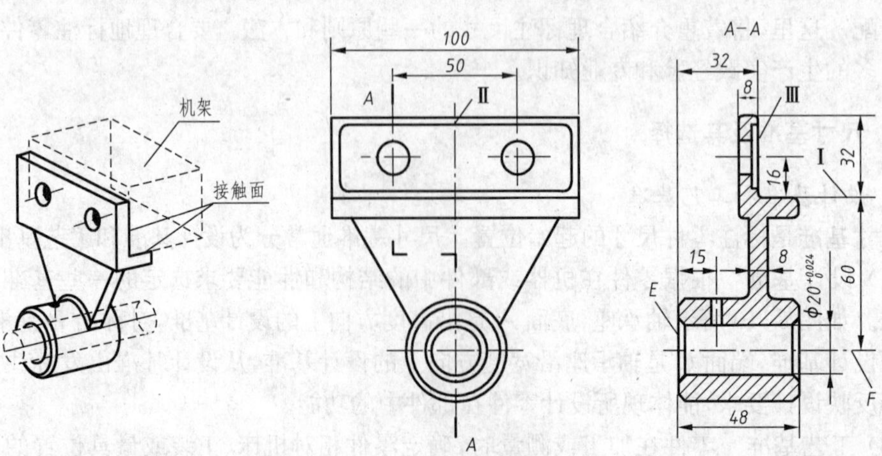

图 8-13　轴承挂架

器上的轴承挂架支承着一根轴(图 8-13 仅画出一个挂架)。选择挂架的水平安装接触面Ⅰ为高度方向上的主要基准,标注尺寸 60、16 和 32;宽度方向的主要基准选择了对称面Ⅱ,以此基准标注了宽度尺寸 50 和 100;选择安装接触面Ⅲ为长度方向的主要基准,以此基准标注尺寸 8 和 32。

考虑到某些尺寸要求不高或测量方便,可选用端面 E 和轴线 F 作为辅助基准,以 E 为辅助基准标注尺寸 15、48,以 F 为辅助基准标注尺寸 $\phi 20^{+0.024}_{0}$。

8.3.2 合理标注尺寸的原则

1) 主要尺寸应从设计基准直接标注

在零件的尺寸中,那些具有影响产品性能、工作精度及互换性的尺寸,称为主要尺寸。如规格性能尺寸、配合尺寸、安装尺寸、定位尺寸等,要将它们直接标注出来以满足设计要求。

如图 8-14(a)所示轴承孔的中心高是从底面出发直接标注尺寸 a,而 8-14(b)则标注尺寸 b 和 c,这两种注法的结果是不相同的,若标注尺寸 b 和 c,则 b 和 c 的误差将积累到尺寸 a 上,不能满足设计要求,所以尺寸 a 应从底面直接注出。

同理为了在安装时保证底板上两个 $\phi 6$ 的孔与机座上的两个螺纹孔能准确定位,$\phi 6$ 孔的定位尺寸应该直接注出中心距 L,如图 8-14(a)所示,而不应标注尺寸 e,如图 8-14(b)所示。

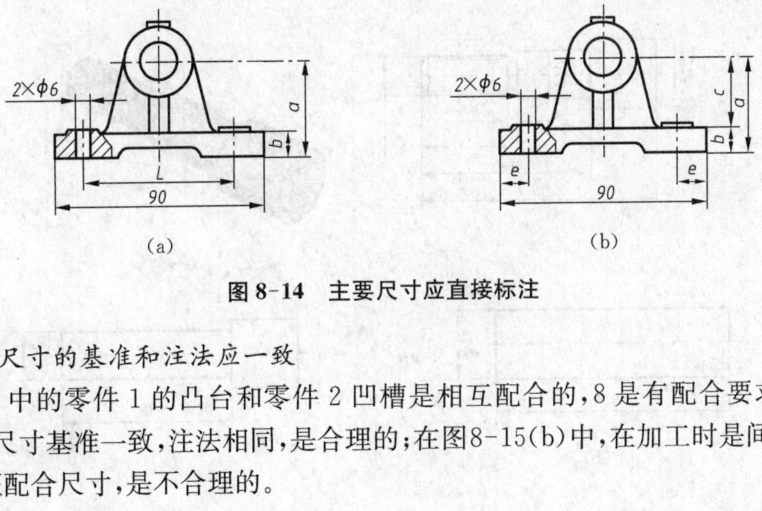

图 8-14 主要尺寸应直接标注

2) 相关尺寸的基准和注法应一致

图 8-15 中的零件 1 的凸台和零件 2 凹槽是相互配合的,8 是有配合要求的尺寸,图 8-15(a)中,尺寸基准一致,注法相同,是合理的;在图8-15(b)中,在加工时是间接得到的尺寸,无法保证配合尺寸,是不合理的。

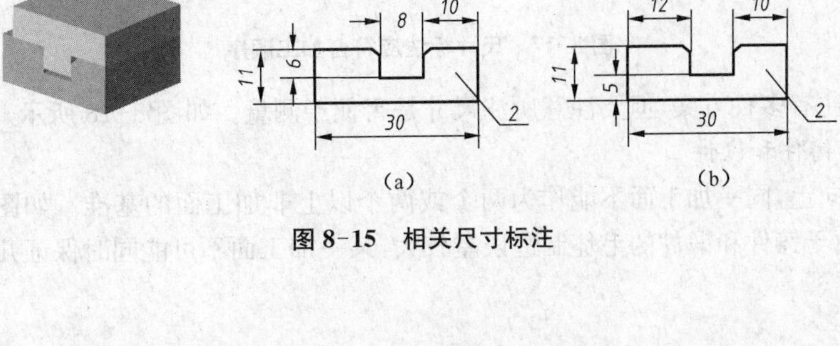

图 8-15 相关尺寸标注

3）避免注成封闭尺寸链

零件图上一组相关尺寸构成零件尺寸链，如图 8-16(a)所示阶梯轴的尺寸 a、b、c 和 d 首尾相接、构成一个封闭的尺寸链，这种情形应当避免。标注尺寸时，应将要求不高的一个尺寸空下来不注，如图 8-16(b)没有标注轴肩尺寸(6)，将加工误差累积到这个尺寸上，以保证精度要求较高的尺寸 $26^{+0.21}_{0}$ 和 $50^{+0.25}_{0}$。

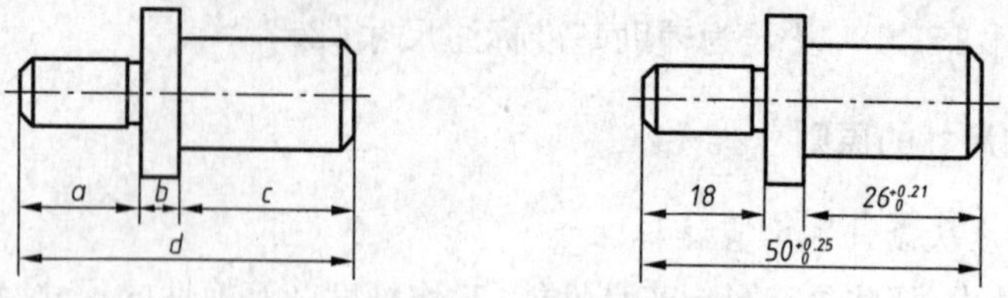

(a)　　(b)

图 8-16　避免注成封闭尺寸链

4）符合加工顺序和便于测量

如图 8-17 所示，阶梯轴的加工顺序一般是：①先车外圆 $\phi14$、下料长 50；②其次车 $\phi10$、长 36 轴段；③再车 $\phi8$、长 20 轴段和宽 2、$\phi6$ 的退刀槽；④最后车螺纹、倒角。如图 8-17(b)、(c)、(d)、(e)所示，按加工顺序标注阶梯轴的尺寸，便于看图、测量，且易保证加工精度，如图 8-17(a)所示。

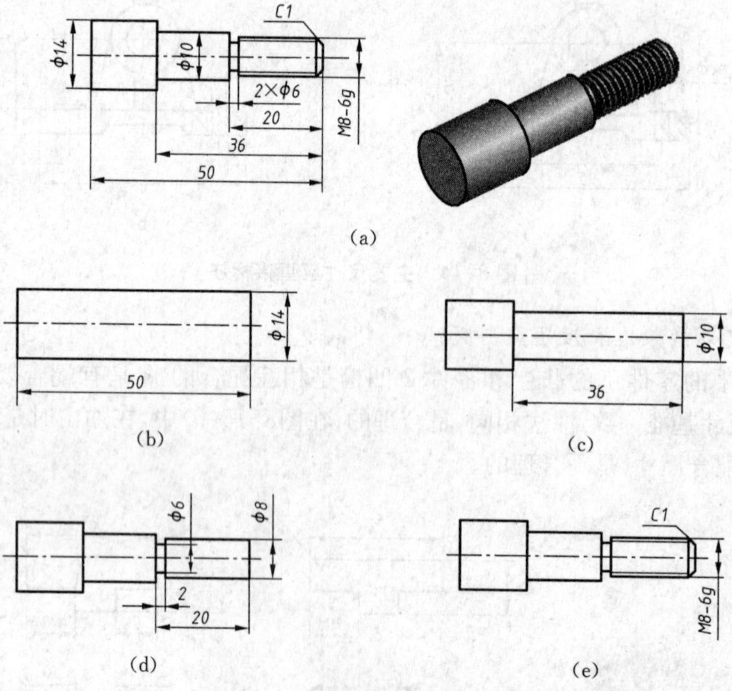

图 8-17　尺寸标注应符合加工顺序

尺寸标注有多种方案，但要注意所注尺寸是否便于测量。如图 8-18 所示。

5）对于铸件和锻件

同一方向上，同一加工面不能作为两个或两个以上非加工面的基准。如图 8-19(a)标注不合理，由于铸件和锻件的毛坯制造误差较大，某一加工面不可能同时保证几个非加工面的尺寸要求。

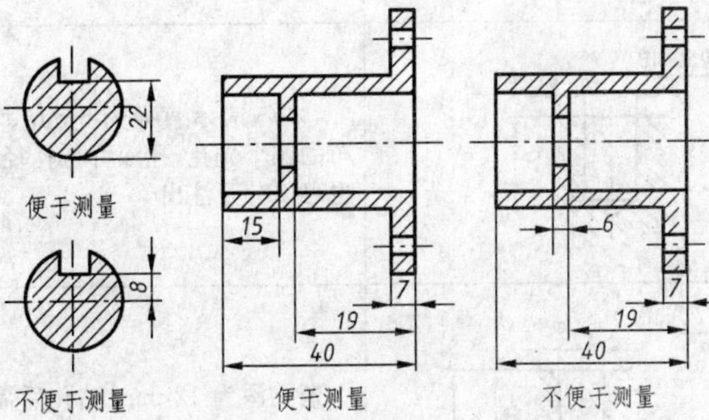

图 8-18 标注尺寸应便于测量

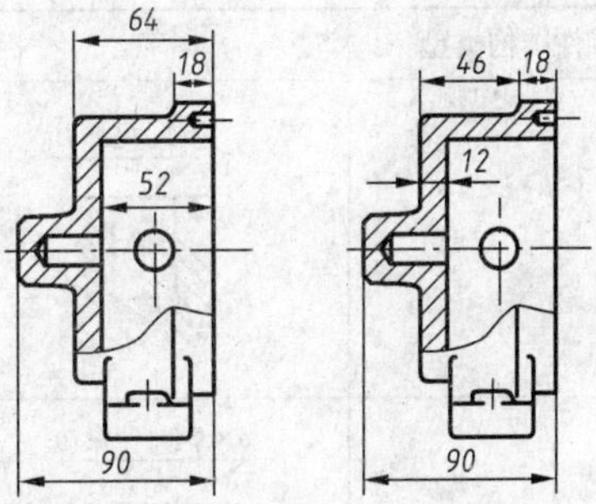

(a) 标注不合理 (b) 标注合理

图 8-19 铸件和锻件的尺寸标注

8.3.3 零件上常见典型结构的尺寸注法

表 8-1 零件典型结构尺寸注法

零件结构类型	标 注 方 法	说 明
键槽结构	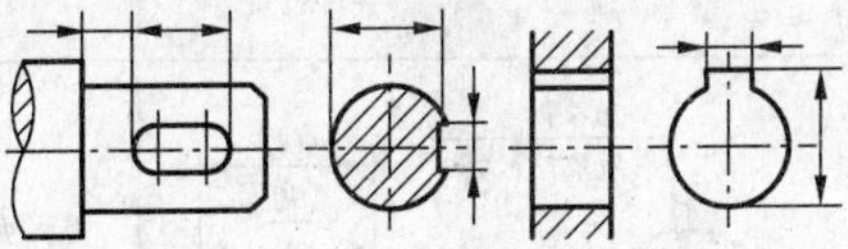	分别注出轴上键槽和孔内键槽尺寸
锥轴、锥孔	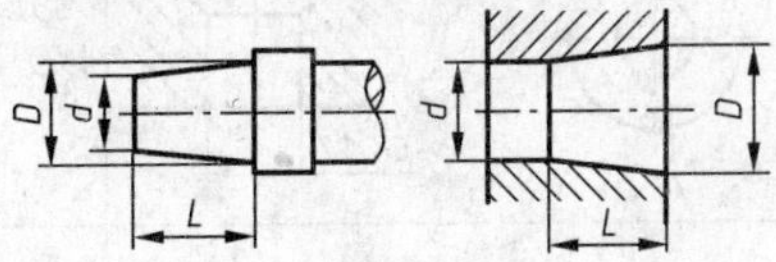	当锥度要求不高时，这样标注便于制造木模
斜度、锥度	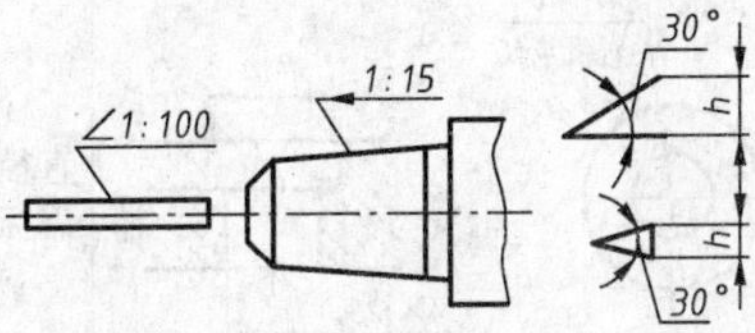	斜度或锥度用符号表示，符号方向应与斜度、锥度的方向一致，h 为符号高度
退刀槽	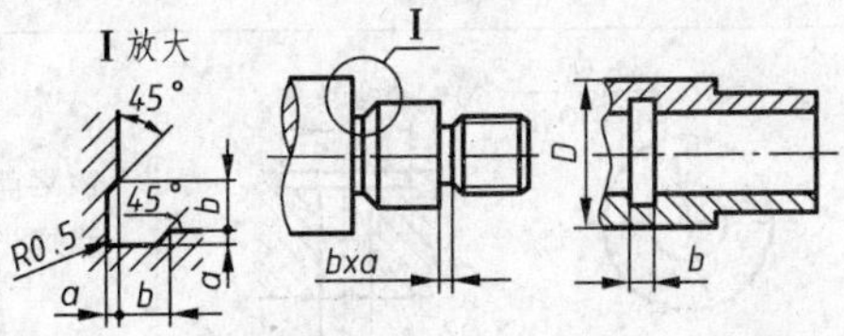	这样标注便于选择割槽刀。退刀槽宽度应直接标出 b。也可注出切入深度 a
倒 角	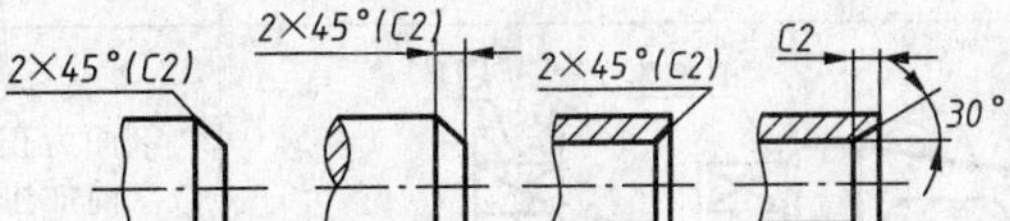	倒角 45°时，可与倒角的轴向尺寸连注；倒角不是 45°时，要分开标注。如 2×45°，可用 $C2$ 表示
滚 花	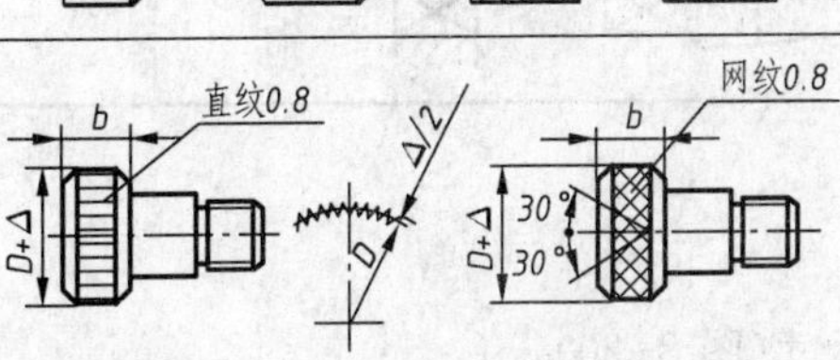	滚花有直纹与网纹两种标注形式。滚花前的直径尺寸为 D，滚花后的尺寸为 $D+\Delta$，Δ 为齿深。旁注中的 0.8 为齿的节距

续表 8-1

零件结构类型		标注方法	说明
光孔	一般孔	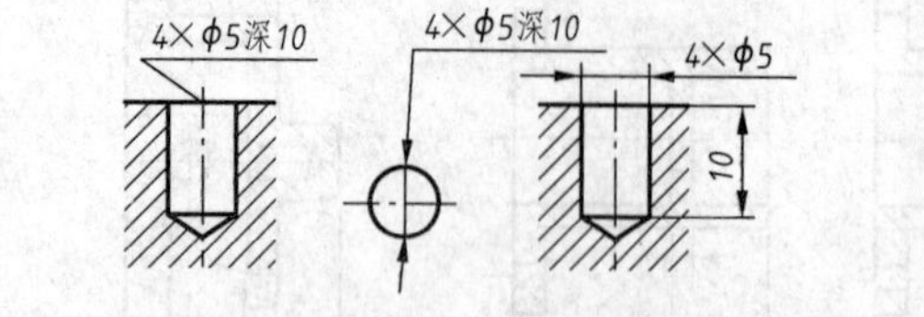	4×ϕ5 表示直径为 5 mm 均匀分布的四个光孔，孔深可与孔径连注；也可以分开注出
光孔	精加工孔	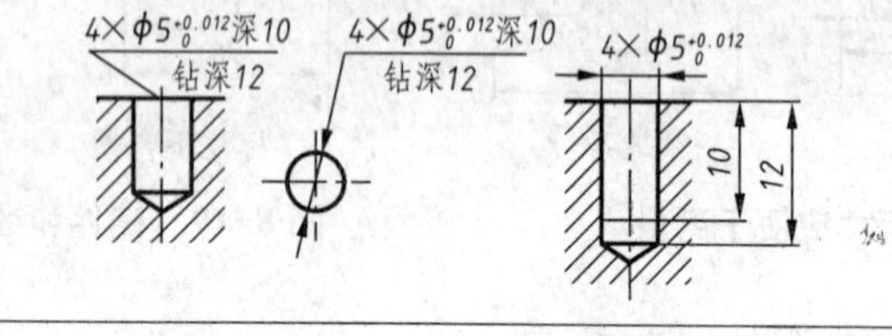	光孔深为 12 mm；钻孔后需精加工至 $\phi5^{+0.012}_{0}$ mm，深度为 10 mm
光孔	锥销孔	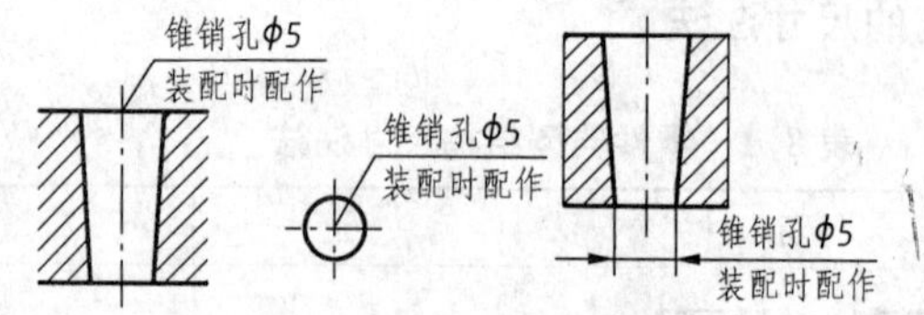	ϕ5 mm 为与锥销孔相配的圆锥销小头直径。 锥销孔通常是相邻两零件装在一起时加工的
沉孔	锥形沉孔	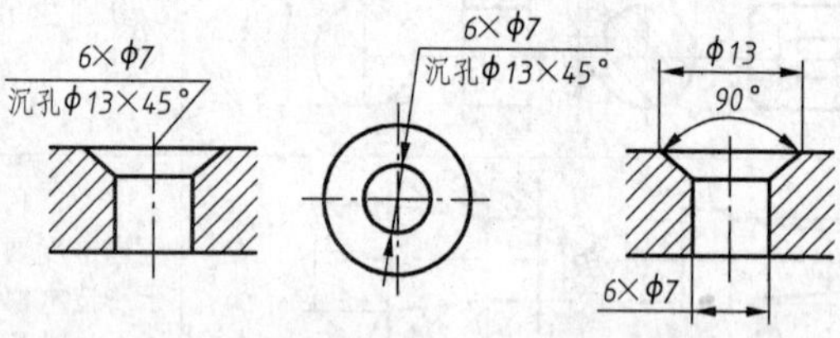	6×ϕ7 mm 表示直径为 7 mm 均匀分布的六个孔。锥形部分尺寸可以旁注；也可以直接注出
沉孔	柱形沉孔	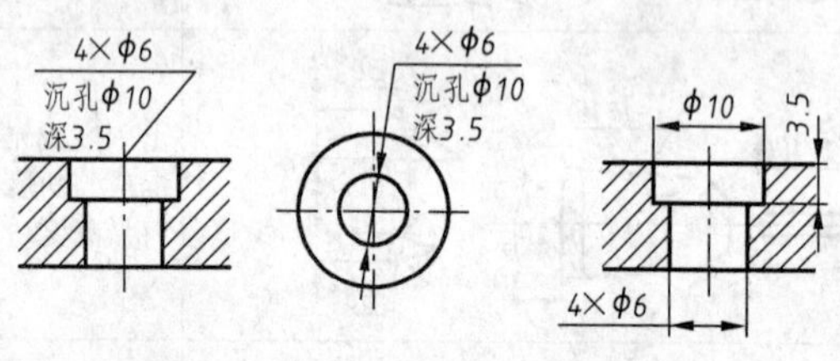	柱形沉孔的小直径为 ϕ6 mm，大直径为 ϕ10 mm，深度为 3.5 mm，均需标注
沉孔	锪平面	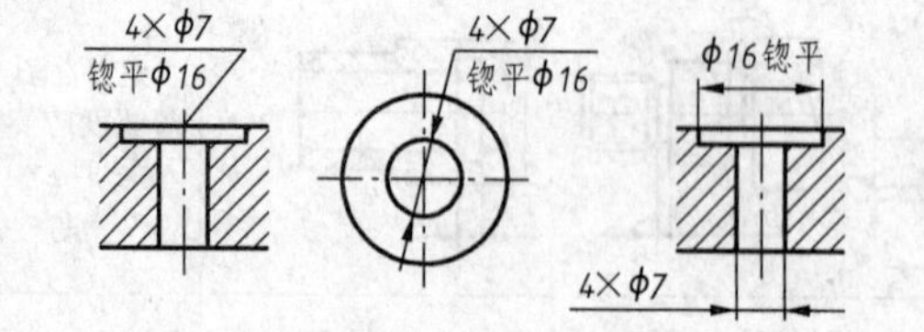	锪平面 ϕ16 mm 的深度不需标注，一般锪平到不出现毛面为止
正方形结构		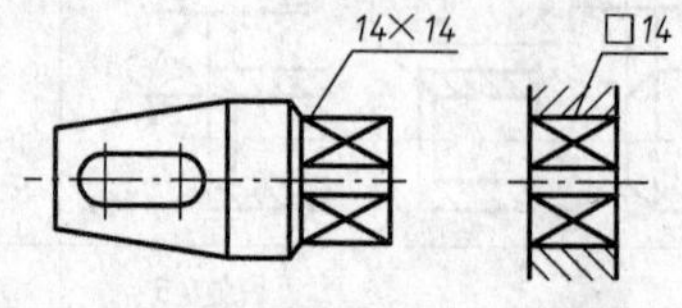	剖面为正方形时，可在边长尺寸数字前加注符号“□”，或用 14×14 代替“□”

8.3.4 零件尺寸标注举例

【例 1】 标注减速箱轴的尺寸(图 8-20)。

轴的工作情况和加工特点，端面 A 为长度方向主要基准，轴线为宽度和高度方向的主要基准，设计基准与工艺基准是统一的。

标注尺寸时，首先从主要基准 A 直接标注主要尺寸 13 和 168。由尺寸 13 和 168 确定的端面 D、B 为长度方向的辅助基准。从基准 B 标注尺寸 80，确定的端面 C 为长度方向又一辅助基准。从基准 B 标注尺寸 276；从基准 C、D 分别标注两个键槽的定位尺寸 5，并注出两个键槽的长度 50、70。再按典型结构尺寸注法标注出键槽的其余尺寸及退刀槽和倒角尺寸。

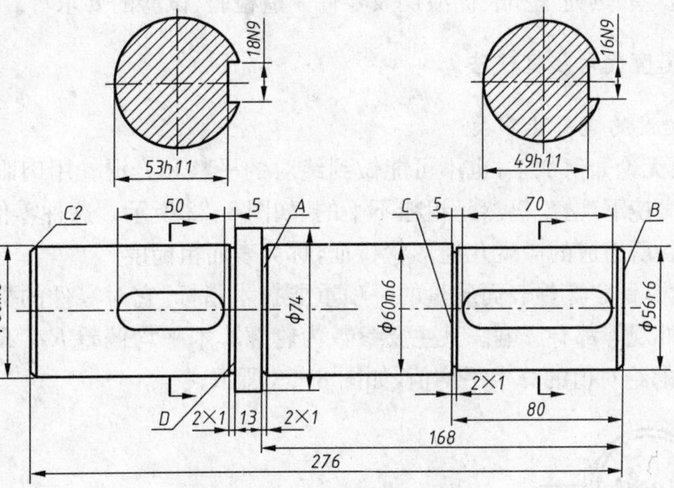

图 8-20 减速箱轴的尺寸标注

【例 2】 标注泵体的尺寸(图 8-21)。

泵体安装底板的底面是安装基面，以底面作为高度方向上的主要基准，标注主要尺寸 85，20 等，以包容泵轴的泵体孔的轴线作为高度方向上的辅助基准，标注一系列径向尺寸 ϕ100H7、ϕ118、ϕ14F7、ϕ120 和 ϕ132 等。

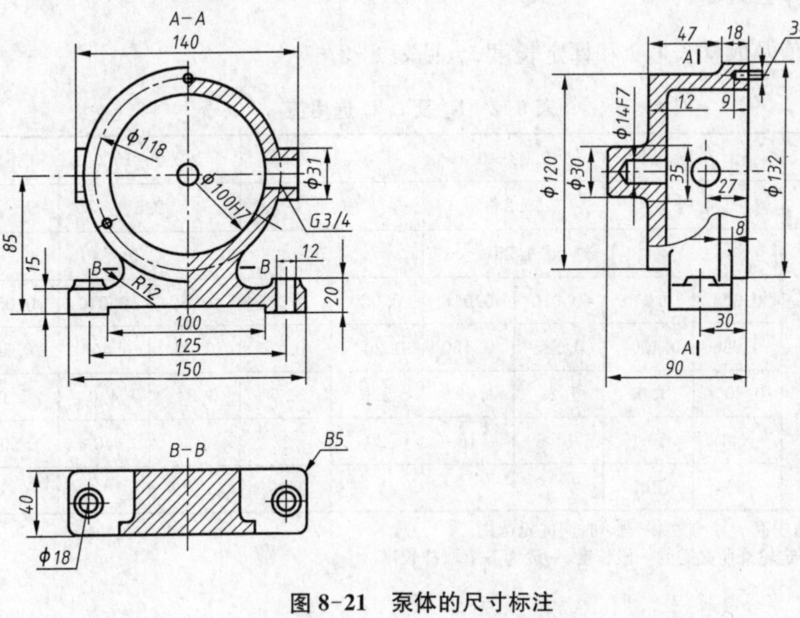

图 8-21 泵体的尺寸标注

长度方向选择零件左右对称平面为主要基准，注出 100、125、150 等尺寸。宽度方向选择泵体的前端面作为主要基准，在左视图、俯视图注出尺寸 30、40、90 等。

8.4　零件图技术要求

技术要求是零件图的重要内容之一。零件图的技术要求一般包括：表面粗糙度、尺寸公差、形状和位置公差、热处理和表面涂层及零件制造检验、试验的要求等。

8.4.1　表面粗糙度代号及其注法

1）*表面粗糙度的概念及参数*

零件的表面无论如何加工，也不可能做到绝对的平整和光滑。用肉眼看起来非常光滑的表面，放在显微镜下观察，仍然是粗糙不平的，如图 8-22 所示。这种零件表面上所具有的较小间距的峰、谷所组成的微观几何形状特征，称为表面粗糙度。

表面粗糙度是评定零件表面质量的一项重要技术指标，它对零件的配合、耐磨性、抗腐蚀性、密封性和外观等都有影响。其主要参数为轮廓算术平均偏差 R_a，R_a 是在取样长度 l 内，轮廓偏距 Z 的绝对值的算术平均值，如图 8-23 所示。

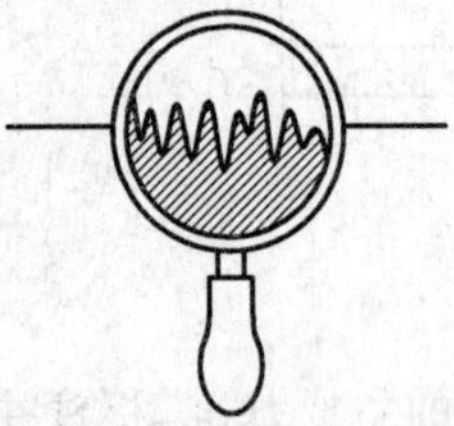

图 8-22　表面粗糙度概念

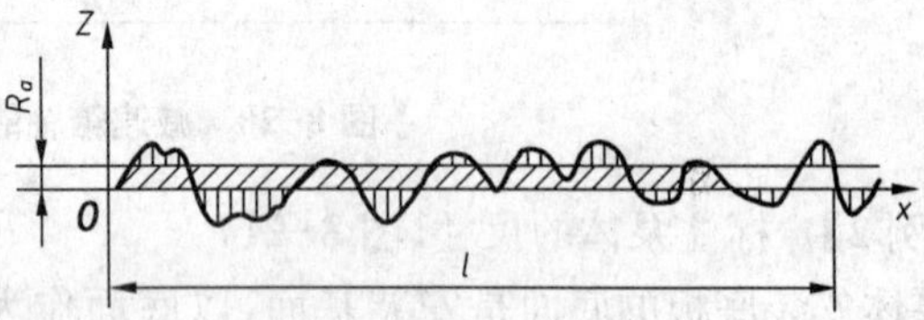

图 8-23　表面粗糙度参数

R_a 的计算公式为：　$$R_a = \frac{1}{l}\int_0^l \left| Z(x) \right| \mathrm{d}x$$

R_a 参数值及取样长度 l 和评定长度 l_n，见表 8-2。

表 8-2　R_a 及 l、l_n 选用值

R_a/μm	>0.008～0.02		>0.02～0.1		>0.1～2.0		>2.0～10.0		>10.0～80	
取样长度/mm	0.08		0.25		0.8		2.5		8.0	
评定长度/mm	0.4		1.25		4.0		12.5		40	
R_a/μm 系列	0.008	0.010	0.012*	0.016	0.020	0.025*	0.032	0.040	0.050*	0.063
	0.080	0.100*	0.125	0.160	0.20*	0.25	0.32	0.40*	0.50	0.63
	0.80*	1.00	1.25	1.60*	2.0	2.5	3.2*	4.0	5.0	6.3*
	8.0	10.0	12.5*	16	20	25*	32	40	50*	63
	80	100*								

注：① R_a 数值中有 * 号的为第一系列，应优先选用。
② l_n 是评定轮廓所必需的一段长度，一般为五个取样长度。

表 8-3 给出常用 R_a 数值及其相应的加工方法及应用。

表 8-3 表面粗糙度数值对应加工方法

$R_a/\mu m$	加工方法	应 用 举 例
50	粗车、粗铣、粗刨、钻孔等	不重要的接触面或不接触面。如凸台顶面、轴的端面、倒角、穿入螺纹紧固件的光孔表面
25		
12.5		
6.3	精车、精铣、精刨、铰孔等	较重要的接触面。转动和滑动速度不高的配合面和接触面。如轴套、齿轮端面、键及键槽工作面
3.2		
1.6		
0.8	精铰、磨削、抛光等	要求较高的接触面、转动和滑动速度较高的配合面和接触面。如齿轮工作面、导轨表面、主轴轴颈表面、销孔表面
0.4		
0.2		
0.1	研磨、超级精密加工等	要求密封性能较好的接触面、转动和滑动速度极高的表面。如汽缸内表面及活塞环表面、精密机床主轴轴颈表面等
0.05		
0.025		
0.012		
0.008		

2）表面粗糙度符号及代号的意义

(1) 表面粗糙度符号　图样中表示零件表面粗糙度的符号及意义如表 8-4。

表 8-4 表面粗糙度的符号及意义

符　号	意义及说明
	基本符号，表示表面可用任何方法获得。当不加注粗糙度参数值或有关说明(例如：表面处理、局部热处理状况等)时，仅适用于简化代号标注
	基本符号加一短画，表示表面是用去除材料的方法获得。例如：车、铣、钻、磨、剪切、抛光、腐蚀、电火花加工、气割等
	基本符号加一小圆，表示表面是用不去除材料的方法获得。例如：铸、锻、冲压变形、热轧、冷轧、粉末冶金等。或者是用于保持原供应状况的表面(包括保持上道工序的状况)
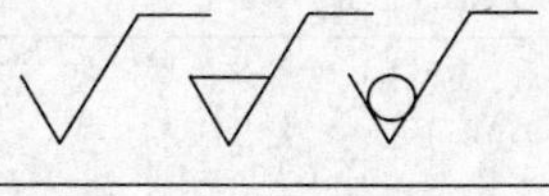	在上述三个符号的长边上均可加一横线，用于标注有关参数和说明
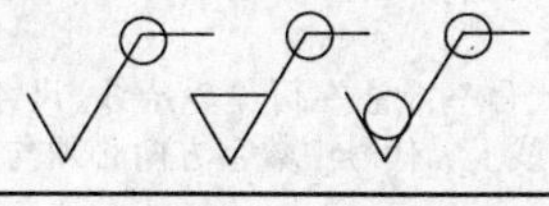	在上述三个带横线符号上均可加一小圆，表示所有表面具有相同的表面粗糙度要求

(2) 表面粗糙度符号画法　表面粗糙度符号的画法见图 8-24。

(3) 表面粗糙度代号　在表面粗糙度符号中，按功能要求加注一项或几项有关规定后，称表面粗糙度代号。

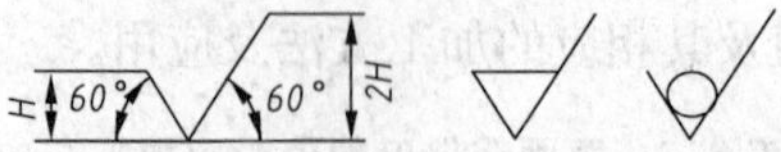

图 8-24　表面粗糙度符号画法

图中：$d=\frac{h}{10}$，$H=1.4h$，d 为图中线宽，h 为图中字高

国标规定当在符号中标注一个参数值时，为该表面粗糙度的上限值；当标注两个参数值时，一个为上限值，另一个为下限值；当要表示最大允许值或最小允许值时，应在参数值后加注符号“max”或“min”，见表 8-5。

表 8-5　R_a 的代号及意义代号

代　号	意　义	代　号	意　义
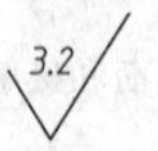	用任何方法获得的表面粗糙度，R_a 的上限值为 3.2 μm	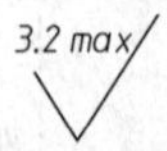	用任何方法获得的表面粗糙度，R_a 的最大值为 3.2 μm
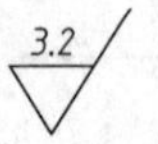	用去除材料方法获得的表面粗糙度，R_a 的上限值为 3.2 μm	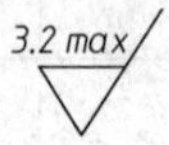	用去除材料方法获得的表面粗糙度，R_a 的最大值为 3.2 μm
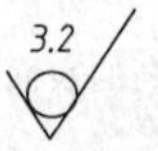	用不去除材料方法获得的表面粗糙度，R_a 的上限值为 3.2 μm	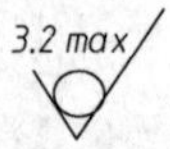	用不去除材料方法获得的表面粗糙度，R_a 的最大值为 3.2 μm
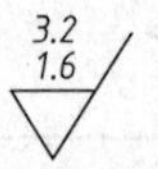	用去除材料方法获得的表面粗糙度，R_a 的上限值为 3.2 μm，R_a 的下限值为 1.6 μm	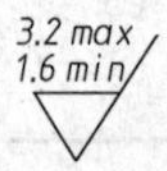	用去除材料方法获得的表面粗糙度，R_a 的最大值为 3.2 μm，最小值为 1.6 μm

(4) 表面粗糙度有关内容注写位置　表面粗糙度数值及其有关的规定在符号中注写位置如图 8-25 所示。

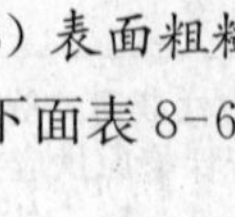

图 8-25　表面粗糙度参数的注写

a_1，a_2——表面粗糙度参数允许值(μm)；

b——标注加工方法、镀涂或其他表面处理；

c——取样长度(mm)；

d——加工纹理方向符号；

e——加工余量(mm)；

f——粗糙度间距参数值(mm)。

3) *表面粗糙度标注方法*

下面表 8-6 中的图例来说明表面粗糙度的标注方法。

表 8-6　粗糙度标注图的标注

图　例	说　明
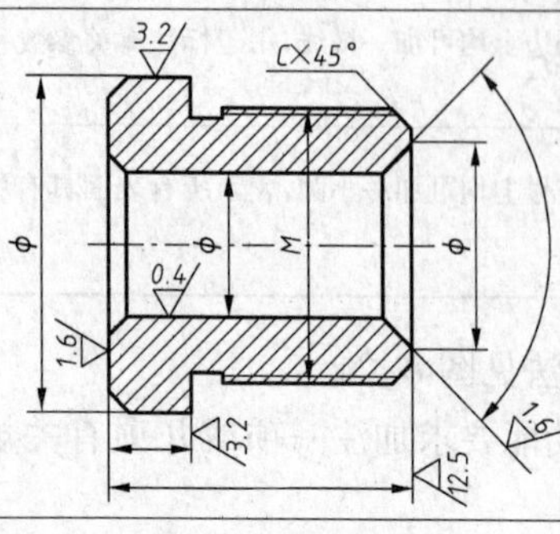	表面粗糙度符号、代号一般注在可见轮廓线、尺寸界线、引出线或它们的延长线上。代号中数字方向必须与尺寸数字方向一致

续表 8-6

图　例	说　明
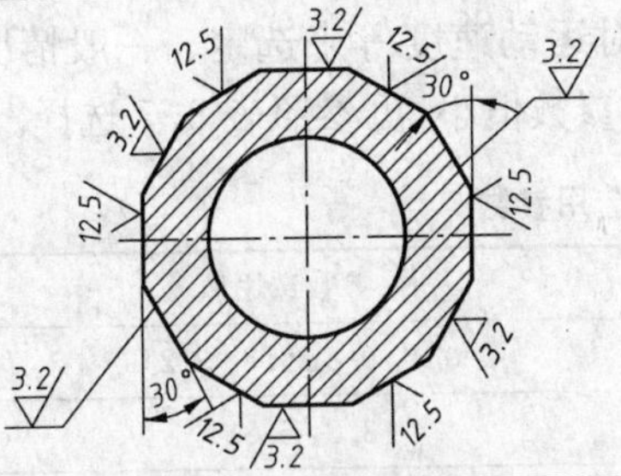	各倾斜表面代号的注法。符号的尖端必须从材料外指向表面
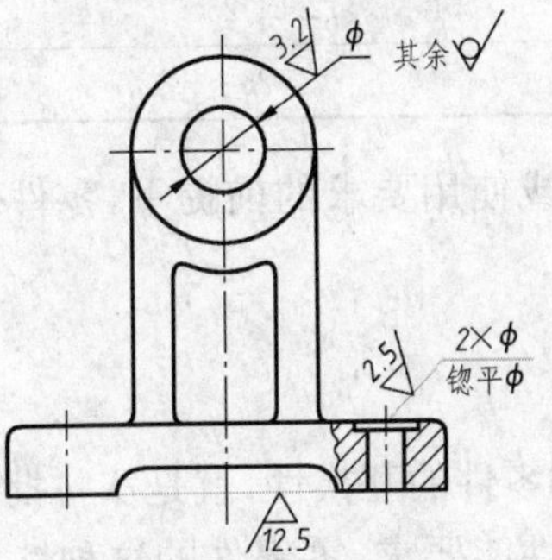	对不连续的同一表面，可用细实线连接起来，表面粗糙度代(符)号只注一次
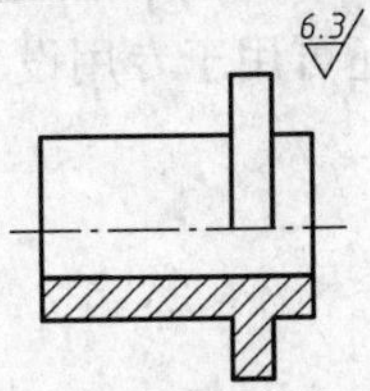	当零件所有表面为同一代(符)号时，可在图形右上角统一标注，其代(符)号应是图形上的代(符)号的 1.4 倍
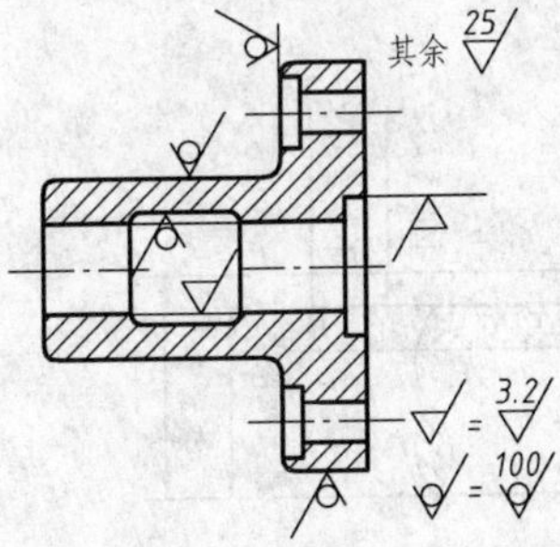	可标注简化代号。但要在标题栏附近注明这些代号的含义
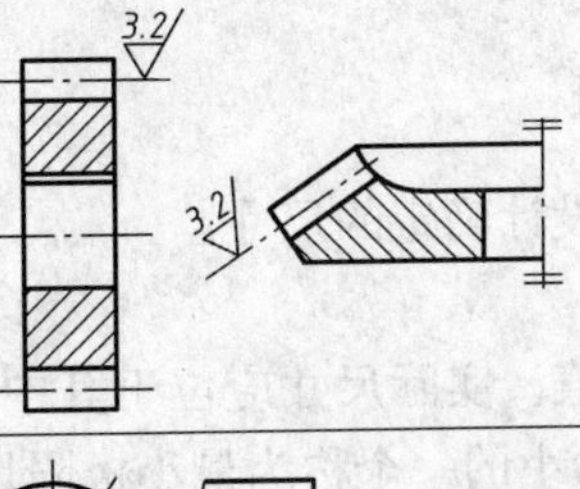	轮齿表面粗糙度代(符)号注在分度线上
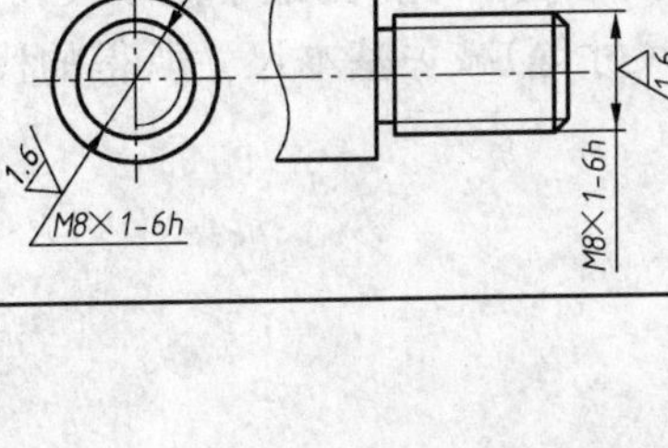	螺纹表面粗糙度代(符)号注在尺寸线或其延长线上

4）表面粗糙度参数值的选用

（1）优先选用第一系列。

（2）根据零件与零件的接触状况、配合要求、相对运动速度等来选定。一般情况下，工作表面比非工作表面参数值小，运动表面比静止表面参数值小，可参照表 8-7 选择。

表 8-7　表面状况与 R_a 选用参数

表　面　状　况	R_a 参数选用值
相对运动表面	0.4、0.8、1.6、3.2
静止接触表面	3.2、6.3
不接触表面	12.5、25
不去除材料表面	>25

（3）根据零件加工的经济性来选定。在满足设计或使用要求的前提下，零件表面粗糙度的参数值尽可能大，以降低加工成本。

8.4.2　极限与配合

在成批或大量生产中，要求零件具有互换性。所谓零件的互换性，就是从一批相同的零件中任取一件，不经修配就能装配使用，并能保证使用性能要求，零部件的这种性质称为互换性。零部件具有互换性，不但给装配、修理机器带来方便，还可用于专用设备生产，提高产品数量和质量，同时降低产品的成本，保证产品质量的稳定性。

1）极限与配合的概念

（1）公差的有关术语和定义　以图 8-26 销轴为例。

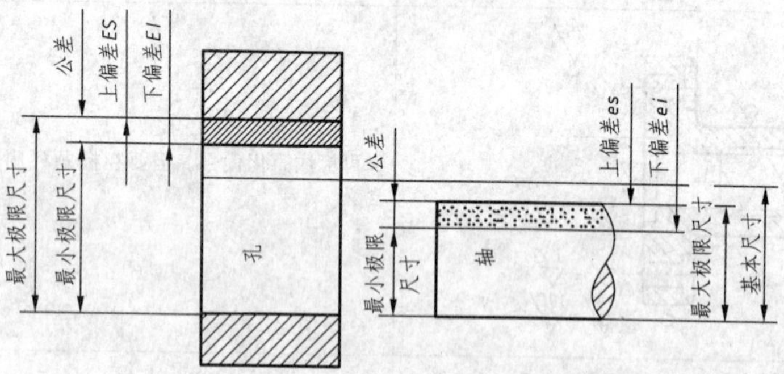

图 8-26　尺寸公差术语

① 基本尺寸　设计零件时，根据性能和工艺要求，设计确定的尺寸。

② 实际尺寸　实际测量获得的尺寸。

③ 极限尺寸　允许零件实际尺寸变化的两个极限值。实际尺寸应位于其中，也可达到极限尺寸。两个极限值中，大的一个称为最大极限尺寸，小的一个称为最小极限尺寸。

④ 偏差和极限偏差　某一尺寸（实际尺寸、极限尺寸等）减去基本尺寸所得的代数差。其中上偏差和下偏差称极限偏差。

最大极限尺寸 − 基本尺寸 = 上偏差。

最小极限尺寸 − 基本尺寸 = 下偏差。

孔和轴的上偏差分别以 ES 和 es 表示；孔和轴的下偏差分别以 EI 和 ei 表示。需要指出：偏差可能是正的，也可能是负的，甚至可能是零。

⑤ 尺寸公差(简称公差)允许尺寸的变动量，可用下式表示：

尺寸公差 = 最大极限尺寸 − 最小极限尺寸。

尺寸公差是一个没有符号的绝对值。

公差的有关术语如图 8-26 所示。

(2) 公差带　由代表上、下偏差的两条直线所限定的一个区域称为公差带。为了便于分析，一般将尺寸公差与基本尺寸的关系，按放大比例画成简图，称为公差带图。在公差带图中，确定偏差的一条基准直线，称为零偏差线，简称零线，通常零线表示基本尺寸。如图 8-27 所示。

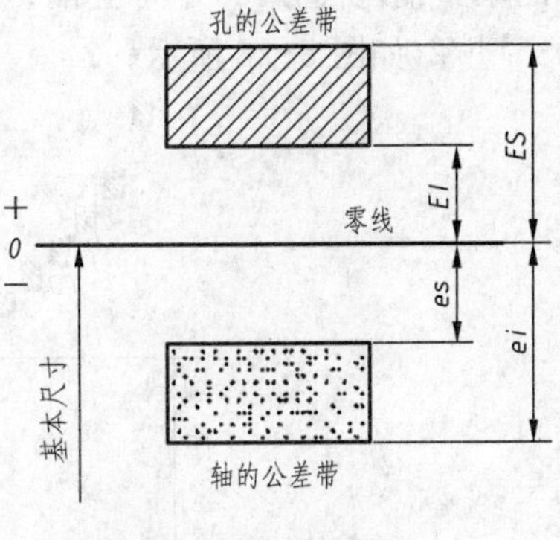

图 8-27　公差带示意图

(3) 标准公差(IT)和基本偏差

① 标准公差　标准公差是国标规定的用来确定公差带大小的标准化数值，见表 8-8。

表 8-8　标准公差数值

基本尺寸 mm		标准公差等级																			
		IT01	IT0	IT1	IT2	IT3	IT4	IT5	IT6	IT7	IT8	IT9	IT10	IT11	IT12	IT13	IT14	IT15	IT16	IT17	IT18
大于	至	μm													mm						
—	3	0.3	0.5	0.8	1.2	2	3	4	6	10	14	25	40	60	0.10	0.14	0.25	0.40	0.60	1.0	1.4
3	6	0.4	0.6	1	1.5	2.5	4	5	8	12	18	30	48	75	0.12	0.18	0.30	0.48	0.75	1.2	1.8
6	10	0.4	0.6	1	1.5	2.5	4	6	9	15	22	36	58	90	0.15	0.22	0.36	0.58	0.90	1.5	2.2
10	18	0.5	0.8	1.2	2	3	5	8	11	18	27	43	70	110	0.18	0.27	0.43	0.70	1.10	1.8	2.7
18	30	0.6	1	1.5	2.5	4	6	9	13	21	33	52	84	130	0.21	0.33	0.52	0.84	1.30	2.1	3.3
30	50	0.6	1	1.5	2.5	4	7	11	16	25	39	62	100	160	0.25	0.39	0.62	1.00	1.60	2.5	3.9
50	80	0.8	1.2	2	3	5	8	13	19	30	46	74	120	190	0.30	0.46	0.74	1.20	1.90	3.0	4.6
80	120	1	1.5	2.5	4	6	10	15	22	35	54	87	140	220	0.35	0.54	0.87	1.40	2.20	3.5	5.4
120	180	1.2	2	3.5	5	8	12	18	25	40	63	100	160	250	0.40	0.63	1.00	1.60	2.50	4.0	6.3
180	250	2	3	4.5	7	10	14	20	29	46	72	115	185	290	0.46	0.72	1.15	1.85	2.90	4.6	7.2
250	315	2.5	4	6	8	12	16	23	32	52	81	130	210	320	0.52	0.81	1.30	2.10	3.20	5.2	8.1
315	400	3	5	7	9	13	18	25	36	57	89	140	230	360	0.57	0.89	1.40	2.30	3.60	5.7	8.9

注：基本尺寸小于 1 mm 时，无 IT14 至 IT18

表中由 IT 和数字组成的代号为标准公差等级代号，如 IT7。标准公差按基本尺寸范围和标准公差等级确定，分 20 个级别，即 IT01、IT0、IT1、…、IT18。随着公差等级的增大，尺寸的精确程度依次降低，公差数值依次增大，其中 IT01 级精度最高，IT18 级最低。

对一定的基本尺寸而言，公差等级越大，公差数值越大，尺寸精度越低。属于同一公差等级的公差数值，基本尺寸越大，对应的公差数值越大，但被认为具有同等的精确程度。

② 基本偏差　基本偏差是确定公差带相对零线位置的那个极限偏差，它可以是上偏差或下偏差。一般指靠近零线的那个偏差。当公差带在零线上方时，其基本偏差为下偏差；反之，则为上偏差。

国标规定了孔、轴基本偏差代号各有 28 个。大写字母代表孔的基本偏差代号，A-H 为下偏差，J-ZC 为上偏差，JS 对称于零线，其基本偏差为＋IT/2 或－IT/2；小写字母代表轴的基本偏差代号，a-h 为上偏差，j-zc 为下偏差，js 对称于零线，其基本偏差为＋IT/2 或－IT/2，如图 8-28 所示。

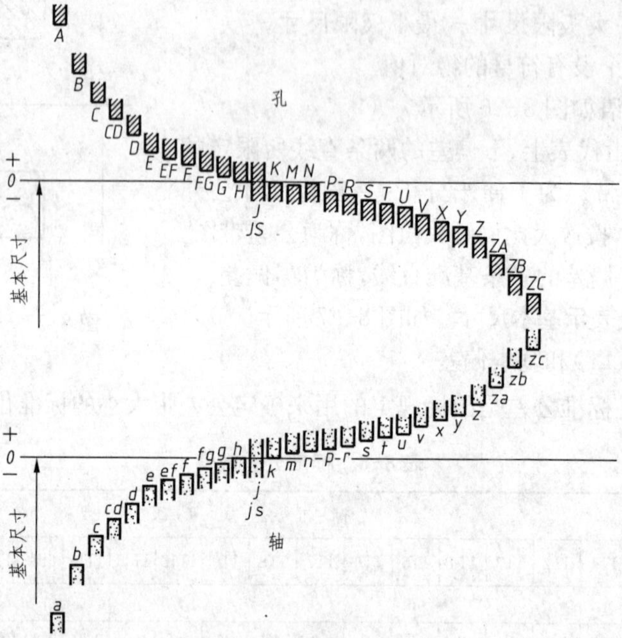

图 8-28　基本偏差系列

图中每个公差带都没有封口，是由于基本偏差仅确定了公差带相对零线的位置，而一个基本尺寸的某种基本偏差还对应着 20 种（公差等级）公差带的大小。其中，基本偏差代号为 H 和 h 时，它们的基本偏差均为零。

(4) 公差带代号　公差带代号由基本偏差代号和公差等级数字组成。

例如 ϕ50H8 的含义是：

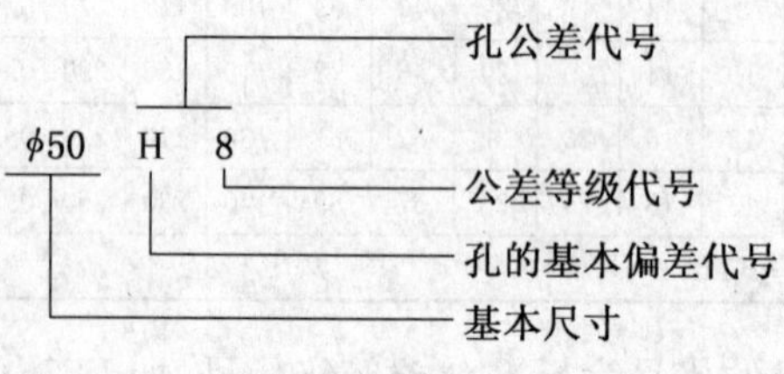

此公差带的全称是：基本尺寸为 ϕ50，公差等级为 8 级，基本偏差为 H 的孔的公差带。

又如 ϕ50f7 的含义是：

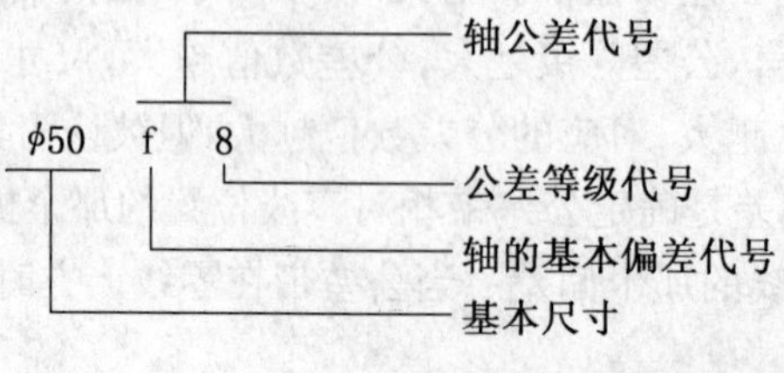

此公差带的全称是：基本尺寸为 ϕ50，公差等级为 8 级，基本偏差为 f 的轴的公差带。

2) 配合与配合制

(1) 配合

配合是指基本尺寸相同，相互结合的孔、轴公差带之间的关系。根据使用要求的不同，孔和轴的装配可能出现不同的松紧程度。

国家标准将配合分为三类：

① 间隙配合　指任取一对基本尺寸相同的轴和孔相配，孔的尺寸减轴的尺寸为正或零时的配合。此时孔的公差带在轴的公差带之上，如图 8-29 所示。

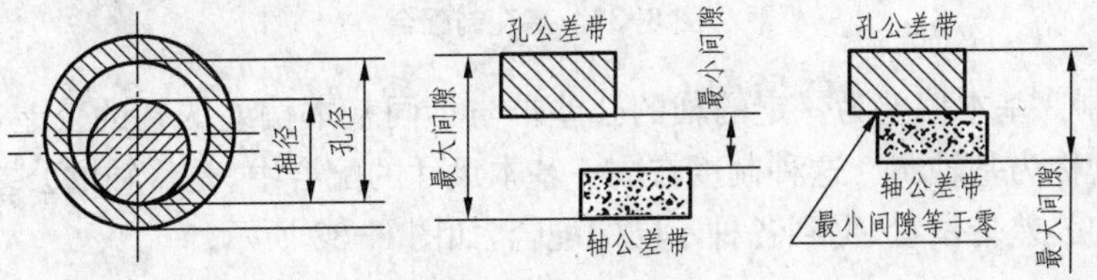

图 8-29　间隙配合

② 过盈配合　指任取一对基本尺寸相同的轴和孔相配，孔的尺寸减轴的尺寸为负或零时的配合。此时轴的公差带在孔的公差带之上，如图 8-30 所示。

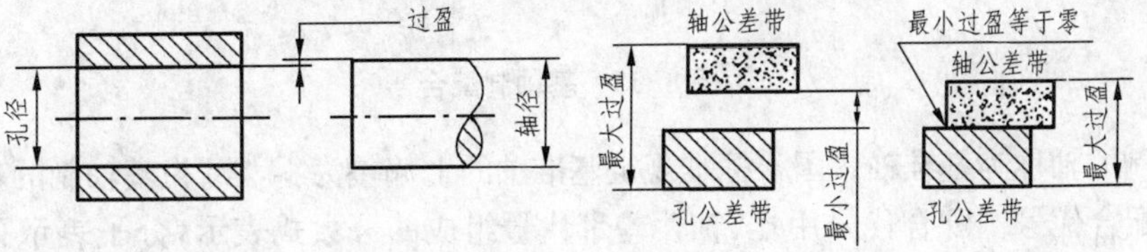

图 8-30　过盈配合

③ 过渡配合　指任取一对基本尺寸相同的轴和孔相配，孔的尺寸减轴的尺寸可能为正也可能为负时的配合。此时孔的公差带和轴的公差带相互重叠，如图 8-31 所示。

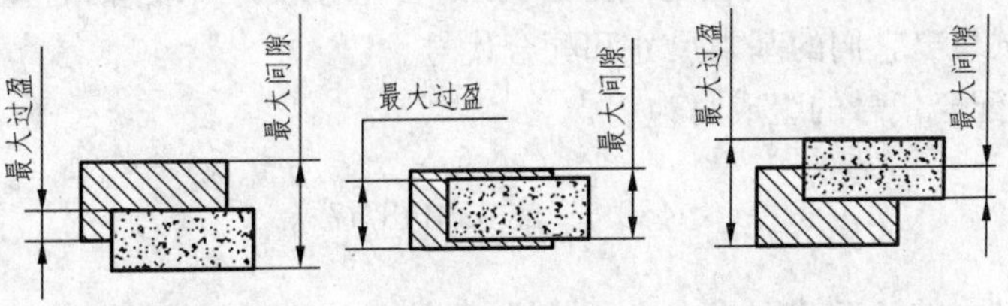

图 8-31　过渡配合

(2) 配合制

在制造配合的零件时，如果孔和轴两者都可以任意变动，则情况变化极多，不便于零件的设计和制造。使其中一种零件基本偏差固定，通过改变另一种零件的基本偏差来获得各种不同性质配合的制度称为配合制。

国家标准规定了两种基准制：

① 基孔制　基本偏差为一定的孔的公差带，与不同基本偏差的轴的公差带构成各种配

合的一种制度称为基孔制。这种制度在同一基本尺寸的配合中，是将孔的公差带位置固定，通过变动轴的公差带位置，得到各种不同的配合，如图 8-32 所示。

基孔制的孔称为基准孔。国标规定基准孔的下偏差为零，“H”为基准孔的基本偏差。

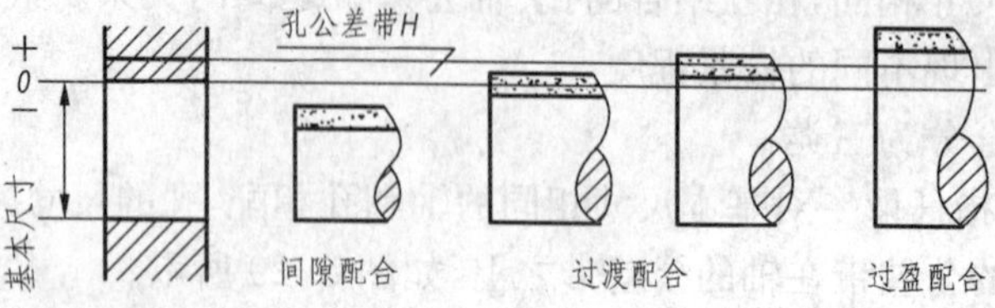

图 8-32 基孔制配合

② 基轴制 基本偏差为一定的轴的公差带与不同基本偏差的孔的公差带构成各种配合的一种制度称为基轴制。这种制度在同一基本尺寸的配合中，是将轴的公差带位置固定，通过变动孔的公差带位置，得到各种不同的配合，如图 8-33 所示。

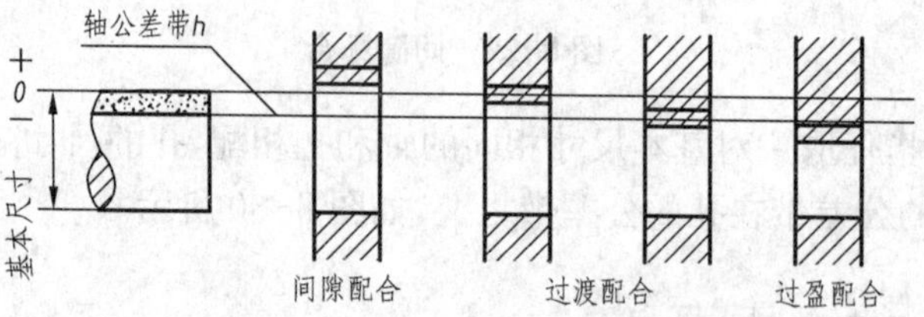

图 8-33 基轴制配合

基轴制的轴称为基准轴。国家标准规定基准轴的上偏差为零，“h”为基轴制的基本偏差。

(3) 配合代号 配合代号用孔、轴公差带代号组成的分数式表示，分子表示孔的公差带代号，分母表示轴的公差带代号。

如：$\frac{H8}{f7}$、$\frac{H9}{h9}$、$\frac{P7}{h6}$等，也可写成：H8/f7、H9/h9、P7/h6 的形式。

显而易见，在配合代号中有“H”者为基孔制配合；有“h”者为基轴制配合。

【例 1】 基本尺寸为 $\phi50$ 的基孔制配合，孔的公差等级为 8 级，轴的基本偏差为 f 级，公差等级为 7 级，试写出它们的基本尺寸和配合代号。

【解】 根据配合代号的组成写为

$$\phi50\ \frac{H8}{f7} \text{或}\ \phi50H8/f7$$

进一步，由基本偏差系列图或查出孔、轴极限偏差值，可知此配合为间隙配合。

【例 2】 已知配合代号为：ϕ40K7/h6，试说明配合代号含义。

【解】 根据公差带代号及配合代号的组成，可知：ϕ40K7/h6 表示基本尺寸为 40，公差等级为 6 级的基准轴与基本偏差为 K，公差等级为 7 级的孔形成的基轴制过渡配合。

3) 公差与配合的选用

为了提高生产效率，减少生产中刀具、量具的种类，即减少实际使用的配合种类，规定了基本尺寸至 500 mm 的优先和常用配合，见表 8-9、表 8-10。在设计中尽量采用表中带“▲”标记的优先配合。

表 8-9 基孔制优先、常用配合

基准孔	轴																				
	a	b	c	d	e	f	g	h	js	k	m	n	p	r	s	t	u	v	x	y	z
	间隙配合								过渡配合				过盈配合								
H6						H6/f5	H6/g5	H6/h5	H6/js5	H6/k5	H6/m5	H6/n5	H6/p5	H6/r5	H6/s5	H6/t5					
H7						H7/f6	▲H7/g6	▲H7/h6	H7/js6	▲H7/k6	H7/m6	▲H7/n6	▲H7/p6	H7/r6	▲H7/s6	H7/t6	▲H7/u6	H7/v6	H7/x6	H7/y6	H7/z6
H8					H8/e7	▲H8/f7	H8/g7	▲H8/h7	H8/js7	H8/k7	H8/m7	H8/n7	H8/p7	H8/r7	H8/s7	H8/t7	H8/u7				
				H8/d8	H8/e8	H8/f8		H8/h8													
H9			H9/c9	▲H9/d9	H9/e9	H9/f9		▲H9/h9													
H10			H10/c10	H10/d10				H10/h10													
H11	H11/a11	H11/b11	▲H11/c11	H11/d11				▲H11/h11													
H12		H12/b12						H12/h12													

表 8-10 基轴制优先、常用配合

基准轴	孔																				
	A	B	C	D	E	F	G	H	JS	K	M	N	P	R	S	T	U	V	X	Y	Z
	间隙配合								过渡配合				过盈配合								
h5						F6/h5	G6/h5	H6/h5	JS6/h5	K6/h5	M6/h5	N6/h5	P6/h5	R6/h5	S6/h5	T6/h5					
h6						F7/h6	▲G7/h6	▲H7/h6	JS7/h6	▲K7/h6	M7/h6	▲N7/h6	▲P7/h6	R7/h6	▲S7/h6	T7/h6	▲U7/h6			H7/y6	H7/z6
h7					E8/h7	▲F8/h7		▲H8/h7	JS8/h7	K8/h7	M8/h7	N8/h7									
h8				D8/h8	E8/h8	F8/h8		H8/h8													
h9				▲D9/h9	E9/h9	F9/h9		▲H9/h9													
h10				D10/h10				H10/h10													
h11	A11/h11	B11/h11	▲C11/h11	D11/h11				▲H11/h11													
h12		B12/h12						H12/h12													

4) *公差配合注法*

(1) 装配图中注法　在装配图中标注配合时，基本尺寸后面注一分式，分子写孔的基本偏差配合代号(大写字母)和公差等级，分母写轴的基本偏差配合代号(小写字母)和公差等级，标注形式为：

① 基孔制配合的标注方法　如图 8-34。

$$基本尺寸\frac{基准孔代号\ H\ 公差等级}{轴的基本偏差代号公差等级}$$

② 基轴制配合的标注方法　如图 8-35。

$$基本尺寸\frac{孔的基本偏差代号公差等级}{基准轴代号\ h\ 公差等级}$$

当遇到特殊情况时，如标准的滚动轴承与零件的孔、轴装配在一起，由于滚动轴承的内孔与外径是标准的，不必注出公差，其配合注法如图 8-36 所示。

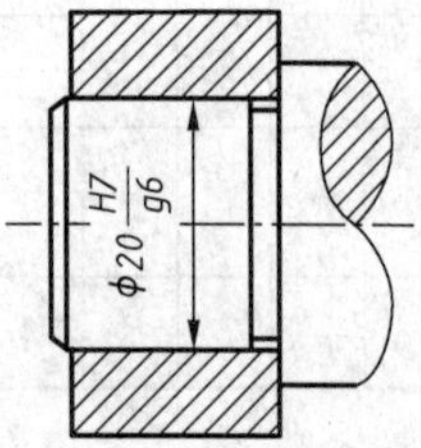

图 8-34　基孔制配合的标注

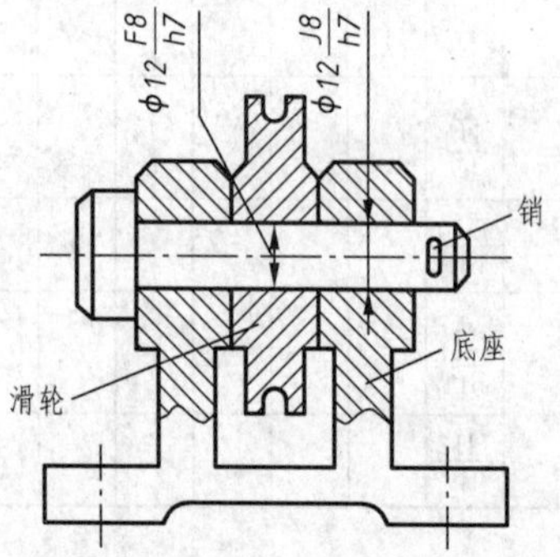

图 8-35　基轴制配合的标注

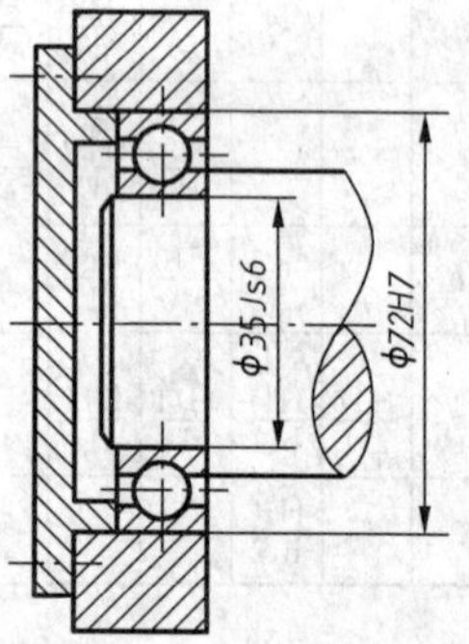

图 8-36　滚动轴承配合的标注

(2) 零件图上注法

在零件图上标注公差，实际上就是把装配图上所标注的分式中的分子部分注在孔的基本尺寸之后，而把分母部分注在轴的基本尺寸之后。

在零件图上标注公差时，可以在基本尺寸后面注出基本偏差代号和公差等级，也可以在基本尺寸后面注出极限偏差数值，或两者同时注出。如图 8-37 所示。

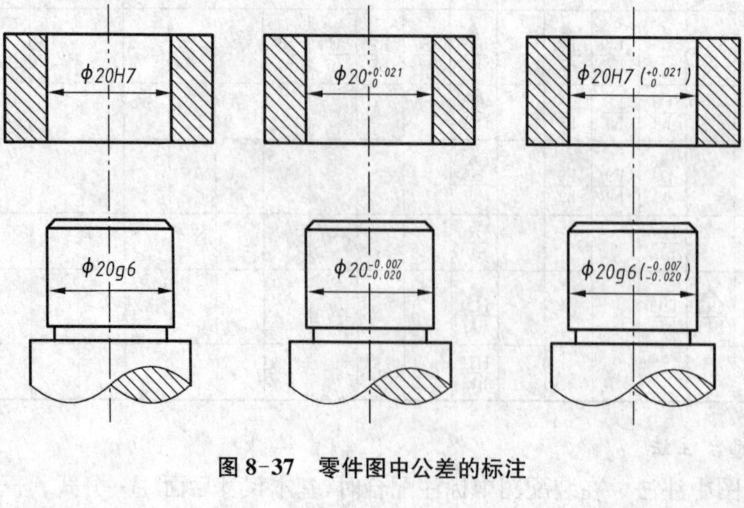

图 8-37　零件图中公差的标注

8.4.3 形状和位置公差

为保证零件的性能，除对尺寸提出尺寸公差要求外，还应对形状和位置公差提出要求，使零件能正常使用。如图 8-38 所示零件，由于形状和位置公差不合格，则轴线弯曲且与端面不垂直，导致两零件不能正确装配。下面简要介绍形位公差的相关内容。

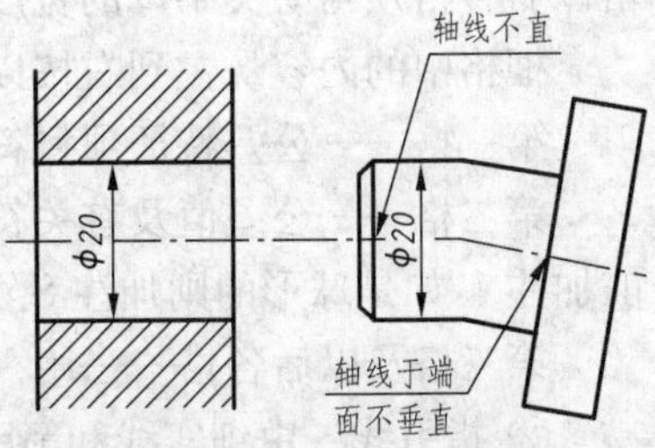

图 8-38 形状与位置误差

1) 形状和位置公差的基本概念

(1) 形状公差 被测量的实际要素对理想要素的变动全量，如图 8-39 所示。

(2) 位置公差 实际要素的位置对基准要素所允许的变动全量，如图 8-40 所示。

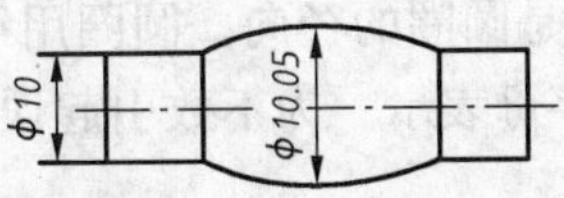

图 8-39 形状误差示例

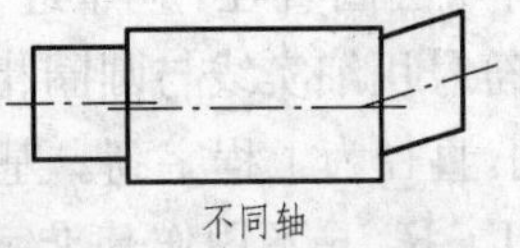

图 8-40 位置误差示例

形状公差和位置公差简称形位公差。

(3) 形位公差分类和符号 形位公差包括形状公差和位置公差两大类。其中线、面轮廓度属于“形状或位置公差”，当线、面轮廓度中有基准要求时看作位置公差，否则属于形状公差。位置公差则进一步分为定向、定位和跳动三小类。其公差特征项目和符号见表 8-11。

表 8-11 形位公差特征名称和符号

公差		特征项目	符号	有或无基准要求
形状	形状	直线度	—	无
		平面度	▱	无
		圆度	○	无
		圆柱度	⌭	无
形状或位置	轮廓	线轮廓度	⌒	有或无
		面轮廓度	⌓	有或无

公差		特征项目	符号	有或无基准要求
位置	定向	平行度	//	有
		垂直度	⊥	有
		倾斜度	∠	有
	定位	位置度	⊕	有或无
		同轴度	◎	有
		对称度	≡	有
	跳动	圆跳动	↗	有
		全跳动	⌰	有

表中定向公差用来确定公差带对基准的方向，定位公差用来确定公差带对基准或理想中心的位置，跳动公差是以检测方式定出的公差项目。符号中的斜线除倾斜度相对水平倾斜 45°外，其他均倾斜 75°。

2) 形状和位置公差的标注

(1) 形位公差代号

形位公差代号由公差框格、指引线、公差数值和其他有关符号及基准符号组成。

① 公差框格　公差框格由两格或多格组成，框格的高度应是框格内所书写字体高度的两倍。框格的宽度应是：第一格等于框格的高度；第二格应与标注内容的长度相适应；第三格以后各格须与有关字母的宽度相适应。如图 8-41 所示。

框格中的内容从左到右按以下次序填写：

第一格——公差特征项目符号；

第二格——公差值及有关符号（公差值用线性值，如公差带是圆形或圆柱形则在公差值前加注 ϕ，如是球形的则加注 $S\phi$）；

第三格及以后各格——用一个或多个字母表示基准要素或基准体系。

② 指引线　由细实线和箭头组成，从公差框格的一端引出，指引线的箭头应指向公差带的宽度方向或直径。

③ 基准　确定元素间相互位置的点、线、面称为基准。

基准代号由基准符号、圆圈、连线和代表基准的字母组成。基准符号用粗线（约为 2d）绘制，长度约等于圆圈直径，应靠近基准要素的可见轮廓线或轮廓线的延长线（相距约为 1 mm）。基准符号用细实线与圆圈相连，连线方向应是圆圈的径向。圆圈用细实线（约为字高的 1/9）绘制，直径为工程字高。基准字母用大写字母表示。为不致引起误解，字母 E、I、J、M、O、P、L、R、F 不用作基准字母。如图 8-41。

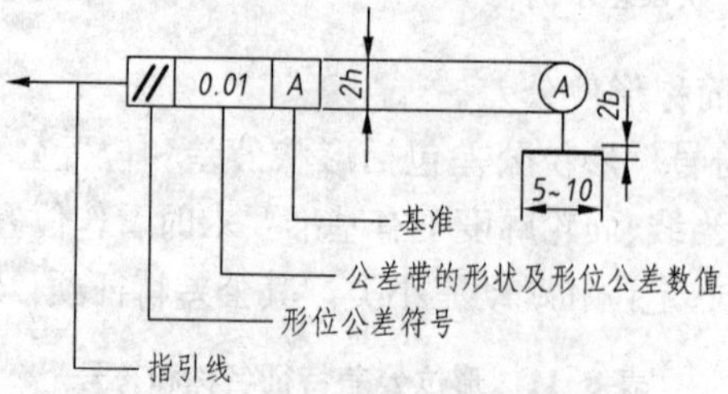

图 8-41　形位公差代号及基准符号

(2) 被测要素的标注

被测要素指图样上给出了形位公差要求的要素，是被检测的对象。用带箭头的指引线将框格与被测要素相连，按以下方式标注：

① 当被测要素是线、表面等轮廓要素时，箭头指向轮廓线或其延长线，但应与尺寸线明显错开，如图 8-42(a)。

② 当被测要素是轴线、中心线、中心平面等中心要素时，带箭头的指引线应对准尺寸线，如图 8-42(b)。

③ 当受视图的限制，需要表示图中某个面的形位公差要求时，可在面上画一小黑点，由黑点处引出参考线，箭头可指在此参考线上，如图 8-42(c)。

④ 如对同一要素有一个以上的公差特征要求，为方便起见可将一个框格放在另一框格的下面，如图 8-42(d)。

(3) 基准要素的标注

基准要素指用来确定被测要素方向或位置的要素。图样上一般用基准符号标出。

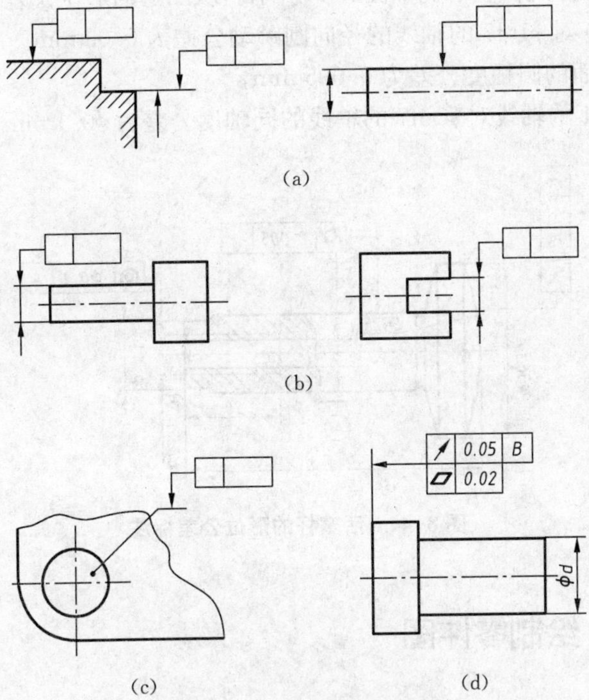

图 8-42 被测要素的标注

① 当基准要素是线、表面等轮廓要素时，基准符号的短横线应靠近基准要素的轮廓线或轮廓面，也可靠近轮廓线的延长线，如图 8-43(a)所示。

② 当受视图的限制，基准符号必须注在某个面上，可在面上画一小黑点，由黑点处引出参考线，基准符号可置于参考线上。如图 8-43(b)所示。

③ 当基准要素是轴线、中心线、中心平面等中心要素时，基准符号中的线应对准尺寸线，如图 8-43(c)所示。

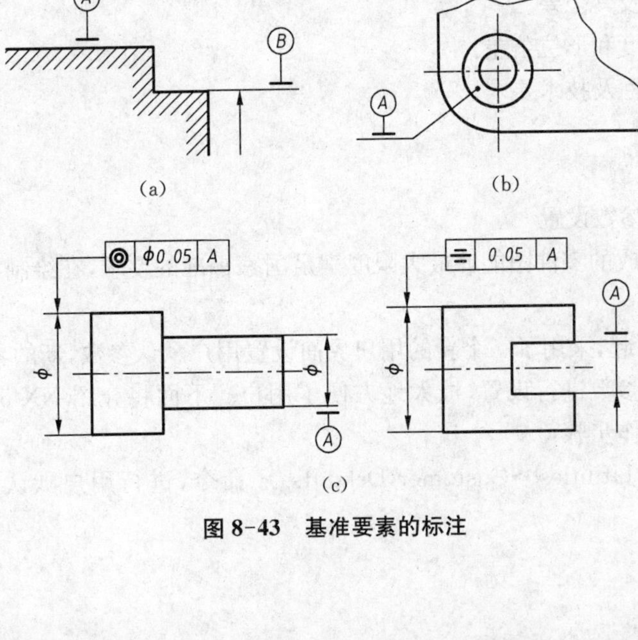

图 8-43 基准要素的标注

形位公差在图样上的标注示例如图8-44所示。从图上的形位公差标注可知：

(1) 球面 SR750 对 ϕ16f7 的轴线的径向圆跳动公差为 0.03 mm。

(2) ϕ16f7 圆柱面的圆柱度公差为 0.005 mm。

(3) 螺纹 M8×1 的轴线对 ϕ16f7 的轴线的同轴度公差为 ϕ0.1 mm。

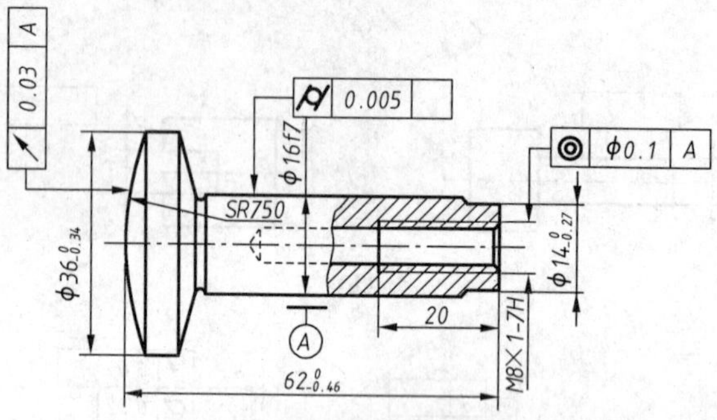

图 8-44　活塞杆的形位公差标注

8.5　用 UG NX 绘制零件图

本节以一个轴类零件为例，介绍用 UG NX 绘制零件图形、标注基本尺寸以及技术要求的过程，从而完成齿轮轴(图 8-45)的零件图。

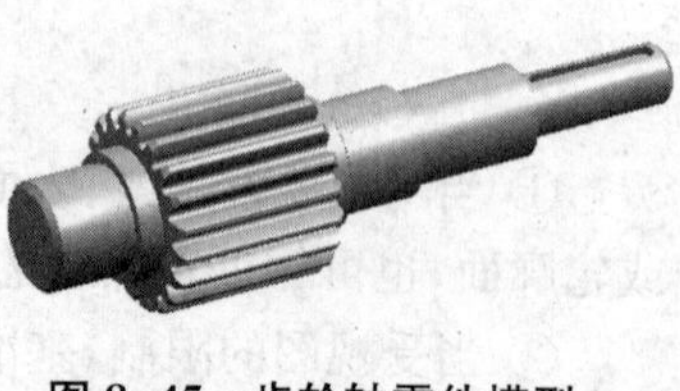

图 8-45　齿轮轴零件模型

8.5.1　作图步骤

(1) 制图默认参数设置。

(2) 对零件的功能和构形特点进行分析，确定零件的表达方案和尺寸基准。

(3) 绘制轴的主视图、局部视图、剖面图。

(4) 标注尺寸及其公差。

(5) 标注粗糙度和形位公差。

(6) 填写标题栏及技术要求。

8.5.2　作图过程

(1) 制图默认参数设置

为了使 UG 生成的零件图能够最大限度满足国家标准的要求，在绘制零件图之前，对绘图参数进行设置。

从 UG NX3.0 起，采用了一个新的用户界面设置用户默认参数，新的界面中可以对 UG 各个应用模块中的参数进行设置，极大地方便了用户。下面将介绍 NX 5.0 中对 Drafting 参数进行设置的操作步骤：

· 选择 File→Utilities→Customer Defaults... 命令，进行用户默认设置，如图 8-46 所示。

· 在弹出的对话框上选择 Drafting 选项，如图 8-47 所示。对绘图参数进行设置。也可按用户的要求设置各项参数，定制制图标准。完成后单击 Apply 按钮，关闭对话框。

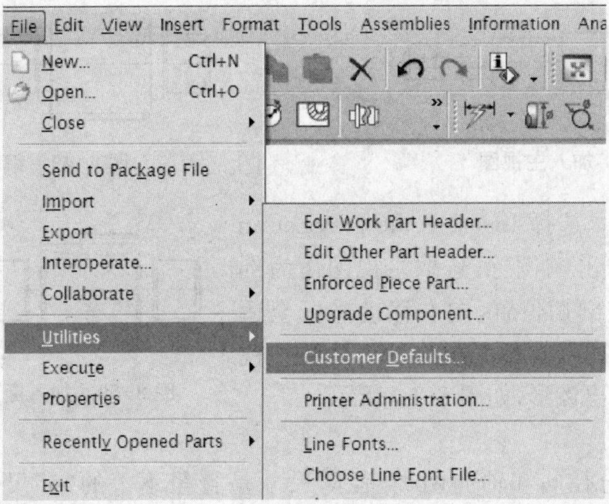

图 8-46 用户默认设置

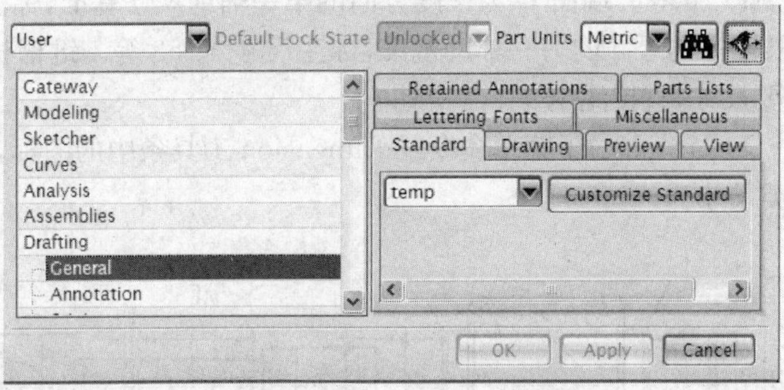

图 8-47 用户默认参数设置界面

· 退出 UG NX，然后重新运行 NX，即可启用刚才设置的默认参数。

(2) 建立新图纸

· 运行 NX5.0，打开齿轮轴零件模型，观察零件模型的形状和大小。初步确定零件的表达方案。

· 选择 Application→Drafting... 命令，进入制图模块，选择 Insert→Sheet... 命令，打开参数设置对话框，在对话框中设置图幅、图名、比例、单位、投射角，建立一张 A3 图纸。

(3) 建立视图表达方案

· 绘制轴的主视图。

轴类零件一般只用一个主视图来表示轴上各种结构的轴向位置。主视图中轴线水平放置。选择 Insert→View→BaseView... 命令或者单击图标，添加零件的主视图，在弹出的下拉菜单中选择 FRONT 选项，并旋转一定的角度，以使视图布局符合表达方案的要求。单击 MB1，主视图添加完成。如图 8-48 所示。

· 选择 Edit→View→View Dependent Edit... 命令或者单击图标，对齿轮轮齿的显示进行编辑，并插入分度线，如图 8-49 所示。

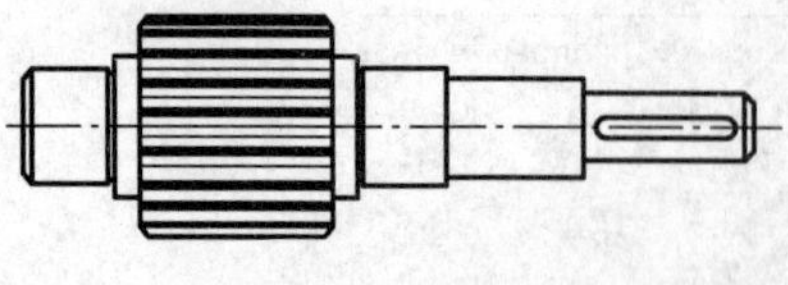

图 8-48 加入主视图

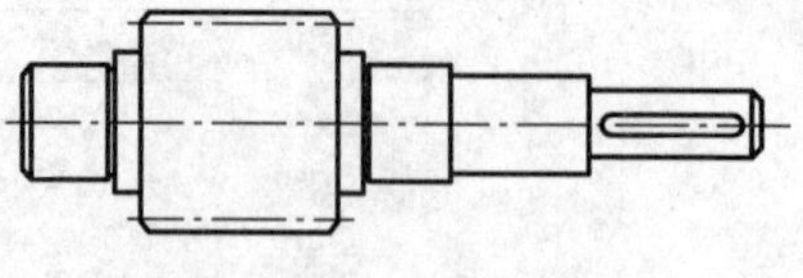

图 8-49 编辑主视图

· 添加剖视图。选择 Insert→View→Section View... 命令或者单击图标，选取主视图作为剖视图的俯视图、指定剖切位置，向右移动光标至适当位置，再单击 MB1，完成断面图绘制。并在主视图上进行局部剖，剖出齿形，如图 8-50 所示。

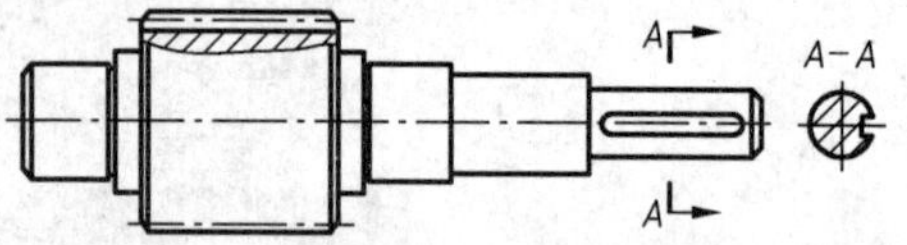

图 8-50 加入断面图、局部剖视图

(4) 尺寸标注

轴类零件尺寸分径向和轴向两类，径向尺寸是直径不等的“ϕ”尺寸，如图 8-51 所示 ϕ35、ϕ20，齿轮轴中 ϕ35 轴段及 ϕ20 轴段是用来安装滚动轴承及联轴器的，径向尺寸的基准为齿轮轴的轴线。端面 C 用于安装挡油环及轴向定位，所以端面 C 为长度方向的主要尺寸基准，标注尺寸 2、8、76 等。端面 D 为长度方向的第一辅助尺寸基准，标注尺寸 2、28。齿轮轴的右端面为长度方向尺寸的另一辅助基准，标注尺寸 4、53 等。键槽长度 45，齿轮宽度 60 等为轴向的重要尺寸，直接注出。

选择 Insert→Dimension 的子菜单命令或 Dimension 工具条中的图标，根据上述分析依次在图上标注各类尺寸。

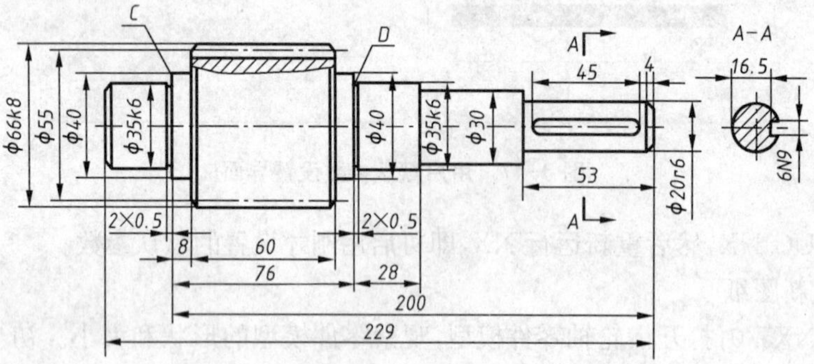

图 8-51 标注尺寸

(5) 标注技术要求

最后，在零件图上标注技术要求。两个 ϕ35 及 ϕ20 的轴颈处有配合要求，尺寸精度较高，均为 6 级公差，相应的表面粗糙度要求也较高，分别为 R_a1.6 和 3.2。对键槽提出了对称度要求。对热处理、倒角、未注尺寸公差等提出了 4 项文字说明要求。选用 Insert→Text...、Insert→Symbol→Surface Finish Symbol...、Insert→Tabular Note... 命令，加各项技术要求到图上。选用 File→Import→Part... 命令，导入 A3 图框和标题栏，填写标题栏。至此，完成了齿轮轴零件图的绘制。如图 8-52 所示。

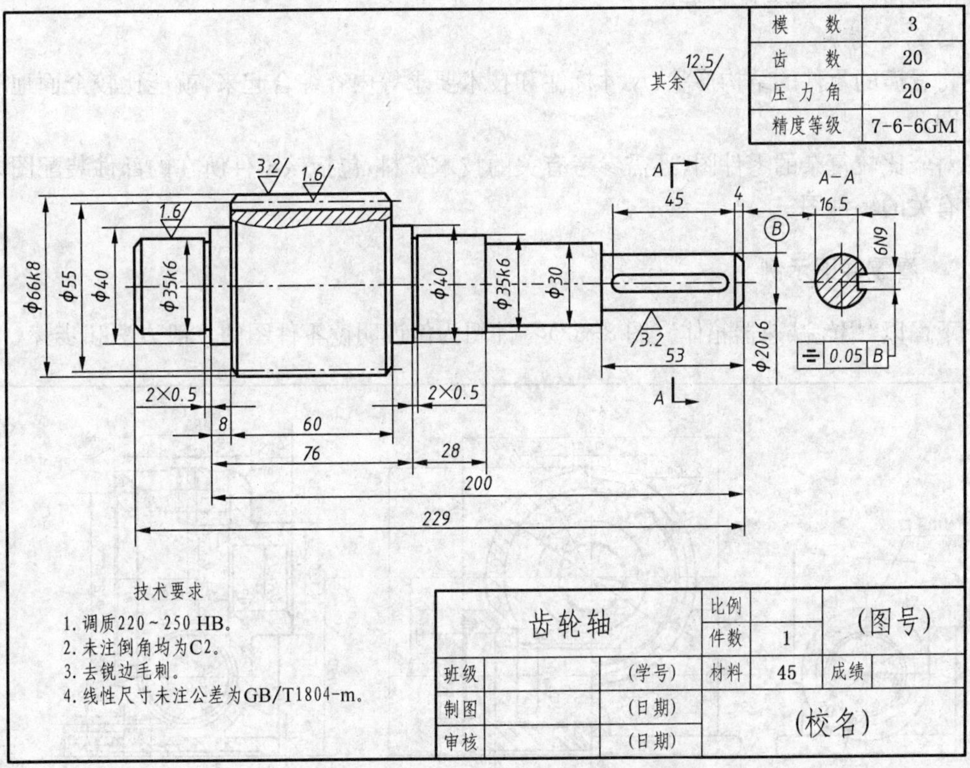

图 8-52　齿轮轴零件图

8.6　读零件图

读零件图是根据已有的零件图，了解零件的名称、材料、用途，并分析其图形、尺寸、技术要求，从而想象出零件各组成部分形体的结构形状、功用及相对位置，做到对零件有一个具体的形象构思，并完整地理解设计意图，进而设计加工过程和确定检测手段。

8.6.1　读零件图的方法和步骤

1）看标题栏

了解零件的名称、材料、画图的比例、重量，其中关于材料的牌号可参阅有关手册。同时，联系典型零件的分类，对这个零件有一个初步认识。

2）分析视图，想象形状

看懂零件的内、外形状和结构，是看零件图的重点。组合体的看图方法（包括视图、剖视等），仍然适用于看零件图。从基本视图看零件的主要的内外形状；结合局部视图、斜视图以及剖面图等表达方法，看清零件的局部或斜面的形状；从设计或加工方面的要求，了解零件的基本结构的作用

3）分析尺寸和技术要求

了解零件的定形、定位及总体尺寸，以及标注尺寸时所用的基准。还要看懂技术要求，

如表面粗糙度、公差与配合等内容。

4）综合考虑

将看懂的零件的结构形状、尺寸标注和技术要求等内容综合起来，就能比较全面地看懂零件图。

对于比较复杂的零件图，还需参考有关的技术资料，包括该零件所在的部件装配图以及与它有关的零件图。

8.6.2 看零件图示例

下面以“蜗轮减速器箱体”（图 8-53）零件图为例说明读零件图的一般方法和步骤。

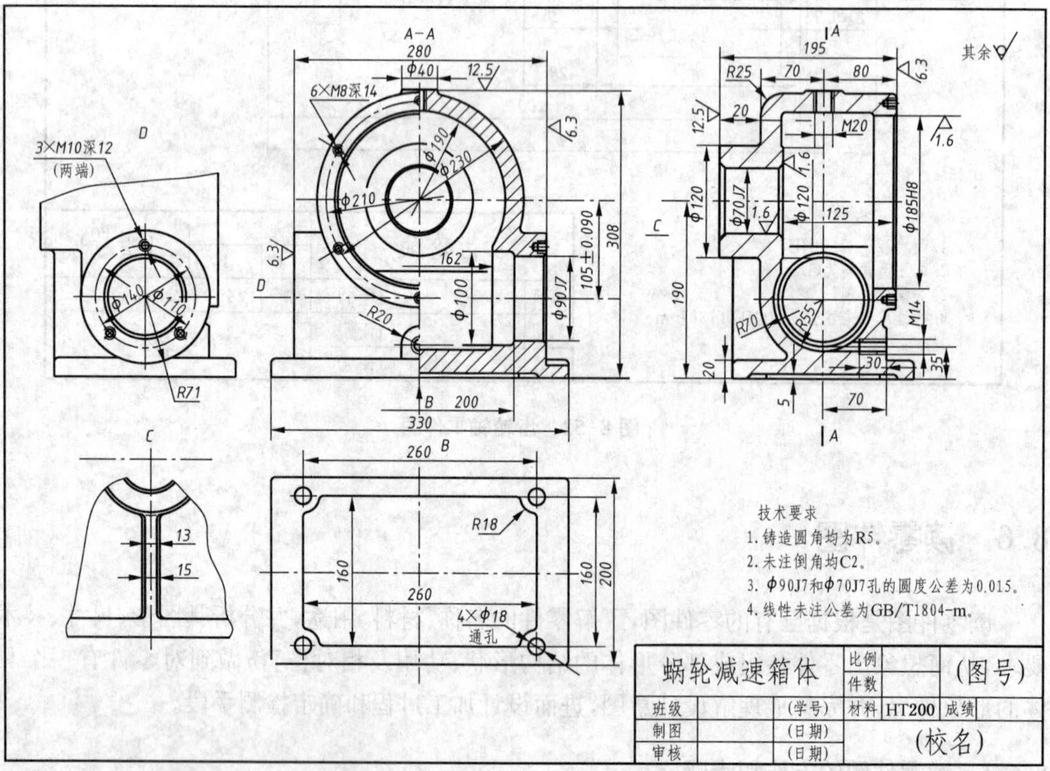

图 8-53 蜗轮减速箱体零件图

1）概括了解

从标题栏了解零件的名称、材料、比例等，由图 8-53 可知该零件名称为蜗轮减速箱体，是蜗轮减速器中的主要零件，主要起支承、包容蜗轮、蜗杆等的作用。该零件为铸件，因此应具有工艺结构的特点。

2）分析视图，想象零件形状

分析视图以便确认零件结构形状，具体分析方法如下：

(1) 形体分析

先看主视图，联系左视图及 *B*、*C*、*D* 向局部视图，大体上了解这个箱体是由上、下轴线呈交叉的两大圆柱体系和底板三部分组成。由左视图可知，上圆柱体系的后面又叠加一个

ϕ120 的圆柱。该圆柱靠肋板支承与底板相连。

(2) 结构形状分析

从主、左视图来分析，由于上面的大圆柱系统是包容和支承蜗轮的，下面的小圆柱系统是包容和支承蜗杆的，所以两轴系内部都是空腔。从主、左及 D 向视图中看出，大圆柱前端面和小圆柱两端面都有螺孔。从 B 向视图看出，底板上有 4 个通孔，以使整个箱体与其他机体用螺栓连接固定在一起。底板上方中部有 RP1/2 螺孔(放油孔)。

(3) 工艺分析

从主、左及 B 向视图中看出，底板的底面中间凹进 5 毫米，主要为了减少加工面，提高安装的稳定性。C 向视图表达出肋板厚度。另外还有一些凸台、倒角、圆角等都是为满足加工和装配的工艺性而设计的结构。

通过上述全面分析，再综合起来想象，就能正确地认识零件的形状。

3) 分析尺寸，找出基准

(1) 尺寸基准分析

由主视图可知，箱体左、右是对称的，所以长度方向尺寸的主要基准是零件的左、右对称平面。而高度方向尺寸的主要基准是箱体的底面，宽度方向尺寸的主要基准是 ϕ230 前端面。

(2) 分析重要的设计尺寸

为了保证蜗轮、蜗杆准确地啮合传动，上、下轴孔中心距要求较严(105±0.090)，须单独标注。其他各轴孔($\phi70^{+0.030}_{0}$、$\phi185^{+0.072}_{0}$、$\phi90^{+0.035}_{0}$)和上轴孔中心高都属于重要的设计尺寸，加工时应保证它们的精度。另外一些安装尺寸，如底板上的 260、160 和大圆柱前端面 ϕ210 等，其精度虽要求不高，但考虑到与其他零件装配时的对准性，所以也属重要尺寸。

4) 明确技术要求

零件图上的技术要求是合格零件的质量指标，在生产过程中须严格遵守。看图时一定要把零件的表面粗糙度、尺寸偏差、形位公差以及其他技术要求仔细分析才能制定出合理的加工方法。

通过上述分析，建立蜗轮减速器箱体的三维模型如图 8-54 所示。

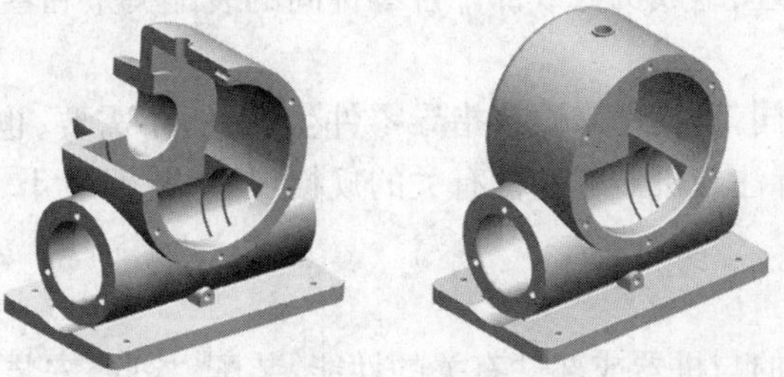

图 8-54 蜗轮减速器箱体

9 装　配　图

装配图是表达产品及其组成部分的连接、装配关系的图样。本章主要内容:装配图的作用和内容;装配图的视图选择;装配图的表达方法;装配图的尺寸及技术要求的标注;装配图的明细栏和零件序号;装配图的阅读及其中零件的拆画。

9.1 装配图的作用和内容

9.1.1 装配图的作用

在设计过程中,一般先根据设计要求画出装配图以表达机器或部件的工作原理,传动路线和零件间的装配关系,并通过装配图表达各组成零件在机器或部件上的作用和结构以及零件之间的相对位置和连接方式,以便正确地绘制零件图。在制造过程中,装配过程中要根据装配图把零件装配成部件和机器。在使用过程中,使用者也往往通过装配图了解部件和机器的性能、作用、原理和使用方法,以便于使用过程中机器的维护和保养。因此,装配图是反映设计思想,指导装配和使用机器以及进行技术交流的重要技术资料。

9.1.2 装配图的内容

一张完整的装配图一般应具有以下五方面的内容:

1) 一组图形

一组图形是为了清晰、完整、全面地表达机器内外部结构的需要而设定的,它们应能表达机器或部件的工作原理、组成机器或部件各零件间的装配关系和零件的主要结构等。

2) 必要的几类尺寸

装配图与零件图不同,不是用来直接指导零件生产的,不需要、也不可能注出每一个零件的全部尺寸,主要应标注与机器或部件有关的规格尺寸、装配尺寸、安装尺寸、外形尺寸及其他重要尺寸。

3) 技术要求

用文字或符号说明的与机器或部件有关的性能、装配、检验、安装、调试和使用等方面的技术要求。

4) 零件的序号和明细表

组成机器或部件的每一种零件(结构形状、尺寸规格及材料完全相同的为一种零件),在装配图上,必须按一定的顺序编上序号,并编制出明细栏。明细栏中注明各种零件的序号、代号、名称、数量、材料、重量、备注等内容,以便读图、图样管理及进行生产准备、生产组织工作。

5）标题栏

用于填写部件或机器的名称、图号、绘图比例、设计单位等，由设计、制图、审核者签上姓名和日期，以表明各自的相关责任。

图 9-1 以轴测图的方式展示了滑动轴承，其中包含了轴承座、轴承盖、上轴衬、下轴衬、轴衬固定套、螺栓、螺母等组成。而图 9-2 则是其装配图，其中包含了上述五项内容。

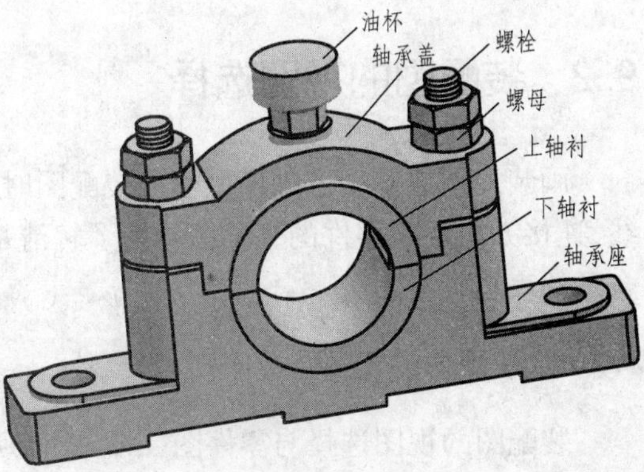

图 9-1 滑动轴承

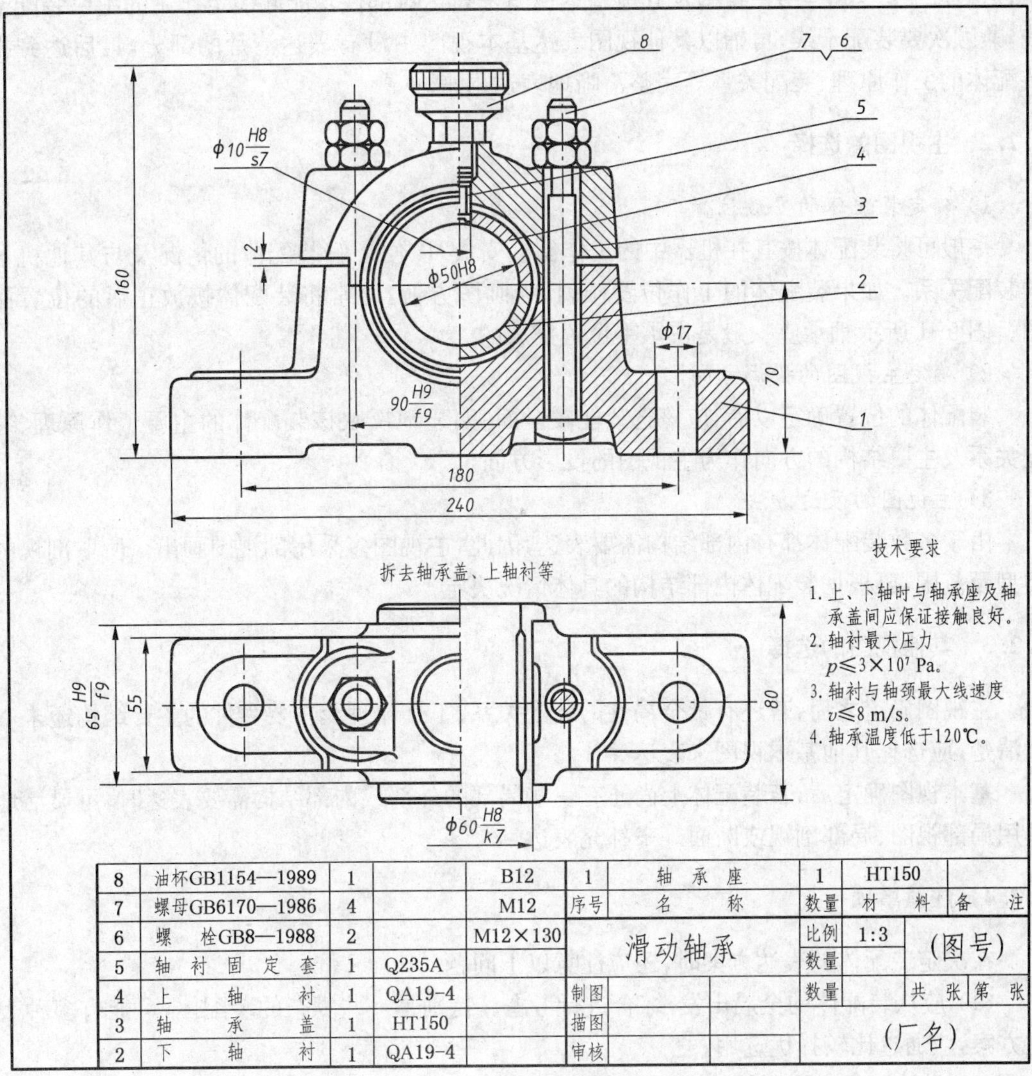

8	油杯GB1154—1989	1		B12	1	轴 承 座	1	HT150	
7	螺母GB6170—1986	4		M12	序号	名 称	数量	材 料	备 注
6	螺 栓GB8—1988	2		M12×130	滑动轴承		比例	1:3	(图号)
5	轴 衬 固 定 套	1	Q235A				数量		
4	上 轴 衬	1	QA19-4		制图		数量		共 张 第 张
3	轴 承 盖	1	HT150		描图		(厂名)		
2	下 轴 衬	1	QA19-4		审核				

图 9-2 滑动轴承装配图

9.2 装配图的视图选择

画装配图或基于三维模型生成装配图时，必须把装配体的工作原理、装配关系、传动路线、连接方式及其零件的主要结构等了解清楚，做深入细致地分析和研究，才能确定出较为合理的表达方案。

9.2.1 装配体的视图选择原则

装配图的视图选择与零件图一样，应使所选的每一个视图都有其表达的重点内容，具有独立存在的意义。一般来讲，选择表达方案时应遵循这样的思路：以装配体的工作原理为线索，从装配干线入手，用主视图及其他基本视图来表达对部件功能起决定作用的主要装配干线，兼顾次要装配干线，再辅以其他视图表达基本视图中没有表达清楚的部分，最后达到把装配体的工作原理、装配关系等完整清晰地表达出来。

9.2.2 主视图的选择

1）确定装配体的安放位置

一般可将装配体按其在机器中的工作位置安放，以便了解装配体的情况及与其他机器的装配关系。如果装配体的工作位置倾斜，为画图方便，通常将装配体按放正后的位置画图。图 9-1 所示轴承座一般是按水平位置摆放的。

2）确定主视图的投影方向

装配体的位置确定以后，应该选择能较全面、明显地反映该装配体的主要工作原理、装配关系及主要结构的方向作为主视图的投影方向。

3）主视图的表达方法

由于多数装配体都有内部结构需要表达，因此，主视图多采用剖视图画出。所取剖视的类型及范围，要根据装配体内部结构的具体情况决定。

9.2.3 其他视图的选择

主视图确定之后，若还有带全局性的装配关系、工作原理及主要零件的主要结构还未表达清楚，应选择其他基本视图来表达。

基本视图确定后，若装配体上尚还有一些局部的外部或内部结构需要表达时，可灵活地选用局部视图、局部剖视或断面等来补充表达。

9.2.4 注意事项

在决定装配体的表达方案时，还应注意以下问题：

（1）应从装配体的全局出发，综合进行考虑。特别是一些复杂的装配体，可能有多种表达方案，应通过比较择优选用。

（2）设计过程中绘制的装配图应详细一些，以便为零件设计提供结构方面的依据。指导装配工作的装配图，则可简略一些，重点在于表达每种零件在装配体中的位置。

（3）装配图中，装配体的内外结构应以基本视图来表达，而不应以过多的局部视图来表达，以免图形支离破碎，看图时不易形成整体概念。

(4) 若视图需要剖开绘制时，一般应从各条装配干线的对称面或轴线处剖开。同一视图中不宜采用过多的局部剖视。以免使装配体的内外结构的表达不完整。

(5) 装配体上对于其工作原理、装配结构、定位安装等方面没有影响的次要结构，可不必在装配图中一一表达清楚，可留待零件设计时由设计人员自定。

9.3 装配图的表达方法

装配图和零件图一样，也是按正投影的原理、方法和《机械制图》国家标准的有关规定绘制的。零件图的表达方法(视图、剖视、断面等)及视图选用原则，一般都适用于装配图。但由于装配图与零件图各自表达对象的重点及在生产中所使用的范围有所不同，因而国家标准对装配图在表达方法上还有一些专门规定。

9.3.1 装配图的规定画法

装配图的规定画法如图 9-3 所示，说明如下：

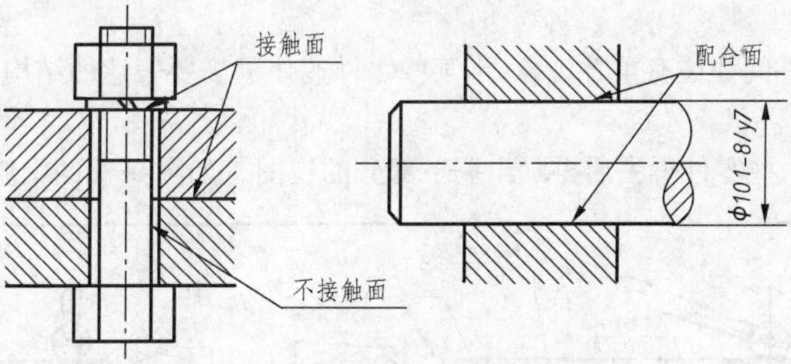

图 9-3 配合、接触面、不接触面画法

(1) 两零件的接触面和配合面只画一条线，如图 9-3 中接触面、配合面所指部位。两基本尺寸不相同的不接触表面和非配合表面，即使其间隙很小也必须画两条线，如图 9-3 中所指部位。

(2) 在剖视图或断面图中，相邻两个零件的剖面线倾斜方向应相反，或方向一致而间隔不同。但在同一张图样上同一个零件在各个视图中的剖面线方向、间隔必须一致。如图 9-3 中的左图所示的情况。厚度小于或等于 2 毫米的狭小面积的剖面，可用涂黑代替剖面符号。如图 9-4 中箭头所指部位以及图 9-5 中 d 所示。

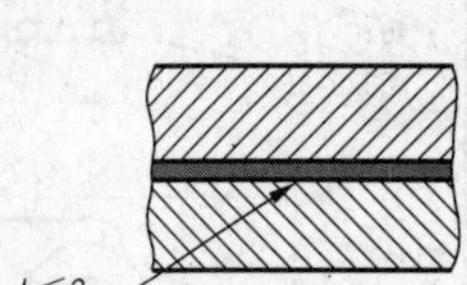

图 9-4 厚度小于 2 mm 的狭小零件剖面线

(3) 在装配图中，对于紧固件以及轴、连杆、球、滚子、键、销等实心零件，若按纵向剖切，且剖切平面通过其对称平面或轴线时，则这些零件均按不剖绘制，如图 9-5 中所指情况。当需要特别表明轴等实心零件上的凹坑、凹槽、键槽、销孔等结构时，可采用局部剖视来表达，如图 9-5 中 e 所指部位。

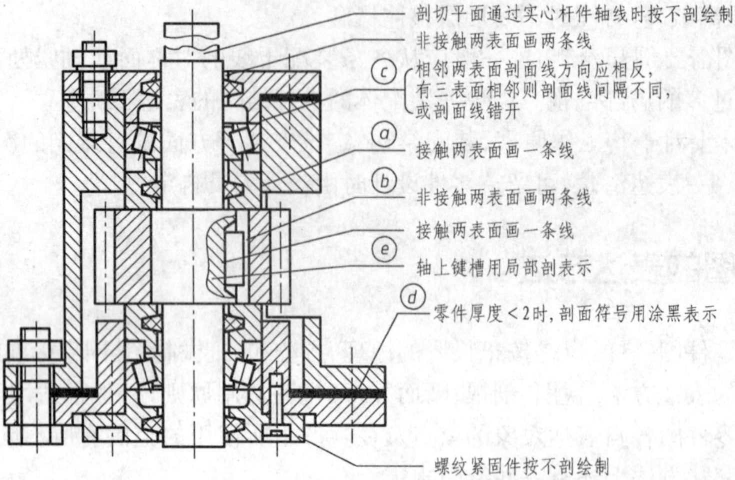

图 9-5　装配图的表达方法

9.3.2　装配图的特殊表达方法

1）拆卸画法

装配体上零件间往往有重叠现象，当某些零件遮住了需要表达的结构与装配关系时，可采用拆卸画法：

（1）假想将一些零件拆去后再画出剩下部分的视图。如图 9-6 的中俯视图就是假想拆

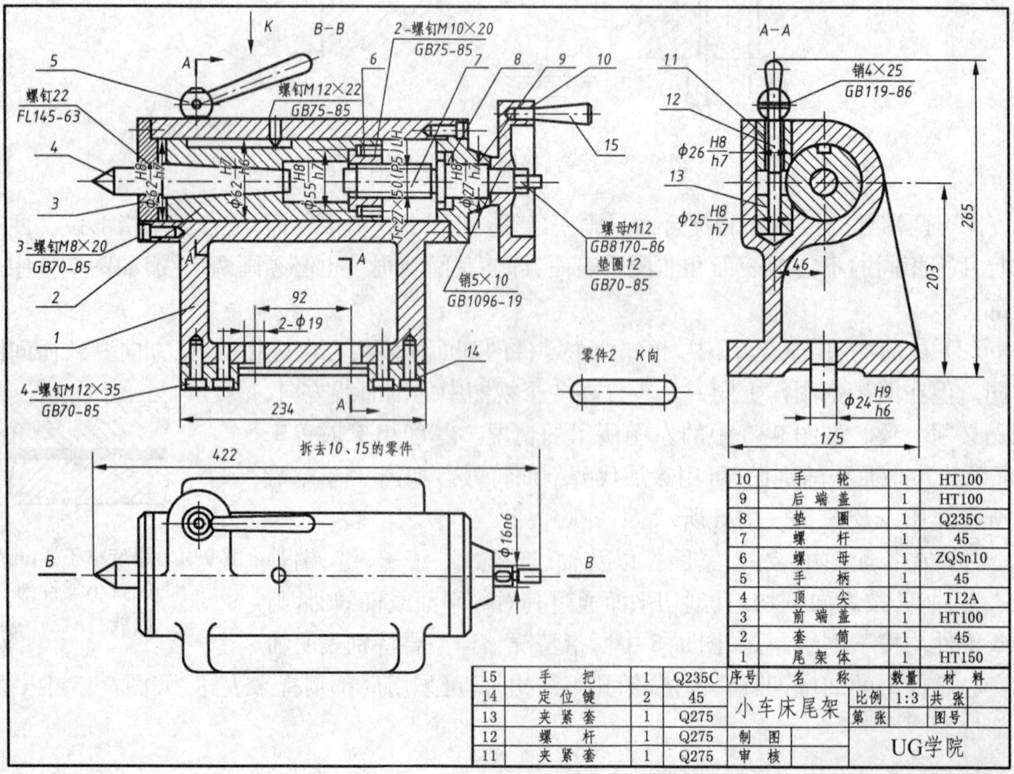

序号	名称	数量	材料
15	手把	1	Q235C
14	定位键	2	45
13	夹紧套	1	Q275
12	螺杆	1	Q275
11	夹紧套	1	Q275
10	手轮	1	HT100
9	后端盖	1	HT100
8	垫圈	1	Q235C
7	螺杆	1	45
6	螺母	1	ZQSn10
5	手柄	1	45
4	顶尖	1	T12A
3	前端盖	1	HT100
2	套筒	1	45
1	尾架体	1	HT150

小车床尾架	比例	1:3	共　张
制图	第　张		图号
审核	UG学院		

图 9-6　小车床尾架的拆卸画法

去手轮 10 和手柄 15 后画出的。图 9-2 的俯视图是拆去轴承盖 3 和上轴衬 4 后画出的。

(2) 假想沿零件的结合面剖切，相当于把剖切面一侧的零件拆去，再画出剩下部分的视图，如图 9-2 俯视图所示。此时，零件的结合面上不画剖面线，但被剖切到的零件必须画出剖面线。

拆卸画法的拆卸范围比较灵活，可以将某些零件全拆(如图 9-6 中俯视图中手柄和手轮全拆了)。也可以将某些零件半拆，此时以对称线为界，类似于半剖(如图 9-2 所示)。还可以将某些零件局部拆卸，此时，以波浪线分界，类似于局部剖。

采用拆卸画法的视图需加以说明时，可标注“拆去××零件”等字样。沿结合面剖切的拆卸视图，可按图 9-2 和图 9-6 所示方法标注。

2) 单独表达某个零件

当某个零件在装配图中未表达清楚，而又需要表达时，可单独画出该零件的局部视图，并在单独画出的零件视图上方注出该零件的名称或编号，其标注方法与局部视图类似，如图 9-6 所示，其中零件 2 就采用了单独的视图进行表达。其中只画出了这个零件的该向视图，而相邻的其他零件就不需要涉及。

下列一些画法仅仅是为了表达清晰、方便的需要而使用。

3) 假想画法

(1) 当需要表达所画装配体与相邻零件或部件的关系时，可用双点划线假想画出相邻零件或部件的轮廓。如图 9-7 右端的刀具所示。

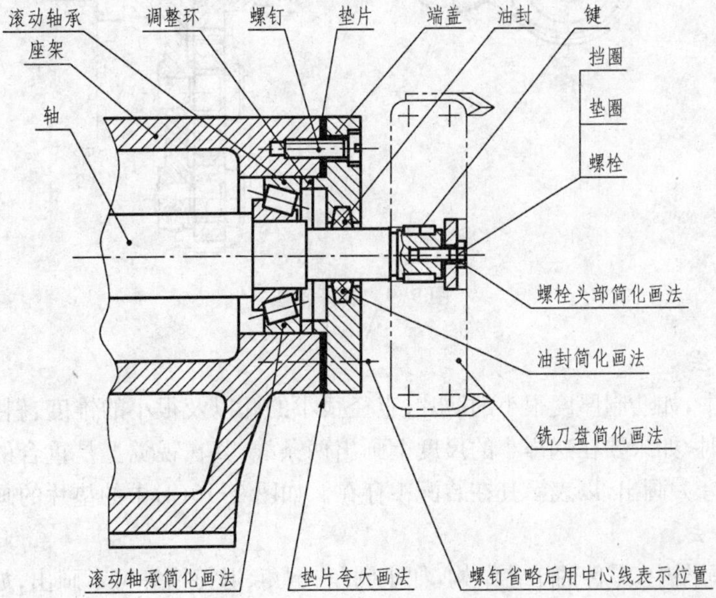

图 9-7 床头箱局部图

(2) 当需要表达某些运动零件或部件的运动范围及极限位置时，可用双点划线画出其极限位置的外形轮廓。如图 9-8 所示主视图中的手柄运动的极限位置图。

(3) 当需要表达钻具、夹具中所夹持工件的位置情况时，可用双点划线画出所夹持工件的外形轮廓。因为工件并不是夹具的组成部分，但夹具是在加工中用于夹持工件的，一般是针对工件的具体形状而专门设计的。可参看夹具设计的相关资料。

4）展开画法

为了表达传动机构的传动路线和装配关系，可假想按传动顺序沿轴线剖切，然后依次将各剖切平面展开在一个平面上，画出其剖视图。此时应在展开图的上方注明“×-× 展开”字样。如图 9-9 所示。

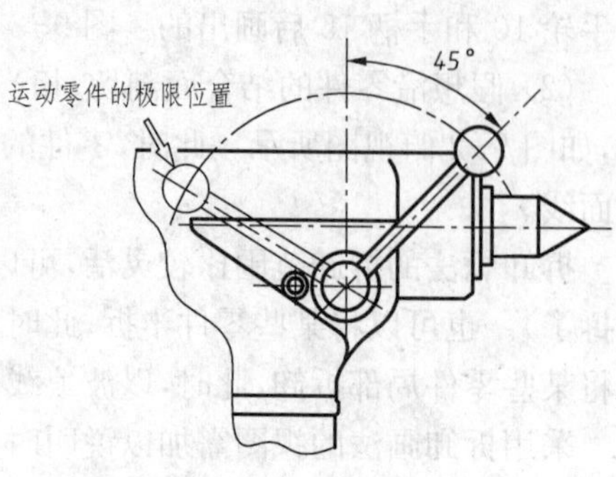

图 9-8　尾架操纵手柄的极限位置

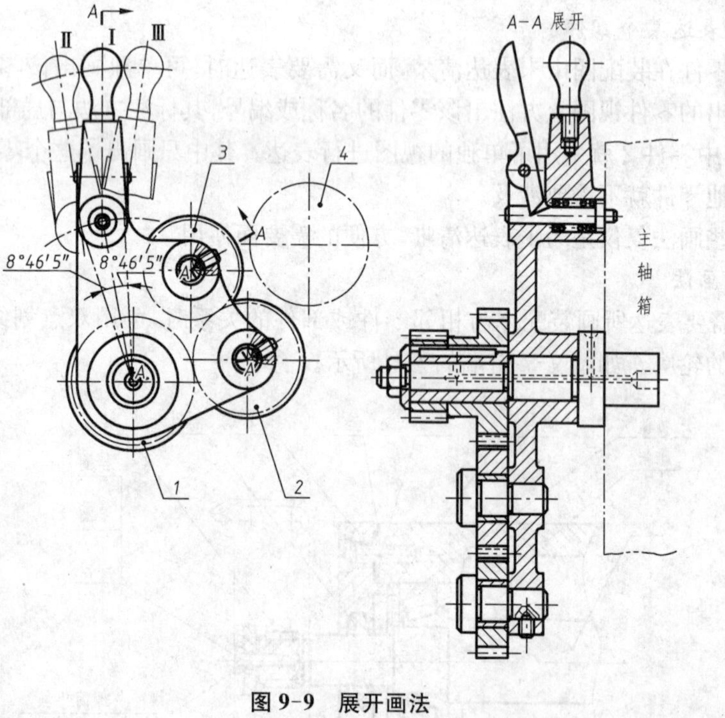

图 9-9　展开画法

5）夸大画法

在装配图中，如绘制厚度很小的薄片、直径很小的孔以及很小的锥度、斜度和尺寸很小的非配合间隙时，如果要在这样小的尺度上画出两条线，其在视觉上是重合的，这些结构可不按原比例而夸大画出，以表示其在装配中存在。如图 9-10(a)中的垫片的画法。

6）简化画法

(1) 在装配图中，零件的工艺结构，如小圆角、倒角、退刀槽等可不画出，如图 9-10(b)、图 9-11 中台阶面根部的退刀槽、圆角及轴端倒角都未画出。

(2) 在装配图中，螺栓、螺母等可按简化画法画出，即只画出主要轮廓线，而倒角、圆角等结构就不画出来，如图 9-10(b)所示。

(3) 对于装配图中若干相同的零件组，如螺栓、螺母、垫圈等，可只详细地画出一组或几组，其余只用点划线表示出装配位置即可，如图 9-10(a)、(b)所示。

(4) 装配图中的滚动轴承，可只画出一半，另一半按规定示意画法画出，如图 9-10、图

9-11 所示。

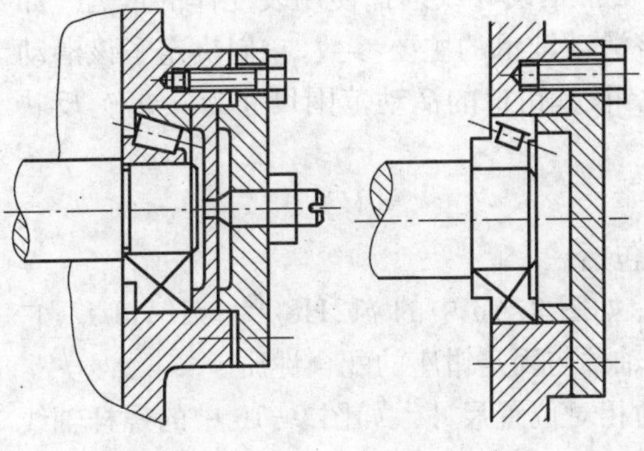

图 9-10 简化画法及夸大画法

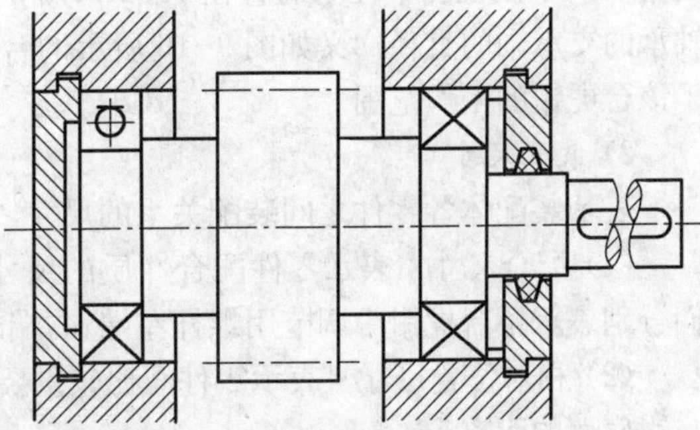

图 9-11 同一轴上相同型号滚动轴承简化画法

(5) 在装配图中，当剖切平面通过的某些组件为标准产品，或该组件已由其他图形表达清楚时，则该组件可按不剖绘制。

(6) 在装配图中，在不致引起误解，不影响看图的情况下，剖切平面后不需表达的部分可省略不画或进行一些简化。

7) 爆炸视图

为了更清楚地表达机器或部件的组成，把机器的组成部件或部件的组成零件按照其装配顺序或按一定的空间分布关系用轴测图或其他具有立体视觉效果的视图来表达，形成一个视图，与其他平面视图组合在一张工程图中，这种用于表达机器或部件的装配组成及其装配顺序关系的空间视图称为爆炸视图。爆炸视图能帮助人们更深入地理解机器或部件的装配结构原理、更好地指导生产装配生产、更直观地指导机器或部件的使用维护，因而在现代工程中越来越多地采用了这种视图。装配爆炸视图，可以作为一个成员视图置于装配工程图中，也可以作为装配工程图的附件单独出图，图 9-12 是图 9-1 所示的滑动轴承的爆炸视图，它把该滑动轴承的所有组成零件都在空间按其装配顺序展现出来。爆炸视图能为机器或部件的装配和维修操作人员理解和认识产品提供极大的方便。UG NX 软件的装配模块中提供了装配爆炸视图的生成功能，可以利用人工编辑的方式通过移动组件来生成爆炸视图，也可以利用自动爆炸的方法来生成。

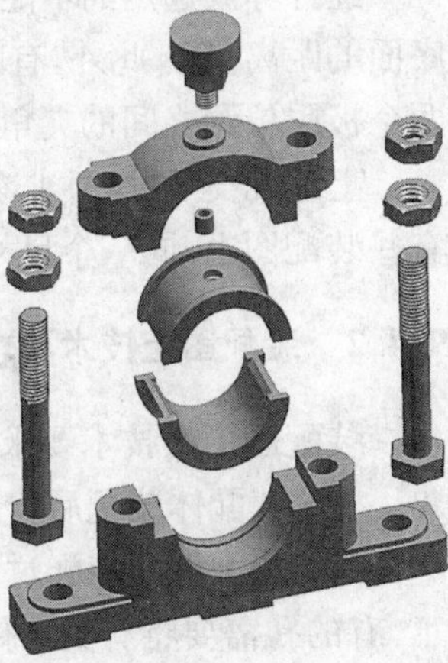

图 9-12 滑动轴承爆炸视图

9.4 装配图的尺寸标注及技术要求的注写

9.4.1 装配图上的尺寸标注

装配图与零件图不同，不是用来直接指导零件生产的，不需要、也不可能标注出每一个零件的全部尺寸，一般仅标注出下列几类尺寸：

1）特性、规格尺寸

表示装配体的性能、规格或特征的尺寸。它常常是设计或选择使用装配体的依据。如图 9-2 所示主视图中柱塞的直径 ϕ50H8，就是该滑动轴承的主要参数，它们决定了该滑动轴承的支承轴的直径。又如图 9-16 所示的台虎钳，其钳口的活动范围尺寸为 0～70，反映了该台虎钳的工作范围。

2）装配尺寸

表示装配体各零件之间装配关系的尺寸，它包括：

（1）配合尺寸　表示零件配合性质的尺寸。如图 9-16 中的 ϕ12H8/f7、ϕ18H8/f7，它们分别表示了台虎钳中调节用螺杆左端、右端的轴颈与固定钳座的配合性质。

（2）相对位置尺寸　表示零件间比较重要的相对位置尺寸。如图 9-16 中的螺杆轴线与钳底面的距离 16。

3）安装尺寸

表示装配体安装时所需要的尺寸。如图 9-16 中的安装孔的定位尺寸 116、定形尺寸 2×ϕ11。又如图 9-2 中轴承座两孔间的距离尺寸 180 和轴承座安装孔直径 ϕ17。

4）外形尺寸

表示装配体的外形轮廓尺寸，如总长、总宽、总高等。这是装配体在包装、运输、安装时所需的尺寸。如图 9-16 中的 205、60 等尺寸。

5）其他重要尺寸

经计算或选定的不能包括在上述几类尺寸中的重要尺寸，如图 9-2 中的轴承座中心距底面的距离 70。此外，有时还需要注出运动零件的极限位置尺寸，如图 9-8，可标出其手柄两个极限位置之间的夹角。

上述几类尺寸，并非在每一张装配图上都必须注全，应根据装配体的具体情况而定。在有些装配图上，同一个尺寸，可能兼有几种含义，有的尺寸可能既是规格尺寸又是配合尺寸。

9.4.2　装配图上技术要求的注写

装配图中的技术要求，一般可从以下几个方面来考虑：

（1）装配体装配后应达到的性能要求。如图 9-2 中技术要求。

（2）装配体在装配过程中应注意的事项及特殊加工要求。例如，有的表面需装配后加工，有的孔需要将有关零件装好后配作等。

（3）检验、试验方面的要求。

（4）使用要求。如对装配体的维护、保养方面的要求及操作使用时应注意的事项等。

与装配图中的尺寸标注一样，不是上述内容在每一张图上都要注全，而是根据装配体的需要来确定。

技术要求一般注写在明细表的上方或图纸下部空白处，如图 9-2 和图 9-16 所示。如果内容很多，也可另外编写成技术文件作为图纸的附件。

9.5　装配图零部件序号和明细栏

为了便于看图和图纸的配套管理以及生产组织工作的需要，装配图中的零件和部件都必须编写序号，同时要编制相应的明细栏。

9.5.1 零、部件的序号

1）一般规定

(1) 装配图中所有零、部件都必须编写序号。

(2) 同一装配图中，尺寸规格完全相同的零、部件，只编一个序号。

装配图中的零、部件的序号应与明细栏中的序号一致。

零件序号与之相应的明细表是装配图的一个组成部分，读图时，根据明细表的序号能够很容易地找到各种零件在装配图上的位置，并可了解到有关零件的名称、数量、材料等详细情况。

2）序号的注法

(1) 序号应尽量注在视图轮廓线的外边，并填写在引出线的横线上或小圆中，如图 9-13 所示。

(2) 每个零件（或部件）或形状、尺寸完全相同的一种零件必须编排一个序号，而且原则上在图中只注出一次。

(3) 序号引出线的一端，必须指在所编零件的可见投影上，并在端部画一黑圆点（薄零件可用箭头指向所编零件），而另一端的横线上则注写序号，字体应略大于图上的尺寸数字，如图 9-13 所示。

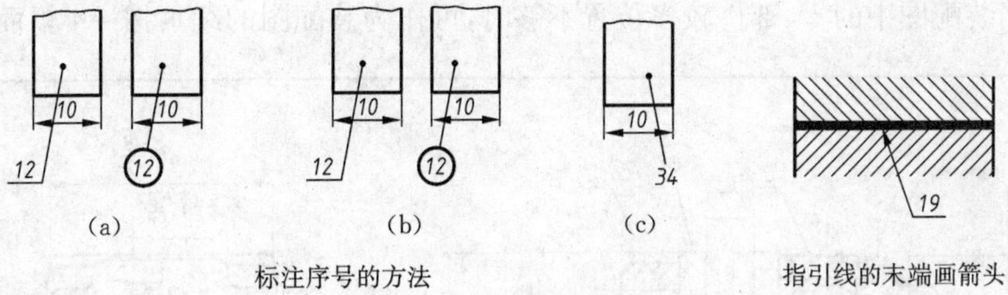

图 9-13 序号及引出线

(4) 引出线必须清晰地引向所编的零件，避免与剖面线或主要轮廓线平行，必要时可以画成折线，但只允许曲折一次，如图 9-14 左图。

(5) 序号在图上应排列整齐，与标题栏平行或垂直并应尽量保持在同一直线上，其顺序应按顺时针或逆时针方向依次排列，如图 9-6、图 9-16 所示。

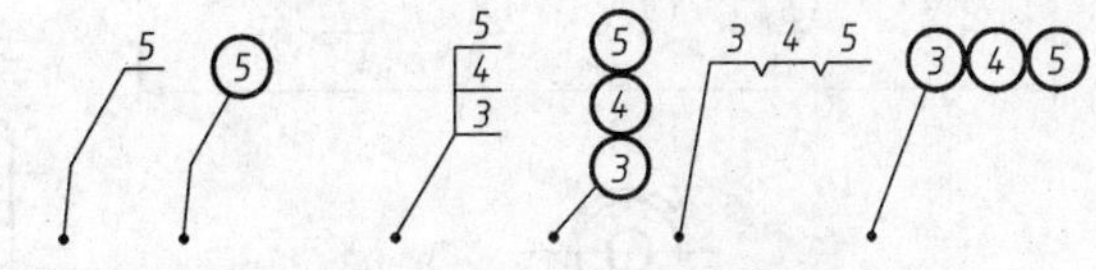

图 9-14 指引线的形式

(6) 连接件部分，如螺栓、双头螺柱连接，可以几个零件共用一根引出线，引出线一端与其中一个零件相连，横线应上下排列（或水平排列）用细实线连接，如图 9-14 右图所示。

3）其他规定

(1) 同一张装配图中，编注序号的形式应一致。

(2) 指引线不能相交。

(3) 当指引线通过有剖面线的区域时，指引线不应与剖面线平行。

9.5.2 明细栏(根据 GB 10609.2—1989)

1）明细栏的画法

(1) 明细栏一般应紧接在标题栏上方绘制。若标题栏上方位置不够时,其余部分可画在标题栏的左方,如图 9-6、图 9-16 所示。

(2) 当明细栏直接绘制在装配图中时,其格式和尺寸如图 9-15 所示。

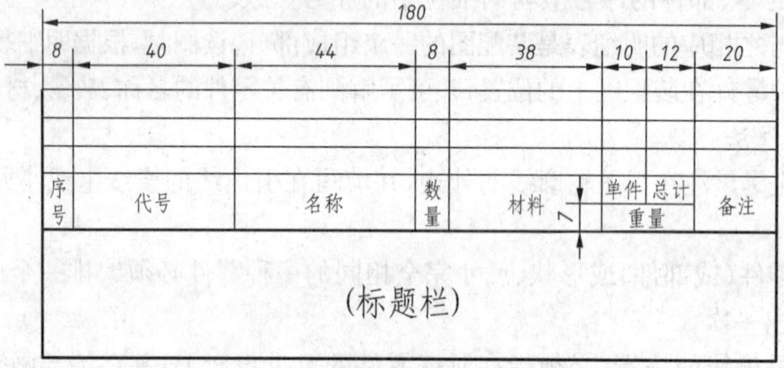

图 9-15 明细栏的标准格式

(3) 明细栏最上方(最末)的边线一般用细实线绘制。

(4) 当装配图中的零、部件较多位置不够时,可作为装配图的续页按 A4 幅面单独绘制

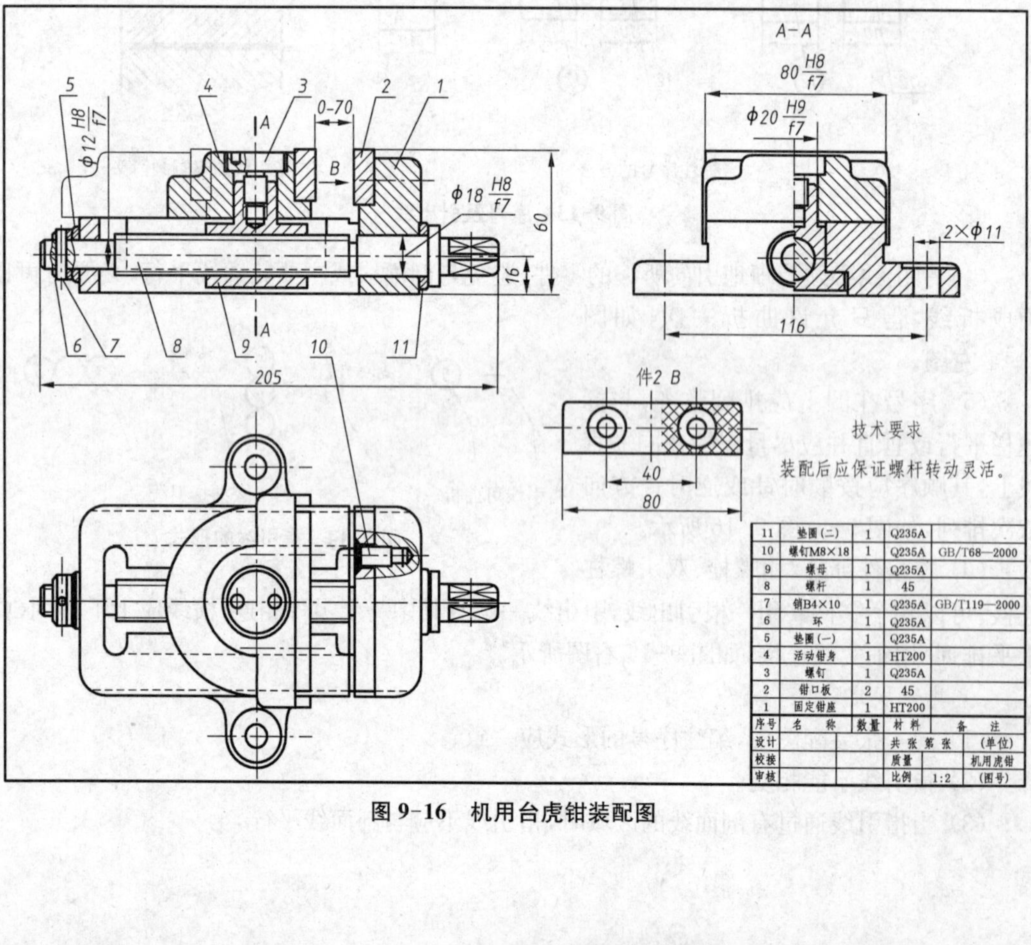

序号	名称	数量	材料	备注
11	垫圈(二)	1	Q235A	
10	螺钉M8×18	1	Q235A	GB/T68—2000
9	螺母	1	Q235A	
8	螺杆	1	45	
7	销B4×10	1	Q235A	GB/T119—2000
6	环	1	Q235A	
5	垫圈(一)	1	Q235A	
4	活动钳身	1	HT200	
3	螺钉	1	Q235A	
2	钳口板	2	45	
1	固定钳座	1	HT200	

设计			共 张 第 张		(单位)
校接			质量		机用虎钳
审核			比例	1:2	(图号)

图 9-16 机用台虎钳装配图

出明细栏。若一页不够，可连续加页。其格式和要求参看国标 GB 10609.2—1989。

2) 明细栏的填写

(1) 当明细栏直接画在装配图中时，明细栏中的序号应按自下而上的顺序填写，以便发现有漏编的零件时，可继续向上填补，如图 9-6、图 9-16 所示。有时为了方便图面布局，在向上填写不便时，可以在标题栏左侧续加明细栏，仍然由下而上填写，如图 9-6 所示。如果是单独附页的明细栏，序号应按自上而下的顺序填写。

(2) 明细栏中的序号应与装配图上编号一致，即一一对应，如图 9-2、图 9-6、图 9-16 所示。

(3) 代号栏用来注写图样中相应组成部分的图样代号或标准号。

(4) 备注栏中，一般填写该项的附加说明或其他有关内容。如分区代号、常用件的主要参数，如齿轮的模数、齿数，弹簧的内径或外径、簧丝直径、有效圈数、自由长度等。

(5) 螺栓、螺母、垫圈、键、销等标准件，其标记通常分两部分填入明细栏中。将标准代号填入代号栏内，其余规格尺寸等填在名称栏内。

9.6 用 UG NX 绘制典型部件装配图

UG NX 是一种三维 CAD 软件，用它进行工程设计是从三维开始的。其步骤是：首先，根据总设计简图的要求（总体设计尺寸）分配获得的零件与总图相关的尺寸进行零件的三维建模；第二，把相对独立、在机器或设备中能完成某特定功能的单元的零件装配组合成机器或设备的部件，因为一个机器或设备中可能有很多部件，而且有的复杂部件可能还会由几个相对独立的功能结构单元装配组合而成，所以机器或设备的部件装配还会有子部件装配。把最小的子部件装配完成后，再由这些小的子部件装配成稍大的子装配，以此类推，直至所有部件都完成装配；最后，进行总装配，即把组成机器或设备的所有功能结构单元组合成总的产品。

注意零件设计采用 UG 的 Modeling 模块的功能，必须启动 Application→Modeling；而装配组合成为机器或设备则要使用 UG 的 Assembly 模块，所以必须启动装配模块，采用命令 Start→Assemblies。

传统的装配图的制作顺序是先根据工件大小来确定画装配图的比例和图幅；再根据所确定的视图表达方案来确定各视图在图纸中的位置，并画出各视图的对称中心线；然后再按投影关系由左向右，由里向外（如果有剖视表达方案的话），以所确定的中心线为基准来进行装配图的绘制。

这里我们采用三维的设计软件，是为了巩固和检验前面已学的零件图的知识、UG 建模的知识，先对照图 9-16 机用台虎钳的三维模型和相对应的零件的二维工程图，把台虎钳的所有零件进行三维建模，完成后进行装配，形成如图 9-17（其中部分零件进行了局部剖视）所示的三维装配模型后，再利用该三维模型来生成如图 9-16 所示二维装配工程图。

图 9-17 机用台虎钳装三维模型

对于装配体生成工程图的步骤，其图幅设置、图形生成、技术要求注写、尺寸标注等方法基本与单个零件图相同。但有三点与零件图不同，其一是装配图中，对于标准件或回转体零件，如果其中心无特殊结构，当剖面通过其回转中心时，有时需要进行不剖处理，在UG自动生成的工程图中一般是对剖面通过的所有零件都进行剖视，这需要设计、制图人员利用UG的相关功能对这些零件进行适当的编辑；其二，装配图中有时需要插入爆炸视图；其三，装配图中有明细表和零件标号。当然装配图中还要进行装配尺寸标注、配合公差标注、装配技术要求等，这些前文已提及，这里就不再重复。

9.7 阅读装配图、拆零件模型

在机器或部件的设计、制造、使用和维修过程中，在技术革新、技术交流等生产活动中，常会遇到读装配图和拆图的问题，如果有三维模型这当然就不成为问题了，但在手工绘图和设计中一般是先有装配图，然后再从装配图来拆画零件图。故本书也对如何进行手工拆画零件图进行介绍。目的是介绍如何有效地形成零件草图，以便于为三维建模、利用三维模型形成工程图做好数据装备。

9.7.1 读装配图

读装配图通常可按如下三个步骤进行：

1）概括了解

首先从标题栏入手，可了解装配体的名称和绘图比例。从装配体的名称联系生产实践知识，往往可以知道装配体的大致用途。例如：阀，一般是用来控制流量起开关作用的；虎钳，一般是用来夹持工件的；减速器则是在传动系统中起减速作用的；各种泵则是在气压、液压或润滑系统中产生一定压力和流量的装置。通过比例，即可大致确定装配体的大小。

再从明细栏了解零件的名称和数量，并在视图中找出相应零件所在的位置。

另外，浏览一下所有视图、尺寸和技术要求，初步了解该装配图的表达方法及各视图间的大致对应关系，以便为进一步看图打下基础。

2）详细分析

分析装配体的工作原理，分析装配体的装配连接关系，分析装配体的结构组成情况及润滑、密封情况，分析零件的结构形状。要对照视图，将零件逐一从复杂的装配关系中分离出来，想出其结构形状。分离时，可按零件的序号顺序进行，以免遗漏。标准件、常用件往往一目了然，比较容易看懂。轴套类、轮盘类和其他简单零件一般通过一个或两个视图就能看懂。对于一些比较复杂的零件，应根据零件序号指引线所指部位，分析出该零件在该视图中的范围及外形，然后对照投影关系，找出该零件在其他视图中的位置及外形，并进行综合分析，想象出该零件的结构形状。

在分离零件时，利用剖视图中剖面线的方向或间隔的不同及零件间互相遮挡时的可见性规律来区分零件是十分有效的。

对照投影关系时，借助三角板、分规等工具，往往能大大提高看图的速度和准确性。

对于运动零件的运动情况，可按传动路线逐一进行分析，分析其运动方向、传动关系及运动范围。

3）归纳总结

在概括了解、深入分析的基础上，为了对整个装配体有一个完整、全面的认识，还应进行归纳总结。一般可按以下几个主要问题进行：

(1) 装配体的功能是什么？其功能是怎样实现的？在工作状态下，装配体中各零件起什么作用？运动零件之间是如何协调运动的？

(2) 装配体的装配关系、连接方式是怎样的？有无润滑、密封及其实现方式如何？

(3) 装配体的拆卸及装配顺序如何？

(4) 装配体如何使用？使用时应注意什么事项？

(5) 装配图中各视图的表达重点意图如何？是否还有更好的表达方案？装配图中所注尺寸各属哪一类？

上述读装配图的方法和步骤仅是一个概括的说明。实际读图时几个步骤往往是平行或交叉进行的。因此，读图时应根据具体情况和需要灵活运用这些方法，通过反复地读图实践，便能逐渐掌握其中的规律，提高读装配图的速度和能力。

9.7.2 读装配图举例

下面以球心阀为例，来具体说明读装配图的方法和步骤。球心阀的装配图如图 9-18 所示。

1）概括了解

从标题栏、明细栏中可以看出，该球心阀共有十一种零件，其中标准件为两种，其余为非标准件。

从球心阀这个名称可以得知，该部件用于化工管道系统中控制液体流量的大小，起开、关控制作用。

该装配体共用了两个基本视图来表示：

主视图——通过阀的两条装配干线作了全剖视，这样绝大多数零件的位置及装配关系就基本上表达清楚了。

俯视图——表示出了整个球心阀俯视情况、A 向视图的观察位置、阀盖与阀体接头的连接方式。

2）详细分析

如图 9-18 所示，以阀体 9、球心 4 和阀盖 5 构成该部件的主体，其中 $\phi20$ 孔轴线方向为主要装配干线。阀体 9 上部铅垂直孔内安装了阀杆 11、垫圈 7、密封环 8、螺纹压环 10 等零件，阀杆 11 上部可装扳手，阀杆下端嵌在球心 4 的凹槽内。球心及阀杆周围装有密封件。阀杆轴线方向为另一重要装配干线。

由图中可以看出，该装配体的主要零件为阀盖 5、球心 4、密封圈 3、阀体 9、阀杆 11。其余零件，或为标准件，或为形状结构比较简单的零件，只要将两个视图稍加观察，即可将其形状结构和作用分析出来。因此，下面只将几个主要零件进行一些分析：

阀盖 5——结合主、零件 5 的 B 向图即可分析出该零件的结构形状及其作用为：左端外部为台阶螺纹结构，右端为方板结构，其上有四个过螺柱光孔，最右端有一小圆柱凸台，与阀体 9 左端台阶孔配合，起径向定位作用。右端的内台阶孔起密封圈 3 的径向定位作用。零件中心为 $\phi20$ 的通孔，是流体的通路。

球心 4——从其名称和主视图中的标注即可知该零件为球体，从主视图可分析出球心 4 上加工有一直径为 20 毫米的通孔，球心上方有方槽，与阀杆 11 的下端相结合。工作时球心的位置受阀杆位置控制，从而控制流体的流量。

密封圈 3——根据装配体的结构，不难分析出其为一截面如主视图中所示的环形零件。从明细栏中可知材料为聚四氟乙烯，该材料耐磨耐腐蚀，是良好的密封材料。

阀体 9——其结构如主、俯视图及零件 9*A* 向视图所示。其作用除了具有阀盖 5 的作用外，还具有容纳球心、密封圈、阀杆、垫、螺纹压环等零件的重要作用。

阀杆 11——两个视图联系分析，即可得出该零件为台阶轴类零件。上端为四棱柱状结构，用来安装扳手的。最下端为平行扁状结构，插入球心上方槽内，转动阀杆即可控制球心的位置。

由图可知，球心阀的装配图标注了如下几类尺寸：

规格尺寸——ϕ20；

装配尺寸——ϕ44H11/k11、ϕ20H11/k11；

安装尺寸——47、47、M40×2；

外形尺寸——114、ϕ53、49。

3）归纳总结

(1) 球心阀的安装及工作原理　通过球心阀左右外螺纹，用带有内螺纹的接头可将球心阀安装固定在管路上。在图示情况下，球心内孔的轴线与阀体及阀盖内孔的轴线呈共线状态。此时液体通路打开，呈打开状态。若转动装于阀杆上的扳手(图中未画出)，通过扳手的方孔带动阀杆 11 旋转，同时阀杆 11 带动球心 4 旋转，球心内孔与阀体内孔、阀体接头内孔逐渐关闭。其接通程度处在变化之中，液体流量随之发生变化。当扳手旋转使阀杆带动球心旋转，球心内孔轴线与阀体及阀盖轴线重合时液体的阻力最小，流过阀的流量为最大。

(2) 球心阀的装配结构　球心阀的零件间的连接方式均为可拆连接。因该部件工作时不需要高速运转，故不需要润滑。由于液体容易泄漏，因此需要密封，球心处和阀杆处都进行了密封。

(3) 球心阀的拆装顺序　拆卸时，可先拆下螺纹压环 10、阀杆 11 及密封件 7 和 8。然后拆下四个螺母 M10，即可将球心阀解体。装配时和上述顺序相反。

通过上面的读图分析，不难得出球心阀的整体、全面印象。

9.7.3　由装配图拆画零件图

由装配图拆画零件图，是将装配图中的非标准零件从装配图中分离出来画成零件图的过程，这是设计工作中的一个重要环节。拆画零件图一般有两种情况，一种情况是装配图及零件图从头到尾均由一人完成。在这种情况下拆画零件图一般比较容易，因为在设计装配图时，对零件的结构形状已有所考虑。另一种情况是，装配图已绘制完毕，由他人来拆画零件图，这种情况下拆画零件图，难度要大一些，这就必须要在读懂装配图的基础上即理解别人设计意图的基础上才能进行。我们这里主要讨论第二种情况下的拆画零件图工作。下面还以图 9-18 所示球心阀为例，说明拆画零件图时，应注意的一些问题。

1）对零件表达方案的处理

装配图上的表达方案主要是从表达装配关系、工作原理和装配体的总体情况来考虑的。

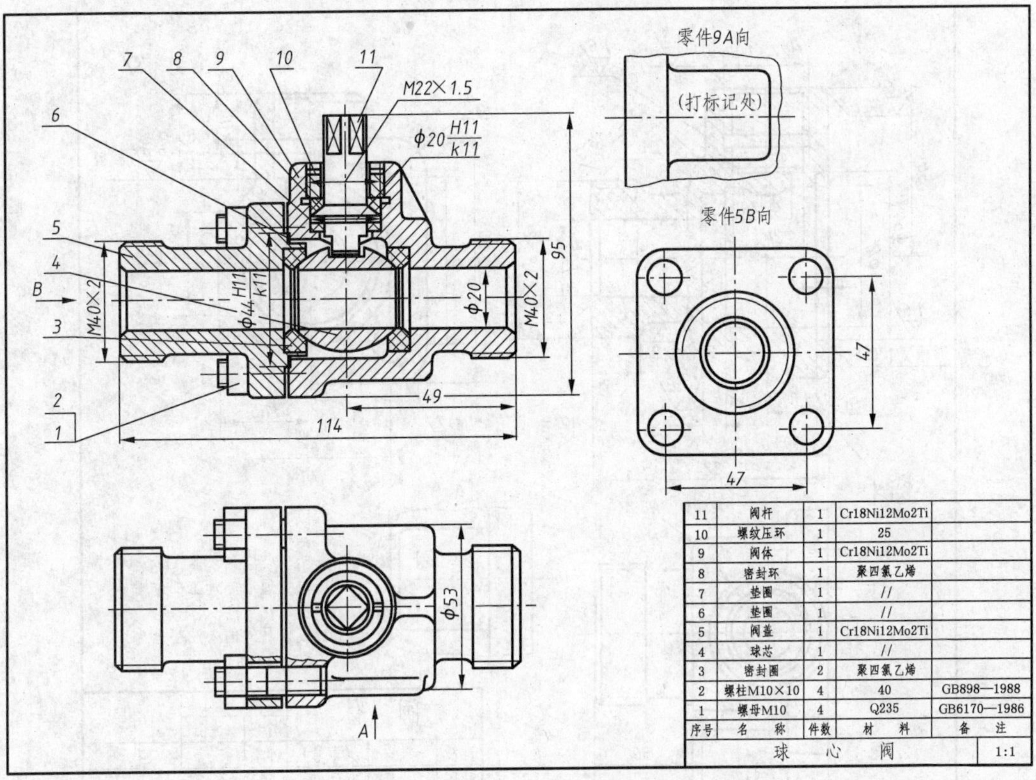

11	阀杆	1	Cr18Ni12Mo2Ti	
10	螺纹压环	1	25	
9	阀体	1	Cr18Ni12Mo2Ti	
8	密封环	1	聚四氯乙烯	
7	垫圈	1	//	
6	垫圈	1	//	
5	阀盖	1	Cr18Ni12Mo2Ti	
4	球芯	1	//	
3	密封圈	2	聚四氯乙烯	
2	螺柱M10×10	4	40	GB898—1988
1	螺母M10	4	Q235	GB6170—1986
序号	名 称	件数	材 料	备 注
球 心 阀				1:1

图 9-18 球心阀装配图

因此,在拆画零件图时,应根据所拆画零件的内外形状及复杂程度来选择表达方案,而不能简单地照抄装配图中该零件的表达方案。例如,图 9-18 所示球心阀中的阀杆 11,在装配图中两个视图都有所表示,且其轴线为铅垂位置。拆画零件图时,显然不需要三个视图就能表达清楚,且应将其轴线水平放置来绘制零件图,以方便工人加工时看图。对于装配图中没有表达完全的零件结构,在拆画零件图时,应根据零件的功用及零件结构知识加以补充和完善,并在零件图上完整清晰地表达出来。如图 9-18 的球心阀阀体 9,其前端的具体形状,在装配图中作为次要结构而未表达清楚,但在零件图中就必须表达清楚。A 向局部视图可以从如图 9-18 所示的装配图中照抄过来。

对于装配图中省略的工艺结构,如倒角、退刀槽等,也应根据工艺需要在零件图上表示清楚。如阀体 9 上方内螺纹上端的工艺倒角,在装配图上未画出,在零件图上就应补充画出或标注出,如图 9-19 中所示。

2) 尺寸处理

零件图上的尺寸,应根据装配图来决定,其处理方法一般有:

(1) 抄注:在装配图中已标注出的尺寸,往往是较重要的尺寸。这些尺寸一般都是装配体设计的依据,自然也是零件设计的依据。在拆画其零件图时,这些尺寸不能随意改动,要完全照抄。对于配合尺寸,就应根据其配合代号,查出偏差数值,标注在零件图上。

(2) 查找:螺栓、螺母、螺钉、键、销等,其规格尺寸和标准代号,一般在明细栏中已列出,其详细尺寸可从相关标准中查得。

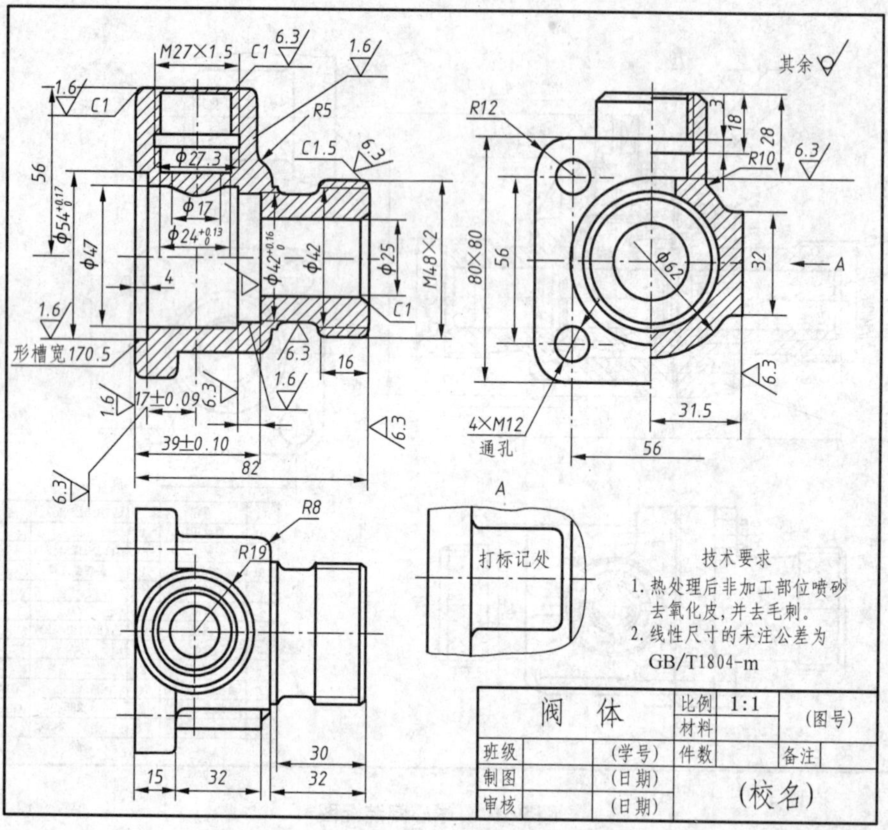

图 9-19　阀体零件图

螺孔直径，螺孔深度，键槽、销孔等尺寸，应根据与其相结合的标准件尺寸来确定。

按标准规定的倒角、圆角、退刀槽等结构的尺寸，应查阅相应的标准来确定。

(3) 计算：某些尺寸数值，应根据装配图所给定的尺寸，通过计算确定。如齿轮轮齿部分的分度圆尺寸、齿顶圆尺寸等，应根据所给的模数、齿数及有关公式来计算。

(4) 量取：在装配图上没有标注出的其他尺寸，可从装配图中用比例尺量得。量取时，一般取整数。

另外，在标注尺寸时应注意，有装配关系的尺寸应相互协调。如配合部分的轴、孔，其基本尺寸应相同。其他尺寸，也应相互适应，使之不致在零件装配时或运动时产生矛盾或产生干涉，咬卡现象。

在进行尺寸的具体标注时，还要注意尺寸基准的选择。

3) 对技术要求的处理

对零件的形位公差、表面粗糙度及其他技术要求，可根据装配体的实际情况及零件在装配体的使用要求，用类比法参照同类产品的有关资料以及已有的生产经验进行综合确定。

阀体的表达方案、尺寸处理及技术要求的选取，如图 9-19。

以上是利用二维装配图拆画二维零件图的手工做法。如果已有三维模型(如图 9-20 所示)，则可利用三维模型生成二维图样，进行适

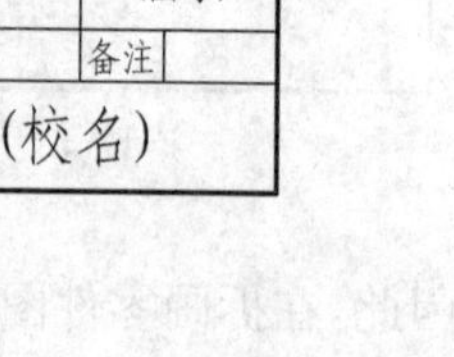

图 9-20　阀体零件图

当标注后便形成二维工程图，对上述零件在制作的时候也还有下列问题需要注意：

(1) 要把三维模型中的螺纹改成符号螺纹(Symbolic)。

(2) 要选择好比例、图幅等。

(3) 要利用 UG 提供的适当工具完成确定的表达方案。

(4) 要对图样中的尺寸数字、箭头、尺寸线、尺寸界限线、尺寸附加文字、公差样式等进行预设置。

(5) 最后在图样上进行标注，注写技术要求，填写标题栏。

利用三维转二维图样，再在图样上进行与模型相关联的标注，最大的优点是模型、图样或表达方案的变更时，图样不需要人工进行绘制，由三维 CAD 软件自动生成。而且形成图样的表达方案并标注尺寸后，如果原有三维模型根据设计要求作了变化，工程图上对应的图样和尺寸也随之变更，而不需要手工再次绘图和标注尺寸。

附录 A 常用螺纹及螺纹紧固件

A1 普通螺纹(摘自 GB/T 193—2003, GB/T 196—2003)

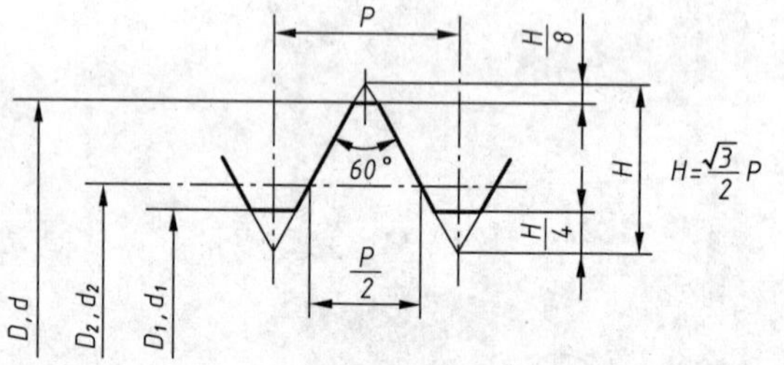

表 A1 直径与螺距系列、基本尺寸

mm

公称直径 D、d 第一系列	公称直径 D、d 第二系列	螺距 p 粗牙	螺距 p 细牙	粗牙小径 D_1、d_1
3		0.5	0.35	2.459
	3.5	(0.6)		2.850
4		0.7	0.5	3.242
	4.5	(0.75)		3.688
5		0.8		4.134
6		1	0.75,(0.5)	4.917
8		1.25	1,0.75,(0.5)	6.647
10		1.5	1.25,1,0.75,(0.5)	8.376
12		1.75	1.5,1.25,1,(0.75),(0.5)	10.106
	14	2	1.5,(1.25),1,(0.75),(0.5)	11.835
16		2	1.5,1,(0.75),(0.5)	13.835
	18	2.5	2,1.5,1,(0.75),(0.5)	15.294
20		2.5		17.294

公称直径 D、d 第一系列	公称直径 D、d 第二系列	螺距 p 粗牙	螺距 p 细牙	粗牙小径 D_1、d_1
	22	2.5	2,1.5,1,(0.75),(0.5)	19.294
24		3	2,1.5,1,(0.75)	20.752
	27	3	2,1.5,1,(0.75)	23.752
30		3.5	(3),2,1.5,1,(0.75)	26.211
	33	3.5	(3),2,1.5,(1),(0.75)	29.211
36		4	3,2,1.5,(1)	31.670
	39	4		34.670
42		4.5	(4),3,2,1.5,(1)	37.129
	45	4.5		40.129
48		5		42.587
	52	5		46.587
56		5.5	4,3,2,1.5,(1)	50.046

注:1. 优先选用第一系列,括号内尺寸尽可能不用。第三系列未列入。

2. 中径 D_2、d_2 未列入。

表 A2　细牙普通螺纹螺距与小径的关系　　　　mm

螺　距　p	小径 D_1、d_1	螺　距　p	小径 D_1、d_1	螺　距　p	小径 D_1、d_1
0.35	$d-1+0.621$	1	$d-2+0.918$	2	$d-3+0.835$
0.5	$d-1+0.459$	1.25	$d-2+0.647$	3	$d-4+0.752$
0.75	$d-1+0.188$	1.5	$d-2+0.376$	4	$d-5+0.670$

注：表中的小径按 $D_1=d_1=d-2\times\frac{5}{8}H$，$H=\frac{\sqrt{3}}{2}p$ 计算得出。

A2　梯形螺纹(摘自 GB/T 5796.2—2005，GB/T 5796.3—2005)

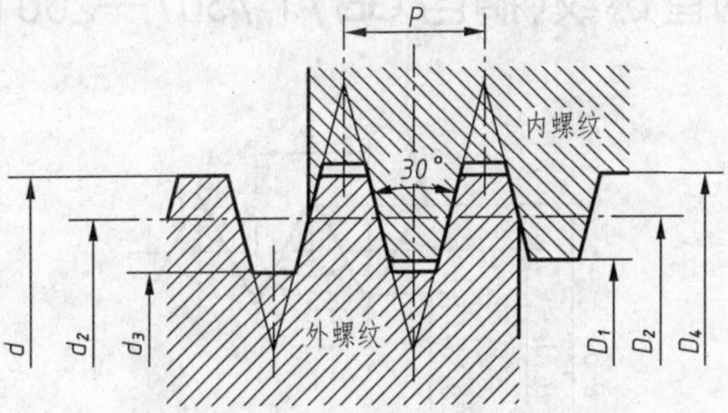

表 A3　直径与螺距系列、基本尺寸　　　　mm

公称直径 d 第一系列	公称直径 d 第二系列	螺距 p	中径 $d_2=D_2$	大径 D_4	小径 d_3	小径 D_1
8		1.5	7.25	8.30	6.20	6.50
	9	1.5	8.25	9.30	7.20	7.50
		2	8.00	9.50	6.50	7.00
10		1.5	9.25	10.30	8.20	8.50
		2	9.00	10.50	7.50	8.00
	11	2	10.00	11.50	8.50	9.00
		3	9.50	11.50	7.50	8.00
12		2	11.00	12.50	9.50	10.00
		3	10.50	12.50	8.50	9.00
	14	2	13.00	14.50	11.50	12.00
		3	12.50	14.50	10.50	11.00
16		2	15.00	16.50	13.50	14.00
		4	14.00	16.50	11.50	12.00
	18	2	17.00	18.50	15.50	16.00
		4	16.00	18.50	13.50	14.00
20		2	19.00	20.50	17.50	18.00
		4	18.00	20.50	15.50	16.00
	22	3	20.50	22.50	18.50	19.00
		5	19.50	22.50	16.50	17.00
		8	18.00	23.00	13.00	14.00
24		3	22.50	24.50	20.50	21.00
		5	21.50	24.50	18.50	19.00
		8	20.00	25.00	15.00	16.00

公称直径 d 第一系列	公称直径 d 第二系列	螺距 p	中径 $d_2=D_2$	大径 D_4	小径 d_3	小径 D_1
	26	3	24.50	26.50	22.50	23.00
		5	23.50	26.50	20.50	21.00
		8	22.00	27.00	17.00	18.00
28		3	26.50	28.50	24.50	25.00
		5	25.50	28.50	22.50	23.00
		8	24.00	29.00	19.00	20.00
	30	3	28.50	30.50	26.50	29.00
		6	27.00	31.00	23.00	24.00
		10	25.00	31.00	19.00	20.00
32		3	30.50	32.50	28.50	29.00
		6	29.00	33.00	25.00	26.00
		10	27.00	33.00	21.00	22.00
	34	3	32.50	34.50	30.50	31.00
		6	31.00	35.00	27.00	28.00
		10	29.00	35.00	23.00	24.00
36		3	34.50	36.50	32.50	33.00
		6	33.00	37.00	29.00	30.00
		10	31.00	37.00	25.00	26.00

续表

公称直径 d 第一系列	公称直径 d 第二系列	螺距 p	中径 $d_2=D_2$	大径 D_4	小径 d_3	小径 D_1	公称直径 d 第一系列	公称直径 d 第二系列	螺距 p	中径 $d_2=D_2$	大径 D_4	小径 d_3	小径 D_1
	38	3	36.50	38.50	34.50	35.00	40		3	38.50	40.50	36.50	37.00
		7	34.50	39.00	30.00	31.00			7	36.50	41.00	32.00	33.00
		10	33.00	39.00	27.00	28.00			10	35.00	41.00	29.00	30.00

A3 非螺纹密封的管螺纹(摘自 GB/T 7307—2001)

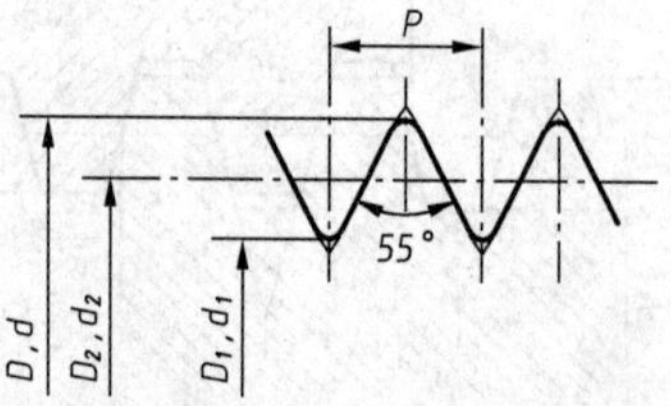

表 A4 mm

尺寸代号	每 25.4 mm 内的牙数 n	螺距 p	基本直径 大径 D、d	基本直径 小径 D_1、d_1
$\frac{1}{8}$	28	0.907	9.728	8.566
$\frac{1}{4}$	19	1.337	13.157	11.445
$\frac{3}{8}$	19	1.337	16.662	14.950
$\frac{1}{2}$	14	1.814	20.955	18.631
$\frac{5}{8}$	14	1.814	22.911	20.587
$\frac{3}{4}$	14	1.814	26.441	24.117
$\frac{7}{8}$	14	1.814	30.201	27.877
1	11	2.309	33.249	30.291
$1\frac{1}{8}$	11	2.309	37.897	34.939
$1\frac{1}{4}$	11	2.309	41.910	38.952
$1\frac{1}{2}$	11	2.309	47.803	44.845
$1\frac{3}{4}$	11	2.309	53.746	50.788
2	11	2.309	59.614	56.656
$2\frac{1}{4}$	11	2.309	65.710	62.752

续表

尺寸代号	每 25.4 mm 内的牙数 n	螺距 p	基本直径	
			大径 D、d	小径 D_1、d_1
$2\frac{1}{2}$	11	2.309	75.184	72.226
$2\frac{3}{4}$	11	2.309	81.534	78.576
3	11	2.309	87.884	84.926

A4　螺　　栓

六角头螺栓—C 级(GB/T 5780—2000)

六角头螺栓—A 和 B 级(GB/T 5782—2000)

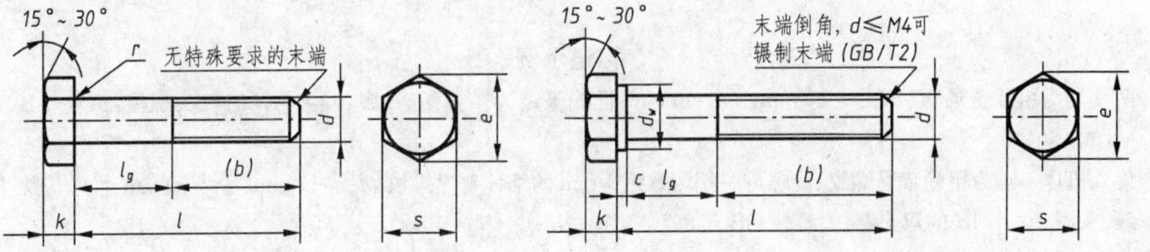

螺纹规格 d = M12、公称长度 l = 80 mm、性能等级为 8.8 级、表面氧化、A 级的六角头螺栓：

螺栓 GB/T 5782　M12×80

表　A5　　mm

螺纹规格 d			M3	M4	M5	M6	M8	M10	M12	M16	M20	M24	M30	M36	M42
b 参考	$l \leqslant 125$		12	14	16	18	22	26	30	38	46	54	66	—	—
	$125 < l \leqslant 200$		18	20	22	24	28	32	36	44	52	60	72	84	96
	$l > 200$		31	33	35	37	41	45	49	57	65	73	85	97	109
c			0.4	0.4	0.5	0.5	0.6	0.6	0.6	0.8	0.8	0.8	0.8	0.8	1
d_w	产品等级	A	4.57	5.88	6.88	8.88	11.63	14.63	16.63	22.49	28.19	33.61	—	—	—
		B、C	4.45	5.74	6.74	8.74	11.47	14.47	16.47	22	27.7	33.25	42.75	51.11	59.95
e	产品等级	A	6.01	7.66	8.79	11.05	14.38	17.77	20.03	26.75	33.53	39.98	—	—	—
		B、C	5.88	7.50	8.63	10.89	14.20	17.59	19.85	26.17	32.95	39.55	50.85	60.79	72.02
k 公称			2	2.8	3.5	4	5.3	6.4	7.5	10	12.5	15	18.7	22.5	26
r			0.1	0.2	0.2	0.25	0.4	0.4	0.6	0.6	0.8	0.8	1	1	1.2
s 公称			5.5	7	8	10	13	16	18	24	30	36	46	55	65
l (商品规格范围)			20～30	25～40	25～50	30～60	40～80	45～100	50～120	65～160	80～200	90～240	110～300	140～360	160～440
l 系列			12, 16, 20, 25, 30, 35, 40, 45, 50, 55, 60, 65, 70, 80, 90, 100, 110, 120, 130, 140, 150, 160, 180, 200, 220, 240, 260, 280, 300, 320, 340, 360, 380, 400, 420, 440, 460, 480, 500												

注：1. A 级用于 $d \leqslant 24$ 和 $l \leqslant 10d$ 或 $\leqslant 150$ mm 的螺栓；B 级用于 $d > 24$ mm 和 $l > 10d$ 或 > 150 mm 的螺栓。

2. 螺纹规格 d 范围：GB/T 5780 为 M5～M64；GB/T 5782 为 M1.6～M64。

3. 公称长度范围：GB/T 5780 为 25～500 mm；GB/T 5782 为 12～500 mm。

A5 双头螺柱

双头螺柱 —$b_m = 1d$(GB/T 897—2000)

双头螺柱 —$b_m = 1.25d$(GB/T 898—2000)

双头螺柱 —$b_m = 1.5d$(GB/T 899—2000)

双头螺柱 —$b_m = 2d$(GB/T 900—2000)

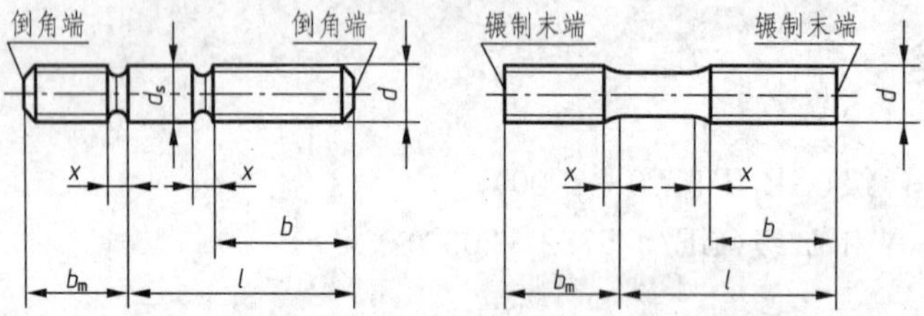

标记示例

两端均为粗牙普通螺纹，$d = 10$ mm、$l = 50$ mm、性能等级为 4.8 级、B 型、$b_m = 1d$ 的双头螺柱：螺柱 GB/T 897 M10 × 50。

旋入机体一端为粗牙普通螺纹、旋螺母一端为螺距 1 mm 的细牙普通螺纹，$d = 10$ mm、$l = 50$ mm、性能等级为 4.8 级、A 型、$b_m = 1d$ 的双头螺柱：螺柱 GB/T 897 AM10—M10 × 1 × 50。

表　A6　　　　mm

螺纹规格		M5	M6	M8	M10	M12	M16	M20	M24	M30	M36	M42
b_m（公称）	GB/T 897	5	6	8	10	12	16	20	24	30	36	42
	GB/T 898	6	8	10	12	15	20	25	30	38	45	52
	GB/T 899	8	10	12	15	18	24	30	36	45	54	65
	GB/T 900	10	12	16	20	24	32	40	48	60	72	84
d_s(max)		5	6	8	10	12	16	20	24	30	36	42
x(max)		1.5p										
$\frac{l}{b}$		$\frac{16\sim22}{10}$	$\frac{20\sim22}{10}$	$\frac{20\sim22}{12}$	$\frac{25\sim28}{14}$	$\frac{25\sim30}{16}$	$\frac{30\sim38}{20}$	$\frac{35\sim40}{25}$	$\frac{45\sim50}{30}$	$\frac{60\sim65}{40}$	$\frac{65\sim75}{45}$	$\frac{65\sim80}{50}$
		$\frac{25\sim50}{16}$	$\frac{25\sim30}{14}$	$\frac{25\sim30}{16}$	$\frac{30\sim38}{16}$	$\frac{32\sim40}{20}$	$\frac{40\sim55}{30}$	$\frac{45\sim65}{35}$	$\frac{55\sim75}{45}$	$\frac{70\sim90}{50}$	$\frac{80\sim110}{60}$	$\frac{85\sim110}{70}$
			$\frac{32\sim75}{18}$	$\frac{32\sim90}{22}$	$\frac{40\sim120}{26}$	$\frac{45\sim120}{30}$	$\frac{60\sim120}{38}$	$\frac{70\sim120}{46}$	$\frac{80\sim120}{54}$	$\frac{95\sim120}{60}$	$\frac{120}{78}$	$\frac{120}{90}$
					$\frac{130}{32}$	$\frac{130\sim180}{36}$	$\frac{130\sim200}{44}$	$\frac{130\sim200}{52}$	$\frac{130\sim200}{60}$	$\frac{130\sim200}{72}$	$\frac{130\sim200}{84}$	$\frac{130\sim200}{96}$
										$\frac{210\sim250}{85}$	$\frac{210\sim300}{91}$	$\frac{210\sim300}{109}$
l系列		16，(18)，20，(22)，25，(28)，30，(32)，35，(38)，40，45，50，(55)，60，(65)，70，(75)，80，(85)，90，(95)，100，110，120，130，140，150，160，170，180，190，200，210，220，230，240，250，260，280，300										

注：p 是粗牙螺纹的螺距。

A6 螺 钉

(1) 开槽圆柱头螺钉(摘自 GB/T 65—2000)

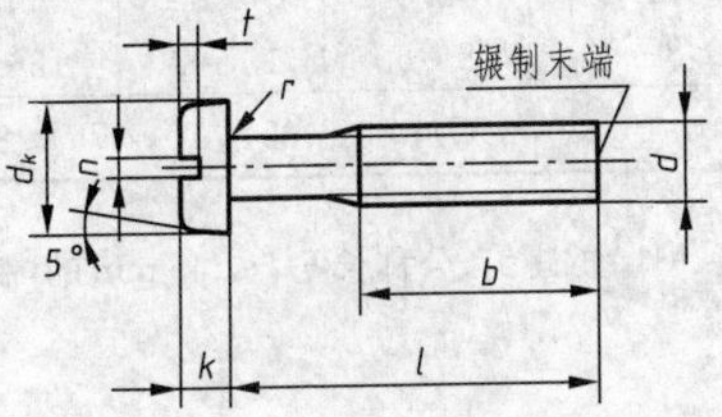

标记示例

螺纹规格 $d=$ M5、公称长度 $l=20$ mm、性能等级为 4.8 级、不经表面处理的 A 级开槽圆柱头螺钉:螺钉 GB/T 65 M5×20

表 A7 mm

螺纹规格 d	M4	M5	M6	M8	M10
p(螺距)	0.7	0.8	1	1.25	1.5
b	38	38	38	38	38
d_k	7	8.5	10	13	16
k	2.6	3.3	3.9	5	6
n	1.2	1.2	1.6	2	2.5
r	0.2	0.2	0.25	0.4	0.4
t	1.1	1.3	1.6	2	2.4
公称长度 l	5~40	6~50	8~60	10~80	12~80
l 系列	5, 6, 8, 10, 12, (14), 16, 20, 25, 30, 35, 40, 45, 50, (55), 60, (65), 70, (75), 80				

注:1. 公称长度 $l \leqslant 40$ 的螺钉,制出全螺纹。
2. 括号内的规格尽可能不采用。
3. 螺纹规格 $d=$ M1.6 ~ M10;公称长度 $l=2\sim80$。

(2) 开槽沉头螺钉(摘自 GB/T 68—2000)

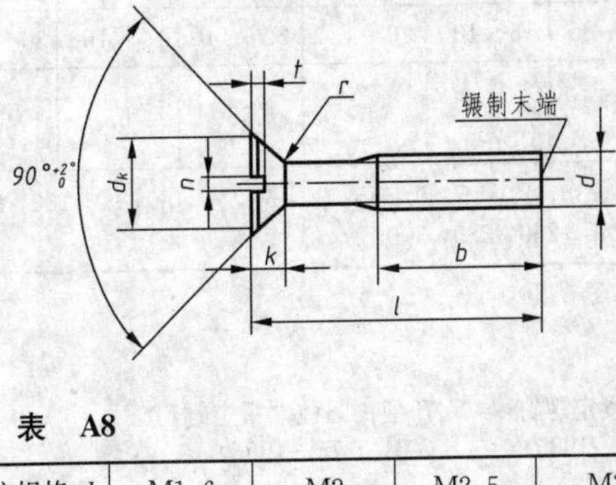

标记示例

螺纹规格 $d=$ M5、公称长度 $l=20$ mm、性能等级为 4.8 级、不经表面处理的 A 级开槽沉头螺钉:螺钉 GB/T 68 M5×20

表 A8 mm

螺纹规格 d	M1.6	M2	M2.5	M3	M4	M5	M6	M8	M10
p(螺距)	0.35	0.4	0.45	0.5	0.7	0.8	1	1.25	1.5
b	25	25	25	25	38	38	38	38	38
d_k	3.6	4.4	5.5	6.3	9.4	10.4	12.6	17.3	20
k	1	1.2	1.5	1.65	2.7	2.7	3.3	4.65	5

续表

螺纹规格 d	M1.6	M2	M2.5	M3	M4	M5	M6	M8	M10
n	0.4	0.5	0.6	0.8	1.2	1.2	1.6	2	2.5
r	0.4	0.5	0.6	0.8	1	1.3	1.5	2	2.5
t	0.5	0.6	0.75	0.85	1.3	1.4	1.6	2.3	2.6
公称长度 l	2.5～16	3～20	4～25	5～30	6～40	8～50	8～60	10～80	12～80
l(系列)	2.5, 3, 4, 5, 6, 8, 10, 12, (14), 16, 20, 25, 30, 35, 40, 45, 50, (55), 60, (65), 70, (75), 80								

注：1. 括号内的规格尽可能不采用。

2. M1.6 ～ M3 的螺钉、公称长度 $l \leqslant 30$ mm 的，制出全螺纹；M4 ～ M10 的螺钉、公称长度 $l \leqslant 45$ mm 的，制出全螺纹。

(3) 内六角圆柱头螺钉(摘自 GB/T 70.1—2000)

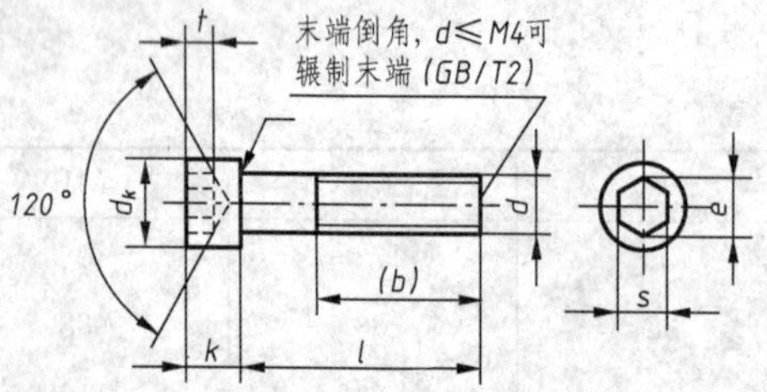

标记示例

螺纹规格 d = M5、公称长度 l = 20 mm、性能等级为 8.8 级、表面氧化的内六角圆柱头螺钉：螺钉 GB/T 70.1　M5 × 20

表　A9　　　　mm

螺纹规格 d	M3	M4	M5	M6	M8	M10	M12	M14	M16	M20
p(螺距)	0.5	0.7	0.8	1	1.25	1.5	1.75	2	2	2.5
b 参考	18	20	22	24	28	32	36	40	44	52
d_k	5.5	7	8.5	10	13	16	18	21	24	30
k	3	4	5	6	8	10	12	14	16	20
t	1.3	2	2.5	3	4	5	6	7	8	10
s	2.5	3	4	5	6	8	10	12	14	17
e	2.87	3.44	4.58	5.72	6.86	9.15	11.43	13.72	16.00	19.44
r	0.1	0.2	0.2	0.25	0.4	0.4	0.6	0.6	0.6	0.8
公称长度 l	5～30	6～40	8～50	10～60	12～80	16～100	20～120	25～140	25～160	30～200
$l \leqslant$ 表中数值时，制出全螺纹	20	25	25	30	35	40	45	55	55	65
l 系列	2.5, 3, 4, 5, 6, 8, 10, 12, 16, 20, 25, 30, 35, 40, 45, 50, 55, 60, 65, 70, 80, 90, 100, 110, 120, 130, 140, 150, 160, 180, 200, 220, 240, 260, 280, 300									

注：螺纹规格 d = M1.6 ～ M64。

(4) 紧定螺钉

开槽锥端紧定螺钉
(GB/T 71—1985)

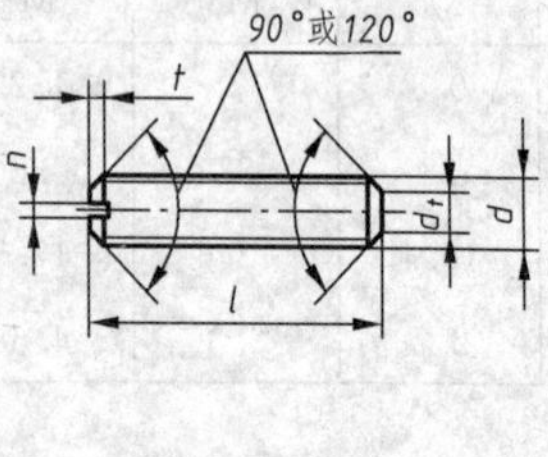

开槽平端紧定螺钉
(GB/T 73—1985)

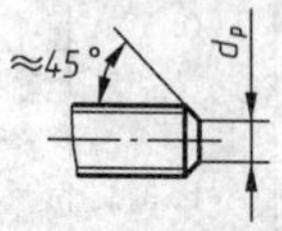

开槽长圆柱端紧定螺钉
(GB/T 75—1985)

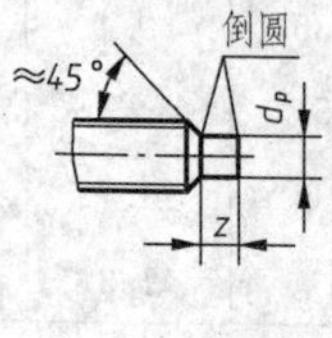

标记示例

螺纹规格 $d=$ M5、公称长度 $l=$ 12 mm、性能等级为 14H 级，表面氧化的开槽长圆柱端紧定螺钉：螺钉 GB/T 75 M5×12

表 A10 mm

螺纹规格 d		M1.6	M2	M2.5	M3	M4	M5	M6	M8	M10	M12
P(螺距)		0.35	0.4	0.45	0.5	0.7	0.8	1	1.25	1.5	1.75
n		0.25	0.25	0.4	0.4	0.6	0.8	1	1.2	1.6	2
t		0.74	0.84	0.95	1.05	1.42	1.63	2	2.5	3	3.6
d_t		0.16	0.2	0.25	0.3	0.4	0.5	1.5	2	2.5	3
d_p		0.8	1	1.5	2	2.5	3.5	4	5.5	7	8.5
z		1.05	1.25	1.5	1.75	2.25	2.75	3.25	4.3	5.3	6.3
l	GB/T 71—1985	2～8	3～10	3～12	4～16	6～20	8～25	8～30	10～40	12～50	14～60
	GB/T 73—1985	2～8	2～10	2.5～12	3～16	4～20	5～25	6～30	8～40	10～50	12～60
	GB/T 75—1985	2.5～8	3～10	4～12	5～16	6～20	8～25	10～30	10～40	12～50	14～60
l 系列		2, 2.5, 3, 4, 5, 6, 8, 10, 12, (14), 16, 20, 25, 30, 35, 40, 45, 50, (55), 60									

注：1. l 为公称长度。

2. 括号内的规格尽可能不采用。

A7 螺　母

六角螺母—C级（GB/T 41—2000）　1型六角螺母—A和B级（GB/T 6170—2000）　六角薄螺母（GB/T 6172.1—2000）

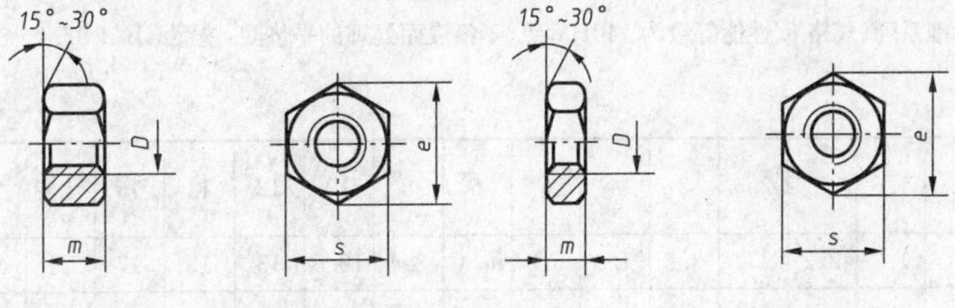

标记示例

螺纹规格 $D=$ M12、性能等级为 5 级、不经表面处理、C级的六角螺母：螺母 GB/T 41 M12

螺纹规格 $D=$ M12、性能等级为 8 级、不经表面处理、A级的1型六角螺母：螺母 GB/T 6170 M12

表 A11 mm

螺纹规格 D		M3	M4	M5	M6	M8	M10	M12	M16	M20	M24	M30	M36	M42
e	GB/T 41			8.63	10.89	14.20	17.59	19.85	26.17	32.95	39.55	50.85	60.79	72.02
	GB/T 6170	6.01	7.66	8.79	11.05	14.38	17.77	20.03	26.75	32.95	39.55	50.85	60.79	72.02
	GB/T 6172.1	6.01	7.66	8.79	11.05	14.38	17.77	20.03	26.75	32.95	39.55	50.85	60.79	72.02
s	GB/T 41			8	10	13	16	18	24	30	36	46	55	65
	GB/T 6170	5.5	7	8	10	13	16	18	24	30	36	46	55	65
	GB/T 6172.1	5.5	7	8	10	13	16	18	24	30	36	46	55	65
m	GB/T 41			5.6	6.1	7.9	9.5	12.2	15.9	18.7	22.3	26.4	31.5	34.9
	GB/T 6170	2.4	3.2	4.7	5.2	6.8	8.4	10.8	14.8	18	21.5	25.6	31	34
	GB/T 6172.1	1.8	2.2	2.7	3.2	4	5	6	8	10	12	15	18	21

注：A级用于 $D \leqslant 16$；B级用于 $D > 16$。

A8 垫 圈

(1) 平垫圈

小垫圈—A级
(GB/T 848—2002)

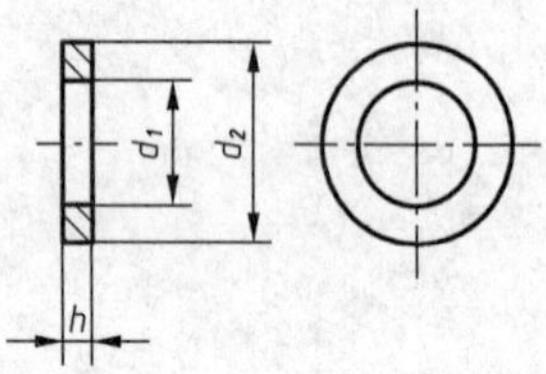

平垫圈—A级
(GB/T 97.1—2002)

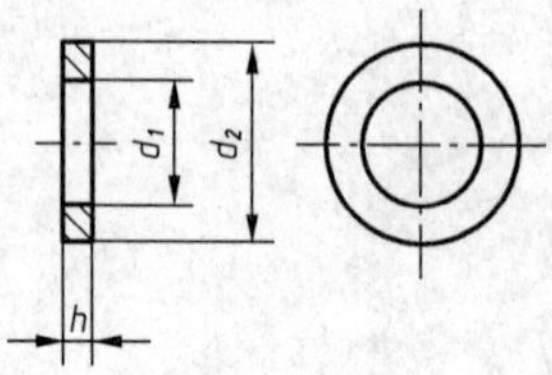

平垫圈 倒角型—A级
(GB/T 97.2—2002)

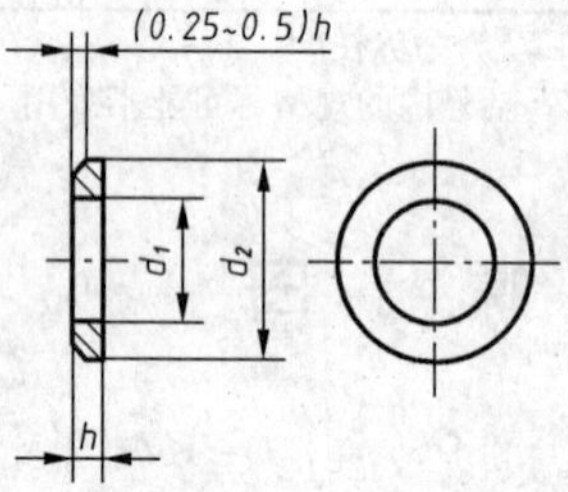

标记示例

标准系列、规格 8、性能等级为 140HV 级、不经表面处理的平垫圈：垫圈 GB/T 97.1 8

表 A12 mm

公称尺寸（螺纹大径 d）		1.6	2	2.5	3	4	5	6	8	10	12	14	16	20	24	30	36
d_1	GB/T 848	1.7	2.2	2.7	3.2	4.3	5.3	6.4	8.4	10.5	13	15	17	21	25	31	37
	GB/T 97.1	1.7	2.2	2.7	3.2	4.3	5.3	6.4	8.4	10.5	13	15	17	21	25	31	37
	GB/T 97.2						5.3	6.4	8.4	10.5	13	15	17	21	25	31	37
d_2	GB/T 848	3.5	4.5	5	6	8	9	11	15	18	20	24	28	34	39	50	60
	GB/T 97.1	4	5	6	7	9	10	12	16	20	24	28	30	37	44	56	66
	GB/T 97.2						10	12	16	20	24	28	30	37	44	56	66
h	GB/T 848	0.3	0.3	0.5	0.5	0.5	1	1.6	1.6	1.6	2	2.5	2.5	3	4	4	5
	GB/T 97.1	0.3	0.3	0.5	0.5	0.8	1	1.6	1.6	2	2.5	2.5	3	3	4	4	5
	GB/T 97.2						1	1.6	1.6	2	2.5	2.5	3	3	4	4	5

（2）弹簧垫圈

标准型弹簧垫圈
（GB/T 93—1987）

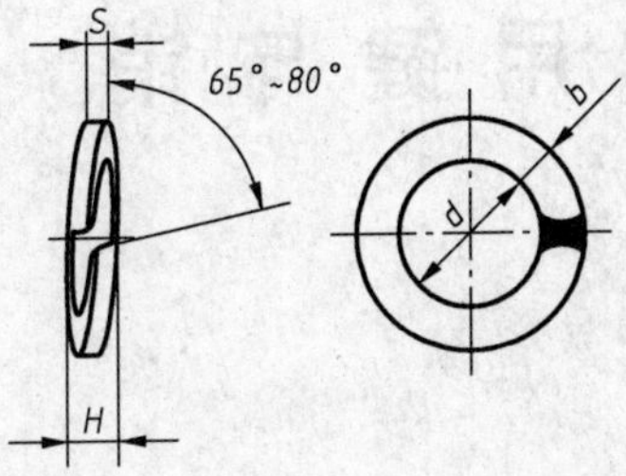

轻型弹簧垫圈
（GB/T 859—1987）

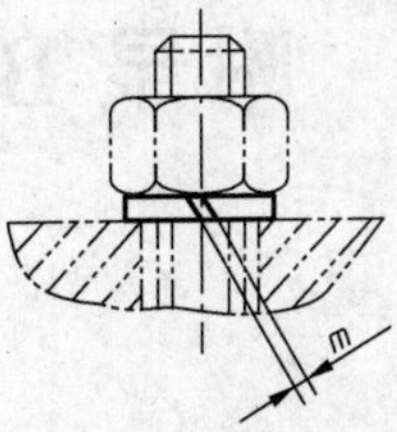

标记示例

规格 16、材料为 65Mn、表面氧化的标准型弹簧垫圈：垫圈 GB/T 93 16

表　A13　　mm

公称规格（螺纹大径）		3	4	5	6	8	10	12	(14)	16	(18)	20	(22)	24	(27)	30
d		3.1	4.1	5.1	6.1	8.1	10.2	12.2	14.2	16.2	18.2	20.2	22.5	24.5	27.5	30.5
H	GB/T 93	1.6	2.2	2.6	3.2	4.2	5.2	6.2	7.2	8.2	9	10	11	12	13.6	15
	GB/T 859	1.2	1.6	2.2	2.6	3.2	4	5	6	6.4	7.2	8	9	10	11	12
S(*b*)	GB/T 93	0.8	1.1	1.3	1.6	2.1	2.6	3.1	3.6	4.1	4.5	5	5.5	6	6.8	7.5
S	GB/T 859	0.6	0.8	1.1	1.3	1.6	2	2.5	3	3.2	3.6	4	4.5	5	5.5	6
$m\leqslant$	GB/T 93	0.4	0.55	0.65	0.8	1.05	1.3	1.55	1.8	2.05	2.25	2.5	2.75	3	3.4	3.75
	GB/T 859	0.3	0.4	0.55	0.65	0.8	1	1.25	1.5	1.6	1.8	2	2.25	2.5	2.75	3
b	GB/T 859	1	1.2	1.5	2	2.5	3	3.5	4	4.5	5	5.5	6	7	8	9

注：1. 括号内的规格尽可能不采用。
　　2. *m* 应大于零。

附录B 常用键与销

B1 键

(1) 平键和键槽的剖面尺寸(GB/T 1095—2003)

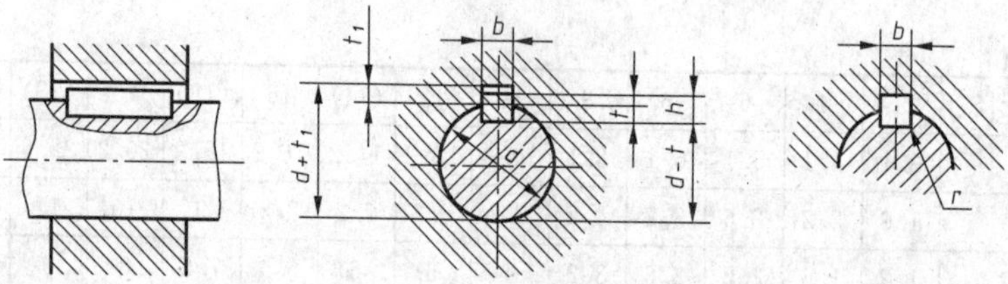

表 **B1**

mm

轴	键	键槽											
		宽度 b						深度				半径 r	
公称直径 d	公称尺寸 $b\times h$	公称尺寸 b	偏差：较松键连接 轴 H9	较松键连接 毂 D10	一般键连接 轴 N9	一般键连接 毂 JS9	较紧键连接 轴和毂 P9	轴 t 公称	轴 t 偏差	毂 t_1 公称	毂 t_1 偏差	最小	最大
自 6～8	2×2	2	+0.025 0	+0.060 +0.020	−0.004 −0.029	±0.0125	−0.006 −0.031	1.2	+0.1 0	1	+0.1 0	0.08	0.16
>8～10	3×3	3						1.8		1.4			
>10～12	4×4	4	+0.030 0	+0.078 +0.030	0 −0.030	±0.015	−0.012 −0.042	2.5		1.8			
>12～17	5×5	5						3.0		2.3		0.16	0.25
>17～22	6×6	6						3.5		2.8			
>22～30	8×7	8	+0.036 0	+0.098 +0.040	0 −0.036	±0.018	−0.015 −0.051	4.0	+0.2 0	3.3	+0.2 0		
>30～38	10×8	10						5.0		3.3		0.25	0.40
>38～44	12×8	12	+0.043 0	+0.120 +0.050	0 −0.043	±0.0215	−0.018 −0.061	5.0		3.3			
>44～50	14×9	14						5.5		3.8			
>50～58	16×10	16						6.0		4.3			
>58～65	18×11	18						7.0		4.4			
>65～75	20×12	20	+0.052 0	+0.149 +0.065	0 −0.052	±0.026	−0.022 −0.074	7.5		4.9		0.40	0.60
>75～85	22×14	22						9.0		5.4			
>85～95	25×14	25						9.0		5.4			
>95～110	28×16	28						10.0		6.4			

注：1. 在工作图中轴槽深用$(d-t)$标注，轮毂槽深用$(d+t_1)$标注。平键键槽的长度公差带用 H14。

2. $(d-t)$和$(d+t_1)$两组组合尺寸的极限偏差按相应的 t 和 t_1 的极限偏差选取，但$(d-t)$极限偏差值应取负号。

(2) 普通平键的型式尺寸(GB/T 1097—2003)

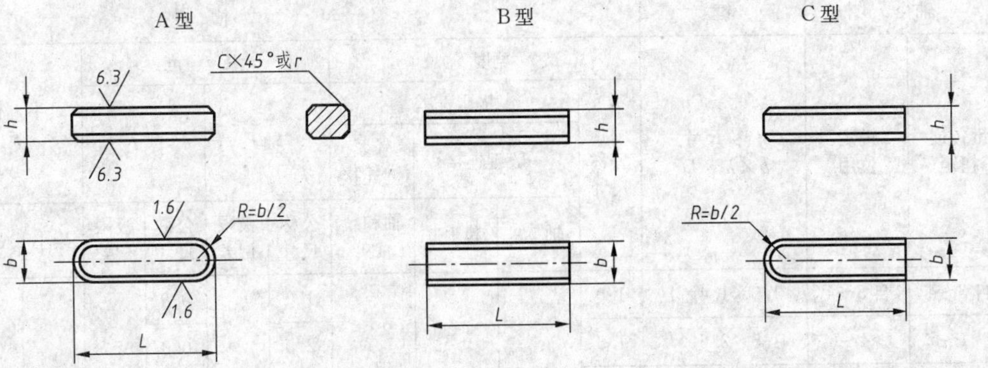

标记示例

圆头普通平键(A型)、$b=18$ mm、$h=11$ mm、$L=100$ mm:键 18×100 GB/T 1097—2003

方头普通平键(B型)、$b=18$ mm、$h=11$ mm、$L=100$ mm:键 B18×100 GB/T 1097—2003

单圆头普通平键(C型)、$b=18$ mm、$h=11$ mm、$L=100$ mm:键 C18×100 GB/T 1097—2003

表 B2 mm

b	2	3	4	5	6	8	10	12	14	16	18	20	22	25
h	2	3	4	5	6	7	8	8	9	10	11	12	14	14
*C*或*r*	0.16~0.25			0.25~0.40			0.40~0.60					0.60~0.80		
L	6~20	6~36	8~45	10~56	14~70	18~90	22~110	28~140	36~160	45~180	50~200	56~220	63~250	70~280
*L*系列	6, 8, 10, 12, 14, 16, 18, 20, 22, 25, 28, 32, 36, 40, 45, 50, 56, 63, 70, 80, 90, 100, 110, 125, 140, 160, 180, 200, 220, 250, 280													

(3) 半圆键和键槽的剖面尺寸(GB/T 1099.1—2003)

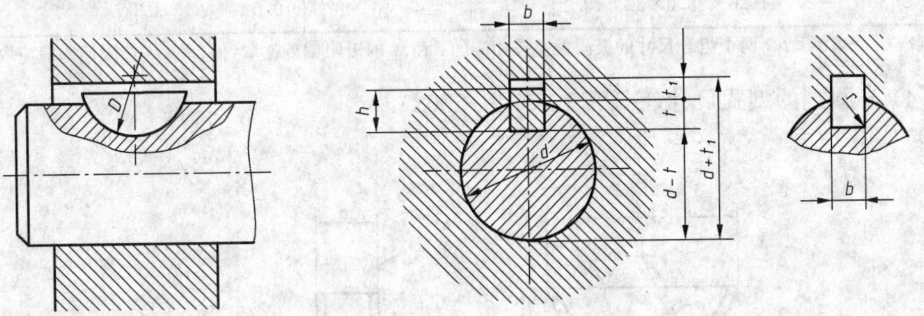

注:在工作图中,轴槽深用 t 或 $(d-t)$ 标注,轮毂槽深用 $(d+t_1)$ 标注。

表　B3

mm

轴径 d		键	键槽									
			宽度 b				深度				半径 r	
				极限偏差			轴 t		毂 t_1			
				一般键连接		较紧键连接						
键传递扭矩	键定位用	公称尺寸 $b\times h\times D$	公称尺寸	轴 N9	毂 JS9	轴和毂 P9	公称尺寸	极限偏差	公称尺寸	极限偏差	最小	最大
自 3～4	自 3～4	1.0×1.4×4	1.0	−0.004 −0.029	±0.012	−0.006 −0.031	1.0	+0.1 0	0.6	+0.1 0	0.08	0.16
>4～5	>4～6	1.5×2.6×7	1.5				2.0		0.8			
>5～6	>6～8	2.0×2.6×7	2.0				1.8		1.0			
>6～7	>8～10	2.0×3.7×10	2.0				2.9		1.0			
>7～8	>10～12	2.5×3.7×10	2.5				2.7		1.2			
>8～10	>12～15	3.0×5.0×13	3.0				3.8	+0.2 0	1.4			
>10～12	>15～18	3.0×6.5×16	3.0				5.3		1.4		0.16	0.25
>12～14	>18～20	4.0×6.5×16	4.0	0 −0.030	±0.015	−0.012 −0.042	5.0		1.8			
>14～16	>20～22	4.0×7.5×19	4.0				6.0		1.8			
>16～18	>22～25	5.0×6.5×16	5.0				4.5		2.3			
>18～20	>25～28	5.0×7.5×19	5.0				5.5		2.3			
>20～22	>28～32	5.0×9.0×22	5.0				7.0		2.3			
>22～25	>32～36	6.0×9.0×22	6.0				6.5	+0.3 0	2.8	+0.2 0		
>25～28	>36～40	6.0×10.0×25	6.0				7.5		2.8		0.25	0.40
>28～32	40	8.0×11.0×28	8.0	0 −0.036	±0.018	−0.015 −0.051	8.0		3.3			
>32～38	—	10.0×13.0×32	10.0				10.0		3.3			

注：$(d-t)$ 和 $(d+t_1)$ 两个组合尺寸的极限偏差按相应的 t 和 t_1 的极限偏差选取，但 $(d-t)$ 极限偏差值应取负号。

(4) 半圆键的型式尺寸(GB/T 1099.1—2003)

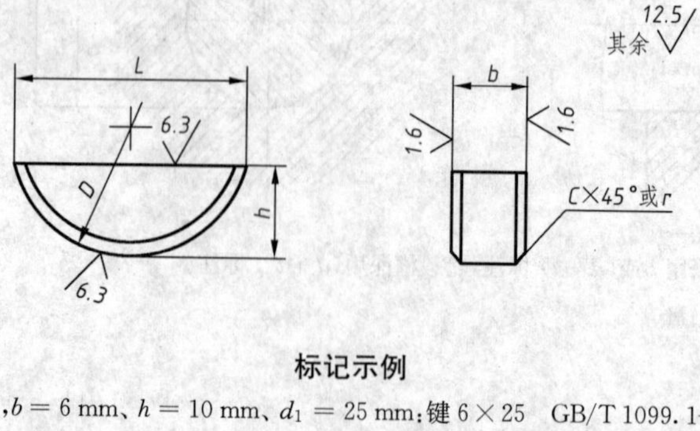

标记示例

半圆键，$b=6$ mm、$h=10$ mm、$d_1=25$ mm：键 6×25　GB/T 1099.1—2003

表 B4 mm

键宽 b		高度 h		直径 D		$L\approx$	C		每1 000件的质量约/kg
公称尺寸	极限偏差(h9)	公称尺寸	极限偏差(h11)	公称尺寸	极限偏差(h12)		最小	最大	
1.0	0 −0.025	1.4	0 −0.060	4	0 −0.120	3.9	0.16	0.25	0.031
1.5		2.6		7	0 −0.150	6.8			0.153
2.0		2.6		7		6.8			0.204
2.0		3.7	0 −0.075	10		9.7			0.414
2.5		3.7		10		9.7			0.518
3.0		5.0		13	0 −0.180	12.7			1.10
3.0		6.5	0 −0.090	16		15.7			1.80
4.0	0 −0.030	6.5		16		15.7	0.25	0.40	2.40
4.0		7.5		19	0 −0.210	18.6			3.27
5.0		6.5		16	0 −0.180	15.7			3.01
5.0		7.5		19	0 −0.210	18.6			4.09
5.0		9.0		22		21.6			5.73
6.0		9.0		22		21.6			6.88
6.0		10.0		25		24.5			8.64
8.0	0 −0.036	11.0	0 −0.110	28		27.4	0.40	0.60	14.1
10.0		13.0		32	0 −0.250	31.4			19.3

B2 销

(1) 圆柱销(GB/T 119.1—2000)——不淬硬钢和奥氏体不锈钢

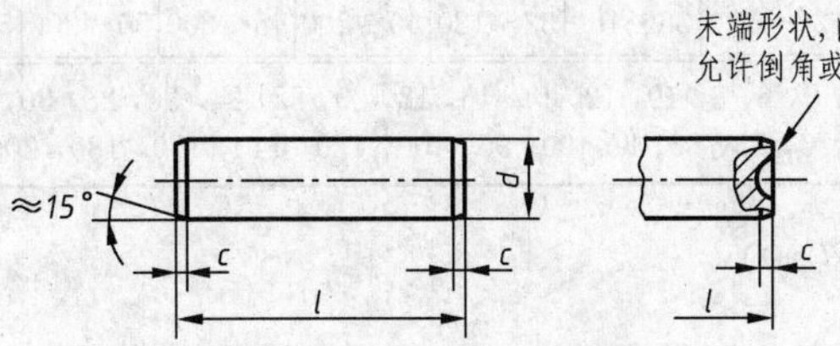

标记示例

公称直径 $d=6$ mm、公差为 m6、公称长度 $l=30$ mm、材料为钢、不经淬火、不经表面处理的圆柱销的标记:销 GB/T 119.1 6m6 × 30

表　B5　　mm

公称直径 d(m6/h8)	0.6	0.8	1	1.2	1.5	2	2.5	3	4	5
$c\approx$	0.12	0.16	0.20	0.25	0.30	0.35	0.40	0.50	0.63	0.80
l(商品规格范围公称长度)	2～6	2～8	4～10	4～12	4～16	6～20	6～24	8～30	8～40	10～50
公称直径 d(m6/h8)	6	8	10	12	16	20	25	30	40	50
$c\approx$	1.2	1.6	2.0	2.5	3.0	3.5	4.0	5.0	6.3	8.0
l(商品规格范围公称长度)	12～60	14～80	18～95	22～140	26～180	35～200	50～200	60～200	80～200	95～200
l 系列	2, 3, 4, 5, 6, 8, 10, 12, 14, 16, 18, 20, 22, 24, 26, 28, 30, 32, 35, 40, 45, 50, 55, 60, 65, 70, 75, 80, 85, 90, 95, 100, 120, 140, 160, 180, 200									

注：1. 材料用钢时硬度要求为 125～245 HV30，用奥氏体不锈钢 A1(GB/T 3098.6)时硬度要求 210～280 HV30。
2. 公差 m6：$Ra\leqslant 0.8\ \mu$m；
公差 h8：$Ra\leqslant 1.6\ \mu$m。

（2）圆锥销(GB/T 117—2000)

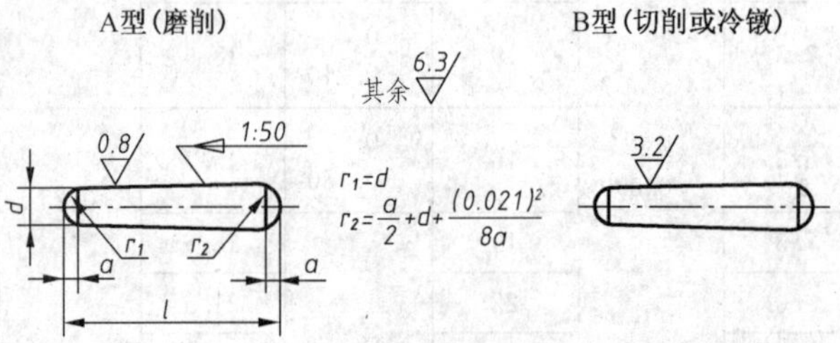

标记示例

公称直径 $d=10$、长度 $l=60$、材料为 35 钢、热处理硬度 28～38HRC、表面氧化处理的 A 型圆锥销：销 GB/T 117 10×60

表　B6　　mm

d(公称)	0.6	0.8	1	1.2	1.5	2	2.5	3	4	5
$a\approx$	0.08	0.1	0.12	0.16	0.2	0.25	0.3	0.4	0.5	0.63
l(商品规格范围公称长度)	4～8	5～12	6～16	6～20	8～24	10～35	10～35	12～45	14～55	18～60
d(公称)	6	8	10	12	16	20	25	30	40	50
$a\approx$	0.8	1	1.2	1.6	2	2.5	3	4	5	6.3
l(商品规格范围公称长度)	22～90	22～120	26～160	32～180	40～200	45～200	50～200	55～200	60～200	65～200
l 系列	2, 3, 4, 5, 6, 8, 10, 12, 14, 16, 18, 20, 22, 24, 26, 28, 30, 32, 35, 40, 45, 50, 55, 60, 65, 70, 75, 80, 85, 90, 95, 100, 120, 140, 160, 180, 200									

（3）开口销(GB/T 91—2000)

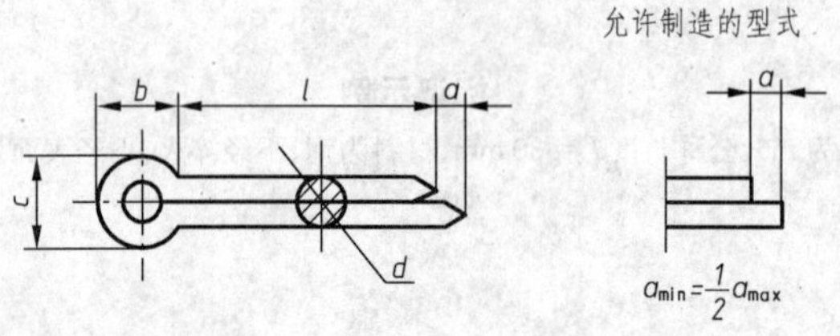

标记示例

公称直径 $d=5$ mm、长度 $l=50$ mm、材料为低碳钢、不经表面处理的开口销：销 GB/T 91 5×50

表 B7 mm

公称规格		0.6	0.8	1	1.2	1.6	2	2.5	3.2	4	5	6.3	8	10	13
d	max	0.5	0.7	0.9	1.0	1.4	1.8	2.3	2.9	3.7	4.6	5.9	7.5	9.5	12.4
	min	0.4	0.6	0.8	0.9	1.3	1.7	2.1	2.7	3.5	4.4	5.7	7.3	9.3	12.1
c	max	1	1.4	1.8	2	2.8	3.6	4.6	5.8	7.4	9.2	11.8	15	19	24.8
	min	0.9	1.2	1.6	1.7	2.4	3.2	4	5.1	6.5	8	10.3	13.1	16.6	21.7
$b\approx$		2	2.4	3	3	3.2	4	5	6.4	8	10	12.6	16	20	26
a_{max}		1.6	1.6	1.6	2.5	2.5	2.5	2.5	3.2	4	4	4	4	6.3	6.3
l(商品规格范围公称长度)		4～12	5～16	6～20	8～26	8～32	10～40	12～50	14～65	18～80	22～100	30～120	40～160	45～200	70～200
l系列		4, 5, 6, 8, 10, 12, 14, 16, 18, 20, 22, 24, 26, 28, 30, 32, 36, 40, 45, 50, 55, 60, 65, 70, 75, 80, 85, 90, 95, 100, 120, 140, 160, 180, 200													

注：公称规格等于开口销孔直径。对销孔直径推荐的公差为：

公称规格≤1.2：H13；

公称规格>1.2：H14。

附录 C　常用滚动轴承

C1　深沟球轴承(GB/T 276—1994)

60000 型

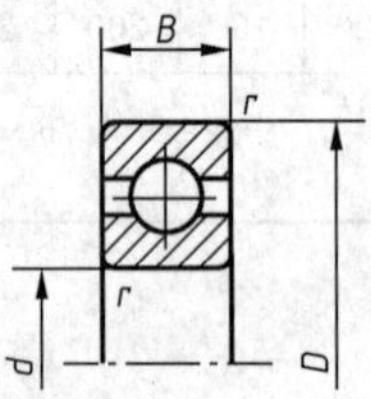

基本尺寸

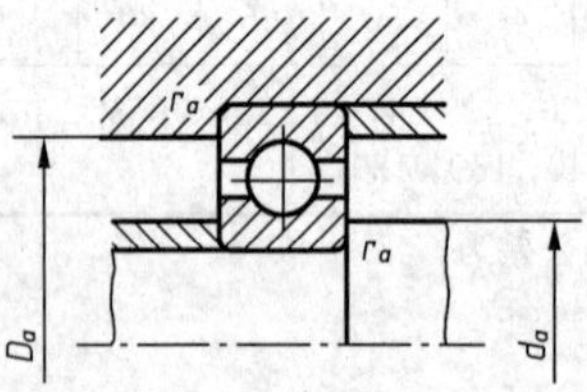

安装尺寸

标记示例

内径 $d=20$ mm 的 60000 型深沟球轴承，尺寸系列为(0)2，组合代号为 62：滚动轴承 6204 GB/T 276—1994

表　C1

mm

轴承代号	基本尺寸				安装尺寸		
	d	D	B	r_s min	d_a min	D_a max	r_{as} max
(1) 0 尺寸系列							
6000	10	26	8	0.3	12.4	23.6	0.3
6001	12	28	8	0.3	14.4	25.6	0.3
6002	15	32	9	0.3	17.4	29.6	0.3
6003	17	35	10	0.3	19.4	32.6	0.3
6004	20	42	12	0.6	25	37	0.6
6005	25	47	12	0.6	30	42	0.6
6006	30	55	13	1	36	49	1
6007	35	62	14	1	41	56	1
6008	40	68	15	1	46	62	1
6009	45	75	16	1	51	69	1
6010	50	80	16	1	56	74	1
6011	55	90	18	1.1	62	83	1
6012	60	95	18	1.1	67	88	1
6013	65	100	18	1.1	72	93	1
6014	70	110	20	1.1	77	103	1
6015	75	115	20	1.1	82	108	1
6016	80	125	22	1.1	87	118	1
6017	85	130	22	1.1	92	123	1
6018	90	140	24	1.5	99	131	1.5
6019	95	145	24	1.5	104	136	1.5
6020	100	150	24	1.5	109	141	1.5

续表

轴承代号	基本尺寸				安装尺寸		
	d	D	B	r_s min	d_a min	D_a max	r_{as} max
(0) 2尺寸系列							
6200	10	30	9	0.6	15	25	0.6
6201	12	32	10	0.6	17	27	0.6
6202	15	35	11	0.6	20	30	0.6
6203	17	40	12	0.6	22	35	0.6
6204	20	47	14	1	26	41	1
6205	25	52	15	1	31	46	1
6206	30	62	16	1	36	56	1
6207	35	72	17	1.1	42	65	1
6208	40	80	18	1.1	47	73	1
6209	45	85	19	1.1	52	78	1
6210	50	90	20	1.1	57	83	1
6211	55	100	21	1.5	64	91	1.5
6212	60	110	22	1.5	69	101	1.5
6213	65	120	23	1.5	74	111	1.5
6214	70	125	24	1.5	79	116	1.5
6215	75	130	25	1.5	84	121	1.5
6216	80	140	26	2	90	130	2
6217	85	150	28	2	95	140	2
6218	90	160	30	2	100	150	2
6219	95	170	32	2.1	107	158	2.1
6220	100	180	34	2.1	112	168	2.1
(0) 3尺寸系列							
6300	10	35	11	0.6	15	30	0.6
6301	12	37	12	1	18	31	1
6302	15	42	13	1	21	36	1
6303	17	47	14	1	23	41	1
6304	20	52	15	1.1	27	45	1
6305	25	62	17	1.1	32	55	1
6306	30	72	19	1.1	37	65	1
6307	35	80	21	1.5	44	71	1.5
6308	40	90	23	1.5	49	81	1.5
6309	45	100	25	1.5	54	91	1.5
6310	50	110	27	2	60	100	2
6311	55	120	29	2	65	110	2
6312	60	130	31	2.1	72	118	2.1
6313	65	140	33	2.1	77	128	2.1
6314	70	150	35	2.1	82	138	2.1
6315	75	160	37	2.1	87	148	2.1

续表

轴承代号	基本尺寸				安装尺寸		
	d	D	B	r_s min	d_a min	D_a max	r_{as} max
(0) 3 尺寸系列							
6316	80	170	39	2.1	92	158	2.1
6317	85	180	41	3	99	166	2.5
6318	90	190	43	3	104	176	2.5
6319	95	200	45	3	109	186	2.5
6320	100	215	47	3	114	201	2.5
(0) 4 尺寸系列							
6403	17	62	17	1.1	24	55	1
6404	20	72	19	1.1	27	65	1
6405	25	80	21	1.5	34	71	1.5
6406	30	90	23	1.5	39	81	1.5
6407	35	100	25	1.5	44	91	1.5
6408	40	110	27	2	50	100	2
6409	45	120	29	2	55	100	2
6410	50	130	31	2.1	62	118	2.1
6411	55	140	33	2.1	67	128	2.1
6412	60	150	35	2.1	72	138	2.1
6413	65	160	37	2.1	77	148	2.1
6414	70	180	42	3	84	166	2.5
6415	75	190	45	3	89	176	2.5
6416	80	200	48	3	94	186	2.5
6417	85	210	52	4	103	192	3
6418	90	225	54	4	108	207	3
6420	100	250	58	4	118	232	3

注：r_{smin}为 r 的单向最小倒角尺寸；r_{asmax}为 r_{as} 的单向最大倒角尺寸。

C2 圆锥滚子轴承(GB/T 297—1994)

30000 型

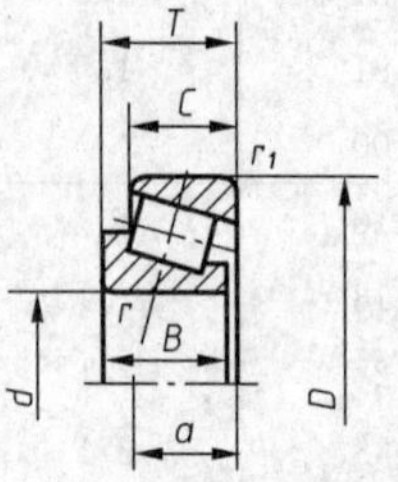

基本尺寸

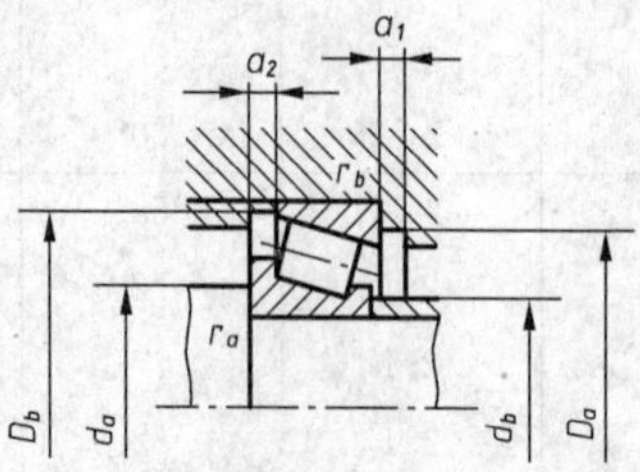

安装尺寸

标记示例

内径 $d = 20$ mm、尺寸系列代号为 02 的圆锥滚子轴承：滚动轴承 30204 GB/T 297—1994

表 C2 mm

轴承代号	基本尺寸								安装尺寸								
	d	D	T	B	C	r_s min	r_{1s} min	a ≈	d_a min	d_b max	D_a min	D_a max	D_b min	a_1 min	a_2 min	r_{as} max	r_{bs} max
02尺寸系列																	
30203	17	40	13.25	12	11	1	1	9.9	23	23	34	34	37	2	2.5	1	1
30204	20	47	15.25	14	12	1	1	11.2	26	27	40	41	43	2	3.5	1	1
30205	25	52	16.25	15	13	1	1	12.5	31	31	44	46	48	2	3.5	1	1
30206	30	62	17.25	16	14	1	1	13.8	36	37	53	56	58	2	3.5	1	1
30207	35	72	18.25	17	15	1.5	1.5	15.3	42	44	62	65	67	3	3.5	1.5	1.5
30208	40	80	19.75	18	16	1.5	1.5	16.9	47	49	69	73	75	3	4	1.5	1.5
30209	45	85	20.75	19	16	1.5	1.5	18.6	52	53	74	78	80	3	5	1.5	1.5
30210	50	90	21.75	20	17	1.5	1.5	20	57	58	79	83	86	3	5	1.5	1.5
30211	55	100	22.75	21	18	2	1.5	21	64	64	88	91	95	4	5	2	1.5
30212	60	110	23.75	22	19	2	1.5	22.3	69	69	96	101	103	4	5	2	1.5
30213	65	120	24.75	23	20	2	1.5	23.8	74	77	106	111	114	4	5	2	1.5
30214	70	125	26.25	24	21	2	1.5	25.8	79	81	110	116	119	4	5.5	2	1.5
30215	75	130	27.25	25	22	2	1.5	27.4	84	85	115	121	125	4	5.5	2	1.5
30216	80	140	28.25	26	22	2.5	2	28.1	90	90	124	130	133	4	6	2.1	2
30217	85	150	30.5	28	24	2.5	2	30.3	95	96	132	140	142	5	6.5	2.1	2
30218	90	160	32.5	30	26	2.5	2	32.3	100	102	140	150	151	5	6.5	2.1	2
30219	95	170	34.5	32	27	3	2.5	34.2	107	108	149	158	160	5	7.5	2.5	2.1
30220	100	180	37	34	29	3	2.5	36.4	112	114	157	168	169	5	8	2.5	2.1
03尺寸系列																	
30302	15	42	14.25	13	11	1	1	9.6	21	22	36	36	38	2	3.5	1	1
30303	17	47	15.25	14	12	1	1	10.4	23	25	40	41	43	3	3.5	1	1
30304	20	52	16.25	15	13	1.5	1.5	11.1	27	28	44	45	48	3	3.5	1.5	1.5
30305	25	62	18.25	17	15	1.5	1.5	13	32	34	54	55	58	3	3.5	1.5	1.5
30306	30	72	20.75	19	16	1.5	1.5	15.3	37	40	62	65	66	3	5	1.5	1.5
30307	35	80	22.75	21	18	2	1.5	16.8	44	45	70	71	74	3	5	2	1.5
30308	40	90	25.25	23	20	2	1.5	19.5	49	52	77	81	84	3	5.5	2	1.5
30309	45	100	27.25	25	22	2	1.5	21.3	54	59	86	91	94	3	5.5	2	1.5
30310	50	110	29.25	27	23	2.5	2	23	60	65	95	100	103	4	6.5	2	2
30311	55	120	31.5	29	25	2.5	2	24.9	65	70	104	110	112	4	6.5	2.5	2
30312	60	130	33.5	31	26	3	2.5	26.6	72	76	112	118	121	5	7.5	2.5	2.1
30313	65	140	36	33	28	3	2.5	28.7	77	83	122	128	131	5	8	2.5	2.1
30314	70	150	38	35	30	3	2.5	30.7	82	89	130	138	141	5	8	2.5	2.1
30315	75	160	40	37	31	3	2.5	32	87	95	139	148	150	5	9	2.5	2.1
30316	80	170	42.5	39	33	3	2.5	34.4	92	102	148	158	160	5	9.5	2.5	2.1
30317	85	180	44.5	41	34	4	3	35.9	99	107	156	166	168	6	10.5	3	2.5
30318	90	190	46.5	43	36	4	3	37.5	104	113	165	176	178	6	10.5	3	2.5
30319	95	200	49.5	45	38	4	3	40.1	109	118	172	186	185	6	11.5	3	2.5
30320	100	215	51.5	47	39	4	3	42.2	114	127	184	201	199	6	12.5	3	2.5

续表

轴承代号	基本尺寸								安装尺寸								
	d	D	T	B	C	r_s min	r_{1s} min	a ≈	d_a min	d_b max	D_a min	D_a max	D_b min	a_1 min	a_2 min	r_{as} max	r_{bs} max
22尺寸系列																	
32206	30	62	21.25	20	17	1	1	15.6	36	36	52	56	58	3	4.5	1	1
32207	35	72	24.25	23	19	1.5	1.5	17.9	42	42	61	65	68	3	5.5	1.5	1.5
32208	40	80	24.75	23	19	1.5	1.5	18.9	47	48	68	73	75	3	6	1.5	1.5
32209	45	85	24.75	23	19	1.5	1.5	20.1	52	53	73	78	81	3	6	1.5	1.5
32210	50	90	24.75	23	19	1.5	1.5	21	57	57	78	83	86	3	6	1.5	1.5
32211	55	100	26.75	25	21	2	1.5	22.8	64	62	87	91	96	4	6	2	1.5
32212	60	110	29.75	28	24	2	1.5	25	69	68	95	101	105	4	6	2	1.5
32213	65	120	32.75	31	27	2	1.5	27.3	74	75	104	111	115	4	6	2	1.5
32214	70	125	33.25	31	27	2	1.5	28.8	79	79	108	116	120	4	6.5	2	1.5
32215	75	130	33.25	31	27	2	1.5	30	84	84	115	121	126	4	6.5	2	1.5
32216	80	140	35.25	33	28	2.5	2	31.4	90	89	122	130	135	5	7.5	2.1	2
32217	85	150	38.5	36	30	2.5	2	33.9	95	95	130	140	143	5	8.5	2.1	2
32218	90	160	42.5	40	34	2.5	2	36.8	100	101	138	150	153	5	8.5	2.1	2
32219	95	170	45.5	43	37	3	2.5	39.2	107	106	145	158	163	5	8.5	2.5	2.1
32220	100	180	49	46	39	3	2.5	41.9	112	113	154	168	172	5	10	2.5	2.1
23尺寸系列																	
32303	17	47	20.25	19	16	1	1	12.3	23	24	39	41	43	3	4.5	1	1
32304	20	52	22.25	21	18	1.5	1.5	13.6	27	26	43	45	48	3	4.5	1.5	1.5
32305	25	62	25.25	24	20	1.5	1.5	15.9	32	32	52	55	58	3	5.5	1.5	1.5
32306	30	72	28.75	27	23	1.5	1.5	18.9	37	38	59	65	66	4	6	1.5	1.5
32307	35	80	32.75	31	25	2	1.5	20.4	44	43	66	71	74	4	8.5	2	1.5
32308	40	90	35.25	33	27	2	1.5	23.3	49	49	73	81	83	4	8.5	2	1.5
32309	45	100	38.25	36	30	2	1.5	25.6	54	56	82	91	93	4	8.5	2	1.5
32310	50	110	42.25	40	33	2.5	2	28.2	60	61	90	100	102	5	9.5	2	2
32311	55	120	45.5	43	35	2.5	2	30.4	65	66	99	110	111	5	10	2.5	2
32312	60	130	48.5	46	37	3	2.5	32	72	72	107	118	122	6	11.5	2.5	2.1
32313	65	140	51	48	39	3	2.5	34.3	77	79	117	128	131	6	12	2.5	2.1
32314	70	150	54	51	42	3	2.5	36.5	82	84	125	138	141	6	12	2.5	2.1
32315	75	160	58	55	45	3	2.5	39.4	87	91	133	148	150	7	13	2.5	2.1
32316	80	170	61.5	58	48	3	2.5	42.1	92	97	142	158	160	7	13.5	2.5	2.1
32317	85	180	63.5	60	49	4	3	43.5	99	102	150	166	168	8	14.5	3	2.5
32318	90	190	67.5	64	53	4	3	46.2	104	107	157	176	178	8	14.5	3	2.5
32319	95	200	71.5	67	55	4	3	49	109	114	166	186	187	8	16.5	3	2.5
32320	100	215	77.5	73	60	4	3	52.9	114	122	177	201	201	8	17.5	3	2.5

注：r_{smin}等含义同表C1。

C3　推力球轴承(GB/T 301—1995)

51000型

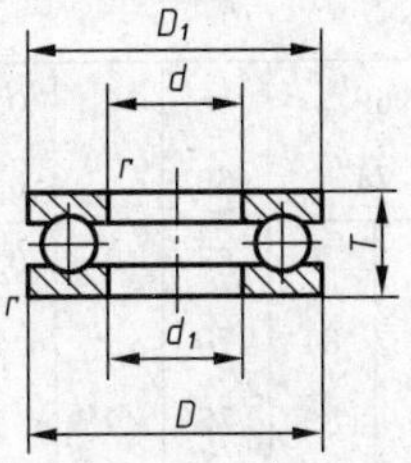

基本尺寸

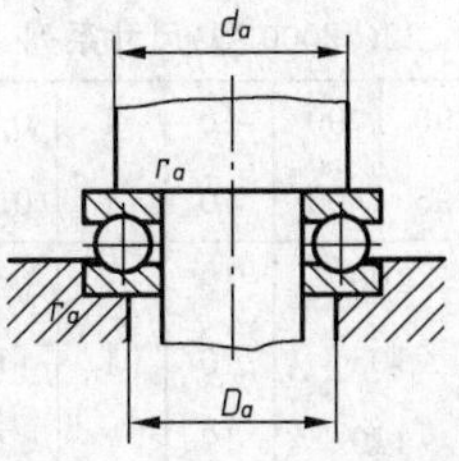

安装尺寸

52000型

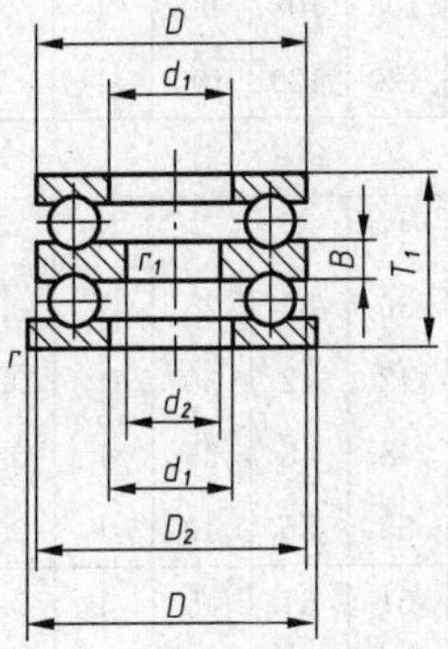

基本尺寸

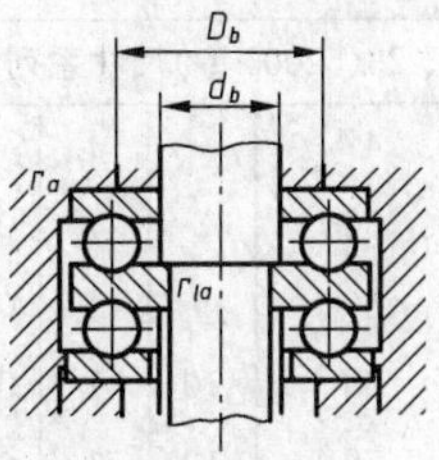

安装尺寸

标记示例

内径 $d=20$ mm，51000型推力球轴承，12尺寸系列：滚动轴承 51204 GB/T 301—1995

表　C3　　　　mm

轴承代号		基本尺寸											安装尺寸					
		d	d_2	D	T	T_1	d_1 min	D_1 max	D_2 max	B	r_s min	r_{1s} min	d_a min	D_a max	D_b min	d_b max	r_{as} max	r_{1as} max
12(51000型)、22(52000型)尺寸系列																		
51200	—	10	—	26	11	—	12	26	—	—	0.6	—	20	16		—	0.6	—
51201	—	12	—	28	11	—	14	28	—	—	0.6	—	22	18		—	0.6	—
51202	52202	15	10	32	12	22	17	32	32	5	0.6	0.3	25	22		15	0.6	0.3
51203	—	17	—	35	12	—	19	35	—	—	0.6	—	28	24		—	0.6	—
51204	52204	20	15	40	14	26	22	40	40	6	0.6	0.3	32	28		20	0.6	0.3
51205	52205	25	20	47	15	28	27	47	47	7	0.6	0.3	38	34		25	0.6	0.3
51206	52206	30	25	52	16	29	32	52	52	7	0.6	0.3	43	39		30	0.6	0.3
51207	52207	35	30	62	18	34	37	62	62	8	1	0.3	51	46		35	1	0.3
51208	52208	40	30	68	19	36	42	68	68	9	1	0.6	57	51		40	1	0.6
51209	52209	45	35	73	20	37	47	73	73	9	1	0.6	62	56		45	1	0.6
51210	52210	50	40	78	22	39	52	78	78	9	1	0.6	67	61		50	1	0.6

续表

轴承代号		基本尺寸											安装尺寸					
		d	d_2	D	T	T_1	d_1 min	D_1 max	D_2 max	B	r_s min	r_{1s} min	d_a min	D_a max	D_b min	d_b max	r_{as} max	r_{1as} max
12(51000 型)、22(52000 型)尺寸系列																		
51211	52211	55	45	90	25	45	57	90	90	10	1	0.6	76	69		55	1	0.6
51212	52212	60	50	95	26	46	62	95	95	10	1	0.6	81	74		60	1	0.6
51213	52213	65	55	100	27	47	67	100		10	1	0.6	86	79	79	65	1	0.6
51214	52214	70	55	105	27	47	72	105		10	1	1	91	84	84	70	1	1
51215	52215	75	60	110	27	47	77	110		10	1	1	96	89	89	75	1	1
51216	52216	80	65	115	28	48	82	115		10	1	1	101	94	94	80	1	1
51217	52217	85	70	125	31	55	88	125		12	1	1	109	101	109	85	1	1
51218	52218	90	75	135	35	62	93	135		14	1.1	1	117	108	108	90	1	1
51220	52220	100	85	150	38	67	103	150		15	1.1	1	130	120	120	100	1	1
13(51000 型)、23(52000 型)尺寸系列																		
51304	—	20	—	47	18	—	22	47		—	1	—	36	31	—	—	1	—
51305	52305	25	20	52	18	34	27	52		8	1	0.3	41	36	36	25	1	0.3
51306	52306	30	25	60	21	38	32	60		9	1	0.3	48	42	42	30	1	0.3
51307	52307	35	30	68	24	44	37	68		10	1	0.3	55	48	48	35	1	0.3
51308	52308	40	30	78	26	49	42	78		12	1	0.6	63	55	55	40	1	0.6
51309	52309	45	35	85	28	52	47	85		12	1	0.6	69	61	61	45	1	0.6
51310	52310	50	40	95	31	58	52	95		14	1.1	0.6	77	68	68	50	1	0.6
51311	52311	55	45	105	35	64	57	105		15	1.1	0.6	85	75	75	55	1	0.6
51312	52312	60	55	110	35	64	62	110		15	1.1	0.6	90	80	80	60	1	0.6
51313	52313	65	55	115	36	65	67	115		15	1.1	0.6	95	85	85	65	1	0.6
51314	52314	70	55	125	40	72	72	125		16	1.1	1	103	92	92	70	1	1
51315	52315	75	60	135	44	79	77	135		18	1.5	1	111	99	99	75	1.5	1
51316	52316	80	65	140	44	79	82	140		18	1.5	1	116	104	104	80	1.5	1
51317	52317	85	70	150	49	87	88	150		19	1.5	1	124	111	114	85	1.5	1
51318	52318	90	75	155	50	88	93	155		19	1.5	1	129	116	116	90	1.5	1
51320	52320	100	85	170	55	97	103	170		21	1.5	1	142	128	128	100	1.5	1
14(51000 型)、24(52000 型)尺寸系列																		
51405	52405	25	15	60	24	45	27	60		11	1	0.6	46	39		25	1	0.6
51406	52406	30	20	70	28	52	32	70		12	1	0.6	54	46		30	1	0.6
51407	52407	35	25	80	32	59	37	80		14	1.1	0.6	62	53		35	1	0.6
51408	52408	40	30	90	36	65	42	90		15	1.1	0.6	70	60		40	1	0.6
51409	52409	45	35	100	39	72	47	100		17	1.1	0.6	78	67		45	1	0.6
51410	52410	50	40	110	43	78	52	110		18	1.5	0.6	86	74		50	1.5	0.6
51411	52411	55	45	120	48	87	57	120		20	1.5	0.6	94	81		55	1.5	0.6
51412	52412	60	50	130	51	93	62	130		21	1.5	0.6	102	88		60	1.5	0.6

续表

轴承代号		基本尺寸											安装尺寸					
		d	d_2	D	T	T_1	d_1 min	D_1 max	D_2 max	B	r_s min	r_{1s} min	d_a min	D_a max	D_b min	d_b max	r_{as} max	r_{1as} max
14(51000型)、24(52000型)尺寸系列																		
51413	52413	65	50	140	56	101	68	140		23	2	1	110	95		65	2.0	1
51414	52414	70	55	150	60	107	73	150		24	2	1	118	102		70	2.0	1
51415	52415	75	60	160	65	115	78	160	160	26	2	1	125	110		75	2.0	1
51416	—	80	—	170	68	—	83	170	—	—	2.1	—	133	117		—	2.1	—
51417	52417	85	65	180	72	128	88	177	179.5	29	2.1	1.1	141	124		85	2.1	1
51418	52418	90	70	190	77	135	93	187	189.5	30	2.1	1.1	149	131		90	2.1	1
51420	52420	100	80	210	85	150	103	205	209.5	33	3	1.1	165	145		100	2.5	1

注：r_{smin}等含义同表C1。

附录D 常用材料及热处理

D1 金属材料

(1) 铸铁

灰铸铁(GB/T 9439—1988)

球墨铸铁(GB/T 1348—1988)

可锻铸铁(GB/T 9440—1988)

表 D1

名称	牌号	应用举例	说明
灰铸铁	HT 100 HT 150	用于低强度铸件,如盖、手轮、支架等。 用于中强度铸件,如底座、刀架、轴承座、胶带轮、端盖等。	"HT"表示灰铸铁,后面的数字表示抗拉强度值(N/mm^2)。
	HT 200 HT 250	用于高强度铸件,如床身、机座、齿轮、凸轮、汽缸泵体、联轴器等。	
	HT 300 HT 350	用于高强度耐磨铸件,如齿轮、凸轮、重载荷床身、高压泵、阀壳体、锻模、冷冲压模等。	
球墨铸铁	QT800—2 QT700—2 QT600—2	具有较高强度,但塑性低,用于曲轴、凸轮轴、齿轮、汽缸、缸套、轧辊、水泵轴、活塞环、摩擦片等零件。	"QT"表示球墨铸铁,其后第一组数字表示抗拉强度值(N/mm^2),第二组数字表示延伸率(%)。
	QT500—5 QT420—10 QT400—17	具有较高的塑性和适当的强度,用于承受冲击负荷的零件。	
可锻铸铁	KTH 300—06 KTH 300—08* KTH 350—10 KTH 370—12*	黑心可锻铸铁,用于承受冲击振动的零件:汽车、拖拉机、农机铸件。	"KT"表示可锻铸铁,"H"表示黑心,"B"表示白心,第一组数字表示抗拉强度值(N/mm^2),第二组数字表示延伸率(%)。 KTH 300—06 适用于气密性零件。 有*号者为推荐牌号。
	KTB 350—04 KTB 380—12 KTB 400—05 KTB 450—07	白心可锻铸铁,韧性较低,但强度高,耐磨性、加工性好。可代替低、中碳钢及低合金钢的重要零件,如曲轴、连杆、机床附件等。	

(2) 钢

普通碳素结构钢(GB/T 700—1988)

优质碳素结构钢(GB/T 699—1988)

合金结构钢(GB/T 3077—1988)

碳素工具钢(GB/T 1298—1988)

一般工程用铸造碳钢(GB/T 11352—1989)

表 D2

名称	牌号	应用举例	说明
普通碳素结构钢	Q215 A级 B级	金属结构件、拉杆、套圈、铆钉、螺栓、短轴、心轴、凸轮(载荷不大的)、垫圈;渗碳零件及焊接件。	“Q”为碳素结构钢屈服点“屈”字的汉语拼音首位字母,后面数字表示屈服点数值。如Q235表示碳素结构钢屈服点为$235\ N/mm^2$。 新旧牌号对照: Q215…A2(A2F) Q235…A3 Q275…A5
	Q235 A级 B级 C级 D级	金属结构件,心部强度要求不高的渗碳或氰化零件,吊钩、拉杆、套圈、汽缸、齿轮、螺栓、螺母、连杆、轮轴、楔、盖及焊接件。	
	Q275	轴、轴销、刹车杆、螺母、螺栓、垫圈、连杆、齿轮以及其他强度较高的零件。	
优质碳素结构钢	08F	可塑性要求高的零件,如管子、垫圈、渗碳件、氰化件等;	牌号的两位数字表示平均含碳量,称碳的质量分数,45钢即表示碳的质量分数为0.45%,表示平均含碳量为0.45%。 碳的质量分数≤0.25%的碳钢属低碳钢(渗碳钢); 碳的质量分数在0.25%~0.6%之间的碳钢属中碳钢(调质钢); 碳的质量分数≥0.6%的碳钢属高碳钢; 在牌号后加符号“F”表示沸腾钢。
	10	拉杆、卡头、垫圈、焊件;	
	15	渗碳件、紧固件、冲模锻件、化工储器;	
	20	杠杆、轴套、钩、螺钉、渗碳件与氰化件;	
	25	轴、辊子、连接器,紧固件中的螺栓、螺母;	
	30	曲轴、转轴、轴销、连杆、横梁、星轮;	
	35	曲轴、摇杆、拉杆、键、销、螺栓;	
	40	齿轮、齿条、链轮、凸轮、轧辊、曲柄轴;	
	45	齿轮、轴、联轴器、衬套、活塞销、链轮;	
	50	活塞杆、轮轴、齿轮、不重要的弹簧;	
	55	齿轮、连杆、扁弹簧、轧辊、偏心轮、轮圈、轮缘;	
	60	偏心轮、弹簧圈、垫圈、调整片、偏心轴等;	
	65	叶片弹簧、螺旋弹簧。	
	15Mn 20Mn	活塞销、凸轮轴、拉杆、铰链、焊管、钢板;	锰的质量分数较高的钢。需加注化学元素符号“Mn”。
	30Mn	螺栓、传动螺杆、制动板、传动装置、转换拨叉;	
	40Mn	万向联轴器、分配轴、曲轴、高强度螺栓、螺母;	
	45Mn	滑动滚子轴	
	50Mn	承受磨损零件、摩擦片、转动滚子、齿轮、凸轮;	
	60Mn	弹簧、发条;	
	65Mn	弹簧环、弹簧垫圈。	
铬钢	15Cr	渗碳齿轮、凸轮、活塞销、离合器;	钢中加入一定量的合金元素,提高了钢的力学性能和耐磨性,也提高了钢在热处理时的淬透性,保证金属在较大截面上获得好的力学性能。 铬钢、铬锰钢和铬锰钛钢都是常用的合金结构钢(GB/T 3077—1988)。
	20Cr	较重要的渗碳件;	
	30Cr	重要的调质零件,如轮轴、齿轮、摇杆、螺栓等;	
	40Cr	较重要的调质零件,如齿轮、进气阀、辊子、轴等;	
	45Cr	强度及耐磨性高的轴、齿轮、螺栓等;	
	50Cr	重要的轴、齿轮、螺旋弹簧、止推环。	
铬锰钢	15CrMn	垫圈、汽封套筒、齿轮、滑键拉钩、齿杆、偏心轮;	
	20CrMn	轴、轮轴、连杆、曲柄轴及其他高耐磨零件;	
	40CrMn	轴、齿轮。	
铬锰钛钢	18CrMnTi	汽车上重要渗碳件,如齿轮等;	
	30CrMnTi	汽车、拖拉机上强度特高的渗碳齿轮;	
	40CrMnTi	强度高、耐磨性高的大齿轮、主轴等。	
碳素工具钢	T7 T7A	能承受震动和冲击的工具,硬度适中时有较大的韧性。用于制造凿子、钻软岩石的钻头,冲击式打眼机钻头,大锤等。	用“碳”或“T”后附以平均含碳量的千分数表示,有T7~T13。高级优质碳素工具钢需在牌号后加注“A”。平均含碳量约为0.7%~1.3%。
	T8 T8A	有足够的韧性和较高的硬度,用于制造能承受震动的工具,如钻中等硬度岩石的钻头,简单模子,冲头等。	

续表

名称	牌　号	应用举例	说　明
一般工程用铸造碳钢	ZG200—400 ZG230—450 ZG270—500 ZG310—570 ZG340—640	各种形状的机件，如机座、箱壳； 铸造平坦的零件，如机座、机盖、箱体、铁砧台，工作温度在450℃以下的管路附件等，焊接性良好； 各种形状的铸件，如飞机、机架、联轴器等，焊接性能尚可； 各种形状的机件，如齿轮、齿圈、重负荷机架等； 起重、运输机中的齿轮、联轴器等重要的机件。	ZG230—450 表示工程用铸钢，屈服点为 230 N/mm²，抗拉强度 450 N/mm²。

注：1. 钢随着平均含碳量的上升，抗拉强度，硬度增加，延伸率降低。
2. 在 GB/T 5613—1985 中铸钢用“ZG”后跟名义万分碳含量表示，如 ZG25、ZG45 等。

(3) 有色金属及其合金

普通黄铜(GB/T 5232—1985)

铸造铜合金(GB/T 1176—1987)

铸造铝合金(GB/T 1173—1995)

铸造轴承合金(GB/T 1174—1992)

硬铝(GB/T 3190—2008)

表　D3

合金牌号	合金名称(或代号)	铸造方法	应用举例	说　明
普通黄铜(GB/T 5232—1985)及铸造铜合金(GB/T 1176—1987)				
H62	普通黄铜		散热器、垫圈、弹簧、各种网、螺钉等。	H 表示黄铜，后面数字表示平均含铜量的百分数。
ZCuSn5Pb5Zn5	5-5-5 锡青铜	S、J Li、La	较高负荷、中速下工作的耐磨耐蚀件，如轴瓦、衬套、缸套及蜗轮等。	“Z”为铸造汉语拼音的首位字母、各化学元素后面的数字表示该元素含量的百分数。
ZCuSn10P1	10-1 锡青铜	S、J Li、La	高负荷(20 MPa 以下)和高滑动速度(8 m/s)下工作的耐磨件，如连杆、衬套、轴瓦、蜗轮等。	
ZCuSn10Pb5	10-5 锡青铜	S J	耐蚀、耐酸件及破碎机衬套、轴瓦等。	
ZCuPb17Sn4Zn4	17-4-4 铅青铜	S J	一般耐磨件、轴承等。	
ZCuAl10Fe3	10-3 铝青铜	S、J Li、La	要求强度高、耐磨、耐蚀的零件，如轴套、螺母、蜗轮、齿轮等。	
ZCuAl10Fe3Mn2	10-3-2 铝青铜	S J		
ZCuZn38	38 黄铜	S J	一般结构件和耐蚀件，如法兰、阀座、螺母等。	
ZCuZn40Pb2	40-2 铅黄铜	S J	一般用途的耐磨、耐蚀件，如轴套、齿轮等。	
ZCuZn38Mn2Pb2	38-2-2 锰黄铜	S J	一般用途的结构件，如套筒、衬套、轴瓦、滑块等耐磨零件。	
ZCuZn16Si4	16-4 硅黄铜	S J	接触海水工作的管配件以及水泵、叶轮等。	

注：铸造方法代号：S—砂型铸造；J—金属型铸造；Li—离心铸造；La—连续铸造；R—熔模铸造；K—壳型铸造；B—变质处理。

D2 常用热处理工艺

表 D4

名 词	代 号	说 明	应 用
退 火	5111	将钢件加热到临界温度(一般是710～715℃，个别合金钢800～900℃)以上30～50℃，保温一段时间，然后缓慢冷却(一般在炉中冷却)。	用来消除铸、锻、焊零件的内应力，降低硬度，便于切削加工，细化金属晶粒，改善组织，增加韧性。
正 火	5121	将钢件加热到临界温度以上，保温一段时间，然后用空气冷却，冷却速度比退火为快。	用来处理低碳和中碳结构钢及渗碳零件，使其组织细化，增加强度与韧性，减少内应力，改善切削性能。
淬 火	5131	将钢件加热到临界温度以上，保温一段时间，然后在水、盐水或油中(个别材料在空气中)急速冷却，使其得到高硬度。	用来提高钢的硬度和强度极限。但淬火会引起内应力使钢变脆，所以淬火后必须回火。
淬火和回火	5141	回火是将淬硬的钢件加热到临界点以下的温度，保温一段时间，然后在空气中或油中冷却下来。	用来消除淬火后的脆性和内应力，提高钢的塑性和冲击韧性。
调 质	5151	淬火后在450～650℃进行高温回火，称为调质。	用来使钢获得高的韧性和足够的强度。重要的齿轮、轴及丝杆等零件是调质处理的。
表面淬火和回火	5210	用火焰或高频电流将零件表面迅速加热至临界温度以上，急速冷却。	使零件表面获得高硬度，而心部保持一定的韧性，使零件既耐磨又能承受冲击。表面淬火常用来处理齿轮等。
渗 碳	5310	在渗碳剂中将钢件加热到900～950℃，停留一定时间，将碳渗入钢表面，深度约为0.5～2 mm，再淬火后回火。	增加钢件的耐磨性能，表面硬度、抗拉强度及疲劳极限。 适用于低碳、中碳(碳的质量分数＜0.40%)结构钢的中小型零件。
渗 氮	5330	渗氮是在500～600℃通入氨的炉子内加热，向钢的表面渗入氮原子的过程。氮化层为0.25～0.8 mm，氮化时间需40～50 h。	增加钢件的耐磨性能、表面硬度、疲劳极限和抗蚀能力。 适用于合金钢、碳钢、铸铁件，如机床主轴、丝杆以及在潮湿碱水和燃烧气体介质的环境中工作的零件。
氰 化	Q59(氰化淬火后，回火至56～62HRC)	在820～860℃炉内通入碳和氮，保温1～2 h，使钢件的表面同时渗入碳、氮原子，可得到0.2～0.5 mm的氰化层。	增加表面硬度、耐磨性、疲劳强度和耐蚀性。 用于要求硬度高且耐磨的中、小型及薄片零件和刀具等。
时 效	时效处理	低温回火后，精加工之前，加热到100～160℃，保持10～40 h。对铸件也可用天然时效(放在露天中一年以上)。	使工件消除内应力和稳定形状，用于量具、精密丝杆、床身导轨、床身等。
发 蓝 发 黑	发蓝或发黑	将金属零件放在很浓的碱和氧化剂溶液中加热氧化，使金属表面形成一层氧化铁所组成的保护性薄膜。	防腐蚀、美观。用于一般连接的标准件和其他电子类零件。
镀 镍	镀镍	用电解方法，在钢件表面镀一层镍。	防腐蚀、美化。
镀 铬	镀铬	用电解方法，在钢件表面镀一层铬。	提高表面硬度、耐磨性和耐蚀能力，也用于修复零件上磨损了的表面。

续表

名词	代号	说明	应用
硬度	HB(布氏硬度)	材料抵抗硬的物体压入其表面的能力称“硬度”。根据测定的方法不同,可分布氏硬度、洛氏硬度和维氏硬度。 硬度的测定是检验材料经热处理后的机械性能——硬度。	用于退火、正火、调质的零件及铸件的硬度检验。
	HRC(洛氏硬度)		用于经淬火、回火及表面渗碳、渗氮等处理的零件硬度检验。
	HV(维氏硬度)		用于薄层硬化零件的硬度检验。

注:热处理工艺代号尚可细分,如空冷淬火代号为 5131a,油冷淬火代号为 5131e,水冷淬火代号为 5131w 等。本附录不再罗列,详情请查阅 GB/T 12603—2005。

D3 非金属材料

表 D5

材料名称	牌号	说明	应用举例
耐油石棉橡胶板		有厚度 0.4～3.0 mm 的十种规格。	航空发动机用的煤油、润滑油及冷气系统结合处的密封衬垫材料。
工业有机玻璃		耐盐酸、硫酸、草酸、烧碱和纯碱等一般酸碱以及二氧化硫、臭氧等气体腐蚀。	适用于耐腐蚀和需要透明的零件。
油浸石棉盘根	YS450	盘根形状分 F(方形)、Y(圆形)、N(扭制)三种,按需选用。	适用于回转轴、往复活塞或阀门杆上作密封材料,介质为蒸汽、空气、工业用水、重质石油产品。
橡胶石棉盘根	XS450	该牌号盘根只有 F(方形)。	适用于作蒸汽机、往复泵的活塞和阀门杆上作密封材料。
工业用平面毛毡	112-44 232-36	厚度为 1～40 mm。112-44 表示白色细毛块毡,密度为 0.44 g/cm^3;232-36 表示灰色粗毛块毡,密度为 0.36 g/cm^3。	用作密封、防漏油、防震、缓冲衬垫等。按需要选用细毛、半粗毛、粗毛。
软钢纸板		厚度为 0.5～3.0 mm。	用作密封连接处的密封垫片。

附录 E 极限与配合

E1 基本尺寸至 500 mm 的轴、孔公差带(摘自 GB/T 1801—1999)

表 E1

基本尺寸至 500 mm 的轴公差带规定如下，选择时，应优先选用圆圈中的公差带，其次选用方框中的公差带，最后选用其他的公差带。

							h1		js1												
							h2		js2												
							h3		js3												
						g4	h4		js4	k4	m4	n4	p4	r4	s4						
					f5	g5	h5	j5	js5	k5	m5	n5	p5	r5	s5	t5	u5	v5	x5		
				e6	f6	g6	h6	j6	js6	k6	m6	n6	p6	r6	s6	t6	u6	v6	x6	y6	z6
			d7	e7	f7	g7	h7	j7	js7	k7	m7	n7	p7	r7	s7	t7	u7	v7	x7	y7	z7
		c8	d8	e8	f8	g8	h8		js8	k8	m8	n8	p8	r8	s8	t8	u8	v8	x8	y8	z8
a9	b9	c9	d9	e9	f9		h9		js9												
a10	b10	c10	d10	e10			h10		js10												
a11	b11	c11	d11				h11		js11												
a12	b12	c12					h12		js12												
a13	b13						h13		js13												

基本尺寸至 500 mm 的孔公差带规定如下，选择时，应优先选用圆圈中的公差带，其次选用方框中的公差带，最后选用其他的公差带。

							H1		JS1												
							H2		JS2												
							H3		JS3												
							H4		JS4	K4	M4										
						G5	H5		JS5	K5	M5	N5	P5	R5	S5						
					F6	G6	H6	J6	JS6	K6	M6	N6	P6	R6	S6	T6	U6	V6	X6	Y6	Z6
			D7	E7	F7	G7	H7	J7	JS7	K7	M7	N7	P7	R7	S7	T7	U7	V7	X7	Y7	Z7
		C8	D8	E8	F8	G8	H8	J8	JS8	K8	M8	N8	P8	R8	S8	T8	U8	V8	X8	Y8	Z8
A9	B9	C9	D9	E9	F9		H9		JS9			N9	P9								
A10	B10	C10	D10	E10			H10		JS10												
A11	B11	C11	D11				H11		JS11												
A12	B12	C12					H12		JS12												
							H13		JS13												

E2 优先选用及其次选用(常用)公差带极限偏差数值表(摘自 GB/T 1800.4—1999)

(1) 轴

表 E2　常用及优先轴

基本尺寸/mm		常用及优先公差带												
		a	b		c			d				e		
大于	至	11	11	12	9	10	⑪	8	⑨	10	11	7	8	9
—	3	−270 −330	−140 −200	−140 −240	−60 −85	−60 −100	−60 −120	−20 −34	−20 −45	−20 −60	−20 −80	−14 −24	−14 −28	−14 −39
3	6	−270 −345	−140 −215	−140 −260	−70 −100	−70 −118	−70 −145	−30 −48	−30 −60	−30 −78	−30 −105	−20 −32	−20 −38	−20 −50
6	10	−280 −370	−150 −240	−150 −300	−80 −116	−80 −138	−80 −170	−40 −62	−40 −76	−40 −98	−40 −130	−25 −40	−25 −47	−25 −61
10	14	−290 −400	−150 −260	−150 −330	−95 −138	−95 −165	−95 −205	−50 −77	−50 −93	−50 −120	−50 −160	−32 −50	−32 −59	−32 −75
14	18													
18	24	−300 −430	−160 −290	−160 −370	−110 −162	−110 −194	−110 −240	−65 −98	−65 −117	−65 −149	−65 −195	−40 −61	−40 −73	−40 −92
24	30													
30	40	−310 −470	−170 −330	−170 −420	−120 −182	−120 −220	−120 −280	−80 −119	−80 −142	−80 −180	−80 −240	−50 −75	−50 −89	−50 −112
40	50	−320 −480	−180 −340	−180 −430	−130 −192	−130 −230	−130 −290							
50	65	−340 −530	−190 −380	−190 −490	−140 −214	−140 −260	−140 −330	−100 −146	−100 −174	−100 −220	−100 −290	−60 −90	−60 −106	−60 −134
65	80	−360 −550	−200 −390	−200 −500	−150 −224	−150 −270	−150 −340							
80	100	−380 −600	−220 −440	−220 −570	−170 −257	−170 −310	−170 −390	−120 −174	−120 −207	−120 −260	−120 −340	−72 −107	−72 −126	−72 −159
100	120	−410 −630	−240 −460	−240 −590	−180 −267	−180 −320	−180 −400							
120	140	−460 −710	−260 −510	−260 −660	−200 −300	−200 −360	−200 −450	−145 −208	−145 −245	−145 −305	−145 −395	−85 −125	−85 −148	−85 −185
140	160	−520 −770	−280 −530	−280 −680	−210 −310	−210 −370	−210 −460							
160	180	−580 −830	−310 −560	−310 −710	−230 −330	−230 −390	−230 −480							
180	200	−660 −950	−340 −630	−340 −800	−240 −355	−240 −425	−240 −530	−170 −242	−170 −285	−170 −355	−170 −460	−100 −146	−100 −172	−100 −215
200	225	−740 −1 030	−380 −670	−380 −840	−260 −375	−260 −445	−260 −550							
225	250	−820 −1 110	−420 −710	−420 −880	−280 −395	−280 −465	−280 −570							
250	280	−920 −1 240	−480 −800	−480 −1 000	−300 −430	−300 −510	−300 −620	−190 −271	−190 −320	−190 −400	−190 −510	−110 −162	−110 −191	−110 −240
280	315	−1 050 −1 370	−540 −860	−540 −1 060	−330 −460	−330 −540	−330 −650							
315	355	−1 200 −1 560	−600 −960	−600 −1 170	−360 −500	−360 −590	−360 −720	−210 −299	−210 −350	−210 −440	−210 −570	−125 −182	−125 −214	−125 −265
355	400	−1 350 −1 710	−680 −1 040	−680 −1 250	−400 −540	−400 −630	−400 −760							
400	450	−1 500 −1 900	−760 −1 160	−760 −1 390	−440 −590	−440 −690	−440 −840	−230 −327	−230 −385	−230 −480	−230 −630	−135 −198	−135 −232	−135 −290
450	500	−1 650 −2 050	−840 −1 240	−840 −1 470	−480 −635	−480 −730	−480 −880							

注：基本尺寸小于 1 mm 时，各级的 a 和 b 均不采用。

公差带极限偏差 μm

（带圈者为优先公差带）

f					g			h							
5	6	⑦	8	9	5	⑥	7	5	⑥	⑦	8	⑨	10	⑪	12
−6 −10	−6 −12	−6 −16	−6 −20	−6 −31	−2 −6	−2 −8	−2 −12	0 −4	0 −6	0 −10	0 −14	0 −25	0 −40	0 −60	0 −100
−10 −15	−10 −18	−10 −22	−10 −28	−10 −40	−4 −9	−4 −12	−4 −16	0 −5	0 −8	0 −12	0 −18	0 −30	0 −48	0 −75	0 −120
−13 −19	−13 −22	−13 −28	−13 −35	−13 −49	−5 −11	−5 −14	−5 −20	0 −6	0 −9	0 −15	0 −22	0 −36	0 −58	0 −90	0 −150
−16 −24	−16 −27	−16 −34	−16 −43	−16 −59	−6 −14	−6 −17	−6 −24	0 −8	0 −11	0 −18	0 −27	0 −43	0 −70	0 −110	0 −180
−20 −29	−20 −33	−20 −41	−20 −53	−20 −72	−7 −16	−7 −20	−7 −28	0 −9	0 −13	0 −21	0 −33	0 −52	0 −84	0 −130	0 −210
−25 −36	−25 −41	−25 −50	−25 −64	−25 −87	−9 −20	−9 −25	−9 −34	0 −11	0 −16	0 −25	0 −39	0 −62	0 −100	0 −160	0 −250
−30 −43	−30 −49	−30 −60	−30 −76	−30 −104	−10 −23	−10 −29	−10 −40	0 −13	0 −19	0 −30	0 −46	0 −74	0 −120	0 −190	0 −300
−36 −51	−36 −58	−36 −71	−36 −90	−36 −123	−12 −27	−12 −34	−12 −47	0 −15	0 −22	0 −35	0 −54	0 −87	0 −140	0 −220	0 −350
−43 −61	−43 −68	−43 −83	−43 −106	−43 −143	−14 −32	−14 −39	−14 −54	0 −18	0 −25	0 −40	0 −63	0 −100	0 −160	0 −250	0 −400
−50 −70	−50 −79	−50 −96	−50 −122	−50 −165	−15 −35	−15 −44	−15 −61	0 −20	0 −29	0 −46	0 −72	0 −115	0 −185	0 −290	0 −460
−56 −79	−56 −88	−56 −108	−56 −137	−56 −186	−17 −40	−17 −49	−17 −69	0 −23	0 −32	0 −52	0 −81	0 −130	0 −210	0 −320	0 −520
−62 −87	−62 −98	−62 −119	−62 −151	−62 −202	−18 −43	−18 −54	−18 −75	0 −25	0 −36	0 −57	0 −89	0 −140	0 −230	0 −360	0 −570
−68 −95	−68 −108	−68 −131	−68 −165	−68 −223	−20 −47	−20 −60	−20 −83	0 −27	0 −40	0 −63	0 −97	0 −155	0 −250	0 −400	0 −630

基本尺寸 /mm		常用及优先公差带															
		js			k			m			n			p			r
大于	至	5	6	7	5	⑥	7	5	6	7	5	⑥	7	5	⑥	7	5
—	3	±2	±3	±5	+4 0	+6 0	+10 0	+6 +2	+8 +2	+12 +2	+8 +4	+10 +4	+14 +4	+10 +6	+12 +6	+16 +6	+14 +10
3	6	±2.5	±4	±6	+6 +1	+9 +1	+13 +1	+9 +4	+12 +4	+16 +4	+13 +8	+16 +8	+20 +8	+17 +12	+20 +12	+24 +12	+20 +15
6	10	±3	±4.5	±7	+7 +1	+10 +1	+16 +1	+12 +6	+15 +6	+21 +6	+16 +10	+19 +10	+25 +10	+21 +15	+24 +15	+30 +15	+25 +19
10	14	±4	±5.5	±9	+9 +1	+12 +1	+19 +1	+15 +7	+18 +7	+25 +7	+20 +12	+23 +12	+30 +12	+26 +18	+29 +18	+36 +18	+31 +23
14	18																
18	24	±4.5	±6.5	±10	+11 +2	+15 +2	+23 +2	+17 +8	+21 +8	+29 +8	+24 +15	+28 +15	+36 +15	+31 +22	+35 +22	+43 +22	+37 +28
24	30																
30	40	±5.5	±8	±12	+13 +2	+18 +2	+27 +2	+20 +9	+25 +9	+34 +9	+28 +17	+33 +17	+42 +17	+37 +26	+42 +26	+51 +26	+45 +34
40	50																
50	65	±6.5	±9.5	±15	+15 +2	+21 +2	+32 +2	+24 +11	+30 +11	+41 +11	+33 +20	+39 +20	+50 +20	+45 +32	+51 +32	+62 +32	+54 +41
65	80																+56 +43
80	100	±7.5	±11	±17	+18 +3	+25 +3	+38 +3	+28 +13	+35 +13	+48 +13	+38 +23	+45 +23	+58 +23	+52 +37	+59 +37	+72 +37	+66 +51
100	120																+69 +54
120	140	±9	±12.5	±20	+21 +3	+28 +3	+43 +3	+33 +15	+40 +15	+55 +15	+45 +27	+52 +27	+67 +27	+61 +43	+68 +43	+83 +43	+81 +63
140	160																+83 +65
160	180																+86 +68
180	200	±10	±14.5	±23	+24 +4	+33 +4	+50 +4	+37 +17	+46 +17	+63 +17	+54 +31	+60 +31	+77 +31	+70 +50	+79 +50	+96 +50	+97 +77
200	225																+100 +80
225	250																+104 +84
250	280	±11.5	±16	±26	+27 +4	+36 +4	+56 +4	+43 +20	+52 +20	+72 +20	+57 +34	+66 +34	+86 +34	+79 +56	+88 +56	+108 +56	+117 +94
280	315																+121 +98
315	355	±12.5	±18	±28	+29 +4	+40 +4	+61 +4	+46 +21	+57 +21	+78 +21	+62 +37	+73 +37	+94 +37	+87 +62	+98 +62	+119 +62	+133 +108
355	400																+139 +114
400	450	±13.5	±20	±31	+32 +5	+45 +5	+68 +5	+50 +23	+63 +23	+86 +23	+67 +40	+80 +40	+103 +40	+95 +68	+108 +68	+131 +68	+153 +126
450	500																+159 +132

续表

（带圈者为优先公差带）

r		s			t			u		v	x	y	z
6	7	5	⑥	7	5	6	7	⑥	7	6	6	6	6
+16 +10	+20 +10	+18 +14	+20 +14	+24 +14	—	—	—	+24 +18	+28 +18	—	+26 +20	—	+32 +26
+23 +15	+27 +15	+24 +19	+27 +19	+31 +19	—	—	—	+31 +23	+35 +23	—	+36 +28	—	+43 +35
+28 +19	+34 +19	+29 +23	+32 +23	+38 +23	—	—	—	+37 +28	+43 +28	—	+43 +34	—	+51 +42
+34 +23	+41 +23	+36 +28	+39 +28	+46 +28	—	—	—	+44 +33	+51 +33	—	+51 +40	—	+61 +50
					—	—	—			+50 +39	+56 +45	—	+71 +60
+41 +28	+49 +28	+44 +35	+48 +35	+56 +35	—	—	—	+54 +41	+62 +41	+60 +47	+67 +54	+76 +63	+86 +73
					+50 +41	+54 +41	+62 +41	+61 +43	+69 +48	+68 +55	+77 +64	+88 +75	+101 +88
+50 +34	+59 +34	+54 +43	+59 +43	+68 +43	+59 +48	+64 +48	+73 +48	+76 +60	+85 +60	+84 +68	+96 +80	+110 +94	+128 +112
					+65 +54	+70 +54	+79 +54	+86 +70	+95 +70	+97 +81	+113 +97	+130 +114	+152 +136
+60 +41	+71 +41	+66 +53	+72 +53	+83 +53	+79 +66	+85 +66	+96 +66	+106 +87	+117 +87	+121 +102	+141 +122	+163 +144	+191 +172
+62 +43	+73 +43	+72 +59	+78 +59	+89 +59	+88 +75	+94 +75	+105 +75	+121 +102	+132 +102	+139 +120	+165 +146	+193 +174	+229 +210
+73 +51	+86 +51	+86 +71	+93 +71	+106 +71	+106 +91	+113 +91	+126 +91	+146 +124	+159 +124	+168 +146	+200 +178	+236 +214	+280 +258
+76 +54	+89 +54	+94 +79	+101 +79	+114 +79	+110 +104	+126 +104	+139 +104	+166 +144	+179 +144	+194 +172	+232 +210	+276 +254	+332 +310
+88 +63	+103 +63	+110 +92	+117 +92	+132 +92	+140 +122	+147 +122	+162 +122	+195 +170	+210 +170	+227 +202	+273 +248	+325 +300	+390 +365
+90 +65	+105 +65	+118 +100	+125 +100	+140 +100	+152 +134	+159 +134	+174 +134	+215 +190	+230 +190	+253 +228	+305 +280	+365 +340	+440 +415
+93 +68	+108 +68	+126 +108	+133 +108	+148 +108	+164 +146	+171 +146	+186 +146	+235 +210	+250 +210	+277 +252	+335 +310	+405 +380	+490 +465
+106 +77	+123 +77	+142 +122	+151 +122	+168 +122	+186 +166	+195 +166	+212 +166	+265 +236	+282 +236	+313 +284	+379 +350	+454 +425	+549 +520
+109 +80	+126 +80	+150 +130	+159 +130	+176 +130	+200 +180	+209 +180	+226 +180	+287 +258	+304 +258	+339 +310	+414 +385	+499 +470	+604 +575
+113 +84	+130 +84	+160 +140	+169 +140	+186 +140	+216 +196	+225 +196	+242 +196	+313 +284	+330 +284	+369 +340	+454 +425	+549 +520	+669 +640
+126 +94	+146 +94	+181 +158	+290 +158	+210 +158	+241 +218	+250 +218	+270 +218	+347 +315	+367 +315	+417 +385	+507 +475	+612 +580	+742 +710
+130 +98	+150 +98	+193 +170	+202 +170	+222 +170	+263 +240	+272 +240	+292 +240	+382 +350	+402 +350	+457 +425	+557 +525	+682 +650	+322 +790
+144 +108	+165 +108	+215 +190	+226 +190	+247 +190	+293 +268	+304 +268	+325 +268	+426 +390	+447 +390	+511 +475	+626 +590	+766 +730	+936 +900
+150 +114	+171 +114	+233 +208	+244 +208	+265 +208	+319 +294	+330 +294	+351 +294	+471 +435	+492 +435	+566 +530	+696 +660	+856 +820	+1 036 +1 000
+166 +126	+189 +126	+259 +232	+272 +232	+295 +232	+357 +330	+370 +330	+393 +330	+530 +490	+553 +490	+635 +595	+780 +740	+960 +920	+1 140 +1 100
+172 +132	+195 +132	+279 +252	+292 +252	+315 +252	+387 +360	+400 +360	+423 +360	+580 +540	+603 +540	+700 +660	+860 +820	+1 040 +1 000	+1 290 +1 250

(2) 孔

表 E3　常用及优先孔

基本尺寸/mm		常用及优先公差带													
		A	B		C	D				E		F			
大于	至	11	11	12	⑪	8	⑨	10	11	8	9	6	7	⑧	9
—	3	+330 +270	+200 +140	+240 +140	+120 +60	+34 +20	+45 +20	+60 +20	+80 +20	+28 +14	+39 +14	+12 +6	+16 +6	+20 +6	+31 +6
3	6	+345 +270	+215 +140	+260 +140	+145 +70	+48 +30	+60 +30	+78 +30	+105 +30	+38 +20	+50 +20	+18 +10	+22 +10	+28 +10	+40 +10
6	10	+370 +280	+240 +150	+300 +150	+170 +80	+62 +40	+76 +40	+98 +40	+130 +40	+47 +25	+61 +25	+22 +13	+28 +13	+35 +13	+49 +13
10 14	14 18	+400 +290	+260 +150	+330 +150	+205 +95	+77 +50	+93 +50	+120 +50	+160 +50	+59 +32	+75 +32	+27 +16	+34 +16	+43 +16	+59 +16
18 24	24 30	+430 +300	+290 +160	+370 +160	+240 +110	+98 +65	+117 +65	+149 +65	+195 +65	+73 +40	+92 +40	+33 +20	+41 +20	+53 +20	+72 +20
30	40	+470 +310	+330 +170	+420 +170	+280 +120	+119 +80	+142 +80	+180 +80	+240 +80	+89 +50	+112 +50	+41 +25	+50 +25	+64 +25	+87 +25
40	50	+480 +320	+340 +180	+430 +180	+290 +130										
50	65	+530 +340	+380 +190	+490 +190	+330 +140	+146 +100	+170 +100	+220 +100	+290 +100	+106 +60	+134 +60	+49 +30	+60 +30	+76 +30	+104 +30
65	80	+550 +360	+390 +200	+500 +200	+340 +150										
80	100	+600 +380	+440 +220	+570 +220	+390 +170	+174 +120	+207 +120	+260 +120	+340 +120	+126 +72	+159 +72	+58 +36	+71 +36	+90 +36	+123 +36
100	120	+630 +410	+460 +240	+590 +240	+400 +180										
120	140	+710 +460	+510 +260	+660 +260	+450 +200										
140	160	+770 +520	+530 +280	+680 +280	+460 +210	+208 +145	+245 +145	+305 +145	+395 +145	+148 +85	+185 +85	+68 +43	+83 +43	+106 +43	+143 +43
160	180	+830 +580	+560 +310	+710 +310	+480 +230										
180	200	+950 +660	+630 +340	+800 +340	+530 +240										
200	225	+1 030 +740	+670 +380	+840 +380	+550 +260	+242 +170	+285 +170	+355 +170	+460 +170	+172 +100	+215 +100	+79 +50	+96 +50	+122 +50	+165 +50
225	250	+1 110 +820	+710 +420	+880 +420	+570 +280										
250	280	+1 240 +920	+800 +480	+1 000 +480	+620 +300	+271 +190	+320 +190	+400 +190	+510 +190	+191 +110	+240 +110	+88 +56	+108 +56	+137 +56	+186 +56
280	315	+1 370 +1 050	+860 +540	+1 060 +540	+650 +330										
315	355	+1 560 +1 200	+960 +600	+1 170 +600	+720 +360	+299 +210	+350 +210	+440 +210	+570 +210	+214 +125	+265 +125	+98 +62	+119 +62	+151 +62	+202 +62
355	400	+1 710 +1 350	+1 040 +680	+1 250 +680	+760 +400										
400	450	+1 900 +1 500	+1 160 +760	+1 390 +760	+840 +440	+327 +230	+385 +230	+480 +230	+630 +230	+232 +135	+290 +135	+108 +68	+131 +68	+165 +68	+223 +68
450	500	+2 050 +1 650	+1 240 +840	+1 470 +840	+880 +480										

注：基本尺寸小于 1 mm 时，各级的 A 和 B 均不采用。

公差带的极限偏差 μm

（带圈者为优先公差带）

G		H							JS			K			M		
6	⑦	6	⑦	⑧	⑨	10	⑪	12	6	7	8	6	⑦	8	6	7	8
+8 +2	+12 +2	+6 0	+10 0	+14 0	+25 0	+40 0	+60 0	+100 0	±3	±5	±7	0 −6	0 −10	0 −14	−2 −8	−2 −12	−2 −16
+12 +4	+16 +4	+8 0	+12 0	+18 0	+30 0	+48 0	+75 0	+120 0	±4	±6	±9	+2 −6	+3 −9	+5 −13	−1 −9	0 −12	+2 −16
+14 +5	+20 +5	+9 0	+15 0	+22 0	+36 0	+58 0	+90 0	+150 0	±4.5	±7	±11	+2 −7	+5 −10	+6 −16	−3 −12	0 −15	+1 −21
+17 +6	+24 +6	+11 0	+18 0	+27 0	+43 0	+70 0	+110 0	+180 0	±5.5	±9	±13	+2 −9	+6 −12	+8 −19	−4 −15	0 −18	+2 −25
+20 +7	+28 +7	+13 0	+21 0	+33 0	+52 0	+84 0	+130 0	+210 0	±6.5	±10	±16	+2 −11	+6 −15	+10 −23	−4 −17	0 −21	+4 −29
+25 +9	+34 +9	+16 0	+25 0	+39 0	+62 0	+100 0	+160 0	+250 0	±8	±12	±19	+3 −13	+7 −18	+12 −27	−4 −20	0 −25	+5 −34
+29 +10	+40 +10	+19 0	+30 0	+46 0	+74 0	+120 0	+190 0	+300 0	±9.5	±15	±23	+4 −15	+9 −21	+14 −32	−5 −24	0 −30	+5 −41
+34 +12	+47 +12	+22 0	+35 0	+54 0	+87 0	+140 0	+220 0	+350 0	±11	±17	±27	+4 −18	+10 −25	+16 −38	−6 −28	0 −35	+6 −48
+39 +14	+54 +14	+25 0	+40 0	+63 0	+100 0	+160 0	+250 0	+400 0	±12.5	±20	±31	+4 −21	+12 −28	+20 −43	−8 −33	0 −40	+8 −55
+44 +15	+61 +15	+29 0	+46 0	+72 0	+115 0	+185 0	+290 0	+460 0	±14.5	±23	±36	+5 −24	+13 −33	+22 −50	−8 −37	0 −46	+9 −63
+49 +17	+69 +17	+32 0	+52 0	+81 0	+130 0	+210 0	+320 0	+520 0	±16	±26	±40	+5 −27	+16 −36	+25 −56	−9 −41	0 −52	+9 −72
+54 +18	+75 +18	+36 0	+57 0	+89 0	+140 0	+230 0	+360 0	+570 0	±18	±28	±44	+7 −29	+17 −40	+28 −61	−10 −46	0 −57	+11 −78
+60 +20	+83 +20	+40 0	+63 0	+97 0	+155 0	+250 0	+400 0	+630 0	±20	±31	±48	+8 −32	+18 −45	+29 −68	−10 −50	0 −63	+11 −86

续表

基本尺寸/mm		常用及优先公差带(带圈者为优先公差带)											
		N			P		R		S		T		U
大于	至	6	⑦	8	6	⑦	6	7	6	⑦	6	7	⑦
—	3	−4 −10	−4 −14	−4 −18	−6 −12	−6 −16	−10 −16	−10 −20	−14 −20	−14 −24	—	—	−18 −28
3	6	−5 −13	−4 −16	−2 −20	−9 −17	−8 −20	−12 −20	−11 −23	−16 −24	−15 −27	—	—	−19 −31
6	10	−7 −16	−4 −19	−3 −25	−12 −21	−9 −24	−16 −25	−13 −28	−20 −29	−17 −32	—	—	−22 −37
10	14	−9 −20	−5 −23	−3 −30	−15 −26	−11 −29	−20 −31	−16 −34	−25 −36	−21 −39	—	—	−26 −44
14	18												
18	24	−11 −24	−7 −28	−3 −36	−18 −31	−14 −35	−24 −37	−20 −41	−31 −44	−27 −48	—	—	−33 −54
24	30										−37 −50	−33 −54	−40 −61
30	40	−12 −28	−8 −33	−3 −42	−21 −37	−17 −42	−29 −45	−25 −50	−38 −54	−34 −59	−43 −59	−39 −64	−51 −76
40	50										−49 −65	−45 −70	−61 −86
50	65	−14 −33	−9 −39	−4 −50	−26 −45	−21 −51	−35 −54	−30 −60	−47 −66	−42 −72	−60 −79	−55 −85	−76 −106
65	80						−37 −56	−32 −62	−53 −72	−48 −78	−69 −88	−64 −94	−91 −121
80	100	−16 −38	−10 −45	−4 −58	−30 −52	−24 −59	−44 −66	−38 −73	−64 −86	−58 −93	−84 −106	−78 −113	−111 −146
100	120						−47 −69	−41 −76	−72 −94	−66 −101	−97 −119	−91 −126	−131 −166
120	140	−20 −45	−12 −52	−4 −67	−36 −61	−28 −68	−56 −81	−48 −88	−85 −110	−77 −117	−115 −140	−107 −147	−155 −195
140	160						−58 −83	−50 −90	−93 −118	−85 −125	−127 −152	−119 −159	−175 −215
160	180						−61 −86	−53 −93	−101 −126	−93 −133	−139 −164	−131 −171	−195 −235
180	200	−22 −51	−14 −60	−5 −77	−41 −70	−33 −79	−68 −97	−60 −106	−113 −142	−105 −151	−157 −186	−149 −195	−219 −265
200	225						−71 −100	−63 −109	−121 −150	−113 −159	−171 −200	−163 −209	−241 −287
225	250						−75 −104	−67 −113	−131 −160	−123 −169	−187 −216	−179 −225	−267 −313
250	280	−25 −57	−14 −66	−5 −86	−47 −79	−36 −88	−85 −117	−74 −126	−149 −181	−138 −190	−209 −241	−198 −250	−295 −347
280	315						−89 −121	−78 −130	−161 −193	−150 −202	−231 −263	−220 −272	−330 −382
315	355	−26 −62	−16 −73	−5 −94	−51 −87	−41 −98	−97 −133	−87 −144	−179 −215	−169 −226	−257 −293	−247 −304	−369 −426
355	400						−103 −139	−93 −150	−197 −233	−187 −244	−283 −319	−273 −330	−414 −471
400	450	−27 −67	−17 −80	−6 −103	−55 −95	−45 −108	−113 −153	−103 −166	−219 −259	−209 −272	−317 −357	−307 −370	−467 −530
450	500						−119 −159	−109 −172	−239 −279	−229 −292	−347 −387	−337 −400	−517 −580

E3 优先和常用配合(摘自 GB/T 1801—1999)

(1) 基本尺寸至 500 mm 的基孔制优先和常用配合

表 E4 基孔制优先、常用配合

基准孔	轴																				
	a	b	c	d	e	f	g	h	js	k	m	n	p	r	s	t	u	v	x	y	z
	间隙配合								过渡配合				过盈配合								
H6						$\frac{H6}{f5}$	$\frac{H6}{g5}$	$\frac{H6}{h5}$	$\frac{H6}{js5}$	$\frac{H6}{k5}$	$\frac{H6}{m5}$	$\frac{H6}{n5}$	$\frac{H6}{p5}$	$\frac{H6}{r5}$	$\frac{H6}{s5}$	$\frac{H6}{t5}$					
H7						$\frac{H7}{f6}$	◤$\frac{H7}{g6}$	◤$\frac{H7}{h6}$	$\frac{H7}{js6}$	◤$\frac{H7}{k6}$	$\frac{H7}{m6}$	◤$\frac{H7}{n6}$	◤$\frac{H7}{p6}$	$\frac{H7}{r6}$	◤$\frac{H7}{s6}$	$\frac{H7}{t6}$	◤$\frac{H7}{u6}$	$\frac{H7}{v6}$	$\frac{H7}{x6}$	$\frac{H7}{y6}$	$\frac{H7}{z6}$
H8					$\frac{H8}{e7}$	◤$\frac{H8}{f7}$	$\frac{H8}{g7}$	◤$\frac{H8}{h7}$	$\frac{H8}{js7}$	$\frac{H8}{k7}$	$\frac{H8}{m7}$	$\frac{H8}{n7}$	$\frac{H8}{p7}$	$\frac{H8}{r7}$	$\frac{H8}{s7}$	$\frac{H8}{t7}$	$\frac{H8}{u7}$				
				$\frac{H8}{d8}$	$\frac{H8}{e8}$	$\frac{H8}{f8}$		$\frac{H8}{h8}$													
H9			$\frac{H9}{c9}$	◤$\frac{H9}{d9}$	$\frac{H9}{e9}$	$\frac{H9}{f9}$		◤$\frac{H9}{h9}$													
H10			$\frac{H10}{c10}$	$\frac{H10}{d10}$				$\frac{H10}{h10}$													
H11	$\frac{H11}{a11}$	$\frac{H11}{b11}$	◤$\frac{H11}{c11}$	$\frac{H11}{d11}$				◤$\frac{H11}{h11}$													
H12		$\frac{H12}{b12}$						$\frac{H12}{h12}$													

注:1. $\frac{H6}{n5}$、$\frac{H7}{p6}$在基本尺寸小于或等于 3 mm 和$\frac{H8}{r7}$在小于或等于 100 mm 时,为过渡配合。

2. 标注◤的配合为优先配合。

(2) 基本尺寸至 500 mm 的基轴制优先和常用配合

表 E5 基轴制优先、常用配合

基准轴	孔																				
	A	B	C	D	E	F	G	H	JS	K	M	N	P	R	S	T	U	V	X	Y	Z
	间隙配合								过渡配合				过盈配合								
h5						$\frac{F6}{h5}$	$\frac{G6}{h5}$	$\frac{H6}{h5}$	$\frac{JS6}{h5}$	$\frac{K6}{h5}$	$\frac{M6}{h5}$	$\frac{N6}{h5}$	$\frac{P6}{h5}$	$\frac{R6}{h5}$	$\frac{S6}{h5}$	$\frac{T6}{h5}$					
h6						$\frac{F7}{h6}$	◤$\frac{G7}{h6}$	◤$\frac{H7}{h6}$	$\frac{JS7}{h6}$	◤$\frac{K7}{h6}$	$\frac{M7}{h6}$	◤$\frac{N7}{h6}$	◤$\frac{P7}{h6}$	$\frac{R7}{h6}$	◤$\frac{S7}{h6}$	$\frac{T7}{h6}$	◤$\frac{U7}{h6}$				
h7					$\frac{E8}{h7}$	◤$\frac{F8}{h7}$		◤$\frac{H8}{h7}$	$\frac{JS8}{h7}$	$\frac{K8}{h7}$	$\frac{M8}{h7}$	$\frac{N8}{h7}$									
h8				$\frac{D8}{h8}$	$\frac{E8}{h8}$	$\frac{F8}{h8}$		$\frac{H8}{h8}$													
h9				◤	$\frac{E9}{h9}$	$\frac{F9}{h9}$		◤$\frac{H9}{h9}$													

续表

基准轴	孔																				
	A	B	C	D	E	F	G	H	JS	K	M	N	P	R	S	T	U	V	X	Y	Z
	间隙配合								过渡配合			过盈配合									
h10				$\frac{D10}{h10}$				$\frac{H10}{h10}$													
h11	$\frac{A11}{h11}$	$\frac{B11}{h11}$	◤ $\frac{C11}{h11}$	$\frac{D11}{h11}$				◤ $\frac{H11}{h11}$													
h12		$\frac{B12}{h12}$						$\frac{H12}{h12}$													

注：标注◤的配合为优先配合。

(3) 配合的应用

表 E6　优先配合特性及应用举例

基孔制	基轴制	优先配合特性及应用举例
$\frac{H11}{c11}$	$\frac{C11}{h11}$	间隙非常大，用于很松的、转动很慢的动配合，或要求大公差与大间隙的外露组件，或要求装配方便的很松的配合。
$\frac{H9}{d9}$	$\frac{D9}{h9}$	间隙很大的自由转动配合，用于精度非主要要求时，或有大的温度变动、高转速或大的轴颈压力时。
$\frac{H8}{f7}$	$\frac{F8}{h7}$	间隙不大的转动配合，用于中等转速与中等轴颈压力的精确转动，也用于装配较易的中等定位配合。
$\frac{H7}{g6}$	$\frac{G7}{h6}$	间隙很小的滑动配合，用于不希望自由转动，但可自由移动和滑动并精密定位时，也可用于要求明确的定位配合。
$\frac{H7}{h6}$　$\frac{H8}{h7}$　$\frac{H9}{h9}$　$\frac{H11}{h11}$	$\frac{H7}{h6}$　$\frac{H8}{h7}$　$\frac{H9}{h9}$　$\frac{H11}{h11}$	均为间隙定位配合，零件可自由装拆，而工作时一般相对静止不动。在最大实体条件下的间隙为零，在最小实体条件下的间隙由公差等级决定。
$\frac{H7}{k6}$	$\frac{K7}{h6}$	过渡配合，用于精密定位。
$\frac{H7}{n6}$	$\frac{N7}{h6}$	过渡配合，允许有较大过盈的更精密定位。
$\frac{H7^{*}}{p6}$	$\frac{P7}{h6}$	过盈定位配合，即小过盈配合，用于定位精度特别重要时，能以最好的定位精度达到部件的刚性及对中性要求，而对内孔承受压力无特殊要求，不依靠配合的紧固性传递摩擦负荷。
$\frac{H7}{s6}$	$\frac{S7}{h6}$	中等压入配合，适用于一般钢件，或用于薄壁件的冷缩配合，用于铸铁件可得到最紧的配合。
$\frac{H7}{u6}$	$\frac{U7}{h6}$	压入配合，适用于可以承受大压入力的零件或不宜承受大压入力的冷缩配合。

注：基本尺寸小于或等于 3 mm 为过渡配合。

E4　公差等级与加工方法的关系

表 E7　公差等级与加工方法的关系

加工方法	公差等级（IT）																	
	01	0	1	2	3	4	5	6	7	8	9	10	11	12	13	14	15	16
研磨	——	——	——	——	——	——	——											
珩						——	——	——	——									
圆磨、平磨							——	——	——	——								
金刚石车、金刚石镗							——	——	——									
拉削							——	——	——	——								
铰孔								——	——	——	——	——						
车、镗									——	——	——	——	——					
铣										——	——	——	——					
刨、插												——	——					
钻孔												——	——	——	——			
滚压、挤压												——	——					
冲压												——	——	——	——	——		
压铸													——	——	——	——		
粉末冶金成形								——	——	——								
粉末冶金烧结									——	——	——	——						
砂型铸造、气割																		——
锻造																	——	

附录 F　制图的国家标准

中华人民共和国的国家标准《机械制图》是 1959 年首次颁布的，以后又作了多次修改。附录 F 将根据最新国家标准《技术制图和机械制图》摘要介绍其中有关图纸幅面、比例、字体、图线、尺寸标注等内容的基本规定。

F1　图纸幅面和格式(GB/T 14689—2008)①

绘制技术图样时，应优先采用表 F1 中规定的基本幅面，必要时允许加长幅面，加长部分尺寸，请查阅 GB/T 14689—2008。

表 F1　图纸幅面　(单位:mm)

幅面代号	A0	A1	A2	A3	A4
$B\times L$	841×1 189	594×841	420×594	297×420	210×297
a	25				
c	10			5	
e	20		10		

(1) 图框格式

在图纸上必须用粗实线画出图框，其格式分为不留装订边和留装订边两种，如图 F1 所示，它们各自的周边尺寸见表 F1。但应注意：同一产品的图样只能采用同一种格式。

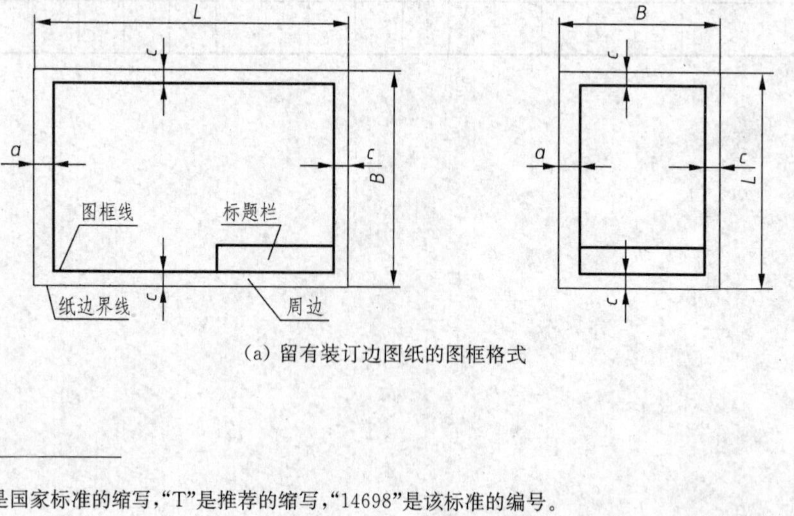

(a) 留有装订边图纸的图框格式

① “GB”是国家标准的缩写，“T”是推荐的缩写，“14698”是该标准的编号。

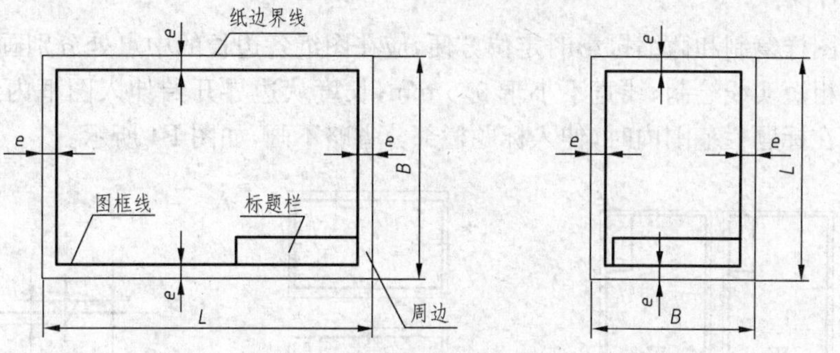

(b) 不留装订边图纸的图框格式

图 F1　图框格式

(2) 标题栏

每张图纸上都必须画出标题栏。标题栏的格式和尺寸按 GB 10609.1—1989 的规定绘制，一般由更改区、签字区、其他区、名称及代号区组成，如图 F2 所示。

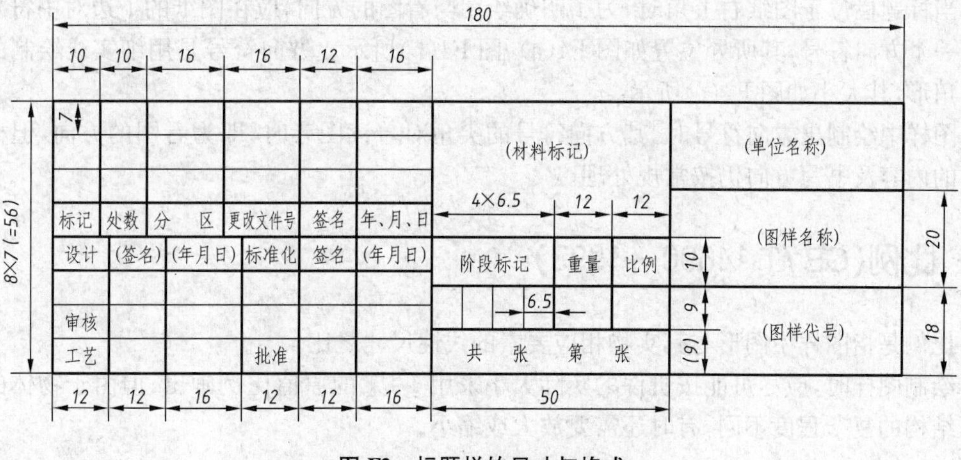

图 F2　标题栏的尺寸与格式

标题栏的位置一般应位于图纸的右下角，其看图的方向与看标题栏的方向一致，如图 F1 所示。为了利用预先印刷好的图纸，也允许将标题栏置于图纸的右上角。在此情况下，看图的方向与看标题栏的方向不一致，应采用方向符号。

在学习本课程期间，制图作业建议采用图 F3 所示的标题栏格式。

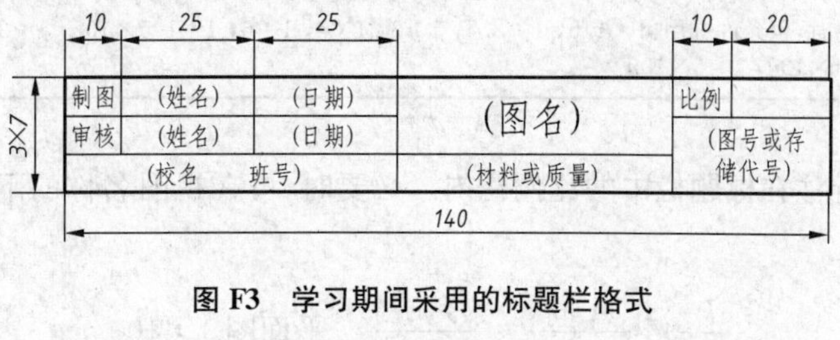

图 F3　学习期间采用的标题栏格式

(3) 附加符号

① 对中符号

为了使图样复制和微缩摄影时定位方便，应在图纸各边长的中点处分别画出对中符号。对中符号用粗短实线绘制，线宽不小于 0.5 mm，长度从边界开始伸入图框内约 5 mm。当对中符号处在标题栏范围内时，伸入标题栏部分省略不画，如图 F4 所示。

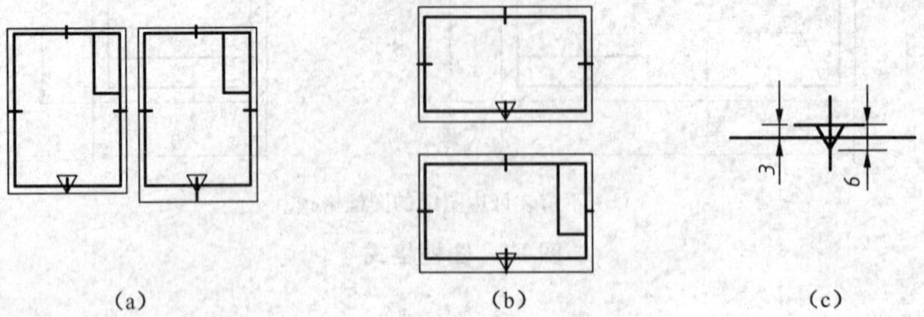

图 F4　对中符号的画法与应用

② 方向符号

当标题栏位于图纸右上角时，为了明确绘图与看图的方向，应在图纸的下边对中符号处画出一个方向符号，其所处位置如图 F4(a)、图 F4(b)所示。方向符号是用细实线绘制的等边三角形，其大小如图 F4(c)所示。

图样中绘制出方向符号时，其方向符号的尖角对着读图者时，即为看图的方向，但标题栏中的内容及书写方向仍按常规处理。

F2　比例(GB/T 14690—1993)

比例是指图样中图形与其实物相应要素的线性尺寸之比。

绘制图样时，应尽可能按机件的实际大小采用 1∶1 的原值比例画出，但由于物体的大小及结构的复杂程度不同，有时还需要放大或缩小。

表 F2　比例

种　类	比　　例
原值比例	1∶1
放大比例	2∶1, 5∶1, 1×10*n*∶1, 2×10*n*∶1, 5×10*n*∶1 必要时，也允许选用：2.5∶1, 4∶1, 2.5×10*n*∶1, 4×10*n*∶1
缩小比例	1∶2, 1∶5, 1∶1×10*n*, 1∶2×10*n*, 1∶5×10*n* 必要时，也允许选用：1∶1.5, 1∶2.5, 1∶3, 1∶4, 1∶6, 1∶1.5×10*n*, 1∶2.5×10*n*, 1∶3×10*n*, 1∶4×10*n*, 1∶6×10*n*

注：*n* 为正整数

比例一般应标注在标题栏中的比例栏内。必要时，可在视图名称的下方或右侧标注比例，如：

$$\frac{I}{2:1}\quad \frac{A\text{向}}{1:100}\quad \frac{B-B}{2.5:1}\quad \text{平面图 }1:100$$

图 F5 表示同一物体采用不同比例后画出的图形。

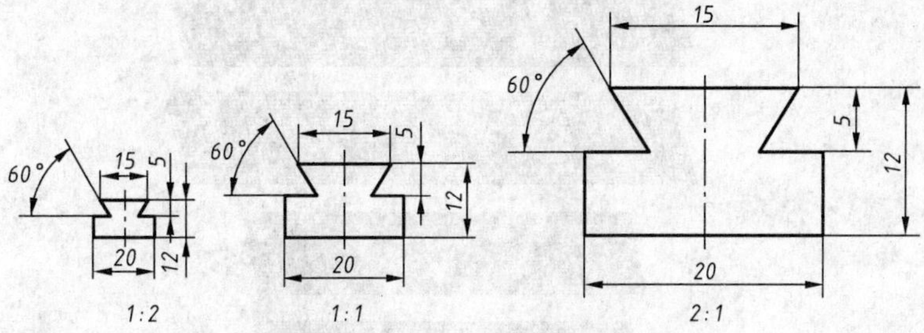

图 F5　用不同比例画出的图形

F3　字体(GB/T 14691—1993)

字体是图样中的一个重要部分。标准规定图样中书写的字体必须做到字体工整，笔画清楚，间隔均匀，排列整齐。

(1) 字高

字体高度(用 h 表示)的公称尺寸系列为 1.8，2.5，3.5，5，7，10，14，20 mm。如需要书写更大的字时，其字体高度应按比率递增。字体的号数就是字体的高度，例如 10 号字即表示字高为 10 mm。

(2) 汉字

汉字应写成长仿宋体字，并应采用中华人民共和国国务院正式推行的《汉字简化方案》中规定的简化字。汉字的高度 h 不应小于 3.5 mm，其字宽一般为 $h/\sqrt{2}$。例如 10 号字的字宽约 7.1 mm。

书写长仿宋体汉字的横平竖直、起落分清、结构均匀、粗细一致，呈长方形。长仿宋体汉字的示例如图 F6 所示。

字体工整　笔画清楚　间隔均匀　排列整齐

横平竖直　结构均匀　注意起落　填满方格

技术制图机械电子汽车航空船舶　土木建筑矿山井坑港口纺织服装

图 F6　长仿宋汉字的示例

(3) 字母和数字

字母和数字分为 A 型和 B 型。其中 A 型字体的笔画宽度(d)为字高的 1/14，B 型字体的笔画宽度(d)为字高的 1/10，在同一张图样上，只允许选用一种类型的字体。

字母和数字可写成斜体和直体，一般采用斜体。斜体字字头向右倾斜，与水平基准线成 75°。

技术图样中常用的字母有拉丁字母和希腊字母两种，常用的数字有阿拉伯数字和罗马数字两种，字母和数字的示例如图 F7 所示。

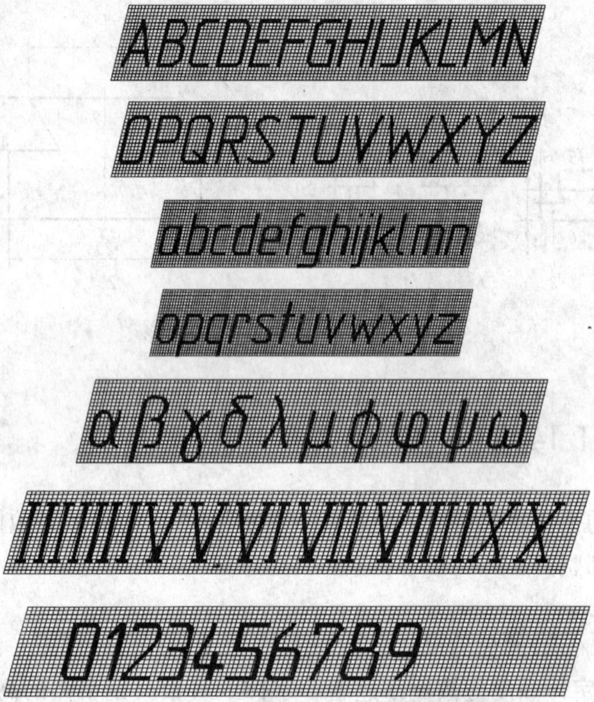

图 F7　数字书写示例

F4　图线(GB/T 17450—1998)

图线是起点和终点间以任意方式连接的一种几何图形,形状可以是直线或曲线,连续或不连续线。图线的起点和终点可以重合,例如一条图线形成圆时的情况。

当图线长度小于或等于图线宽度的一半时,称为点。

(1) 线型

GB/T 17450—1998 中规定了 15 种基本线型的代号、型式及其名称,见表 F3。

表 F3　15 种基本线型的代号、型式及其名称

代码 No	基本线型	名　称
01		实线
02		虚线
03		间隔画线
04		点画线
05		双点画线
06		三点画线
07		点线
08		长画短画线
09		长画双短画线
10		画点线

续表

代码 No	基本线型	名　称
11		双画单点线
12		画双点线
13		双画双点线
14		画三点线
15		双画三点线

表 F4 中列出了绘制工程图样时常用的图形名称、图线型式、宽度及其主要用途。图 F8 所示为图线的应用举例。

表 F4　常用的工程图线名称及主要用途

图线名称	图线型式	代号	图线宽度	主要用途
粗实线		A	b	可见轮廓线，可见过渡线
细实线		B	约 $b/3$	尺寸线、尺寸界线、剖面线、重合断面的轮廓线及指引线等
波浪线		C	约 $b/3$	断裂处的边界线等
双折线		D	约 $b/3$	断裂处的边界线
虚　线	4~6　1	F	约 $b/3$	不可见轮廓线；不可见过渡线
细点画线	15~30　3	G	约 $b/3$	轴线、对称中心线等
粗点画线	15~30　3	J	b	有特殊要求的线或表面的表示线
双点画线	~20　5	K	约 $b/3$	极限位置的轮廓线、相邻辅助零件的轮廓线等

注：1. 表中虚线、细点画线、双点画线的线段长度和间隔的数值可供参考

2. 粗实线的宽度应根据图形的大小和复杂程度选取，一般取 0.7 mm

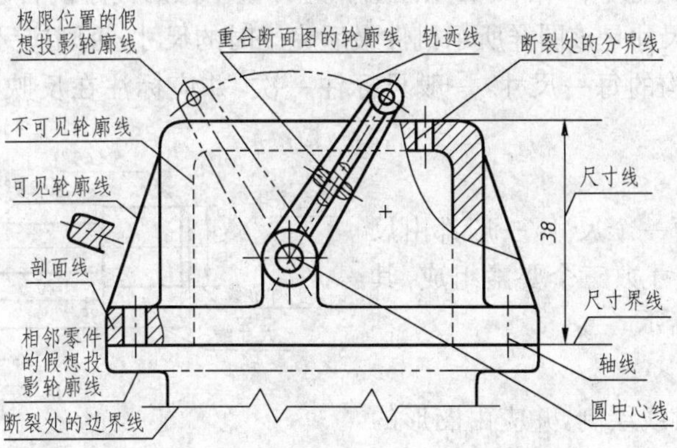

图 F8　图线的应用举例

(2) 线宽

所有线型的图线宽度应按图样的类型和尺寸大小在下列系数中选择。该数系的公比为 $1:\sqrt{2}(\approx 1:1.4)$：

0.13 mm；0.18 mm；0.25 mm；0.35 mm；0.5 mm；0.7 mm；1 mm；1.4 mm；2 mm。

机械图样中图线分粗线型和细线型两种。粗线型宽度(d)应根据图形大小和复杂程度在 0.5～2 mm 之间选取，细线型的宽度约 $d/2$。

(3) 图线的画法和注意事项(图 F9)

① 同一图样中，同类图线的宽度应基本一致。虚线、点画线及双点画线的线段长短和间隔应各自大致相等。

② 虚线、点画线及双点画线和粗实线或它们自己相交时，都应以线段相交，不应在空隙或短画处相交。

③ 绘制圆的对称中心线时，圆心应为线段的交点，首末两端应是线段而不是短画或点，且应超出图形轮廓线的 2～5 mm。

④ 当在较小的图形上绘制点画线或双点画线有困难时，可用细实线代替。

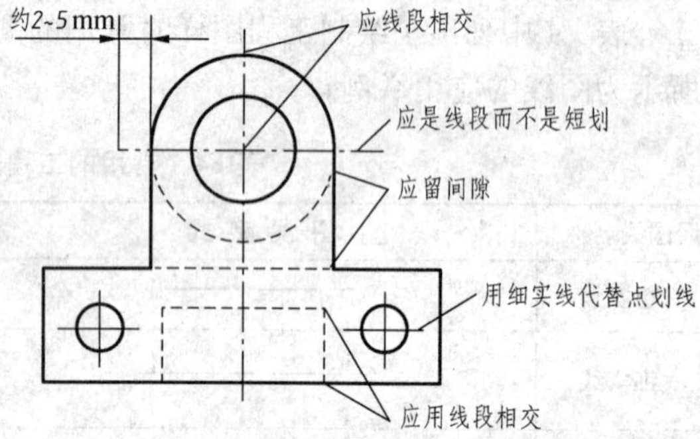

图 F9　图线画法示例

⑤ 当虚线、点画线及双点画线是粗实线的延长线时，连接处应空开。

⑥ 当各种线条重合时，应按粗实线、虚线、点画线的优先顺序画出。

F5　尺寸注法(GB/T 4458.4—2003)

(1) 尺寸标注的基本规则

① 机件的真实大小应以图样上所注的尺寸数值为依据，与图形的大小及绘图的准确度无关。

② 图样中(包括技术要求和其他说明)的尺寸，以毫米为单位时，不需标注计量单位的代号或名称，如采用其他单位时，则必须注明相应计量单位的代号或名称。

③ 图样中所注尺寸是该图样所示机件最后完工时的尺寸，否则应另加说明。

④ 机件上各结构的每一尺寸，一般只标注一次，并应标注在反映该结构最清晰的图形上。

(2) 尺寸的组成

图样上标注的每一个尺寸，一般都由尺寸界线、尺寸线和尺寸数三个要素组成，其相互关系如图 F10 所示。

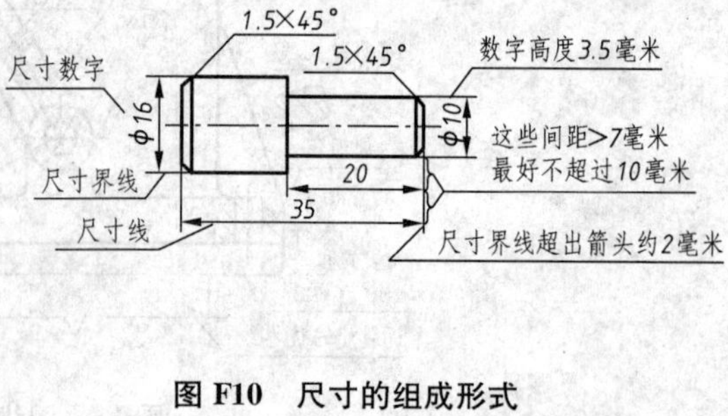

图 F10　尺寸的组成形式

① 尺寸界线

尺寸界线用细实线绘制，并应由图形的轮廓线、轴线或对称中心线处引出。也可利用轮廓线、轴线或对称中心线作尺寸界线，如图 F11 所示。

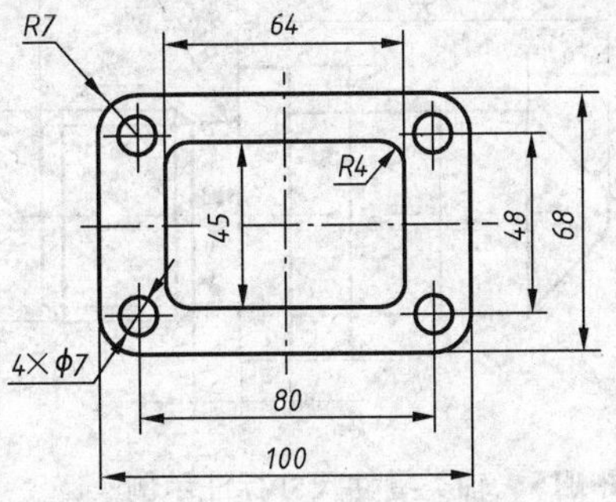

图 F11　尺寸界线的正确使用

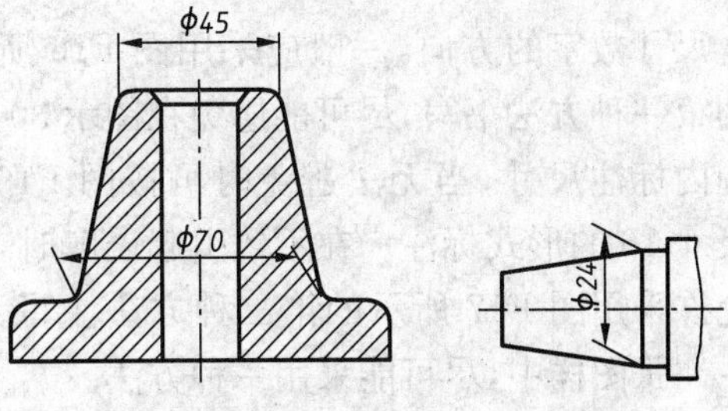

(a)　(b)

图 F12　尺寸界线的正确使用

尺寸界线一般应与尺寸线垂直，当尺寸界线贴近轮廓线时允许倾斜。在光滑过渡处标注尺寸时，必须用细实线将轮廓线延长，从它们的交点处引出尺寸界线，如图 F12 所示。

② 尺寸线

(a) 尺寸线用细实线绘制，其终端有箭头和斜线两种形式。

一般机械图样的尺寸线终端采用箭头的形式(小尺寸标注除外)，土建图样的尺寸线终端采用斜线的形式，如图 F13 所示。尺寸线与尺寸界线必须相互垂直，并且同一图样中只能采用一种尺寸线终端形式。

注意：在同一张图样中箭头与短斜线不能混用，箭头尖端必须与尺寸界线接触，不得超出也不得分开。

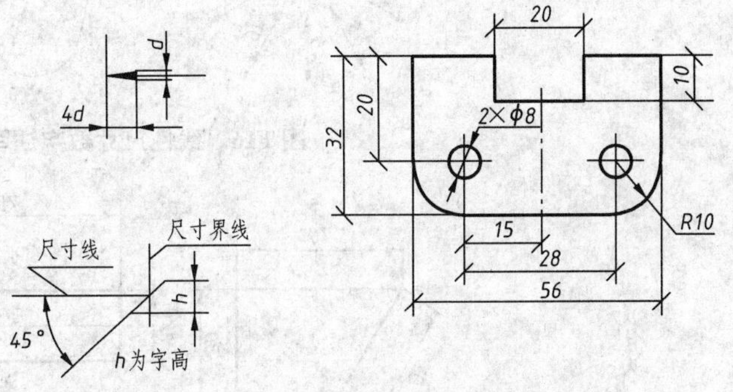

图 F13　尺寸线终端采用的两种形式

(b) 尺寸线必须单独画出，不能用其他图线代替，不能与图线重合或在其延长线上。尺寸引出标注时，不能直接从轮廓线上转折，如图 F14 所示。

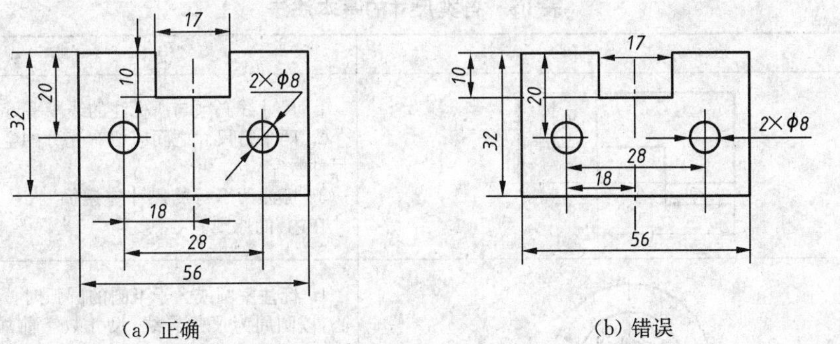

(a) 正确　(b) 错误

图 F14　尺寸界线的正确使用

③ 尺寸数字

线性尺寸的数字一般应注写在尺寸线的上方，也允许注写在尺寸线的中断处。当位置不够可引出标注，如图 F15 中的 $SR5$ mm。尺寸数字不可被任何图线所通过，当无法避免时，必须将该图线断开，如图 F15 中的尺寸 ϕ20 mm、ϕ28 mm、ϕ16 mm。

尺寸数字的方向，一般应采用图 F16 所示的第一种方法书写，尽可能避免在图示 30° 范围内标注尺寸，当无法避免时可按图 F16 中尺寸 16 的形式标注。在不致引起误解时，也允许采用图 F17 所示的第二种方法注写。但在一张图样中，尽可能采用一种方法。

(3) 各类尺寸注法

表 F5 列出了一些常用的尺寸注法。

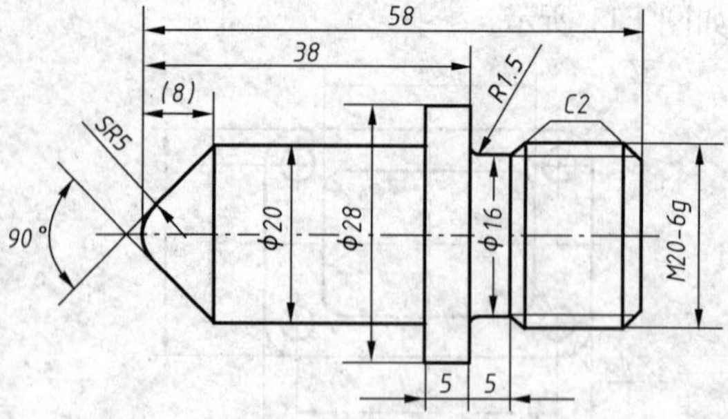

图 F15　轴类零件尺寸标注示例

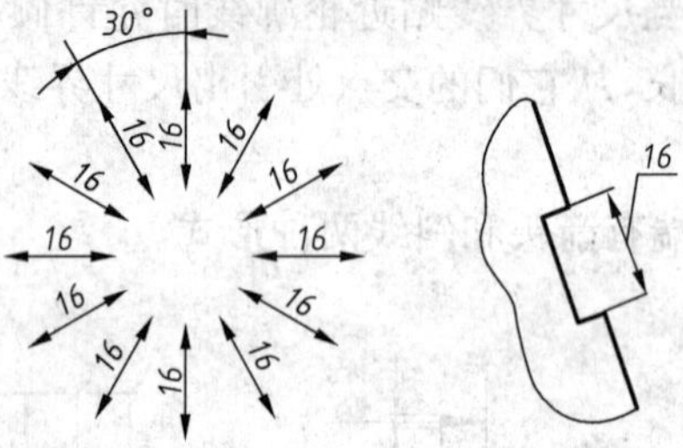

图 F16　线性尺寸数字注写方法一

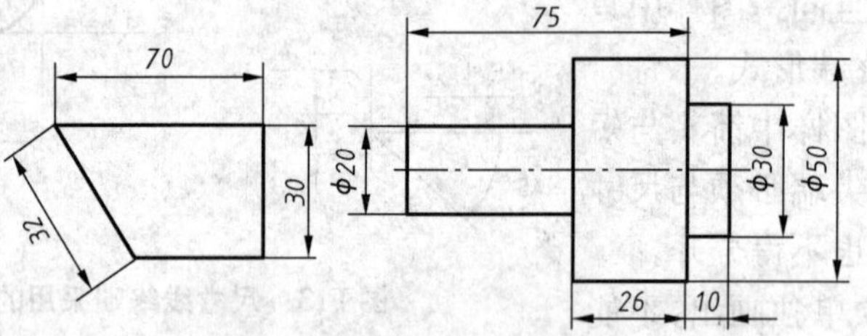

图 F17　线性尺寸数字注写方法二

表 F5　各类尺寸的基本注法

项目	示　　例	说　　明
线性尺寸	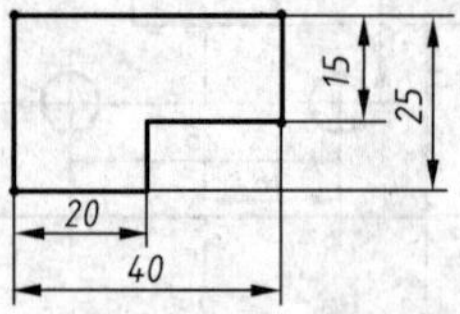	1. 尺寸线必须与所标注的线段平行。 2. 两平行尺寸之间应留有充分的空隙，以便填写尺寸数字。 3. 标注两平行的尺寸应遵循“大尺寸在外，小尺寸在内”的原则。
直径与半径尺寸	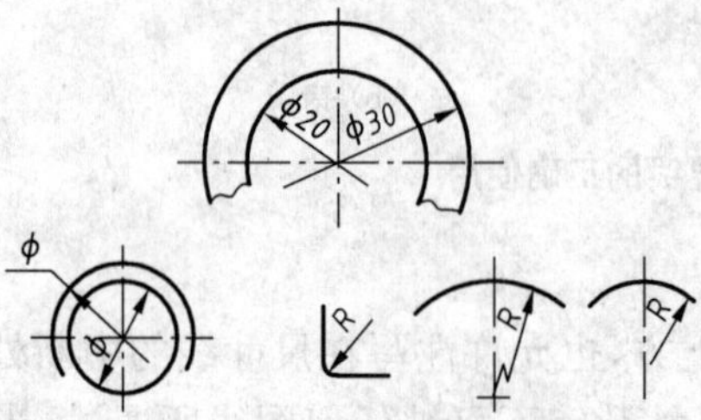	1. 标注整圆或大于半圆的圆弧时，尺寸线通过圆心，以圆周为尺寸界线，尺寸数字前加注直径符号“ϕ”。 2. 标注小于或等于半圆的圆弧时，应在尺寸数字前加注半径符号“R”。 3. 当圆弧的半径过大或在图纸范围内无法标注其圆心位置时，可采用折线形式；若圆心位置不需注明，则尺寸线可只画靠近箭头的一段。

续表

项目	示例	说明
球面尺寸	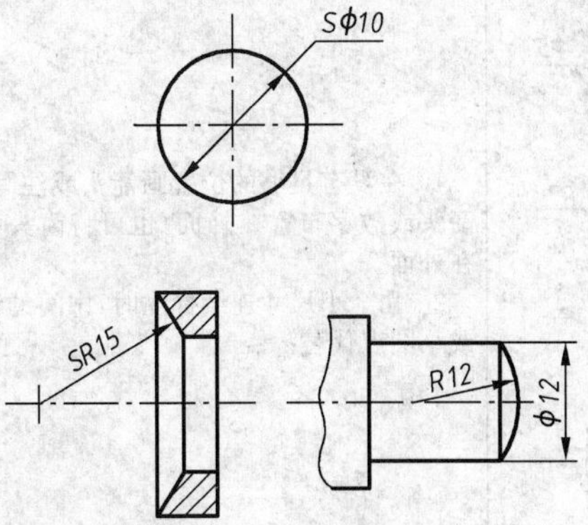	1. 标注球面的直径或半径时，应在尺寸数字前分别加注符号“*Sϕ*”或“*SR*”。 2. 对于螺钉、铆钉的头部、轴和手柄的端部等，在不致引起误解的情况下，可省略符号“*S*”。
角度尺寸	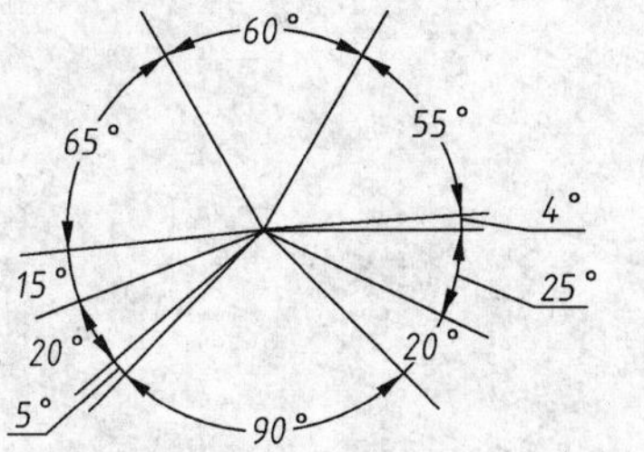	角度的数字一律水平书写，一般注写在尺寸线的中断处，必要时也可标注在尺寸线上方或外侧，也可以引出标注。
对称图形	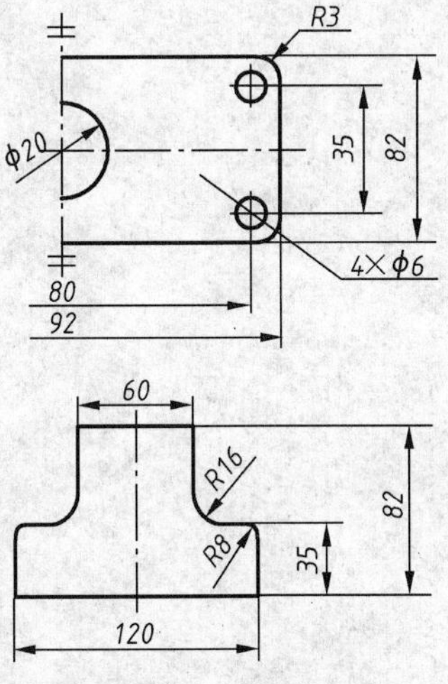	当对称机件的图形只画出一半或略大于一半时，尺寸线应略超过对称中心线或断裂处的边界线，仅在尺寸线的一端画出箭头。
方形结构	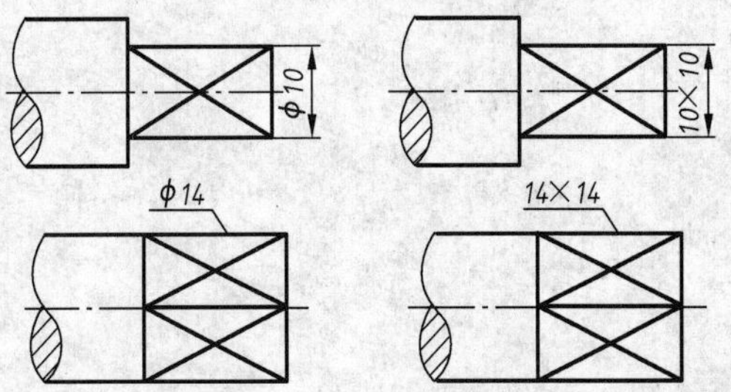	表示断面为正方形结构的尺寸时，可在边长尺寸数字前加注符号“ϕ”，如“ϕ14”，或用“14×14”代替“ϕ14”。

续表

项目	示例	说明
小尺寸	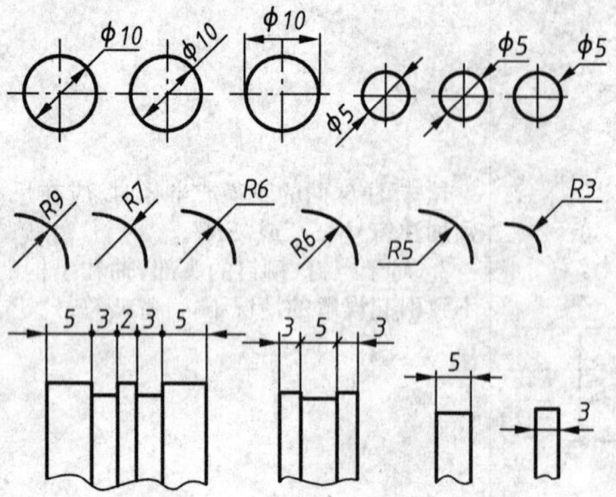	1. 在没有足够的位置画箭头或注写数字时，可将箭头或数字布置在外面，也可将箭头和数字都布置在外面。 2. 几个小尺寸连续标注时，中间的箭头可用斜线或小圆点代替。

参 考 文 献

[1] 焦永和.机械制图.北京:北京理工大学出版社,2005.
[2] 佟国治.现代工程设计图学.北京:机械工业出版社,2000.
[3] 胡青泥,等.机械制图.北京:高等教育出版社,2007.
[4] 胡青泥,等.机械制图习题集.北京:高等教育出版社,2007.
[5] 童秉枢,等.机械 CAD 技术基础.北京:清华大学出版社,1997.
[6] 刘申立.机械工程设计图学.北京:机械工业出版社,2000.
[7] 洪如瑾.UG NX6 CAD 快速入门指导.北京:清华大学出版社,2009.
[8] 康显丽,等.UG NX 5 中文版基础教程.北京:清华大学出版社,2008.
[9] 崔长德,周勇.机械制图.北京:高等教育出版社,2003.
[10] 胡宜鸣,孟淑华.机械制图.北京:高等教育出版社,2003.
[11] 魏生民.机械 CAD/CAM.武汉:武汉理工大学出版社,2001.
[12] 续丹.3D 机械制图.北京:机械工业出版社,2002.
[13] 张绍群,孙晓娟.机械制图.北京:北京大学出版社,2007.
[14] 邹宜侯,窦墨林,潘海东.机械制图.北京:清华大学出版社,2006.
[15] 全国技术产品文件标委会.技术产品文件标准汇编.CAD 制图卷.北京:中国标准出版社,2002.
[16] 杨东拜.机械工程标准手册技术制图卷.北京:中国标准出版社,2003.
[17] 王槐德.机械制图新旧标准代换教程.北京:中国标准出版社,2004.
[18] 李学京.机械制图国家标准应用指南.北京:中国标准出版社,2008.